改訂第5版

技術評論社

はじめに

プログラミング技術を上達させるためには，系統的に異なるさまざまな視点でのアルゴリズム（algorithm）学習が効果的である．

狭い意味でのプログラミング学習（デバッギング，OS関連，システム設計などを除く）は下図のように，言語学習，技法・書法，アルゴリズム学習の組み合わせにより上達していくと考えられる．

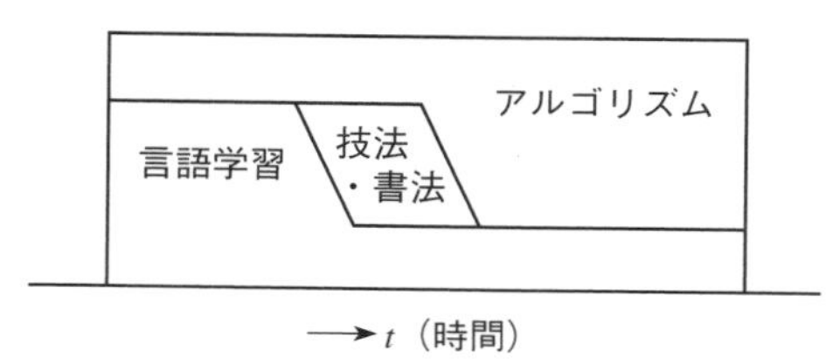

言語学習と技法・書法は，使用するコンピュータ言語に依存するが，アルゴリズムは本質的には依存しない．ただし，細かな部分で依存することもある．

アルゴリズムは本質的には言語に依存しないことから，抽象的な仮想言語を用いてアルゴリズムを説明している本もあるが，具体的な言語を用いて完全なプログラムとして提示し，実際にコンピュータに入力して実験的に確かめた方が，読者にとってはるかに理解しやすいし，自分なりの新しいアルゴリズム理論を構築することができると思う．本書はC言語を用いてアルゴリズムを記述しているので，C言語を一通り学んでいることを前提としている．

本書は，できるだけ多くのアルゴリズムを並べた「アルゴリズム事典」的なものではない．精選されたアルゴリズムの例題を通して読者が効率よく無理なくアルゴリズムの学習ができるように配慮した．

例題を分野的に分類せず，すべてを簡単なものから難しいものに向かって並べることも考えたが，簡単／難しいの判断はあいまいなものなので，そのことに固執してもそれほどの効果は得られない．それよりは，アルゴリズムを関連する分野ごとにまとめた方が系統的でわかりやすい．

そこで，アルゴリズムを代表的な8つの分野に分類し，その分野の中で，簡単なものから難しいものに向かって並べることにした．

原則的にはどの章から入ってもよいが，**第6章**，**第7章**のデータ構造の中に出てくる再帰という考え方は，アルゴリズムを記述する上で特異かつ重要なものであるので，**第4章**に再帰についての基本アルゴリズムをもってきてある．

また，本書ではまず例題を示し，それを学習した後，その例題を少し変えた練習問題を行うことで学習効果が上がるように配慮した．

数学の問題は定理や公式を用いて明快に解くことができるが，プログラミングの問題はそう画一的に解けるものではない．しかし，プログラミングの世界の定理や公式に相当するものが基本アルゴリズムである．本書で示した基本アルゴリズムの理解が，より現実的な問題を解く上での手助けになることを期待する．

第5版改訂にあたって

- 本書の内容は以下の処理系で動作確認した．
  - ・Visual Studio 2022（Visual C++2022）のWindowsコンソールアプリ
  - ・Visual Studio 2022（Visual C++2022）のWindowsデスクトップアプリケーション
  - ・MinGW-w64（GCC Ver12.2.0）

- グラフィックス用ライブラリglib.hを作成した．

- 本書のプログラム（printf関数）をそのままで，出力をフォーム画面（Windowsデスクトップアプリケーション）に行えるようにしたライブラリtlib.hを作成した．

- Visual C++2022で本書プログラムを使用する上で注意すること
  - ・void main(void)はint main()に置き換える
  - ・scanf，strcpy，strcatはセキュリティ強化したscanf_s，strcp_s，strcat_sを使用する

  詳細は，付録1「II Windowsコンソールアプリ」参照

2023年8月

河西朝雄

目次 Contents

第5章 データ構造 213

第6章 木（tree） 275

第1章

ウォーミング・アップ

- プログラミング技術に深みを持たせるためには，異なる視点でのアルゴリズム（algorithms）をできるだけ多く学ぶことが大切である．
- 本書は第２章以後に各分野別に，その分野での典型的なアルゴリズムを説明している．
- この章では，そういった分野とは離れた比較的簡単なアルゴリズムを学び，基礎的な力をつける．

第1章 ウォーミング・アップ

1-0 アルゴリズムとは

1　人間向きのアルゴリズムとコンピュータ向きのアルゴリズム

問題を解くための論理または手順をアルゴリズム（algorithms：算法）という．問題を解くためのアルゴリズムは複数存在するが，人間向きのアルゴリズムが必ずしも（必ずといってもよいくらい）コンピュータ向きのアルゴリズムにはならない．

たとえば，225と105の最大公約数を求めるには，

```
5)225 105
3) 45  21     Ans=5×3=15
   15   7
```

とする．この方法をコンピュータのアルゴリズムにするのは難しい．というのは，2つの数の約数である5や3を見つけることは，人間の経験的直感によるところが大きいので，これをコンピュータに行わせるとなると，論理が複雑になってしまうのである．

最大公約数を求めるコンピュータ向きのアルゴリズムとして，ユークリッドの互除法という機械的な方法がある．これはこの章の**1-6**で説明する．

2　アルゴリズムの評価

ある問題を解くためのアルゴリズムは複数存在するが，それらの中からよいアルゴリズムを見つけることが大切である．よいアルゴリズムの要件として次のようなものが考えられる．

1. 信頼性が高いこと
   精度のよい，正しい結果が得られなければならない．
2. 処理効率がよいこと
   計算回数が少なくて済み，処理スピードが速くなければならない．計算量の目安としてO記法（big O-notation）を用いる．これについては3章3-0参照．
3. 一般性があること
   特定の状況だけに通用するのではなく，多くの状況においても通用しなければならない．

4. 拡張性があること
仕様変更に対し簡単に修正が行えなければならない.
5. わかりやすいこと
誰が見てもわかりやすくなければならない. わかりにくいアルゴリズムはプログラムの保守（メンテナンス）性を阻害する.
6. 移植性（Portability：ポータビリティ）が高いこと
有用なプログラムは他機種でも使用される可能性が高い. このため, プログラムの移植性を高めておかなければならない.

学問的なアルゴリズムの研究では**1**と**2**に重点が置かれているが, 実際的な運用面も考慮すると**3**～**6**も重要である.

3 アルゴリズムとデータ構造

コンピュータを使った処理では多量のデータを扱うことが多い. この場合, 取り扱うデータをどのようなデータ構造（data structure）にするかで, 問題解決のアルゴリズムが異なってくる.

『Algorithms + Data Structures = Programs（アルゴリズム＋データ構造＝プログラム）』（N. Wirth著）という書名にもなっているように, データ構造とアルゴリズムは密接な関係にあり, よいデータ構造を選ぶことがよいプログラムを作ることにつながる.

データ構造として, リスト, 木, グラフなどがあり, **5章**, **6章**, **7章**で詳しく説明する.

1-1 漸化式

例題 1 ${}_nC_r$を求める

n個の中からr個を選ぶ組み合わせの数${}_nC_r$を求める.

たとえば，a，b，cという3個の中から2個選ぶ組み合わせは，ab，ac，bcの3通りある．一般に，n個の中からr個を選ぶ組み合わせの数を${}_nC_r$と書き，次の式で定義される．なお，$n!$は$n \cdot (n-1) \cdot (n-2) \cdots 2 \cdot 1$という値．CはCombinationの頭文字からとっている．

$${}_nC_r = \frac{n!}{r!(n-r)!}$$

この式で，このまま計算した場合は，大きなnの値に対し$n!$でオーバーフローする危険性がある．たとえば，

$${}_{10}C_5 = \frac{10!}{5! \cdot 5!} = \frac{3628800}{120 \cdot 120} = 252$$

となり，最終結果はオーバーフローしない値でも，int型なら10!のところでオーバーフローしてしまう．

$${}_nC_r \text{は} \begin{cases} {}_nC_r = \dfrac{n-r+1}{r}\,{}_nC_{r-1} & \text{（漸化式）} \\ {}_nC_0 = 1 & \text{（0次の値）} \end{cases}$$

という漸化式を用いて表現することでもできる．

漸化式とは，自分自身（${}_nC_r$）を定義するのに，1次低い自分自身（${}_nC_{r-1}$）を用いて表し，0次（${}_nC_0$）はある値に定義されているというものである．

こうした漸化式をプログラムにする場合は，繰り返しまたは再帰呼び出し（**4章4-1**）を用いて表現することができる．ここでは，繰り返しを用いて表現する．漸化式を繰り返しで表現する場合，0次の値を初期値とし，それに係数（$(n-r+1)/r$）をrの値を1から始め，繰り返しのたびに+1しながら順次掛け合わせて行えばよい．

$${}_nC_r = \underbrace{\underbrace{\underbrace{1}_{{}_nC_0} \cdot \frac{n-1+1}{1}}_{{}_nC_1} \cdot \frac{n-2+1}{2}}_{{}_nC_2} \cdot \frac{n-3+1}{3} \cdots \frac{n-r+1}{r}$$

このような方法だと，かなり大きなnに対してもオーバーフローしなくなる．

プログラム Rei1

```
/*
 * ------------------------------
 *       漸化式（nCr の計算）       *
 * ------------------------------
 */

#include <stdio.h>

long combi(int,int);

void main(void)
{
    int n,r;

    for (n=0;n<=5;n++) {
        for (r=0;r<=n;r++)
            printf("%dC%d=%ld  ",n,r,combi(n,r));
        printf("¥n");
    }
}
long combi(int n,int r)
{
    int i;
    long p=1;

    for (i=1;i<=r;i++)
        p=p*(n-i+1)/i;
    return p;
}
```

実行結果

```
0C0=1
1C0=1  1C1=1
2C0=1  2C1=2  2C2=1
3C0=1  3C1=3  3C2=3  3C3=1
4C0=1  4C1=4  4C2=6  4C3=4  4C4=1
5C0=1  5C1=5  5C2=10  5C3=10  5C4=5  5C5=1
```

練習問題 1 Horner（ホーナー）の方法

多項式 $f(x) = a_nx^n + a_{n-1}x^{n-1} + \cdots + a_1x + a_0$ の値をHornerの方法を用いて計算する.

上式において，a_nx^n，$a_{n-1}x^{n-1}$，$\cdots$，a_1x，a_0 の各項を独立に計算して加えるという単純な方法では，$n(n+1)/2 + n$ 回のかけ算と n 回のたし算を行うことになる.

上の多項式は次のように書ける.

$$f(x) = (\cdots(((a_n \cdot x + a_{n-1}) \cdot x + a_{n-2}) \cdot x + a_{n-3}) \cdot x \cdots a_1) \cdot x + a_0$$

f_0 は a_n，f_1 は $a_n \cdot x + a_{n-1}$，f_2 は $(a_n \cdot x + a_{n-1}) \cdot x + a_{n-2}$ の部分を示す.

具体例として，$a_0 = 1$，$a_1 = 2$，$a_2 = 3$，$a_3 = 4$，$a_4 = 5$ の $f(x) = 5x^4 + 4x^3 + 3x^2 + 2x + 1$ について考える.

$$\begin{aligned} f_4 &= f_3 \cdot x + a_0 \\ f_3 &= f_2 \cdot x + a_1 \\ f_2 &= f_1 \cdot x + a_2 \\ f_1 &= f_0 \cdot x + a_3 \\ f_0 &= a_4 \end{aligned}$$

となり，これを一般式で表せば，

$$\begin{cases} f_i = f_{i-1} \cdot x + a_{n-i} \\ f_0 = a_n \end{cases}$$

という漸化式である．これをHorner（ホーナー）の方法という．この方法だと n 回のかけ算と n 回のたし算だけで多項式の計算を行うことができる．プログラムでは a_0 ～ a_n は配列 `a[0]` ～ `a[n]` に対応する.

プログラム Dr1_1

```
/*
 * ----------------------
 *     Hornerの方法     *
 * ----------------------
 */

#include <stdio.h>

double fn(double,double *,int);
```

```
void main(void)
{
    double a[]={1,2,3,4,5};    // 係数
    double x;

    for (x=1;x<=5;x++)
        printf("fn(%f)=%f¥n",x,fn(x,a,4));
}
double fn(double x,double a[],int n)
{
    double p;
    int i;

    p=a[n];
    for (i=n-1;i>=0;i--)
        p=p*x+a[i];
    return p;
}
```

$f(x) = 5x^4 + 4x^3 + 3x^2 + 2x + 1$

実行結果

```
fn(1.000000)=15.000000
fn(2.000000)=129.000000
fn(3.000000)=547.000000
fn(4.000000)=1593.000000
fn(5.000000)=3711.000000
```

参考 漸化式の例

①階乗

$$\begin{cases} n! = n \cdot (n-1)! \\ 0! = 1 \end{cases}$$

②べき乗

$$\begin{cases} x^n = x \cdot x^{n-1} \\ x^0 = 1 \end{cases}$$

③フィボナッチ（Fibonacci）数列

1, 1, 2, 3, 5, 8, 13, 21, 34, 55, …

という数列は

$$\begin{cases} F_n = F_{n-1} + F_{n-2} \\ F_1 = F_2 = 1 \end{cases}$$

となる.

④テイラー展開（2章2-3参照）

e^xをテイラー展開すると

$$e^x = 1 + \frac{x}{1!} + \frac{x^2}{2!} + \frac{x^3}{3!} + \cdots$$

となる．このときの第n項E_nは

$$\begin{cases} E_n = \dfrac{x}{n} \cdot E_{n-1} \\ E_0 = 1 \end{cases}$$

Pascalの三角形

${}_nC_r$を次のように並べたものをPascal（パスカル）の三角形と呼ぶ．

$$\begin{array}{ccccccccc} & & & & {}_0C_0 & & & & \\ & & & {}_1C_0 & & {}_1C_1 & & & \\ & & {}_2C_0 & & {}_2C_1 & & {}_2C_2 & & \\ & {}_3C_0 & & {}_3C_1 & & {}_3C_2 & & {}_3C_3 & \\ {}_4C_0 & & {}_4C_1 & & {}_4C_2 & & {}_4C_3 & & {}_4C_4 \end{array} \qquad \begin{array}{ccccccccc} & & & & 1 & & & & \\ & & & 1 & & 1 & & & \\ & & 1 & & 2 & & 1 & & \\ & 1 & & 3 & & 3 & & 1 & \\ 1 & & 4 & & 6 & & 4 & & 1 \end{array}$$

図 1.1

例題1の${}_nC_r$を求めるプログラムを用いて，Pascalの三角形を表現する．

プログラム **Dr1_2**

```
/*
 * ------------------------------
 *       P a s c a lの三角形      *
 * ------------------------------
 */

#include <stdio.h>
#define N 12

long combi(int,int);

void main(void)
{
    int n,r,t;
```

```
    for (n=0;n<=N;n++){
        for (t=0;t<(N-n)*3;t++)     // 空白
            printf(" ");
        for (r=0;r<=n;r++)
            printf("%6ld",combi(n,r));
        printf("¥n");
    }
}
long combi(int n,int r)
{
    int i;
    long p=1;

    for (i=1;i<=r;i++)
        p=p*(n-i+1)/i;
    return p;
}
```

実行結果

```
                                       1
                                    1     1
                                 1     2     1
                              1     3     3     1
                           1     4     6     4     1
                        1     5    10    10     5     1
                     1     6    15    20    15     6     1
                  1     7    21    35    35    21     7     1
               1     8    28    56    70    56    28     8     1
            1     9    36    84   126   126    84    36     9     1
         1    10    45   120   210   252   210   120    45    10     1
      1    11    55   165   330   462   462   330   165    55    11     1
   1    12    66   220   495   792   924   792   495   220    66    12     1
```

この図から，

$$ {}_{n}C_{r} = {}_{n-1}C_{r-1} + {}_{n-1}C_{r} $$

という重要な関係式が成立することがわかる．この式がPascalの三角形のいわんとするところである．この式を用いて${}_{n}C_{r}$を求めるプログラムは**4章4-1**で示す．

1-2 写像

例題 2 ヒストグラム

0～100点までの得点を10点幅で区切って（0～9, 10～19, …, 90～99, 100の11ランク），各ランクの度数分布（ヒストグラム）を求める．

度数を求める配列としてhisto[0]～histo[10]を用意する．histo[0]に0～9点の度数，histo[1]に10～19の度数，…を求めることにする．

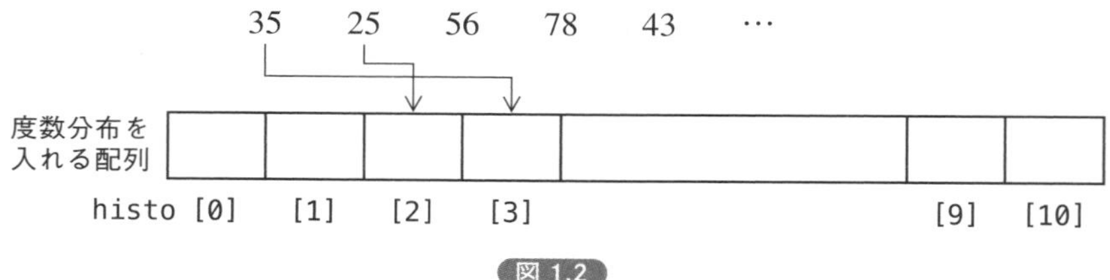

図 1.2

たとえば，35点を例にとると，これを10（度数分布の幅）で割った商の3を添字にするhisto[3]の内容を＋1することで，度数分布のカウントアップができる．

このことは，次のように0～100点のデータ範囲を0～10の範囲に写像したと考えることができる．

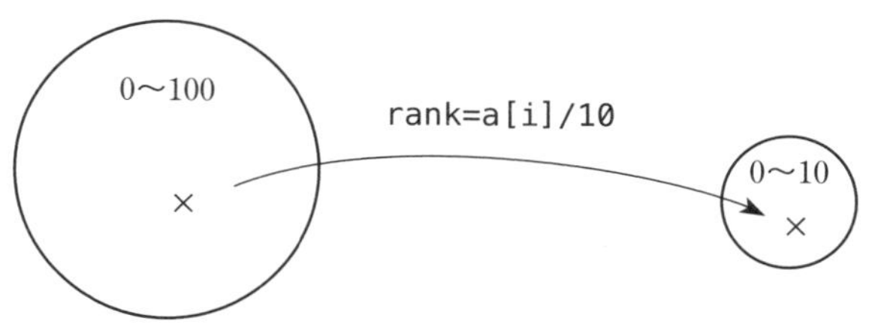

図 1.3 写像

一般に，あるデータ範囲（これを定義域という）を別のデータ範囲（これを値域という）に変換することを写像という．定義域と値域のデータ型は，異なっていてもよい．この例としては文字列から整数値への写像を行うハッシュ（**3章3-8**）が有名．

プログラム Rei2

```
/*
 * ------------------------------------
 *         度数分布（ヒストグラム）       *
 * ------------------------------------
 */

#include <stdio.h>

#define Num 20

void main(void)
{
    int a[]={35,25,56,78,43,66,71,73,80,90,
             0,73,35,65,100,78,80,85,35,50};
    int i,rank,histo[11];

    for (i=0;i<=10;i++)
        histo[i]=0;

    for (i=0;i<Num;i++){
        rank=a[i]/10;                   // 写像
        if (0<=rank && rank<=10)
            histo[rank]++;
    }

    for (i=0;i<=10;i++)
        printf("%3d -  :%3d¥n",i*10,histo[i]);
}
```

実行結果

```
  0 -  :  1
 10 -  :  0
 20 -  :  1
 30 -  :  3
 40 -  :  1
 50 -  :  2
 60 -  :  2
 70 -  :  5
 80 -  :  3
 90 -  :  1
100 -  :  1
```

練習問題 2 暗号

暗号文字 “KSOIDHEPZ” を解読する.

'A'～'Z'のアルファベットを他のアルファベットに暗号化するためのテーブルとして, table[0]～table[25] を用意し, 'A'を暗号化したときの文字をtable[0], 'B'を暗号化したときの文字をtable[1], …と格納しておく. 'A'～'Z'以外の文字はtable[26] に'?'として格納する.

これは次のような写像と考えられる.

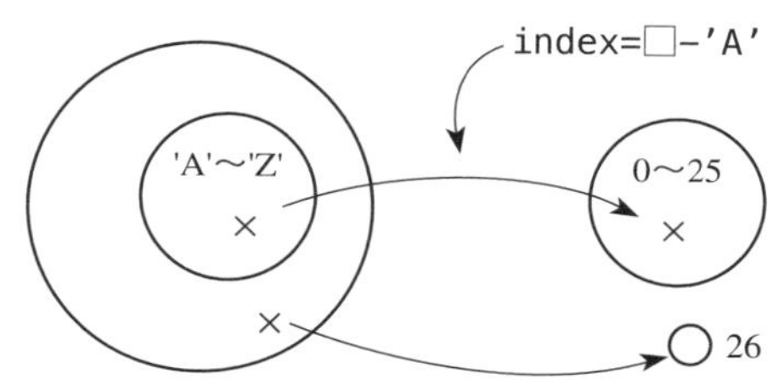

図 1.4 アルファベットの写像

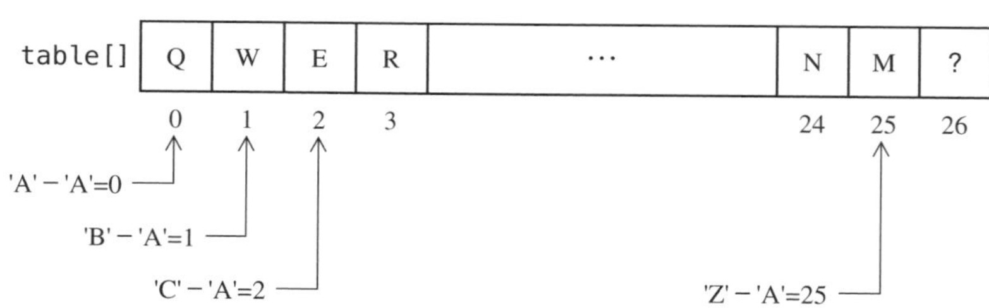

図 1.5 暗号テーブル

この暗号テーブルによると, 'A'は'Q'という文字, 'B'は'W', …, 'Z'は'M'という文字に解読されることになる.

プログラム Dr2

```
/*
 * -------------------
 *      暗号の解読      *
 * -------------------
 */

#include <stdio.h>

void main(void)
{
    char table[]={'Q','W','E','R','T','Y','U','I','O',
                  'P','A','S','D','F','G','H','J','K',
                  'L','Z','X','C','V','B','N','M','?'};
    const char *ango="KSOIDHEPZ";
    int index;

    while (*ango!='¥0'){
        if ('A'<=*ango && *ango<='Z')
            index=*ango-'A';
        else
            index=26;
        putchar(table[index]);
        ango++;
    }
    printf("¥n");
}
```

❗ tableは以下のように初期化しても良い．

```
char table[] = "QWERTYUIOPASDFGHJKLZXCVBNM?";
```

実行結果

```
ALGORITHM
```

暗号化の方法の例

・シーザー（Caesar）暗号

アルファベットを一定幅で前または後ろにずらす．

A	B	C	D	E	F	…	X	Y	Z
↓	↓	↓	↓	↓	↓		↓	↓	↓
Z	A	B	C	D	E		W	X	Y

上の例は－1文字（1つ前の文字）ずらしている．したがって，CATはBZSと暗号化される．リング状の対応（Z→Aのような）をさせずにAの1つ前のアスキーコードに対応する@をAに対応させてもよい．

・イクスクルーシブオア（排他的論理和）による暗号

文字のアスキーコードの特定ビットをビット反転してできるアスキーコードに対応する文字を暗号とする．ビット反転にはイクスクルーシブオアを用いる．

$$
\begin{array}{lll}
\mathrm{N} \rightarrow \mathrm{0x4E} \rightarrow & 01001\underbrace{110} & \\
 & \quad\quad\ \downarrow & \text{ビット反転} \\
\mathrm{I} \leftarrow \mathrm{0x49} \leftarrow & 01001\overbrace{001} &
\end{array}
$$

上の例は下位3ビットをビット反転している．暗号文字が変数cに入っているとするとc^0x07とすれば暗号が解読できる（I→N）．

逆に暗号化したい文字が変数cに入っているとすると，c^0x07とすれば暗号化できる（N→I）．

つまりイクスクルーシブオアによる暗号は暗号化と解読が同じ操作で行える．

この方法は簡単であるが，256通りのビットパターンについてイクスクルーシブオアを試すだけで解読できてしまう．

次のようなプログラムango.cを作っておき，I/Oリダイレクトにより，

```
C:>ango < a.txt > b.txt
```

とすると，テキストファイルaとbの間で暗号化⟷解読が行える．

プログラム

```c
#include <stdio.h>

void main(void)
{
    int c,key=0x07;
    while ((c=getchar())!=EOF){
        if (c=='¥n')
            putchar(c);
        else
            putchar(c^key);
    }
}
```

・本格的な暗号

DES（Data Encryption Standard），FEAL（Fast Data Encipherment Algorithm）など．

● 参考図書：『暗号と情報セキュリティ』辻井重男，笠原正雄 編，昭晃堂

1-3 順位付け

例題 3 単純な方法

たとえば，テストの得点などのデータがあったとき，その得点の順位を求める．

次のような得点データがあったとする．

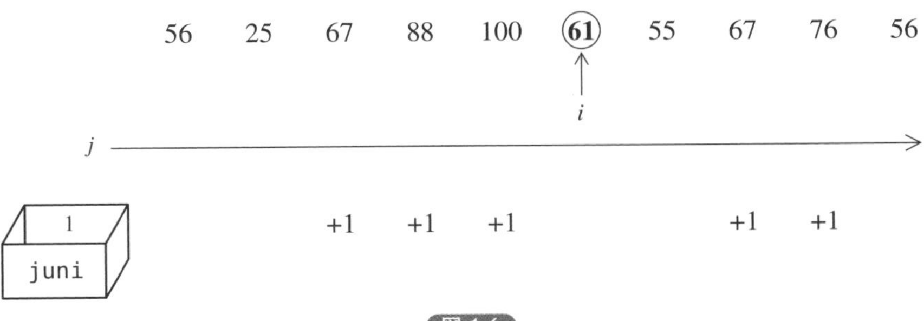

図 1.6

たとえば，61（i番目のデータとする）の順位を調べるには，juniの初期値を1とし，データの先頭から終わりまで（$j=0\sim9$），自分の点（61）を超える点数があるたびにjuniを＋1する．したがって，61点の順位は6となる．

56点が2人いるが，56点を超えるものをカウントアップするため，どちらの点数（第0番目のデータと第9番目のデータ）も同順の7位となり，56点のすぐ下の55点（第6番目のデータ）は8位でなく9位となる．

プログラム Rei3

```
/*
 * ------------------
 *      順位付け      *
 * ------------------
 */

#include <stdio.h>

#define Num 10

void main(void)      // 順位付け
{
    int a[]={56,25,67,88,100,61,55,67,76,56};
    int juni[Num];
```

```
    int i,j;

    for (i=0;i<Num;i++){
        juni[i]=1;
        for (j=0;j<Num;j++){
            if (a[j]>a[i])
                juni[i]++;
        }
    }

    printf("  得点  順位¥n");
    for (i=0;i<Num;i++){
        printf("%6d%6d¥n",a[i],juni[i]);
    }
}
```

実行結果

```
  得点  順位
    56     7
    25    10
    67     4
    88     2
   100     1
    61     6
    55     9
    67     4
    76     3
    56     7
```

練習問題 3-1 例題3の改良版

例題3の順位を求めるアルゴリズムではデータがn個の場合，繰り返し回数はn^2となるため，データ数が増えると処理に時間がかかってしまう．そこで，繰り返し回数を減らすようにした順位付けアルゴリズムを考える．

点数の範囲を0～100としたとき，その点数範囲を添字にする．juni[0]～juni[100]の配列と，もう1つ余分なjuni[101]という配列を用意し，内容を0クリアしておく．

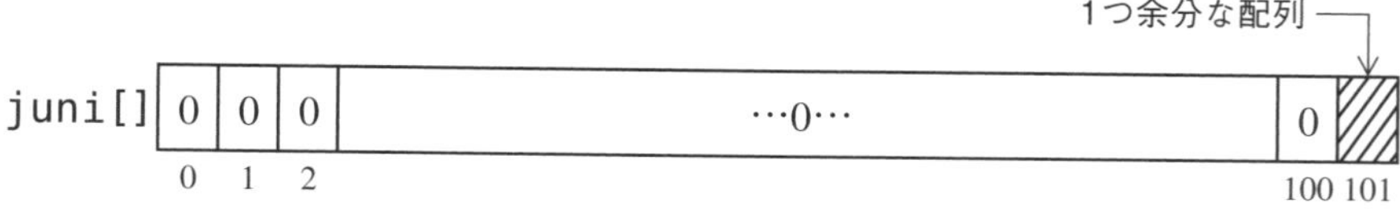

図 1.7

まず各得点ごとに対応する添字の配列の内容を＋1する．

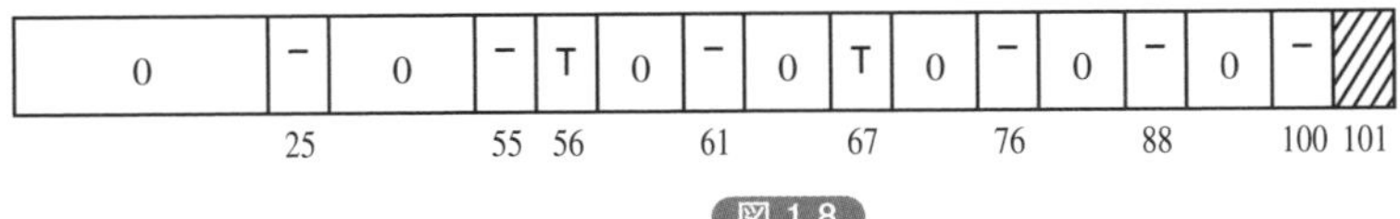

図 1.8

次に101の要素に初期値の1（順位1を示す）を入れておき，`juni[100]`→`juni[0]`の各配列に対し，1つ右の要素の内容を加えていく．

これで，〈得点＋1〉の添字の配列に順位が求められる．たとえば，100点の順位は101の位置，88点の順位は89の位置といった具合になる．

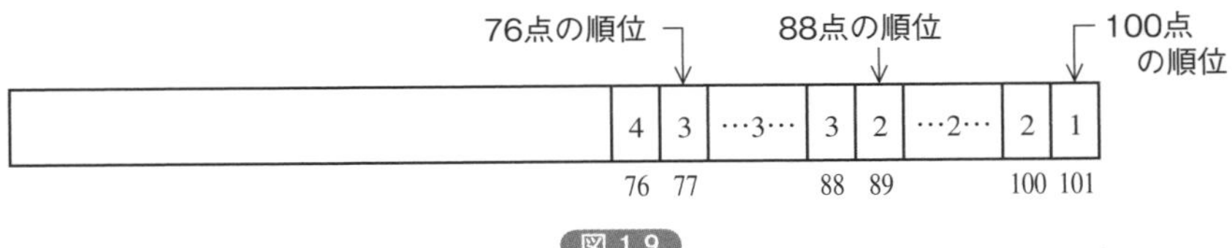

図 1.9

この方法によれば，データ数n，データ範囲mとすれば，$n+m$回の繰り返しで順位付けが行える．

プログラム Dr3_1

```
/*
 * ---------------------------
 *        順位付け（改良版）       *
 * ---------------------------
 */

#include <stdio.h>

#define Num 10
#define Max 100
#define Min 0

void main(void)
{
    int a[]={56,25,67,88,100,61,55,67,76,56};
    int i,juni[Max+2];

    for (i=Min;i<=Max;i++)            ← 0クリア
        juni[i]=0;

    for (i=0;i<Num;i++)               ← 各得点に対応する添字の配列の内容を＋1
        juni[a[i]]++;

    juni[Max+1]=1;
    for (i=Max;i>=Min;i--)            ← 1つ右の要素の内容を加える
        juni[i]=juni[i]+juni[i+1];
```

```
    printf("  得点  順位¥n");
    for (i=0;i<Num;i++){
        printf("%6d%6d¥n",a[i],juni[a[i]+1]);
    }
}
```

得点+1の位置に順位が入っている

実行結果

```
   得点   順位
    56     7
    25    10
    67     4
    88     2
   100     1
    61     6
    55     9
    67     4
    76     3
    56     7
```

練習問題 3-2 負のデータ版

ゴルフ（Golf）のスコアのように小さい値の方が順位が高い場合の順位付けについて考える.

ゴルフのスコアの範囲を－20～＋36とする．C言語では負の値を添字とする配列は認められないので，次のようにスコアに対し添字をバイアス（bias：かたより）して考える.

Pascal, 構造化BASIC, FORTRAN77などでは, 配列の部分範囲指定ができるため, このようなバイアスは考えなくてもよい．部分範囲指定ができないのはC言語の欠点の1つ.

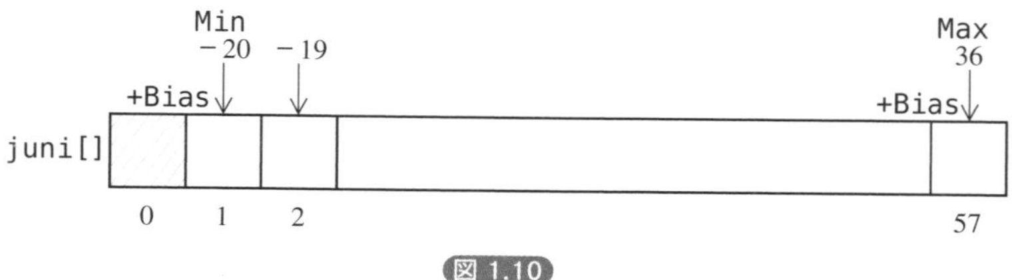

図 1.10

juni[0]に初期値1（順位1を示す）を入れておき，juni[1]～juni[57]の各配列に対し，1つ左の要素の内容を加えていく.

プログラム Dr3_2

```
/*
 * ---------------------------------
 *        順位付け（負のデータ版）      *
 * ---------------------------------
 */

#include <stdio.h>

#define Num 10
#define Max 36
#define Min -20
#define Bias 1-(Min)     // 最小値を配列要素の1に対応させる

void main(void)
{
    int a[]={-3,2,3,-1,-2,-6,2,-1,1,5};
    int i,juni[Max+Bias+1];

    for (i=Min+Bias;i<=Max+Bias;i++)
        juni[i]=0;

    for (i=0;i<Num;i++)
        juni[a[i]+Bias]++;

    juni[0]=1;
    for (i=Min+Bias;i<=Max+Bias;i++)
        juni[i]=juni[i]+juni[i-1];

    printf("  得点  順位¥n");
    for (i=0;i<Num;i++){
        printf("%6d%6d¥n",a[i],juni[a[i]+Bias-1]);
    }
}
```

実行結果

```
  得点  順位
    -3     2
     2     7
     3     9
    -1     4
    -2     3
    -6     1
     2     7
    -1     4
     1     6
     5    10
```

部分範囲指定

Pascalでは，

```
var a:array[-5..5] of integer;
```

と宣言すると，a[-5]～a[5]という配列が用意される．

Visual Basicでは，

```
Dim a(-5 To 5) As Integer
```

と宣言すると，a(-5)～a(5)という配列が用意される．

添字などの下限と上限の範囲を指定することを部分範囲指定という．

Golf（ゴルフ）

各ホール（コース）でボールを打ち，何回でホール（カップ）にボールを入れることができるかを競うスポーツ（遊び）．

各ホールごとに標準打数（パー）が決まっていて，パー5，パー4，パー3などがある.1ホールで,標準打数より1打少なくホールインした場合をバーディ(－1)，逆に1打多くホールインした場合をボギー（＋1）と呼ぶ.

一般に18ホールの合計標準打数は72なので，72で回ればスコアは0，75打ならスコアは＋3（3オーバー），68打ならスコアは－4（4アンダー）となる．

1-4 ランダムな順列

例題 4 ランダムな順列（効率の悪い方法）

1～Nの値を1回使ってできるランダムな順列をつくる.

たとえば，1～6のランダムな順列とは，3，2，5，1，6，4のようなものである．以下に示すアルゴリズムは，最悪でN^2オーダーの繰り返しを行うもので，効率の悪い方法である．

① 1～Nの乱数を1つ得る．これを順列の1番目のデータとする．

② 以下を$N-1$回繰り返す．

　③ 1～Nの乱数を1つ得る．

　④ ③で求めた乱数が，いままで作ってきた順列の中に入っていれば③に戻る．

`irnd(N)`は1～Nの乱数を1個得る．`irnd(0)`の場合は特別で1を返す．

プログラム Rei4

```
/*
 * -------------------------------------
 *      ランダムな順列（効率の悪い方法）     *
 * -------------------------------------
 */

#include <stdio.h>
#include <stdlib.h>

#define N 20

int irnd(int);

void main(void)
{
    int i,j,flag,a[N+1];

    a[1]=irnd(N);                          ← ①
    for (i=2;i<=N;i++){                    ┐
        do {                               │
            a[i]=irnd(N);flag=0;           ← ③
            for (j=1;j<i;j++)              │ ← ②
                if (a[i]==a[j]){           │
                    flag=1;break;          ← ④
                }                          │
        } while (flag==1);                 │
    }                                      ┘
```

```
    for (i=1;i<=N;i++)
        printf("%d ",a[i]);
    printf("¥n");
}
int irnd(int n)          // 1～nの乱数
{
    return (int)(rand()/(RAND_MAX+0.1)*n+1);
}
```

実行結果

```
1 12 4 17 10 8 18 15 11 7 2 3 20 9 13 14 16 19 5 6
```

練習問題 4 ランダムな順列（改良版）

例題4のアルゴリズムを改良した効率のよいアルゴリズムを考える.

まず，配列a[1]～a[N]に1～Nの値をこの順に格納する.

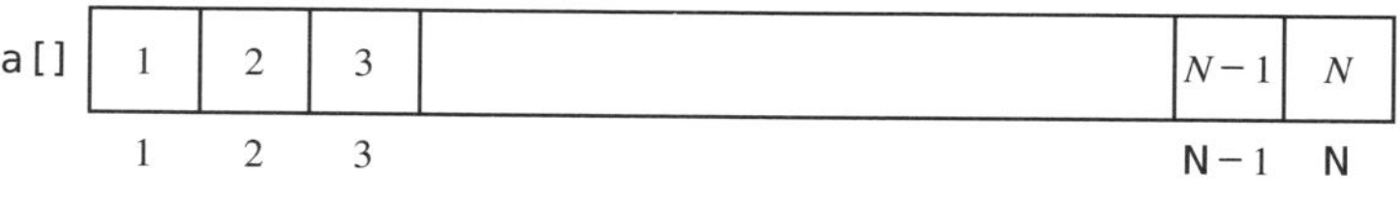

図 1.11

1～$N-1$の範囲の乱数jを得る．これを添字とする配列a[j]とa[N]を交換する．a[N]項の順列はこれで確定.

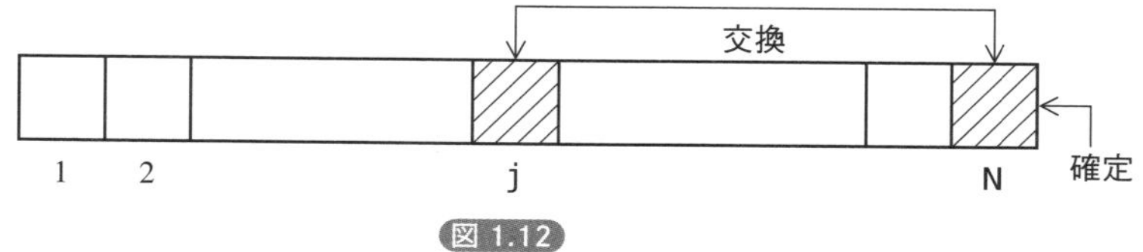

図 1.12

1～$N-2$の範囲の乱数jを得る．これを添字とする配列a[j]とa[N-1]を交換する．a[N-1]項の順列はこれで確定.

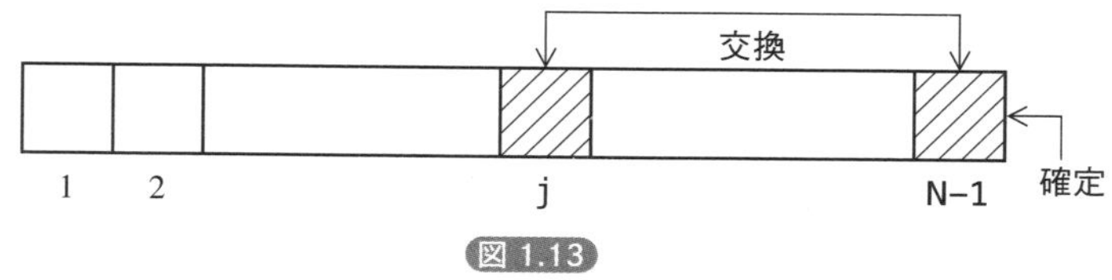

図 1.13

同様な処理を添字2まで繰り返す.

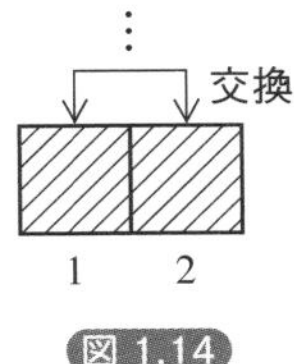

図 1.14

このアルゴリズムでは繰り返し回数は2*N*となる.

プログラム Dr4

```
/*
 * -----------------------------------
 *        ランダムな順列（改良版）        *
 * -----------------------------------
 */

#include <stdio.h>
#include <stdlib.h>

#define N 20

int irnd(int);

void main(void)
{
    int i,j,d,a[N+1];

    for (i=1;i<=N;i++)
        a[i]=i;

    for (i=N;i>1;i--){
        j=irnd(i-1);
        d=a[i];a[i]=a[j];a[j]=d;
    }

    for (i=1;i<=N;i++)
        printf("%d ",a[i]);
    printf("¥n");
}
int irnd(int n)         // 1～nの乱数
{
    return (int)(rand()/(RAND_MAX+0.1)*n+1);
}
```

実行結果

```
6 3 16 17 20 12 18 14 15 2 8 10 19 5 7 9 13 4 11 1
```

1-5 モンテカルロ法

例題 5 πを求める

モンテカルロ法を用いてπの値を求める.

ある問題を数値計算で解くのではなく，確率（乱数）を用いて解くことをモンテカルロ法という．円周率πをこの方法で求めるには次のようにする．

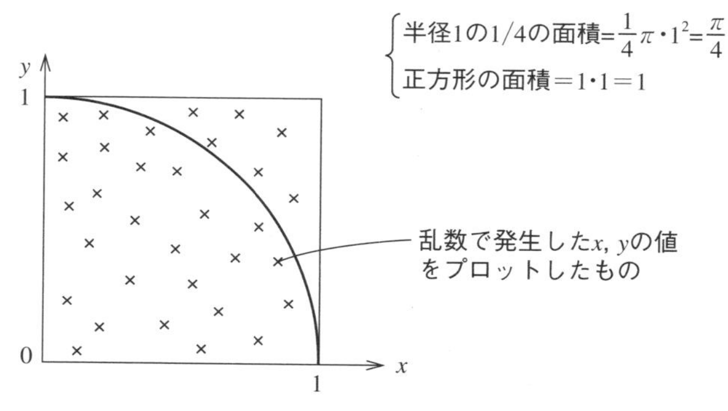

図 1.15 乱数のプロット

0～1の一様実数乱数を2つ発生させ，それらをx，yとする．こうした乱数の組をいくつか発生させると，1×1の正方形の中に，(x, y)で示される点は均一にばらまかれると考えられる．

したがって，正方形の面積と1/4円の面積の比は，そこにばらまかれた乱数の数に比例するはずである．

今，1/4円の中にばらまかれた乱数の数をa，円外にばらまかれた乱数の数をbとすると，次の関係が成立する．

$$\frac{\pi}{4}:1=a:a+b$$

$$\therefore \pi=\frac{4a}{a+b}=\frac{4a}{n}$$ nは発生した乱数の総数

プログラム Rei5

```
/*
 * ---------------------------------
 *      モンテカルロ法によるπの計算     *
 * ---------------------------------
 */

#include <stdio.h>
#include <stdlib.h>

#define NUM 1000

double rnd(void);

void main(void)
{
    double x,y,pai;
    int i,in=0;

    for (i=0;i<NUM;i++){
        x=rnd();
        y=rnd();
        if (x*x+y*y<=1)
            in++;
    }
    pai=(double)4*in/NUM;
    printf("πの値=%f¥n",pai);
}
double rnd(void)         // 0～1の乱数
{
    return (double)rand()/(RAND_MAX+0.1);
}
```

実行結果

```
πの値=3.112000
```

円周率の本当の値は3.141592…であるから，ここで得られた値はそれほど正確というわけではない．値の正確さは，乱数をふる回数を増やすことより，rnd()による乱数がより均一にばらまかれることの方に強く依存する．一様乱数の一様性の検定については**2章2-1**を参照．

❗ 同じ乱数系列をとらないようにするためにはsrand関数を用いて以下のようにする．

```
srand((unsigned)time(NULL));
```

time関数はtime.hでプロトタイプ宣言されているので，このヘッダーファイルをインクルードする．

練習問題 5 面積を求める

モンテカルロ法を用いて，楕円の面積を求める．

$$\frac{x^2}{4} + y^2 = 1$$

で示される楕円の面積をモンテカルロ法で求める．

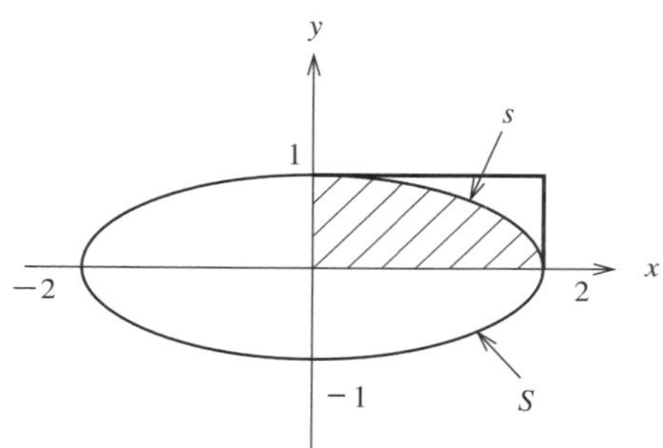

図 1.16 楕円の面積

xに0～2の乱数，yに0～1の乱数を対応させ，2×1の長方形の中に均一にばらまく．1/4の楕円（図の斜線部）の中に入った乱数の数をa，乱数の総数をn，1/4の楕円の面積をsとすると，

$$2 : s = n : a$$

$$\therefore s = \frac{2a}{n}$$

となり，求める楕円の面積Sは

$$S = 4 \cdot s = 4 \cdot \frac{2a}{n}$$

となる．

プログラム Dr5

```
/*
 * ------------------------------------
 *        モンテカルロ法による面積の計算       *
 * ------------------------------------
 */

#include <stdio.h>
#include <stdlib.h>

#define NUM 1000

double rnd(void);

void main(void)
{
    double x,y,s;
    int i,in=0;

    for (i=0;i<NUM;i++){
        x=2*rnd();
        y=rnd();
        if (x*x/4+y*y<=1)
            in++;
    }
    s=4.0*(2.0*in/NUM);
    printf("楕円の面積=%f¥n",s);
}
double rnd(void)
{
    return (double)rand()/(RAND_MAX+0.1);
}
```

実行結果

```
楕円の面積=6.224000
```

モンテカルロ

フランスとイタリアの国境線に挟まれた小さな国，モナコ公国の首都がモンテカルロである．ここはギャンブルの街として有名である．

数値計算のような正確な方法ではなく，乱数を用いた一種の賭けのような方法で問題を解くことからモンテカルロ法という名前が付けられた．

πの歴史

アルキメデス（Archimedes：287～212B.C.）は

$$\frac{223}{71} = 3.140845 < \pi < \frac{22}{7} = 3.1428571$$

とした．

マチン（Machin：1685～1754）は，

$$\pi = 4 \cdot \left\{ 4 \cdot \left(\frac{1}{5} - \frac{1}{3 \cdot 5^3} + \frac{1}{5 \cdot 5^5} - \cdots \right) - \left(\frac{1}{239} - \frac{1}{3 \cdot 239^3} + \frac{1}{5 \cdot 239^5} - \cdots \right) \right\}$$

という公式を用いて100桁まで計算した．長いπ（**2章2-7**）参照．

第1章　ウォーミング・アップ

1-6 ユークリッドの互除法

例題 6 ユークリッドの互除法（その1）

2つの整数m, nの最大公約数をユークリッド（Euclid）の互除法を用いて求める.

たとえば，24と18の最大公約数は，一般には次のようにして求める.

```
2)24  18
  ------
3)12   9      Ans=2×3=6
  ------
   4   3
```

しかし，このように2とか3といった数を見つけだすことはコンピュータ向きではない．機械的な繰り返しで最大公約数を求める方法にユークリッド（Euclid）の互除法がある.

この方法は「2つの整数m, n（$m > n$）があったとき，mとnの最大公約数は$m-n$とnの最大公約数を求める方法に置き換えることができる」という原理に基づいている.

つまり，mとnの問題を$m-n$とnという小さな数の問題に置き換え，さらに，$m-n$とnについても同様なことを繰り返し，$m=n$となったときのm（nでもよい）が求める最大公約数である.

このことをアルゴリズムとしてまとめると次のようになる.

① mとnが等しくないあいだ以下を繰り返す.
　② $m > n$なら　　　$m = m - n$
　　そうでないなら　$n = n - m$
③ m（nでもよい）が求める最大公約数である.

$m = 24$，$n = 18$としてmとnの値をトレースしたものを以下に示す.

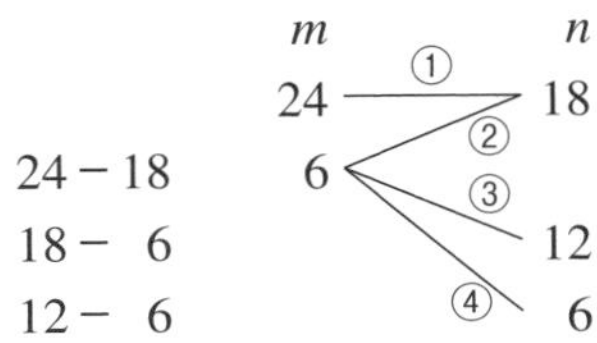

① 24と18の問題は
② 6と18の問題に置き換わり，さらに
③ 6と12の問題に置き換わり，さらに
④ 6と6の問題に置き換わる.
　ここで6=6なのでこれが答となる

図 1.17

プログラム Rei6

```
/*
 * -------------------------------
 *        ユークリッドの互除法        *
 * -------------------------------
 */

#include <stdio.h>

void main(void)
{
    int a,b,m,n;

    printf("二つの整数を入力してください ");
    scanf("%d %d",&a,&b);

    m=a; n=b;
    while (m!=n){
        if (m>n)
            m=m-n;
        else
            n=n-m;
    }
    printf("最大公約数=%d¥n",m);
}
```

実行結果

```
二つの整数を入力してください 128 72
最大公約数=8
```

練習問題 6 ユークリッドの互除法（その2）

mとnの差が大きいときは減算（$m-n$）の代わりに剰余（$m \% n$）を用いた方が効率がよい．この方法でmとnの最大公約数を求める．

剰余を用いたユークリッドのアルゴリズムは次のようになる．

① mをnで割った余りをkとする．

② mにnを，nにkを入れる．

③ kが0でなければ①に戻る．

④ mが求める最大公約数である．

$m=32$，$n=14$の場合の，m，n，kの値をトレースする．

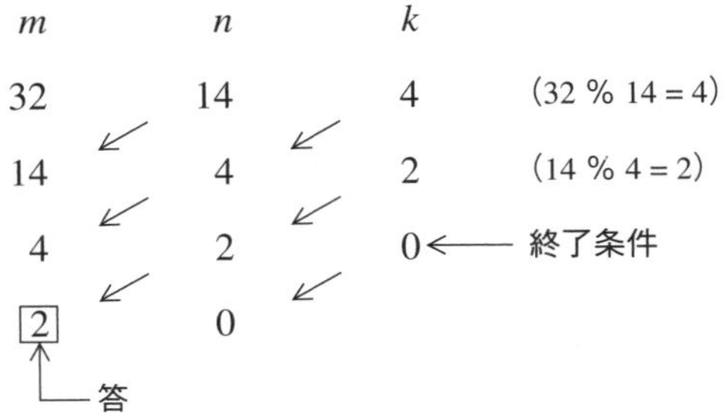

m	n	k	
32	14	4	(32 % 14 = 4)
14	4	2	(14 % 4 = 2)
4	2	0 ← 終了条件	
[2] ← 答	0		

図 1.18

プログラム Dr6

```
/*
 * -------------------------------
 *          ユークリッドの互除法          *
 * -------------------------------
 */

#include <stdio.h>

void main(void)
{
    int a,b,m,n,k;

    printf(" 二つの整数を入力してください ");
    scanf("%d %d",&a,&b);

    m=a; n=b;
    do{
        k=m % n;
        m=n; n=k;
    } while(k!=0);
    printf(" 最大公約数 =%d¥n",m);
}
```

実行結果

```
二つの整数を入力してください 128 72
最大公約数 =8
```

 ユークリッドの互除法の理論的裏付け

2つの整数をm, nとし，最大公約数をGとすると，

$$m = Gm',\ n = Gn'\ (m' と n' は互いに素)$$

と書ける．ここで，mとnの差は，

$$m - n = G(m' - n')$$

と表せる．このとき，$m' - n'$とn'は互いに素であるから，$m - n$とnの最大公約数はGである．

再帰的な解法については**4章4-1**参照．

第1章 ウォーミング・アップ

1-7 エラトステネスのふるい

例題 7 素数の判定

*n*が素数か否か判定する.

素数とは，1と自分自身以外には約数を持たない数のことで,

2, 3, 5, 7, 11,…

などが素数である．1は素数ではない.

*n*が素数であるか否かは, *n*が*n*以下の整数で割り切れるか否かを2まで繰り返し，割り切れるものがあった場合は，素数でないとしてループから抜ける．ループの最後までいっても割り切れる数がなかったら，その数は素数である.

なお，*n*を*n*/2以上の整数で割っても割り切れることはないので，調べる開始の値は*n*でなく*n*/2からでよいことは直感的にわかる.

数学的には$\sqrt{n}$からでよいことがわかっている.

プログラム Rei7

```
/*
 * ---------------------
 *        素数の判定        *
 * ---------------------
 */

#include <stdio.h>
#include <math.h>

void main(void)
{
    int i,n,Limit;

    while (printf("data? "),scanf("%d",&n)!=EOF){
        if (n>=2){
            Limit=(int)sqrt((double)n);
            for (i=Limit;i>1;i--){
                if (n%i == 0)
                    break;
            }
            if (i==1)
                printf("素数¥n");
            else
                printf("素数でない¥n");
        }
    }
}
```

実行結果

```
data? 5
素数
data? 2
素数
data? 991
素数
data? 21
素数でない
```

練習問題 7-1 2～*N*のすべての素数

2～*N*までの整数の中からすべての素数を求める.

例題7の考え方を用い，素数はprime[]に格納する.

プログラム Dr7_1

```
/*
 * ---------------------------------------
 *         2～Nの中から素数を拾い出す          *
 * ---------------------------------------
 */

#include <stdio.h>
#include <math.h>

#define NUM 1000

void main(void)
{
    int prime[NUM/2+1];
    int i,n,m=0,Limit;

    for (n=2;n<=NUM;n++){
        Limit=(int)sqrt((double)n);
        for (i=Limit;i>1;i--){
            if (n%i == 0)
                break;
        }
        if (i==1)
            prime[m++]=n;
    }

    printf("¥n 求められた素数 ¥n");
    for (i=0;i<m;i++)
        printf("%5d",prime[i]);
    printf("¥n");
}
```

実行結果

```
求められた素数
   2    3    5    7   11   13   17   19   23   29   31   37   41   43   47   53
  59   61   67   71   73   79   83   89   97  101  103  107  109  113  127  131
 137  139  149  151  157  163  167  173  179  181  191  193  197  199  211  223
 227  229  233  239  241  251  257  263  269  271  277  281  283  293  307  311
 313  317  331  337  347  349  353  359  367  373  379  383  389  397  401  409
 419  421  431  433  439  443  449  457  461  463  467  479  487  491  499  503
 509  521  523  541  547  557  563  569  571  577  587  593  599  601  607  613
 617  619  631  641  643  647  653  659  661  673  677  683  691  701  709  719
 727  733  739  743  751  757  761  769  773  787  797  809  811  821  823  827
 829  839  853  857  859  863  877  881  883  887  907  911  919  929  937  941
 947  953  967  971  977  983  991  997
```

練習問題 7-2 エラトステネスのふるい

練習問題7-1のアルゴリズムでは，繰り返し回数が $n\sqrt{n}/2$（平均値）となる．もう少し効率的に素数を求める方法として「エラトステネスのふるい」がある．この方法を用いて2～Nの中から素数をすべて求める．

エラトステネスのふるいのアルゴリズムは以下のようになる．

① 2～nの数をすべて「ふるい」に入れる．

②「ふるい」の中で最小数を素数とする．図1.19の▼印

③ 今求めた素数の倍数をすべて「ふるい」からはずす．図1.19で斜線を引いた数．

④ ②～③をnまで繰り返し「ふるい」に残った（斜線が引かれなかった）数が素数である．

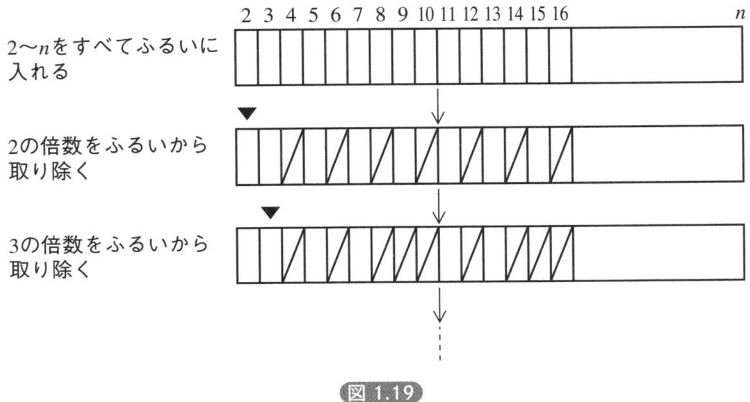

図 1.19

さて実際にプログラムするにあたって，ふるいとしてprime[2]～prime[n]という配列を用意し，2～nの数を「ふるい」に入れる操作をその配列の配列要素を1にすることにし，「ふるい」からはずす操作をその配列要素を0とすることにする．

プログラム Dr7_2

```
/*
 * -------------------------------------
 *          エラトステネスのふるい          *
 * -------------------------------------
 */

#include <stdio.h>
#include <math.h>

#define NUM 1000

void main(void)
{
    int prime[NUM+1];
    int i,j,Limit;

    for (i=2;i<=NUM;i++)
        prime[i]=1;

    Limit=(int)sqrt((double)NUM);
    for (i=2;i<=Limit;i++){
        if (prime[i]==1){
            for (j=2*i;j<=NUM;j++){
                if (j%i==0)
                    prime[j]=0;
            }
        }
    }
    printf("¥n 求められた素数 ¥n");
    for (i=2;i<=NUM;i++)
        if (prime[i]==1)
            printf("%5d",i);
    printf("¥n");
}
```

実行結果

```
求められた素数
   2   3   5   7  11  13  17  19  23  29  31  37  41  43  47  53
  59  61  67  71  73  79  83  89  97 101 103 107 109 113 127 131
 137 139 149 151 157 163 167 173 179 181 191 193 197 199 211 223
 227 229 233 239 241 251 257 263 269 271 277 281 283 293 307 311
 313 317 331 337 347 349 353 359 367 373 379 383 389 397 401 409
 419 421 431 433 439 443 449 457 461 463 467 479 487 491 499 503
 509 521 523 541 547 557 563 569 571 577 587 593 599 601 607 613
 617 619 631 641 643 647 653 659 661 673 677 683 691 701 709 719
 727 733 739 743 751 757 761 769 773 787 797 809 811 821 823 827
 829 839 853 857 859 863 877 881 883 887 907 911 919 929 937 941
 947 953 967 971 977 983 991 997
```

エラトステネス（Eratosthenes：275～194B.C.）

ギリシャの哲学者.

素因数分解

正の整数を素数の積に分解することを素因数分解という．たとえば，126 = 2・3・3・7と素因数分解できる．

nを素因数分解するアルゴリズムは以下の通りである．

① まず，nを2で割り切れなくなるまで繰り返し割っていく．その際，割り切れるたびに2を表示する．

② 割る数を3として同じことを繰り返し，以後4，5，6，…と続けていく．実際には素数についてだけ調べればよいのだが，素数表がないので手当たり次第に調べている．しかし，素数以外のもので割る場合は，それ以前にその数を素因数分解したときの素数（6なら2と3）ですでに割られているので，割り切れることはない．

③ 割る数をaとしたとき，$\sqrt{n} \geqq a \,(n \geqq a \times a)$ の間が②を繰り返す条件である．nの値も割られるたびに小さくなっている．

プログラム Dr7_3

```
/*
 * ------------------
 *      素因数分解      *
 * ------------------
 */

#include <stdio.h>

void main(void)
{
    int a,n;

    while (printf("Number ? "),scanf("%d",&n)!=EOF){
        a=2;
        while (n>=a*a){
            if (n % a ==0){
                printf("%d*",a);n=n/a;
            }
            else
                a++;
        }
        printf("%d¥n",n);
    }
}
```

実行結果

```
Number ? 126
2*3*3*7
Number ? 1200
2*2*2*2*3*5*5
Number ? 991
991
```

第2章

数値計算

- コンピュータ（電子計算機）は，元来数値計算を行う目的で開発されたものである．したがって，数値計算に関するアルゴリズムは最も早い時期から研究されており，理論的にもかなり体系化されている．
- この章では，関数の定積分を解析的に求めるのではなく，微小区間に分割して近似値として求める数値積分法，初等関数を無限級数で近似するテイラー展開，非線形方程式や連立方程式の解法，何組かのデータが与えられたとき，与えられた点以外の値を求める補間や最小二乗法，3.141592653589…1989のように1000桁のrの値を正確に求める多桁計算，OR（オペレーションズ・リサーチ）の分野である線形計画法，などについて説明する．

2-0 数値計算とは

狭い意味での「数値計算」は，方程式の解法，数値積分法などの「数値解析」を指すが，広い意味では，「統計解析」，「オペレーションズ・リサーチ」などを含める．

実験データから標準偏差や相関などの基礎統計量を計算することや，調査データを元に母集団を推測する事などが統計解析の分野である．

第二次世界大戦における戦術決定を，科学的，数学的手法で意志決定しようと研究されたのが，オペレーションズ・リサーチ（Operations Research：OR）の始めである．大戦後，ORの手法は企業経営の中にも採り入れられ，その真価を発揮するに至った．

「コンピュータによる数値計算の結果は正しいものである」と考えられがちであるが，コンピュータが扱うデータ型は無限桁を扱えるわけではなく，有限の桁（これを有効桁数といい，Double型で15～16桁）で計算している．このため，

丸め誤差（有効桁数にするために四捨五入するときに発生する）（2-2参照）

が発生する．繰り返し処理ではこの丸め誤差が計算結果に伝播し，拡大されることがあるので，計算手順を考慮しなければならない．

また，級数展開などによる近似式を用いた計算では，有限の繰り返しで結果を得なければならないため，途中で計算を打ち切る．このときに，

打ち切り誤差（2-3参照）

が発生する．さらに近い値どうしの減算を行ったときには，

桁落ち（2-3参照）

という問題も発生する．数値計算では，これらの誤差のことを頭に入れておかなければならない．

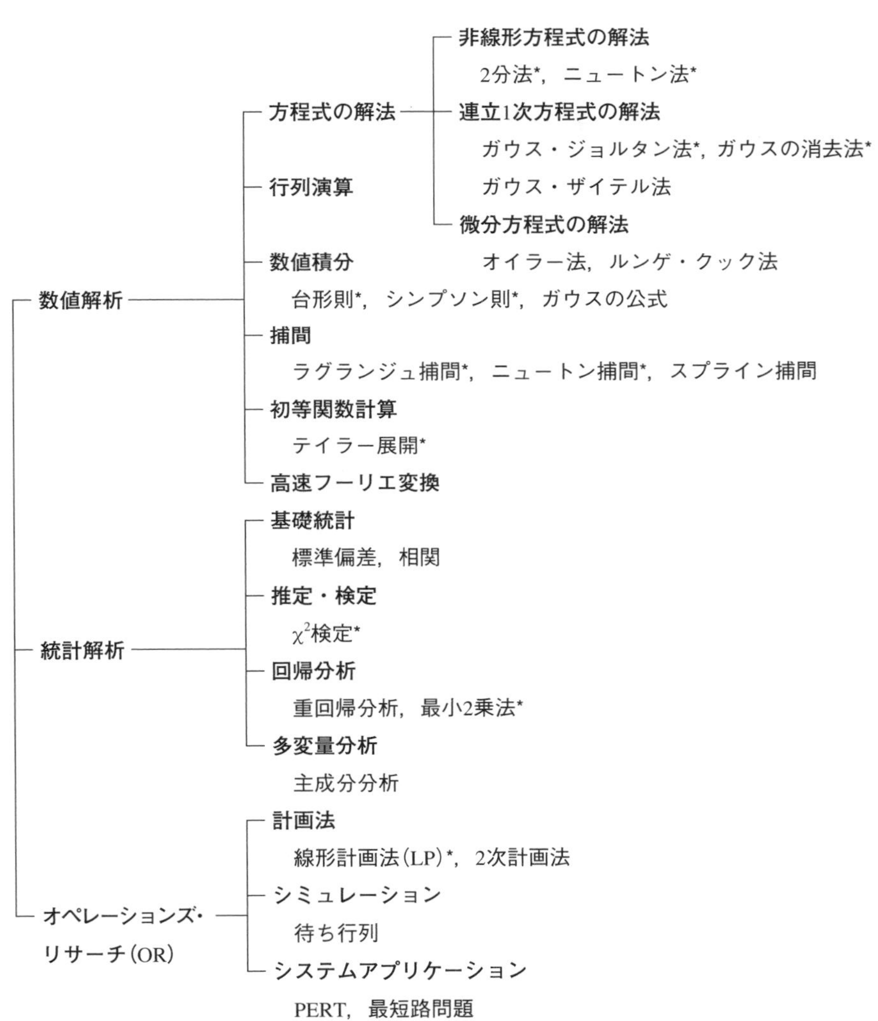

図 2.1 数値計算の各分野（*印はこの章で扱っているもの）

2-1 乱数

例題 8 一様乱数（線形合同法）

線形合同法を用いて，一様乱数を発生する.

乱数（random number）とは，何の規則性もなくでたらめに発生する数のことである．これに対し，計算によって求められた乱数を疑似乱数（pseudo-random number）という．計算による乱数で得られた数列は，いつかは同じ数になり，繰り返しが起こるが，この繰り返しサイクルが十分に大きければ実用的には乱数とみなしてよい．そこで疑似という言葉がついているのである.

コンピュータ言語ではそれぞれ乱数を発生させるライブラリ（関数）を持っているが，これらはすべて疑似乱数である.

疑似乱数を発生させるアルゴリズムはいくつか研究されているが，ここでは線形合同法という最もポピュ－ラな方法を示す.

適当な初期値x_0から始め，

$$x_n = (Ax_{n-1} + C) \bmod M$$

という式を使って，次々に0～Mの範囲の値を発生させる．A，C，Mは適当な整数．modは余りを求める演算子（C言語では%）．Mが2^n，Aが8で割って余り5の数，Cが奇数という条件で，0～$M-1$までの整数が周期Mで1回ずつ現れる．このように各値が均一（同じ出現頻度）に現れる乱数を一様乱数という．以下のプログラムでは$A = 109$，$C = 1021$，$M = 32768$，$x_0 = 13$を用いた.

プログラム Rei8

```
/*
 * -------------------------------
 *        一様乱数（線形合同法）      *
 * -------------------------------
 */

#include <stdio.h>

unsigned rndnum=13;            // 乱数の初期値

unsigned irnd(void);

void main(void)
{
```

```
    int j;
    for (j=0;j<100;j++){
        printf("%8d",irnd());
    }
    printf("¥n");
}
unsigned irnd(void)          // 0～32767の整数乱数
{
    rndnum=(rndnum*109+1021) % 32768;
    return rndnum;
}
```

実行結果

```
    2438    4619   12972    5945   26434   31511   27848   21797   17598   18659
    3236   26065   24058    1903   11840   13629   12022     699   11676   28521
   29618   18119    9912      85   10286    8083   30100    5121    2154    6431
   13872    5741    4198   32619   17548   13209   31778   24183   15528   22405
   18334     579   31364   11825   11994   30415    6688    9117   11734    2075
   30588   25545     146   16935   11928   23221    8974   28915    7028   13409
   20810    8319   23056   23757    1862    7371   18028   32761     258   29143
   31880    2533   14974   27555   22628    9873   28602    5679   30208   16893
    7350   15739   12636    2089   32114   28039    9848   25877    3566   29267
   12628    1217    2602   22495   28144   21293   28198   27179   14412   31833
```

VisualC++でのrand関数の作成例はP56参照.

練習問題 8-1 一様性の検定

例題8で作った乱数が，どのくらい均一にばらまかれているかをχ^2（カイ2乗）検定の手法で計算する.

乱数が1～Mの範囲で発生するとき，iという値の発生回数をf_i，iという値の発生期待値をF_iとすると，

$$\chi^2 = \sum_{i=1}^{M} \frac{(f_i - F_i)^2}{F_i}$$

という値を計算する.このχ^2の値が小さいほど均一にばらまかれていることを示す.

さて，$M = 10$とし，乱数を1000個発生させたときの期待値は，1000/10 = 100である．つまり10個の区間に1000個を均一にばらまけば，各区間にはそれぞれ100個がばらまかれることが期待されるということである.

以下のプログラムではχ^2の計算と，乱数のヒストグラムを求める.

プログラム Dr8_1

```
/*
 * ---------------------
 *       一様性の検定      *
 * ---------------------
 */

#include <stdio.h>

#define N 1000              // 乱数の発生回数
#define M 10                // 整数乱数の範囲
#define F (N/M)             // 期待値
#define SCALE (40.0/F)      // ヒストグラムの高さ（自動スケール）

unsigned rndnum=13;         // 乱数の初期値

unsigned irnd(void);
double rnd(void);

void main(void)
{
    int i,j,rank,hist[M+1];
    double e=0.0;

    for (i=1;i<=M;i++)
        hist[i]=0;

    for (i=0;i<N;i++){
        rank=(int)(M*rnd()+1);          // 1～Mの乱数を1つ発生
        hist[rank]++;
    }

    for (i=1;i<=M;i++){
        printf("%3d:%3d ",i,hist[i]);
        for (j=0;j<hist[i]*SCALE;j++)     // ヒストグラムの表示
            printf("*");
        printf("¥n");

        e=e+(double)(hist[i]-F)*(hist[i]-F)/F;      // χ2の計算
    }
    printf("χ2=%f¥n",e);
}
unsigned irnd(void)     // 0～32767の整数乱数
{
    rndnum=(rndnum*109+1021) % 32768;
    return rndnum;
}
double rnd(void)          // 0～1未満の実数乱数
{
    return irnd()/32767.1;
}
```

この結果を基にχ^2検定の手法で検定すると以下のようになる．

乱数の範囲が1～10の場合（区間幅10），自由度$\phi = 10 - 1 = 9$である．χ^2分布表（統計解析の書物を参照）より，自由度9，危険率$\alpha = 0.01$のχ_0^2の値を求めると，$\chi_0^2 = 21.7$である．

したがって，計算したχ^2の値が2.08で，$\chi^2 < \chi_0^2$を満たすから，発生した乱数は，危険率1%で，一様に分布していると判定できる．

なお，区間幅（Mの値）が大きくなれば当然ながらχ^2の値は大きくなる．

実行結果

```
  1:101 ****************************************
  2: 98 ***************************************
  3: 96 **************************************
  4:107 ******************************************
  5:100 ***************************************
  6: 94 *************************************
  7:101 ****************************************
  8:104 *****************************************
  9:106 ******************************************
 10: 93 *************************************
χ2=2.080000
```

練習問題 8-2 正規乱数（ボックス・ミュラー法）

正規乱数をボックス・ミュラー法により発生する．

乱数を用いたシミュレーションでは，一様乱数以外の乱数も必要になる．ここでは，正規乱数をボックス・ミュラー法により発生させる．

正規分布$N(m, \sigma^2)$は次のような分布になる．

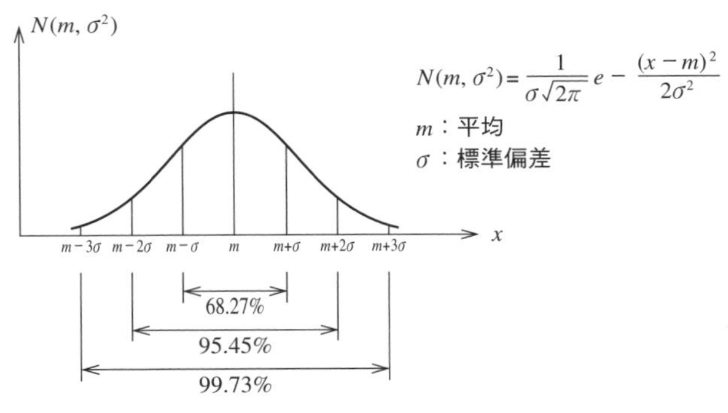

図 2.2 正規分布

この平均m，標準偏差σの正規分布$N(m, \sigma^2)$に従う乱数は，ボックス・ミュラー法を用いると，2個の一様乱数r_1，r_2を用いて

$$x = \sigma \sqrt{-2\log r_1} \cos 2\pi r_2 + m$$

$$y = \sigma \sqrt{-2\log r_1} \sin 2\pi r_2 + m$$

で得られる．

プログラム Dr8_2

```
/*
 * ----------------------------------------
 *          正規乱数（ボックス・ミュラー法）      *
 * ----------------------------------------
 */

#include <stdio.h>
#include <math.h>
#include <stdlib.h>

void brnd(double,double,double *,double *);

void main(void)
{
    int i,j,hist[100];
    double x,y;

    for (i=0;i<100;i++)
        hist[i]=0;

    for (i=0;i<1000;i++){
        brnd(2.5,10.0,&x,&y);
        hist[(int)x]++;
        hist[(int)y]++;
    }

    for (i=0;i<=20;i++){            // ヒスト・グラムの表示
        printf("%3d : I ",i);
        for (j=1;j<=hist[i]/10;j++){
            printf("*");
        }
        printf("¥n");
    }
}
void brnd(double sig,double m,double *x,double *y)
{
    double r1,r2;
    r1=rand()/(RAND_MAX+0.1); r2=rand()/(RAND_MAX+0.1);
    *x=sig*sqrt(-2*log(r1))*cos(2*3.14159*r2)+m;
    *y=sig*sqrt(-2*log(r1))*sin(2*3.14159*r2)+m;
}
```

実行結果

```
 0 : I
 1 : I
 2 : I
 3 : I *
 4 : I ***
 5 : I *****
 6 : I ************
 7 : I ******************
 8 : I ***************************
 9 : I ********************************
10 : I ******************************
11 : I *************************
12 : I *******************
13 : I *************
14 : I ******
15 : I **
16 : I *
17 : I
18 : I
19 : I
20 : I
```

参考 各種乱数

コンピュータの乱数は一様乱数が基本となり，この一様乱数を用いて，正規乱数，二項乱数，ポアソン乱数，指数乱数，ワイブル乱数，ガンマ乱数などの各種乱数を作ることができる．

● 参考図書：『パソコン統計解析ハンドブックⅠ基礎統計編』脇本和昌，垂水共之，田中豊編，共立出版

参考 一様性の検定

線形合同法による乱数は1個ずつ使えば，かなり一様であるが，いくつか組にして使えば，あまり一様とならない．このため，**例題5**で求めたπの値はあまり正確ではない．

線形合同法よりよいとされる乱数にM系列乱数MersenneTwiste(MT)がある．MTはhttp://www.math.sci.hiroshima-u.ac.jp/m-mat/MT/mt.htmlを参照．

● 参考図書：『C言語によるアルゴリズム事典』奥村晴彦，技術評論社

合同

2つの数aとbがあり，これをcで割ったときの余りが同じならaとbは合同であるといい，

$$a \equiv b \pmod{c}$$

と書く．これを合同式といい，数学者ガウスが考え出した．線形合同法の合同はこの意味．

VisualC++でのrand関数の作成例

VisualC++では，A，C，Mとして以下のような値を用いてrand関数を作成している．**例題8**より乱数の質は高い．

http://mailsrv.nara-edu.ac.jp/~asait/random.htmを参考にした．

```
unsigned rndnum=1;      // 乱数の初期値
unsigned irnd(void)     // 0 ～ 32767 の整数乱数
{
    rndnum=(rndnum*214013+2531011)%2147483648;
    return rndnum/65536;
}
```

2-2 数値積分

例題 9 台形則による定積分

関数$f(x)$の定積分$\int_a^b f(x)dx$を台形則により求める.

関数$f(x)$の定積分を解析的（数学の教科書に出ている方法）に数式として求めるのではなく，微小区間に分割して近似値として求める方法を数値積分という.

台形則により，$\int_a^b f(x)dx$を求める方法を示す.

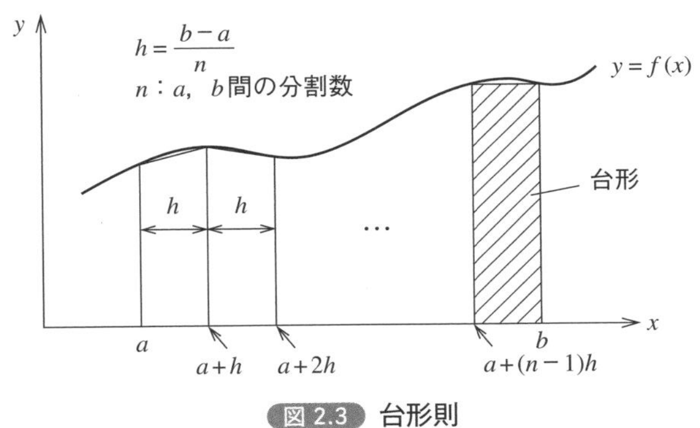

図 2.3 台形則

上図に示すように，a，b区間をn個の台形に分割し，各台形の面積を合計すると，

$$\int_a^b f(x)dx = \frac{h}{2}\Big(f(a)+f(a+h)\Big)+\frac{h}{2}\Big(f(a+h)+f(a+2h)\Big)$$
$$+\frac{h}{2}\Big(f(a+2h)+f(a+3h)\Big)+\cdots+\frac{h}{2}\Big(f\left(a+(n-1)h\right)+f(b)\Big)$$
$$= h\left\{\frac{1}{2}\Big(f(a)+f(b)\Big)+f(a+h)+f(a+2h)+\cdots+f\left(a+(n-1)h\right)\right\}$$

となる.

プログラム Rei9

```
/*
 * -------------------------
 *       台形則による定積分      *
 * -------------------------
 */

#include <stdio.h>
#include <math.h>

#define f(x) (sqrt(4-(x)*(x)))   // 被積分関数

void main(void)
{
    int k;
    double a,b,n,h,x,s,sum;

    printf(" 積分区間 A,B ? ");
    scanf("%lf %lf",&a,&b);

    n=50;             // a～b間の分割数
    h=(b-a)/n;        // 区間幅
    x=a; s=0;
    for (k=1;k<=n-1;k++){
        x=x+h;
        s=s+f(x);
    }
    sum=h*((f(a)+f(b))/2+s);
    printf("   /%f¥n",b);
    printf("   |  sqrt(4-x*x) =%f¥n",sum);
    printf("   /%f¥n",a);
}
```

実行結果

```
積分区間 A,B ? 0 2
   /2.000000
   |  sqrt(4-x*x) =3.138269
   /0.000000
```

練習問題 9 シンプソン則による定積分

関数$f(x)$の定積分$\int_a^b f(x)dx$をシンプソン則により求める.

台形則ではx_0～x_2の微小区間を直線で近似しているのに対し，シンプソン則では2次曲線を用いて近似する.

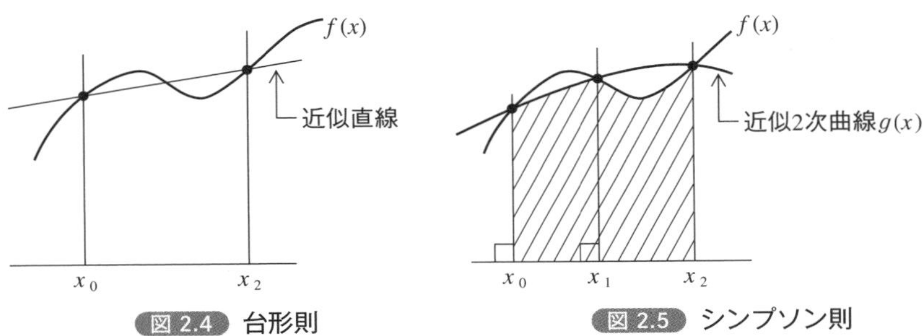

図 2.4 台形則　　図 2.5 シンプソン則

$(x_0, f(x_0))$，$(x_1, f(x_1))$，$(x_2, f(x_2))$の3点を通る二次曲線の方程式$g(x)$は，

$$g(x)=\frac{(x-x_1)(x-x_2)}{(x_0-x_1)(x_0-x_2)}f(x_0)+\frac{(x-x_0)(x-x_2)}{(x_1-x_0)(x_1-x_2)}f(x_1)+\frac{(x-x_0)(x-x_1)}{(x_2-x_0)(x_2-x_1)}f(x_2)$$

として表せる．この$g(x)$のx_0～x_2の間の積分値は数学的に，

$$\int_{x_0}^{x_2} g(x)dx=\frac{h}{3}\Big(f(x_0)+4f(x_1)+f(x_2)\Big)$$

と表せる．ただし，$h=x_1-x_0=x_2-x_1$である．これをa～bの区間にわたって適用すると，

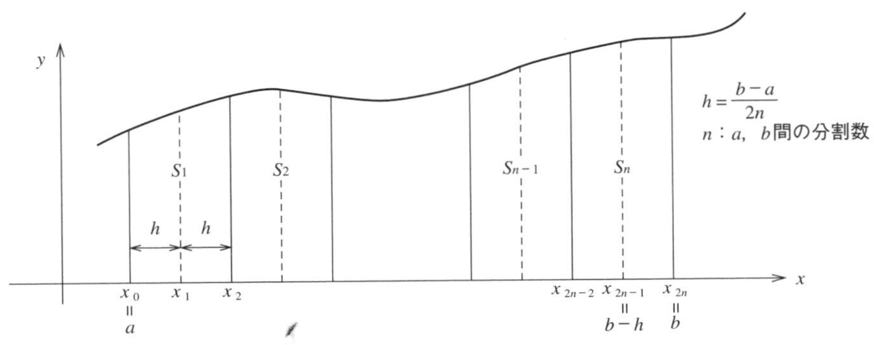

図 2.6 シンプソン則

$$\int_a^b f(x)dx = \frac{h}{3}\Big\{f(x_0) + 4f(x_1) + 2f(x_2) + 4f(x_3) + 2f(x_4) + \cdots$$
$$+ 2f(x_{2n-2}) + 4f(x_{2n-1}) + f(x_{2n})\Big\}$$
$$= \frac{h}{3}\Big\{f(x_0) + f(x_{2n}) + 4\big(f(x_1) + f(x_3) + \cdots + f(x_{2n-3}) + f(x_{2n-1})\big)$$
$$+ 2\big(\underbrace{f(x_2) + f(x_4) + \cdots + f(x_{2n-2})}_{n-1\text{個}}\big)\Big\}$$

↑奇数項にはこの項が1つ多くある

となる．ただし，$h = (b - a) / 2n$である．

プログラムするにあたっては，奇数項の合計f_oと偶数項の合計f_eをそれぞれ求め，

$$\frac{h}{3}\Big\{f(a) + f(b) + 4\big(f_o + f(b-h)\big) + 2f_e\Big\}$$

で求めればよい．$f(b-h)$は奇数項の1つ余分な項$f(x_{2n-1})$である．

プログラム **Dr9**

```
/*
 * ---------------------------
 *        シンプソンの定積分        *
 * ---------------------------
 */

#include <stdio.h>
#include <math.h>

#define f(x) (sqrt(4-(x)*(x)))    // 被積分関数

void main(void)
{
    int k;
    double a,b,n,h,fo,fe,sum;

    printf("積分区間 A,B ? ");
    scanf("%lf %lf",&a,&b);

    n=50;                   // a～b間の分割数
    h=(b-a)/(2*n);          // 区間幅
    fo=0; fe=0;
    for (k=1;k<=2*n-3;k=k+2){
        fo=fo+f(a+h*k);
        fe=fe+f(a+h*(k+1));
    }
    sum=(f(a)+f(b)+4*(fo+f(b-h))+2*fe)*h/3;
    printf("    /%f¥n",b);
    printf("    |  sqrt(4-x*x) =%f¥n",sum);
    printf("    /%f¥n",a);
}
```

実行結果

```
積分区間 A,B ? 0 2
   /2.000000
   |  sqrt(4-x*x) =3.141133
   /0.000000
```

参考 数値積分の公式

数値積分の公式として以下のものがよく知られている.

- ニュートン・コーツ(Newton-Cotes)系の公式（区間を等間隔に分割する方式）
  - 直線近似
    - 台形則
    - 中点則
  - 2次曲線近似 ―― シンプソン則
- チェビシェフ(Chebyshev)の公式（区間を不等間隔で重みを一定にする方式）
- ガウス(Gauss)の公式（区間を不等間隔で重みも一定でない方式. もっとも精度が高い方式）

● 参考図書：『FORTRAN77による数値計算入門』坂野匡弘，オーム社

中点則について以下に示す.

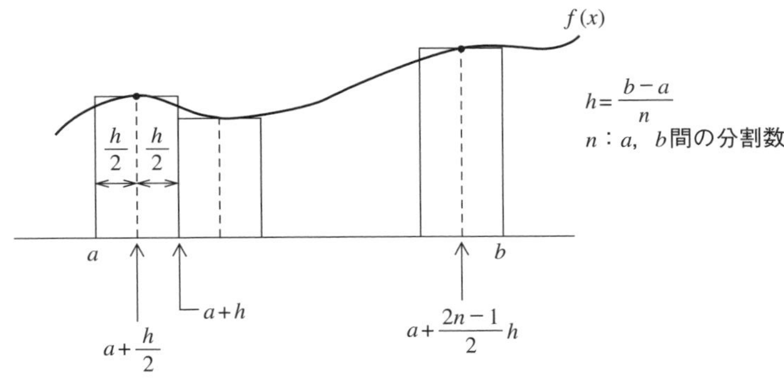

$$\int_a^b f(x)dx = h\left\{f(a+\frac{h}{2})+f(a+\frac{3}{2}h)+\cdots f(a+\frac{2n-1}{2}h)\right\}$$

図 2.7 中点則

$$
\begin{aligned}
&\text{台形則の誤差} &\leqq& -\frac{b-a}{12}h^2 f''(\xi) \approx -\frac{1}{12}h^2\left(f'(b)-f'(a)\right)\\
&\text{中点則の誤差} &\leqq& \frac{b-a}{24}h^2 f''(\xi) \approx \frac{1}{24}h^2\left(f'(b)-f'(a)\right)\\
&\text{シンプソン則の誤差} &\leqq& -\frac{b-a}{180}h^4 f''''(\xi)
\end{aligned}
$$

ただし，　$h = \dfrac{b-a}{n}$，ξはa～bの適当な値

単純には，誤差は台形則＞中点則＞シンプソン則という順序であるが，関数の形状（凸関数，凹関数，周期関数など）により多少異なる．周期関数の1周期にわたる積分では，台形則，中点則はきわめて高い精度が得られる．

台形則，中点則の誤差のオーダーは$h^2((b-a)^2/n^2)$であるから，分割数を10倍にすれば1/100のオーダーで制度が高くなることを示している．

しかし，コンピュータの有効桁数を越す精度は得られないので，分割数を過度に大きくし過ぎると，逆に丸め誤差（有効桁数になるよう四捨五入するときに計算機内部で発生する）が蓄積され，逆に精度が落ちるので注意すること．

● 参考図書：『岩波講座情報科学18 数値計算』森正武，名取亮，鳥居達生，岩波書店

数値積分によるπの値

πを求めるのに

① $\displaystyle\int_0^2 \sqrt{4-x^2}\,dx$　　② $\displaystyle\int_0^1 \frac{4}{1+x^2}dx$

という2つの関数について台形則を用いて分割数nを変えた場合の結果を以下に示す．

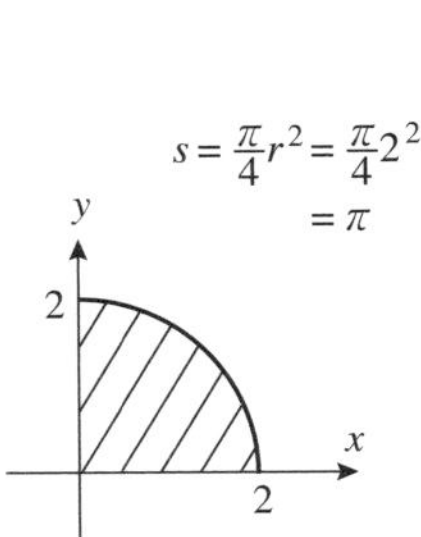

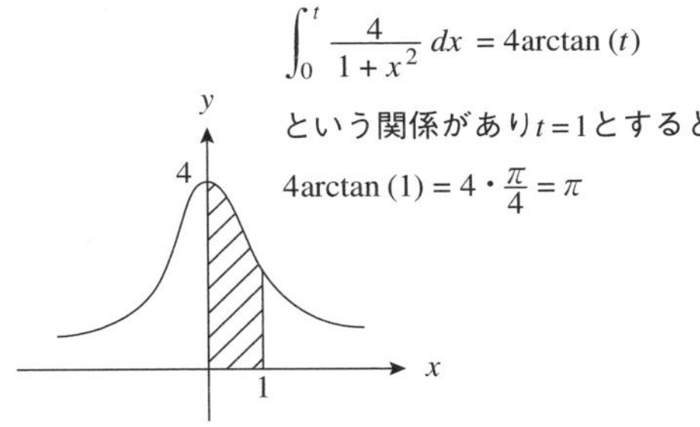

図 2.8 πの値

	n	π
$\int_0^2 \sqrt{4-x^2}dx$	50	3.138269
	100	3.140417
	500	3.141487
	1000	3.141555
	2000	3.141580
	5000	3.141589
	10000	3.141591
	20000	3.141592

表 2.1

	n	π	誤差$1/6n^2$
$\int_0^1 \frac{4}{1+x^2}dx$	10	3.139926	0.0017
	50	3.141526	0.000067
	100	3.141576	0.000017
	200	3.141588	0.000004167
	300	3.141591	0.000001852
	400	3.141592	0.000001042
	500	3.141592	0.00000067

表 2.2

誤差の上限は先の式の $-\frac{1}{12}h^2(f'(b)-f'(a))$ で求めればよいわけだが，$\sqrt{4-x^2}$ は $f'(b)$ で∞になり計算できない．つまり，誤差はかなり大きくなることを示している．$4/(1+x^2)$ について計算すると，

$$\left(\frac{4}{1+x^2}\right)' = \frac{-8x}{(1+x^2)^2}$$

であるから，

$$-\frac{1}{12}h^2\left(f'(b)-f'(a)\right) = -\frac{h^2}{12}(-2-0) = \frac{h^2}{6} = \frac{1}{6}\frac{(b-a)^2}{n^2} = \frac{1}{6n^2}$$

となる．

2-3 テイラー展開

例題 10 e^x

e^xをテイラー展開を用いて計算する．

e^xをテイラー（Taylor）展開すると次のようになる．

$$e^x = \underbrace{\underbrace{1 + \frac{x}{1!} + \frac{x^2}{2!} + \frac{x^3}{3!} + \cdots + \frac{x^{k-1}}{(k-1)!}}_{d} + \frac{x^k}{k!}}_{s} + \cdots$$

上の式は無限級数となるので，実際の計算においては有限回で打ち切らなければならない．打ち切る条件は，$k-1$項までの和をd，k項までの和をsとしたとき，

$$\frac{|s-d|}{|d|} < EPS$$

となったときである．$|s-d|$を打ち切り誤差，$|s-d|/|d|$を相対打ち切り誤差という．EPSの値は必要な精度に応じて適当に設定する．$EPS = 1e-8$とすれば，精度は8桁程度であると考えてよい．

プログラム Rei10

```
/*
 * ----------------------------------
 *        テイラー展開 (e x p (x))      *
 * ----------------------------------
 */

#include <stdio.h>
#include <math.h>

double myexp(double);

void main(void)
{
    double x;
    printf("    x      myexp(x)        exp(x)¥n");
    for (x=0;x<=40;x=x+10)
        printf("%5.1f%14.6g%14.6g¥n",x,myexp(x),exp(x));
}
double myexp(double x)
{
    double EPS=1e-08;
    double s=1.0,e=1.0,d;
```

```
    int k;

    for (k=1;k<=200;k++) {
        d=s;
        e=e*x/k;
        s=s+e;
        if (fabs(s-d)<EPS*fabs(d))          // 打ち切り誤差
            return s;
    }
    return 0.0;     // 収束しないとき
}
```

実行結果

```
    x        myexp(x)          exp(x)
  0.0               1               1
 10.0         22026.5         22026.5
 20.0  4.85165e+008  4.85165e+008
 30.0  1.06865e+013  1.06865e+013
 40.0  2.35385e+017  2.35385e+017
```

練習問題 10-1 負の値版 e^x

e^x の x が負の場合にも対応できるようにする.

一般にテイラー展開はその中心に近いところではよい近似を与えるが, 中心から離れると誤差が大きくなる.

特に e^x における x が負の値の場合のようなときは, 真値に対してきわめて大きな数の加算, 減算を繰り返すことになり, 桁落ちを生じるので誤差はきわめて大きくなる.

例題10のプログラムで e^{-40} を計算すると, 124項で収束し,

$$
\begin{aligned}
e^{-40} &= 1-40+800-10666+106666-853333+\cdots \\
&\fallingdotseq -0.395571
\end{aligned}
$$

となり, 真値 4.248354×10^{-18} とはまったく異なる値になってしまう. そこで x が負の場合は,

$$
e^{-x}=\frac{1}{e^x}
$$

として求める.

プログラム Dr10_1

```
/*
 * ---------------------------------------------
 *      テイラー展開（e x p （x）改良版）     *
 * ---------------------------------------------
 */

#include <stdio.h>
#include <math.h>

double myexp(double);

void main(void)
{
    double x;
    printf("    x       myexp(x)        exp(x)\n");
    for (x=-40;x<=40;x=x+10)
        printf("%5.1f%14.6g%14.6g\n",x,myexp(x),exp(x));
}
double myexp(double x)
{
    double EPS=1e-08;
    double s=1.0,e=1.0,d,a;
    int k;

    a=fabs(x);
    for (k=1;k<=200;k++){
        d=s;
        e=e*a/k;
        s=s+e;
        if (fabs(s-d)<EPS*fabs(d)){       // 打ち切り誤差
            if (x>0)
                return s;
            else
                return 1.0/s;
        }
    }
    return 0.0;         // 収束しないとき
}
```

実行結果

```
    x       myexp(x)        exp(x)
-40.0  4.24835e-018  4.24835e-018
-30.0  9.35762e-014  9.35762e-014
-20.0  2.06115e-009  2.06115e-009
-10.0  4.53999e-005  4.53999e-005
  0.0             1             1
 10.0       22026.5       22026.5
 20.0  4.85165e+008  4.85165e+008
 30.0  1.06865e+013  1.06865e+013
 40.0  2.35385e+017  2.35385e+017
```

練習問題 10-2 $\cos x$

$\cos x$をテイラー展開により求める.

$$\cos x = 1 - \frac{x^2}{2!} + \frac{x^4}{4!} - \frac{x^6}{6!} + \cdots$$

テイラー展開は展開の中心に近いところでよい近似を与えるので，xの値は0〜2πの範囲に収まるように補正して計算すること.

プログラム Dr10_2

```
/*
 * ------------------------------------
 *        テイラー展開 (c o s (x))     *
 * ------------------------------------
 */

#include <stdio.h>
#include <math.h>

double mycos(double);

void main(void)
{
    double x,rd=3.14159/180;
    printf("    x      mycos(x)         cos(x)¥n");
    for (x=0;x<=180;x=x+10)
        printf("%5.1f%14.6f%14.6f¥n",x,mycos(x*rd),cos(x*rd));
}
double mycos(double x)
{
    double EPS=1e-08;
    double s=1.0,e=1.0,d;
    int k;

    x=fmod(x,2*3.14159265358979);    // xの値を0～2πに収める
    for (k=1;k<=200;k=k+2) {
        d=s;
        e=-e*x*x/(k*(k+1));
        s=s+e;
        if (fabs(s-d)<EPS*fabs(d))      // 打ち切り誤差
            return s;
    }
    return 9999.0;          // 収束しないとき
}
```

実行結果

```
     x         mycos(x)         cos(x)
   0.0         1.000000        1.000000
  10.0         0.984808        0.984808
  20.0         0.939693        0.939693
  30.0         0.866026        0.866026
  40.0         0.766045        0.766045
  50.0         0.642788        0.642788
  60.0         0.500001        0.500001
  70.0         0.342021        0.342021
  80.0         0.173649        0.173649
  90.0         0.000001        0.000001
 100.0        -0.173647       -0.173647
 110.0        -0.342019       -0.342019
 120.0        -0.499998       -0.499998
 130.0        -0.642786       -0.642786
 140.0        -0.766043       -0.766043
 150.0        -0.866024       -0.866024
 160.0        -0.939692       -0.939692
 170.0        -0.984807       -0.984807
 180.0        -1.000000       -1.000000
```

マクローリン展開

$f(x)$の$x = a$におけるテイラー展開は

$$f(x) = f(a) + f'(a)\frac{(x-a)}{1!} + f''(a)\frac{(x-a)^2}{2!} + \cdots$$

となり，$a = 0$における展開を特にマクローリン（Maclaurin）展開といい，

$$f(x) = f(0) + f'(0)\frac{x}{1!} + f''(0)\frac{x^2}{2!} + \cdots$$

となる．たとえばe^xをマクローリン展開すると，$f(x) = e^x$とおけば，$f'(x) = f''(x) = \cdots = e^x$となるから，$f(0) = f'(0) = f''(0) = \cdots = 1$となる．したがって，

$$e^x = 1 + \frac{x}{1!} + \frac{x^2}{2!} + \cdots$$

が導かれる．

マクローリン展開の例.

$$\sinh x = x - \frac{x^3}{3!} + \frac{x^5}{5!} - \cdots$$

$$\cosh x = 1 + \frac{x^2}{2!} + \frac{x^4}{4!} + \cdots$$

$$\sinh x = x + \frac{x^3}{3!} + \frac{x^5}{5!} + \cdots$$

桁落ち

8桁の有効桁数で，1234567.7 + 0.1456 − 1234567.9という計算を考えてみる.

1234567.7 + 0.1456の計算結果は1234567.8となり，真値（1234567.8456）に対し大きな誤差はないが，1234567.8 − 1234567.9の計算結果は − 0.1となり真値（− 0.0544）に対し約50%もの誤差となる.

このように上位の正しい桁が減算によりなくなった場合，それまで小さかった誤差が相対的に増大してしまう現象を桁落ちという.

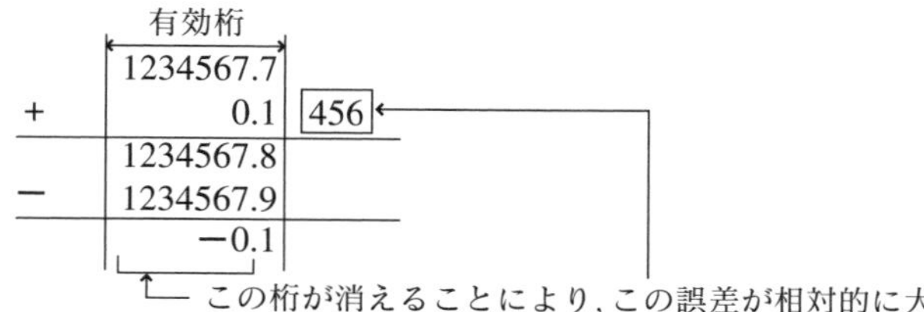

2-4 非線形方程式の解法

例題 11 2分法

方程式$f(x)=0$の根（解）を2分法により求める．

1次方程式（つまりグラフ上で直線）以外の方程式を非線形方程式と呼ぶ．このような方程式の根を求める方法に2分法がある．

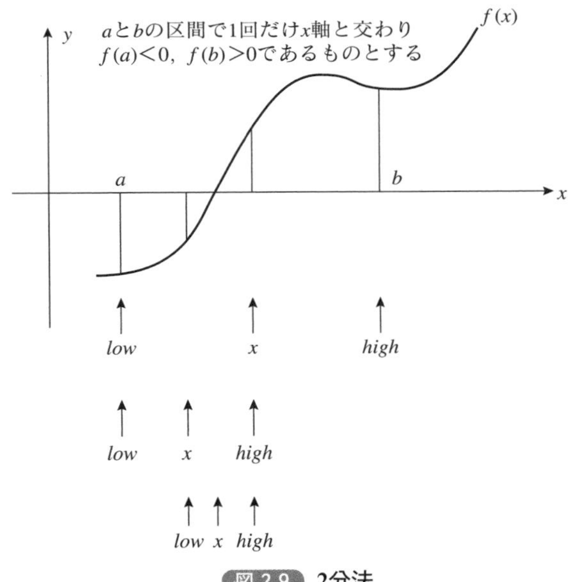

図 2.9 2分法

① 根の左右にある2点a，bを*low*と*high*の初期値とする．

② *low*と*high*の中点xを$x = (low + high) / 2$で求める．

③ $f(x) > 0$なら根はxより左にあるから$high = x$とし，上限を半分に狭める．
$f(x) < 0$なら根はxより右にあるから$low = x$とし，下限を半分に狭める．

④ $f(x)$が0か$|high - low| / |low| < EPS$になったときの$x$の値を求める根とし，そうでないなら②以後を繰り返す．*EPS*は収束判定値で，適当な精度を選ぶ．

つまり，2分法では，データ範囲を半分に分け，根がどちらの半分にあるかを調べることを繰り返し，調べる範囲を根に向かって，だんだんに絞っていく．

プログラム　Rei11

```
/*
 * ----------------
 *       2分法     *
 * ----------------
 */

#include <stdio.h>
#include <math.h>

#define f(x) ((x)*(x)*(x)-(x)+1)
#define EPS 1e-8                        // 打ち切り誤差
#define LIMIT 50                        // 打ち切り回数

void main(void)
{
    double low,high,x;
    int k;

    low=-2.0; high=2.0;
    for (k=1;k<=LIMIT;k++) {
        x=(low+high)/2;
        if (f(x)>0)   ← ①
            high=x;
        else
            low=x;
        if (f(x)==0 || fabs(high-low)<fabs(low)*EPS){   ← 収束条件としてfabs(f(x))<EPSを用いても良い
            printf("x=%f¥n",x);
            break;
        }
    }
    if (k>LIMIT)
        printf("収束しない¥n");
}
```

実行結果

```
x=-1.324718
```

❗ 図2.9において$f(a)<0$，$f(b)>0$として上のプログラムは作っているが，$f(a)>0$，$f(b)<0$の場合もある．この場合まで含ませるには①の判定を，

```
if (f(a)*f(x)<0)
```

とする．

練習問題 11 ニュートン法

方程式 $f(x)=0$ の根をニュートン法により求める.

ニュートン法の概念を以下に示す.

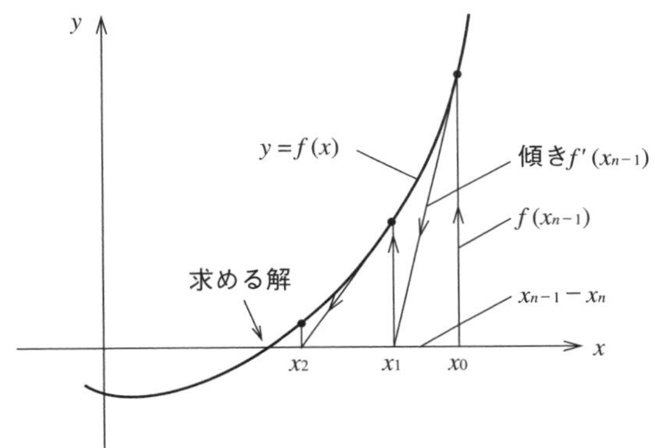

図 2.10 ニュートン法

① 根の近くの適当な値 x_0 を初期値とする.

② $y=f(x)$ の $x=x_0$ における接線を引き, x 軸と交わったところを x_1 とし, 以下同様な手順で x_2, x_3, …, x_{n-1}, x_n と求めていく.

③ $\dfrac{|x_n - x_{n-1}|}{|x_{n-1}|} < EPS$ になったときの x_n の値を求める根とし, そうでないなら②以後を繰り返す. EPS は収束判定値で, 適当な精度を選ぶ.

x_n を求めるには

$$f'(x_{n-1}) \fallingdotseq \frac{f(x_{n-1})}{x_{n-1} - x_n}$$

という関係があることを利用して,

$$x_n = x_{n-1} - \frac{f(x_{n-1})}{f'(x_{n-1})}$$

と前の値 x_{n-1} を用いて求めることができる. ニュートン法の方が2分法より収束が速い.

プログラム Dr11

```
/*
 * ----------------------
 *       ニュートン法     *
 * ----------------------
 */

#include <stdio.h>
#include <math.h>

#define f(x) ((x)*(x)*(x)-(x)+1)
#define g(x) (3*(x)*(x)-1)
#define EPS  1e-8         // 打ち切り誤差
#define LIMIT 50          // 打ち切り回数

void main(void)
{
    double x=-2.0,dx;
    int k;

    for (k=1;k<=LIMIT;k++) {
        dx=x;
        x=x-f(x)/g(x);
        if (fabs(x-dx)<fabs(dx)*EPS) {
            printf("x=%f¥n",x);
            break;
        }
    }
    if (k>LIMIT)
        printf("収束しない¥n");
}
```

実行結果

```
x=-1.324718
```

2-5 補間

例題 12 ラグランジュ補間

何組かのx, yデータが与えられているとき，これらの点を通る補間多項式をラグランジュ補間により求め，データ点以外の点の値を求める.

(x_0, y_0), (x_1, y_1), …, (x_{n-1}, y_{n-1})というn個の点が与えられたとき，これらの点をすべて通る関数$f(x)$は次のように求められる.

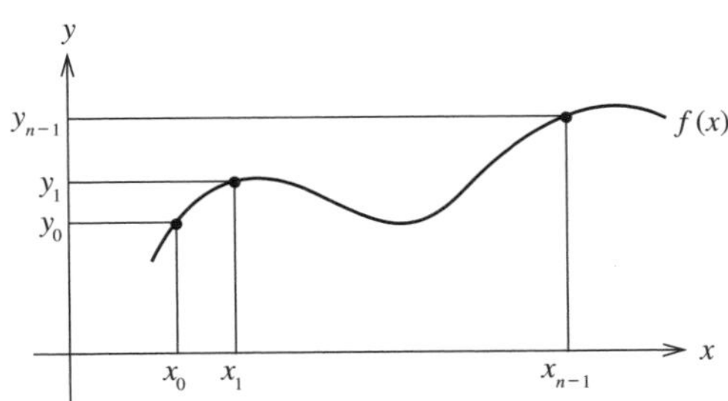

図 2.11 ニュートン補間

$$f(x) = \frac{(x-x_1)(x-x_2)\cdots(x-x_{n-1})}{(x_0-x_1)(x_0-x_2)\cdots(x_0-x_{n-1})}y_0$$

$$+\frac{(x-x_0)(x-x_2)\cdots(x-x_{n-1})}{(x_1-x_0)(x_1-x_2)\cdots(x_1-x_{n-1})}y_1$$

$$\cdots+\frac{(x-x_0)(x-x_1)\cdots(x-x_{n-2})}{(x_{n-1}-x_0)(x_{n-1}-x_1)\cdots(x_{n-1}-x_{n-2})}y_{n-1}$$

$$=\sum_{i=0}^{n-1}\left(\prod_{j=0}^{n-1}\frac{x-x_j}{x_i-x_j}\right)y_i$$

ただし$i=j$の項は含めない

これをラグランジュの補間多項式といい，$n-1$次の多項式となる. したがって，与えられたデータ以外の点はこの多項式を用いて計算することができる.

プログラム Rei12

```
/*
 * ------------------------
 *       ラグランジュ補間     *
 * ------------------------
 */

#include <stdio.h>

double lagrange(double[],double[],int,double);

void main(void)
{
    double x[]={0.0,1.0,3.0,6.0,7.0},
           y[]={0.8,3.1,4.5,3.9,2.8};

    double t;

    printf("      x       y¥n");
    for (t=0.0;t<=7.0;t=t+.5)
        printf("%7.2f%7.2f¥n",t,lagrange(x,y,5,t));
}
double lagrange(double x[],double y[],int n,double t)
{
    int i,j;
    double s,p;

    s=0.0;
    for (i=0;i<n;i++){
        p=y[i];
        for (j=0;j<n;j++){
            if (i!=j)
                p=p*(t-x[j])/(x[i]-x[j]);
        }
        s=s+p;
    }
    return s;
}
```

実行結果

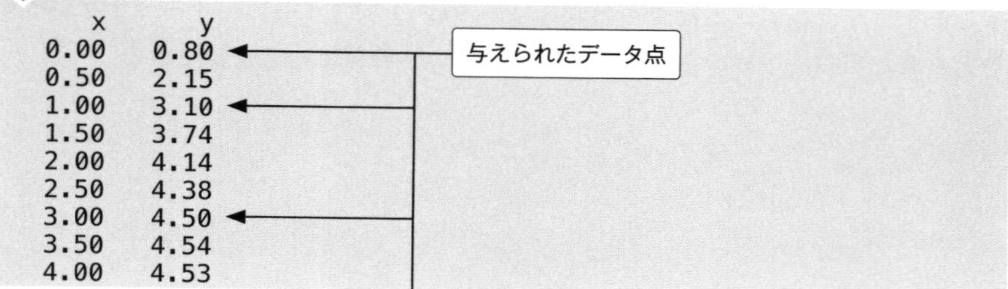

```
    4.50   4.48
    5.00   4.37
    5.50   4.19
    6.00   3.90 ◀
    6.50   3.46
    7.00   2.80 ◀
```

練習問題 12 ニュートン補間

例題12と同じことをニュートン補間により求める.

(x_0, y_0), (x_1, y_1), $\cdots$, (x_{n-1}, y_{n-1}) という n 個の点が与えられたとき，次のような表をつくる.

$$
\begin{array}{cc|cccccc}
x_0 & \boxed{y_0}\,(a_0) & & & & & & \\
 & & \boxed{w_0'}\,(a_1) = \dfrac{y_1-y_0}{x_1-x_0} & & & & & \\
x_1 & y_1 & & \boxed{w_0''}\,(a_2) = \dfrac{w_1'-w_0'}{x_2-x_0} & & & & \\
 & & w_1' = \dfrac{y_2-y_1}{x_2-x_1} & & \boxed{w_0'''}\,(a_3) = \dfrac{w_1''-w_0''}{x_3-x_0} & \cdots & & \\
x_2 & y_2 & & w_1'' = \dfrac{w_2'-w_1'}{x_3-x_1} & & & & \\
 & & w_2' = \dfrac{y_3-y_2}{x_3-x_2} & \vdots & \vdots & & & \\
x_3 & y_3 & \vdots & & & & & \\
\vdots & & & & & & & \\
x_{n-1} & y_{n-1} & & & & & &
\end{array}
$$

図 2.12 ニュートン補間

この表から得られる $a_0 \sim a_{n-1}$ を係数とする $n-1$ 次の多項式は

$$
\begin{aligned}
f(x) = a_0 + a_1(x-x_0) + a_2(x-x_0)\,(x-x_1) + \cdots \\
+ a_{n-1}(x-x_0)\,(x-x_1)\cdots\,(x-x_{n-2})
\end{aligned}
$$

と求められる. これがニュートンの補間多項式である. なお，この多項式は，ホーナー法（**練習問題1**）を用いれば，

$$
f(x) = \left(\cdots\left(\left(a_{n-1}(x-x_{n-2}) + a_{n-2}\right)(x-x_{n-3}) + a_{n-3}\right)(x-x_{n-4})\cdots + a_1\right)(x-x_0) + a_0
$$

と書き直すことができる.

係数 $a_0 \sim a_{n-1}$ を求めるには，作業用配列`w[]`を用い，次のような手順で行う. なお，w_0, w_1, …が`w[0]`, `w[1]`, …に対応し，w_0, w_0', w_0'', …は同じ配列`w[0]`を1回目，2回目，3回目，…に使用していることを示す.

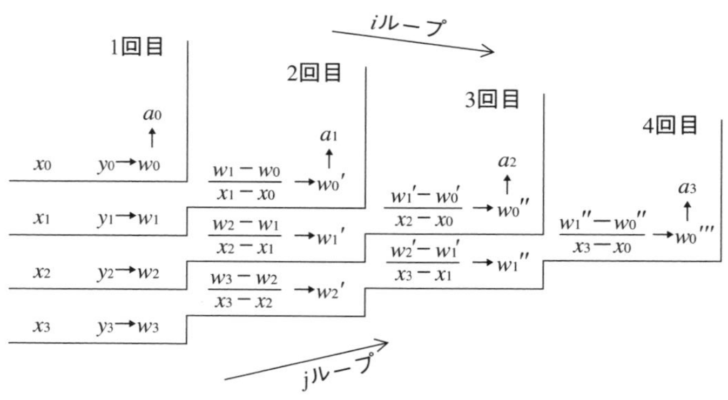

図 2.13 係数計算

ニュートン補間ではまず最初にa_0～a_{n-1}の係数を求めておき，その値を基に多項式の値を計算して補間するのでラグランジュ補間に比べ計算回数は少ない．

プログラム Dr12

```
/*
 * ------------------------
 *        ニュートン補間      *
 * ------------------------
 */

#include <stdio.h>

double newton(double *,double *,int,double);

void main(void)
{
    double x[]={0.0,1.0,3.0,6.0,7.0},
           y[]={0.8,3.1,4.5,3.9,2.8};

    double t;

    printf("      x       y¥n");
    for (t=0.0;t<=7.0;t=t+.5)
        printf("%7.2f%7.2f¥n",t,newton(x,y,5,t));
}
double newton(double x[],double y[],int n,double t)
{
    static int flag=1;
    static double a[100];       // 係数配列
    double w[100],              // 作業用
           s;
    int i,j;
```

```
    if (flag==1){     // 1度目に呼ばれた時だけ a[] に係数を求める
        for (i=0;i<n;i++){
            w[i]=y[i];
            for (j=i-1;j>=0;j--)
                w[j]=(w[j+1]-w[j])/(x[i]-x[j]);
            a[i]=w[0];
        }
        flag=-1;
    }

    s=a[n-1];                    // x=t における補間
    for (i=n-2;i>=0;i--)
        s=s*(t-x[i])+a[i];
    return s;
}
```

実行結果

```
     x      y
  0.00   0.80
  0.50   2.15
  1.00   3.10
  1.50   3.74
  2.00   4.14
  2.50   4.38
  3.00   4.50
  3.50   4.54
  4.00   4.53
  4.50   4.48
  5.00   4.37
  5.50   4.19
  6.00   3.90
  6.50   3.46
  7.00   2.80
```

他の補間（interpolation）法

補間法として次のものがある．

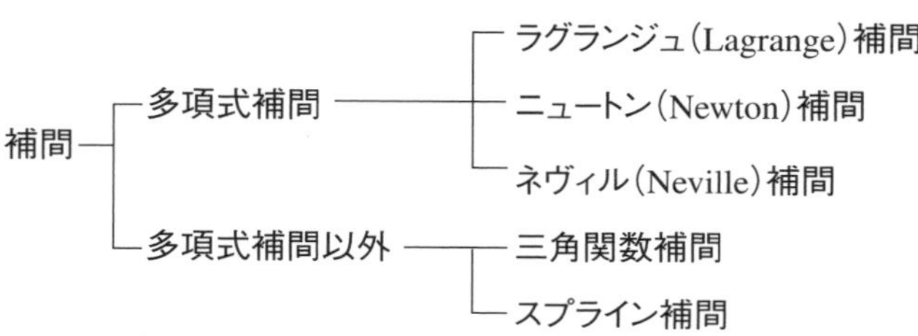

補間は与えられたデータ組をすべて通るように関数を近似しているので，多項式補間では一般に，n個のデータに対し，$n-1$次の多項式になる．

このようにぴったり一致させなくてもよい場合は，それらのできるだけ近くを通る関数を見つける最小2乗法（**2章2-10**）がある．

2-6 多桁計算

例題 13 ロング数とロング数の加減算

*n*桁のロング数どうしの加算および減算を行う.

long型, double型などの基本データ型では扱えない長さの数をロング数と呼ぶことにする.

たとえば, 20桁の数19994444777722229999と01116666333388881111を加算することを考える. これらの数は1つの変数には入らないので, 下から4桁ずつ区切って次のように配列a[], b[]に格納する.

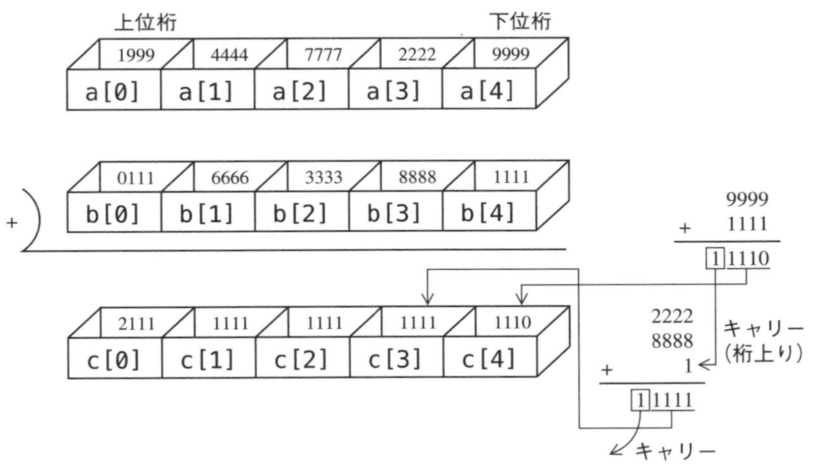

図2.14 ロング数+ロング数

これらを加算してc[]に格納するにはa[]とb[]の下位桁よりそれぞれ加算を行い, 加算結果が10000未満なら, そのままc[]に格納し, もし10000以上（4桁を超えるとき）なら結果から10000を引いたものをc[]に格納し, 次の桁を加算するときにキャリー（桁上がり）の1を加える.

減算も同様な処理を行うが, 結果が負になった場合は, 10000を加えてc[]に格納し, 次の桁を減算するときにボロー（借り）の1を引く.

プログラム Rei13

```
/*
 * ------------------
 *      多桁計算      *
 * ------------------
 */

#include <stdio.h>

#define KETA 20                // 桁数
#define N ((KETA-1)/4+1)      // 配列サイズ

void ladd(short[],short[],short[]);
void lsub(short[],short[],short[]);
void print(short[]);

void main(void)
{
    short a[N+2]={1999,4444,7777,2222,9999},
          b[N+2]={ 111,6666,3333,8888,1111},
          c[N+2];

    ladd(a,b,c); print(c);
    lsub(a,b,c); print(c);
}
void ladd(short a[],short b[],short c[])  // ロング数+ロング数
{
    short i,cy=0;
    for (i=N-1;i>=0;i--){
        c[i]=a[i]+b[i]+cy;
        if (c[i]<10000)
            cy=0;
        else {
            c[i]=c[i]-10000;
            cy=1;
        }
    }
}
void lsub(short a[],short b[],short c[])  // ロング数-ロング数
{
    short i,brrw=0;
    for (i=N-1;i>=0;i--){
        c[i]=a[i]-b[i]-brrw;
        if (c[i]>=0)
            brrw=0;
        else {
            c[i]=c[i]+10000;
            brrw=1;
        }
    }
}
void print(short c[])           // ロング数の表示
```

```
{
    short i;
    for (i=0;i<N;i++)
        printf("%04d ",c[i]);
    printf("¥n");
}
```

実行結果

```
2111 1111 1111 1111 1110
1887 7778 4443 3334 8888
```

練習問題 13 ロング数とショート数の乗除算

ロング数×ショート数およびロング数÷ショート数を計算する.

ここでのショート数とは0～32767の整数とする.

ロング数×ショート数は，下位桁より次のような手順で行う.

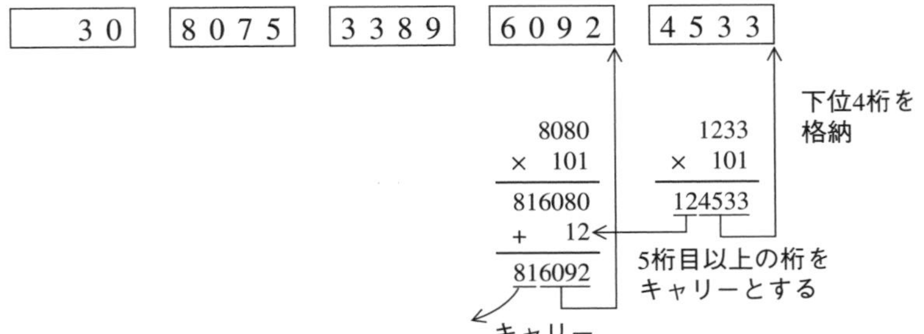

図 2.15 ロング数×ショート数

ロング数÷ショート数は，上位桁より次のような手順で行う．

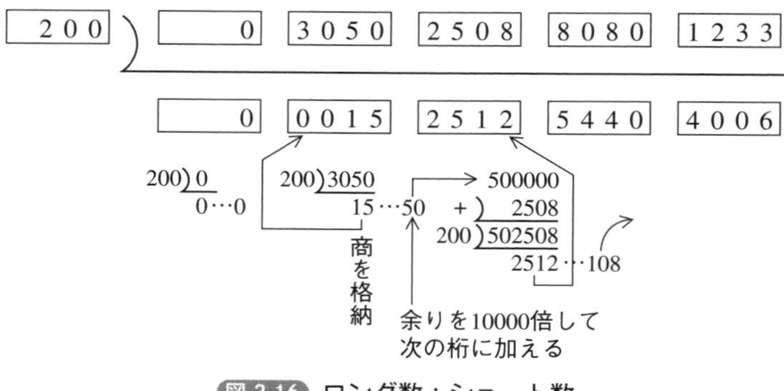

図 2.16 ロング数÷ショート数

以上の演算では演算途中の値がshort型を超えるので，中間の計算はlong型変数を用いて行う．

プログラム Dr13

```
/*
 * -----------------
 *      多桁計算     *
 * -----------------
 */

#include <stdio.h>

#define KETA 20                // 桁数
#define N ((KETA-1)/4+1)       // 配列サイズ

void lmul(short[],short,short[]);
void ldiv(short[],short,short[]);
void print(short[]);

void main(void)
{
    short a[N+2]={   0,3050,2508,8080,1233},
          c[N+2];

    lmul(a,101,c); print(c);
    ldiv(a,200,c); print(c);
}
void lmul(short a[],short b,short c[])    // ロング数×ショート数
{
    short i;long d,cy=0;
    for (i=N-1;i>=0;i--){
```

```
        d=a[i];
        c[i]=(d*b+cy)%10000;
        cy=(d*b+cy)/10000;
    }
}
void ldiv(short a[],short b,short c[])   // ロング数÷ショート数
{
    short i;long d,rem=0;
    for (i=0;i<N;i++){
        d=a[i];
        c[i]=(short)((d+rem)/b);
        rem=((d+rem)%b)*10000;
    }
}
void print(short c[])           // ロング数の表示
{
    short i;
    for (i=0;i<N;i++)
        printf("%04d ",c[i]);
    printf("¥n");
}
```

実行結果

```
0030 8075 3389 6092 4533
0000 0015 2512 5440 4006
```

2-7 長いπ

例題 14 πの1000桁

πの値を1000桁目まで正確に求める.

マチン（J.Machin）の公式によると,

$$\pi=\left(\frac{16}{5}-\frac{16}{3\cdot5^3}+\frac{16}{5\cdot5^5}-\frac{16}{7\cdot5^7}+\cdots\right)-\left(\frac{4}{239}-\frac{4}{3\cdot239^3}+\frac{4}{5\cdot239^5}-\frac{4}{7\cdot239^7}+\cdots\right)$$

$$=\left\{\left(\frac{16}{5}-\frac{4}{239}\right)-\left(\frac{16}{5^3}-\frac{4}{239^3}\right)\cdot\frac{1}{3}+\left(\frac{16}{5^5}-\frac{4}{239^5}\right)\cdot\frac{1}{5}+\cdots\right\}$$

（$\frac{16}{5}$ ↑ w1, $\frac{4}{239}$ ↑ v1, $\frac{16}{5^3}$ ↑ w2, $\frac{4}{239^3}$ ↑ v2, $\frac{16}{5^5}$ ↑ w3, $\frac{4}{239^5}$ ↑ v3）

となる. 第n項は,

$$\left(\frac{16}{5^{2n-1}}-\frac{4}{239^{2n-1}}\right)\cdot\frac{1}{2n-1}$$

で表される. 符号はnが奇数なら正, 偶数なら負とする.

この公式の各項を**2-6**で示したロング数の計算を用いて計算すれば, 多桁のπの値が正確に求められる.

さて, l桁の精度のπを求めるには, マチンの公式の何項まで計算すればよいか考える. n項の2つの項を比べると$16/5^{2n-1}$の方が大きいので, こちらの項が10^{-l}より小さくなれば. $n+1$項以後は計算しなくてもよい.

$$\frac{16}{(2n-1)\cdot5^{2n-1}}=10^{-l}$$

$$\log\frac{16}{(2n-1)\cdot5^{2n-1}}=\log 10^{-l}$$

$$\log 16-\log(2n-1)-(2n-1)\log 5=-l$$

$$\log 16-\log(2n-1)+\log 5-2n\log 5=-l$$

（$\log 16-\log(2n-1)+\log 5$：この部分は小さいので0と考えれば）

$$n=\frac{l}{2\log 5}=\frac{l}{1.39794}$$

したがって,

$$n=\left[\frac{l}{1.39794}\right]+1$$

で示される桁まで計算すればよい．［ ］はガウス記号で，この中の値を超えない最大の整数を示す．

プログラムにあたっては，第n項は

$$\left(\frac{w_{n-1}}{5^2}-\frac{v_{n-1}}{239^2}\right)/(2n-1)$$

という漸化式を用いて計算する．

なお，このプログラムでは，wとvについて同じ項まで計算しているが，vの方が収束が速いので，wとvを別々に計算しておいて，最後に$w-v$を求めてもよい．vの方の計算打ち切り項はwと同様な方法で，

$$n=\left[\frac{l}{4.7558}\right]+1$$

となる．

プログラム Rei14

```
/*
 * ----------------------
 *        πの多桁計算       *
 * ----------------------
 */

#include <stdio.h>

void ladd(short[],short[],short[]);
void lsub(short[],short[],short[]);
void ldiv(short[],short,short[]);
void printresult(short[]);

#define L 1000                       // 求める桁数
#define L1 ((L/4)+1)                 // 配列のサイズ
#define L2 (L1+1)                    // 一つ余分に取る
#define N (short)(L/1.39794+1)       // 計算する項数

void main(void)
{
    short s[L2+2],w[L2+2],v[L2+2],q[L2+2];
    short k;
    for (k=0;k<=L2;k++)
        s[k]=w[k]=v[k]=q[k]=0;

    w[0]=16*5; v[0]=4*239;            // マチンの公式
```

```
    for (k=1;k<=N;k++){
        ldiv(w,25,w);
        ldiv(v,239,v);ldiv(v,239,v);
        lsub(w,v,q);ldiv(q,2*k-1,q);
        if ((k%2)!=0)                    // 奇数項か偶数項かの判定
            ladd(s,q,s);
        else
            lsub(s,q,s);
    }
    printresult(s);
}
void printresult(short c[])          // 結果の表示
{
    short i;
    printf("%3d. ",c[0]);          // 最上位桁の表示
    for (i=1;i<L1;i++)
        printf("%04d ",c[i]);
    printf("¥n");
}
void ladd(short a[],short b[],short c[])  // ロング数＋ロング数
{
    short i,cy=0;
    for (i=L2;i>=0;i--){
        c[i]=a[i]+b[i]+cy;
        if (c[i]<10000)
            cy=0;
        else {
            c[i]=c[i]-10000;
            cy=1;
        }
    }
}
void lsub(short a[],short b[],short c[])  // ロング数−ロング数
{
    short i,brrw=0;
    for (i=L2;i>=0;i--){
        c[i]=a[i]-b[i]-brrw;
        if (c[i]>=0)
            brrw=0;
        else {
            c[i]=c[i]+10000;
            brrw=1;
        }
    }
}
void ldiv(short a[],short b,short c[])   // ロング数÷ショート数
{
    short i;long d,rem=0;
    for (i=0;i<=L2;i++){
        d=a[i];
        c[i]=(short)((d+rem)/b);
        rem=((d+rem)%b)*10000;
    }
}
```

実行結果

```
 3. 1415 9265 3589 7932 3846 2643 3832 7950 2884 1971 6939 9375 1058 2097 4944
5923 0781 6406 2862 0899 8628 0348 2534 2117 0679 8214 8086 5132 8230 6647 0938
4460 9550 5822 3172 5359 4081 2848 1117 4502 8410 2701 9385 2110 5559 6446 2294
8954 9303 8196 4428 8109 7566 5933 4461 2847 5648 2337 8678 3165 2712 0190 9145
6485 6692 3460 3486 1045 4326 6482 1339 3607 2602 4914 1273 7245 8700 6606 3155
8817 4881 5209 2096 2829 2540 9171 5364 3678 9259 0360 0113 3053 0548 8204 6652
1384 1469 5194 1511 6094 3305 7270 3657 5959 1953 0921 8611 7381 9326 1179 3105
1185 4807 4462 3799 6274 9567 3518 8575 2724 8912 2793 8183 0119 4912 9833 6733
6244 0656 6430 8602 1394 9463 9522 4737 1907 0217 9860 9437 0277 0539 2171 7629
3176 7523 8467 4818 4676 6940 5132 0005 6812 7145 2635 6082 7785 7713 4275 7789
6091 7363 7178 7214 6844 0901 2249 5343 0146 5495 8537 1050 7922 7968 9258 9235
4201 9956 1121 2902 1960 8640 3441 8159 8136 2977 4771 3099 6051 8707 2113 4999
9998 3729 7804 9951 0597 3173 2816 0963 1859 5024 4594 5534 6908 3026 4252 2308
2533 4468 5035 2619 3118 8171 0100 0313 7838 7528 8658 7533 2083 8142 0617 1776
6914 7303 5982 5349 0428 7554 6873 1159 5628 6388 2353 7875 9375 1957 7818 5778
0532 1712 2680 6613 0019 2787 6611 1959 0921 6420 1989
```

練習問題 14-1 *e* の 1000 桁計算

***e*の値を1000桁目まで正確に求める.**

テイラー展開（**2-3**参照）によると，*e*（自然対数の底）の値は，

$$e = 1 + \frac{1}{1!} + \frac{1}{2!} + \frac{1}{3!} + \cdots + \frac{1}{n!} + \cdots$$

で求められる.

$$449! < 10^{1000} < 450!$$

である．余裕を見て，451項まで計算する.

プログラム Dr14_1

```
/*
 * ---------------------
 *       eの多桁計算      *
 * ---------------------
 */

#include <stdio.h>

void ladd(short[],short[],short[]);
void lsub(short[],short[],short[]);
void ldiv(short[],short,short[]);
void printresult(short[]);

#define L 1000            // 求める桁数
```

```
#define L1 ((L/4)+1)     // 配列のサイズ
#define L2 (L1+1)        // 一つ余分に取る
#define N 451            // 計算する項数

void main(void)
{
    short s[L2+2],w[L2+2];
    short k;
    for (k=0;k<=L2;k++)
        s[k]=w[k]=0;

    s[0]=w[0]=1;
    for (k=1;k<=N;k++){
        ldiv(w,k,w);
        ladd(s,w,s);
    }
    printresult(s);
}
void printresult(short c[])          // 結果の表示
{
    short i;
    printf("%3d. ",c[0]);            // 最上位桁の表示
    for (i=1;i<L1;i++)
        printf("%04d ",c[i]);
    printf("¥n");
}
void ladd(short a[],short b[],short c[])
{
    short i,cy=0;
    for (i=L2;i>=0;i--){
        c[i]=a[i]+b[i]+cy;
        if (c[i]<10000)
            cy=0;
        else {
            c[i]=c[i]-10000;
            cy=1;
        }
    }
}
void lsub(short a[],short b[],short c[])
{
    short i,brrw=0;
    for (i=L2;i>=0;i--){
        c[i]=a[i]-b[i]-brrw;
        if (c[i]>=0)
            brrw=0;
        else {
            c[i]=c[i]+10000;
            brrw=1;
        }
    }
}
void ldiv(short a[],short b,short c[])    // ロング数÷ショート数
```

```
{
    short i;long d,rem=0;
    for (i=0;i<=L2;i++){
        d=a[i];
        c[i]=(short)((d+rem)/b);
        rem=((d+rem)%b)*10000;
    }
}
```

実行結果

```
  2. 7182 8182 8459 0452 3536 0287 4713 5266 2497 7572 4709 3699 9595 7496
6967 6277 2407 6630 3535 4759 4571 3821 7852 5166 4274 2746 6391 9320 0305
9921 8174 1359 6629 0435 7290 0334 2952 6059 5630 7381 3232 8627 9434 9076
3233 8298 8075 3195 2510 1901 1573 8341 8793 0702 1540 8914 9934 8841 6750
9244 7614 6066 8082 2648 0016 8477 4118 5374 2345 4424 3710 7539 0777 4499
2069 5517 0276 1838 6062 6133 1384 5830 0075 2044 9338 2656 0297 6067 3711
3200 7093 2870 9127 4437 4704 7230 6969 7720 9310 1416 9283 6819 0255 1510
8657 4637 7211 1252 3897 8442 5056 9536 9677 0785 4499 6996 7946 8644 5490
5987 9316 3688 9230 0987 9312 7736 1782 1542 4999 2295 7635 1482 2082 6989
5193 6680 3318 2528 8693 9849 6465 1058 2093 9239 8294 8879 3320 3625 0944
3117 3012 3819 7068 4161 4039 7019 8376 7932 0683 2823 7646 4804 2953 1180
2328 7825 0981 9455 8153 0175 6717 3613 3206 9811 2509 9618 1881 5930 4169
0351 5988 8851 9345 8072 7386 6738 5894 2287 9228 4998 9208 6805 8257 4927
9610 4841 9844 4363 4632 4496 8487 5602 3362 4827 0419 7862 3209 0021 6099
0235 3043 6994 1849 1463 1409 3431 7381 4364 0546 2531 5209 6183 6908 8870
7016 7683 9642 4378 1405 9271 4563 5490 6130 3107 2085 1038 3750 5101 1574
7704 1718 9861 0687 3969 6552 1267 1546 8895 7035 0354
```

練習問題 14-2 階乗の多桁計算

49! までの値を**64**桁で求める.

プログラム Dr14_2

```
/*
 * -----------------------
 *      階乗の多桁計算      *
 * -----------------------
 */

#include <stdio.h>

void ladd(short[],short[],short[]);
void lsub(short[],short[],short[]);
void lmul(short[],short,short[]);
void printresult(short[]);

#define L 64                  // 求める桁数
```

```
#define L2 ((L+3)/4)          // 配列のサイズ

void main(void)
{
    short s[L2];
    short k;
    for (k=0;k<L2;k++)
        s[k]=0;

    s[L2-1]=1;
    for (k=1;k<=49;k++){
        lmul(s,k,s);
        printf("%2d!=",k);
        printresult(s);
    }
}
void lmul(short a[],short b,short c[])   // ロング数×ショート数
{
    short i;long d,cy=0;
    for (i=L2-1;i>=0;i--){
        d=a[i];
        c[i]=(d*b+cy)%10000;
        cy=(d*b+cy)/10000;
    }
}

void printresult(short c[])        // 結果の表示
{
    short i;
    for (i=0;i<L2;i++)
        printf("%04d",c[i]);
    printf("¥n");
}
void ladd(short a[],short b[],short c[])
{
    short i,cy=0;
    for (i=L2-1;i>=0;i--){
        c[i]=a[i]+b[i]+cy;
        if (c[i]<10000)
            cy=0;
        else {
            c[i]=c[i]-10000;
            cy=1;
        }
    }
}
void lsub(short a[],short b[],short c[])
{
    short i,brrw=0;
    for (i=L2-1;i>=0;i--){
        c[i]=a[i]-b[i]-brrw;
        if (c[i]>=0)
            brrw=0;
```

```
        else {
            c[i]=c[i]+10000;
            brrw=1;
        }
    }
}
```

実行結果

```
 1!=0000000000000000000000000000000000000000000000000000000000000001
 2!=0000000000000000000000000000000000000000000000000000000000000002
 3!=0000000000000000000000000000000000000000000000000000000000000006
 4!=0000000000000000000000000000000000000000000000000000000000000024
 5!=0000000000000000000000000000000000000000000000000000000000000120
 6!=0000000000000000000000000000000000000000000000000000000000000720
 7!=0000000000000000000000000000000000000000000000000000000000005040
 8!=0000000000000000000000000000000000000000000000000000000000040320
 9!=0000000000000000000000000000000000000000000000000000000000362880
10!=0000000000000000000000000000000000000000000000000000000003628800
11!=0000000000000000000000000000000000000000000000000000000039916800
12!=0000000000000000000000000000000000000000000000000000000479001600
13!=0000000000000000000000000000000000000000000000000000006227020800
14!=0000000000000000000000000000000000000000000000000000087178291200
15!=0000000000000000000000000000000000000000000000000001307674368000
16!=0000000000000000000000000000000000000000000000000020922789888000
17!=0000000000000000000000000000000000000000000000000355687428096000
18!=0000000000000000000000000000000000000000000000006402373705728000
19!=0000000000000000000000000000000000000000000000121645100408832000
20!=0000000000000000000000000000000000000000000002432902008176640000
21!=0000000000000000000000000000000000000000000051090942171709440000
22!=0000000000000000000000000000000000000000001124000727777607680000
23!=0000000000000000000000000000000000000000025852016738884976640000
24!=0000000000000000000000000000000000000000620448401733239439360000
25!=0000000000000000000000000000000000000015511210043330985984000000
26!=0000000000000000000000000000000000000403291461126605635584000000
27!=0000000000000000000000000000000000010888869450418352160768000000
28!=0000000000000000000000000000000000304888344611713860501504000000
29!=0000000000000000000000000000000008841761993739701954543616000000
30!=0000000000000000000000000000000265252859812191058636308480000000
31!=0000000000000000000000000000008222838654177922817725562880000000
32!=0000000000000000000000000000263130836933693530167218012160000000
33!=0000000000000000000000000008683317618811886495518194401280000000
34!=0000000000000000000000000295232799039604140847618609643520000000
35!=0000000000000000000000010333147966386144929666651337523200000000
36!=0000000000000000000000371993326789901217467999448150835200000000
37!=0000000000000000000013763753091226345046315979581580902400000000
38!=0000000000000000000523022617466601111760007224100074291200000000
39!=0000000000000000020397882081197443358640281739902897356800000000
40!=0000000000000000815915283247897734345611269596115894272000000000
41!=0000000000000033452526613163807108170062053440751665152000000000
42!=0000000000001405006117752879898543142606244511569936384000000000
43!=0000000000060415263063373835637355132068513997507264512000000000
```

```
44!=0000000002658271574788448768043625811014615890319638528000000000
45!=0000000119622220865480194561963161495657715064383733760000000000
46!=0000005502622159812088949850305428800254892961651752960000000000
47!=0000258623241511168180642964355153611979969197632389120000000000
48!=0012413915592536072670862289047373375038521486354677760000000000
49!=0608281864034267560872252163321295376887552831379210240000000000
```

マチンの公式

$$\pi = 4 \cdot \tan^{-1} 1$$

である．また $\tan^{-1} x$ はテイラー展開により，

$$\tan^{-1} x = x - \frac{x^3}{3} + \frac{x^5}{5} - \frac{x^7}{7} + \cdots$$

と展開できる．この展開式はxが0に近いほど収束が速いので $\tan^{-1} 1$ で展開するよりも，$\tan^{-1} 1$ を0に近い引数の組み合わせで表し，それを展開した方がよい．マチンは $\tan^{-1} 1$ を $\tan^{-1} \frac{1}{5}$ と $\tan^{-1} \frac{1}{239}$ で次のように組み合わせた．

$$\pi = 4 \cdot \left(4 \cdot \tan^{-1} \frac{1}{5} - \tan^{-1} \frac{1}{239} \right)$$

Stirlingの近似式

$n!$ を $n \cdot (n-1)!$ の方式でこつこつとかけ合わせて計算しないでも，次の近似式により求めることができる．

$$n! = \sqrt{2\pi n} \left(\frac{n}{e} \right)^n$$

これをStirlingの近似式という．

2-8 連立方程式の解法

例題 15 ガウス・ジョルダン法

ガウス・ジョルダン法を用いて連立方程式の解を求める.

ガウス・ジョルダン（Gauss-Jordan）法を3元連立方程式を例に説明する.

$$a_{11}x_1+a_{12}x_2+a_{13}x_3=b_1 \text{ ——— ①}$$
$$a_{21}x_1+a_{22}x_2+a_{23}x_3=b_2 \text{ ——— ②}$$
$$a_{31}x_1+a_{32}x_2+a_{33}x_3=b_3 \text{ ——— ③}$$

①式をa_{11}で割り，x_1の係数を1にする．②式から，①式をa_{21}倍したものを引く．③式から，①式をa_{31}倍したものを引く．すると，次のように②式，③式のx_1の係数は0になる.

$$x_1+a'_{12}x_2+a'_{13}x_3=b'_1 \text{ ——— ①}'$$
$$a'_{22}x_2+a'_{23}x_3=b'_2 \text{ ——— ②}'$$
$$a'_{32}x_2+a'_{33}x_3=b'_3 \text{ ——— ③}'$$

同様に②′÷a'_{22}，①′−②′×a'_{12}，③′−②′×a'_{32}を行う.

$$x_1 \quad +a''_{13}x_3=b''_1 \text{ ——— ①}''$$
$$x_2+a''_{23}x_3=b''_2 \text{ ——— ②}''$$
$$a''_{33}x_3=b''_3 \text{ ——— ③}''$$

さらに，③″÷a''_{33}，①″−③″×a''_{13}，②″−③″×a''_{23}を行う.

$$x_1 \quad = b'''_1$$
$$x_2 \quad = b'''_2$$
$$x_3 = b'''_3$$

これで，$x_1=b'''_1$，$x_2=b'''_2$，$x_3=b'''_3$と解が求められた.

プログラムにするには次のような係数行列を作り，これが単位行列になるように掃き出し演算を行えばよい.

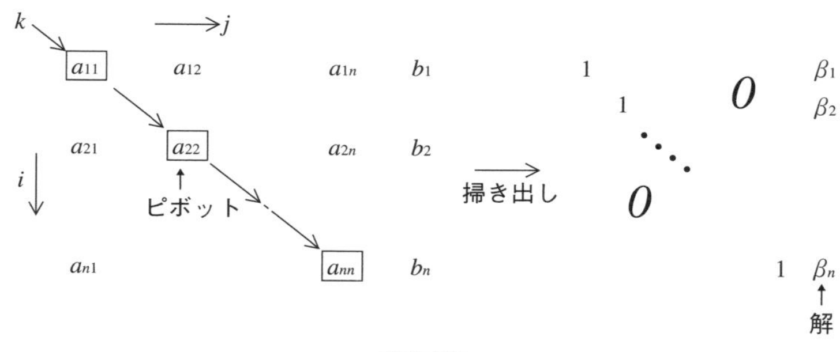

図 2.17

つまり，アルゴリズムは以下のようになる．

① ピボットを1行1列からn行n列に移しながら以下を繰り返す．
  ② ピボットのある行の要素(a_{kk}, a_{kk+1}, …, a_{kn}, b_k)をピボット係数(a_{kk})で割る．結果としてピボットは1となる．なお，ピボット以前の要素(a_{k1}, a_{k2}, …, a_{kk-1})はすでに0になっているので割らなくてもよい．
  ③ ピボット行以外の各行について以下を繰り返す．
    ④ (各行) − (ピボット行) × (係数)．この操作もピボット以前の列要素についてはすでに0になっているので行わなくてもよい．

ピボット (pivot) は，中心軸 (枢軸) という意味．
具体的な掃き出しの過程を，次のような3元連立方程式を例に説明する．

$$
\begin{aligned}
2x_1 + 3x_2 + x_3 &= 4 \\
4x_1 + x_2 - 3x_3 &= -2 \\
-x_1 + 2x_2 + 2x_3 &= 2
\end{aligned}
$$

1. 係数行列を作る.

$$\begin{pmatrix} \textcircled{2} & 3 & 1 & 4 \\ 4 & 1 & -3 & -2 \\ -1 & 2 & 2 & 2 \end{pmatrix}$$

ピボットの2で1行の要素を割る

2. 1行1列をピボットにして掃き出す.

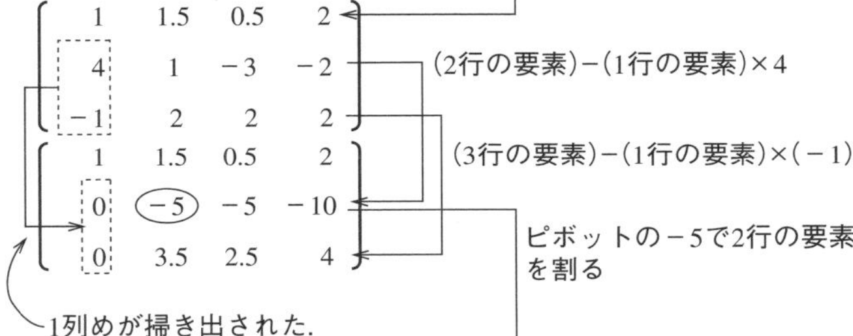

3. 2行2列をピボットにして掃き出す.

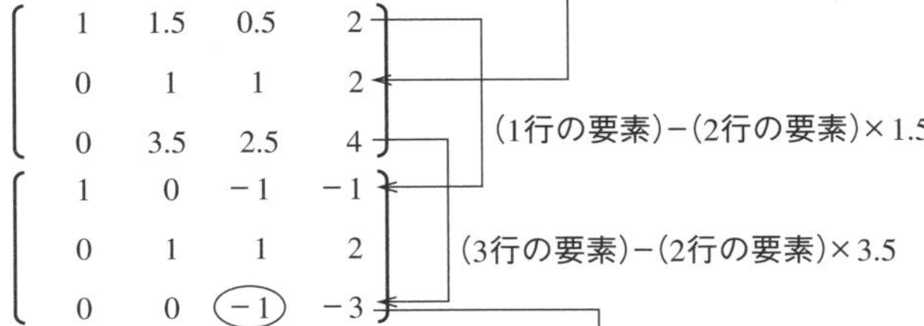

ピボットの−1で3行の要素を割る

4. 3行3列をピボットにして掃き出す.

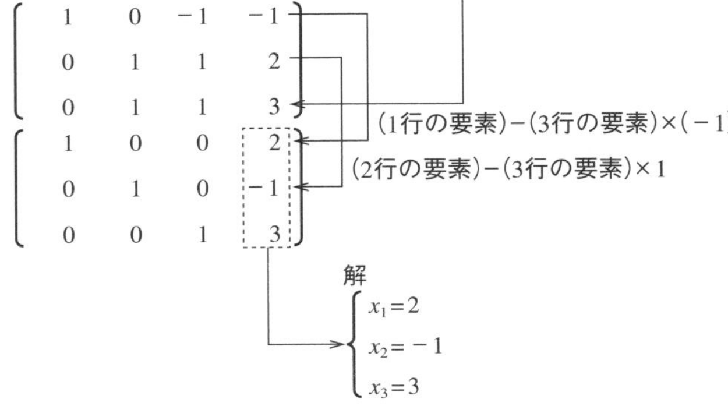

図 2.18

プログラム Rei15

```
/*
 * ---------------------------------------------
 *          連立方程式の解法（ガウス・ジョルダン法）       *
 * ---------------------------------------------
 */

#include <stdio.h>

#define N 3      // 元の数

void main(void)
{                                           // 係数行列
    double a[N][N+1]={{2.0  ,3.0  ,1.0  ,4.0  },
                      {4.0  ,1.0  ,-3.0 ,-2.0 },
                      {-1.0 ,2.0  ,2.0  ,2.0  }};
    double p,d;
    int i,j,k;

    for (k=0;k<N;k++){
        p=a[k][k];                  // ピボット係数
        for (j=k;j<N+1;j++)         // ピボット行をpで割る
            a[k][j]=a[k][j]/p;
        for (i=0;i<N;i++){          // ピボット列の掃き出し
            if (i!=k){
                d=a[i][k];
                for (j=k;j<N+1;j++)
                    a[i][j]=a[i][j]-d*a[k][j];  ← ①
            }
        }
    }

    for (k=0;k<N;k++)
        printf("x%d=%f¥n",k+1,a[k][N]);
}
```

実行結果

```
x1=2.000000
x2=-1.000000
x3=3.000000
```

なお，単位行列になるように掃き出しを行わなくても，ピボット列＋1以後の列要素についてだけ掃き出しを行っても解は得られる．その場合は，プログラムの①部は次のようになる．

```
    for (j=k+1; j<N+1; j++)
        a[i][j]=a[i][j]-a[i][k]*a[k][j];
```

練習問題 15-1 ピボット選択法

ピボット選択法を用いて連立方程式の解を求める.

例題15で示したガウス・ジョルダン法では，ピボットの値が0に近い小さな値になったとき，それで各係数を割ると誤差が大きくなってしまう.

そこで，ピボットのある列の中で絶対値最大なものをピボットに選ぶことで誤差を少なくする方法をピボット選択法という.

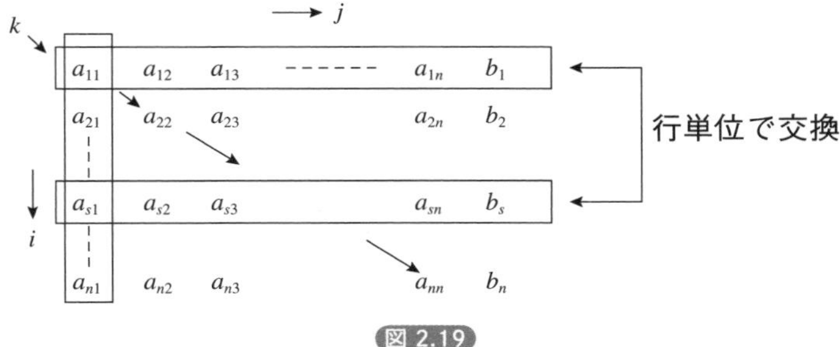

図 2.19

a_{11}～a_{n1}の中で絶対値最大な係数がある行(s)を見つけ，1行と変換する.

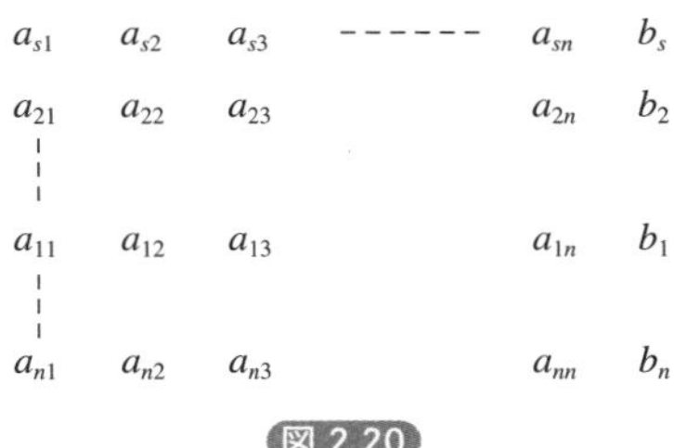

図 2.20

a_{s1}をピボットにして帰き出す（**例題15**と同じ操作）.

$$
\begin{array}{cccccc}
1 & a'_{s2} & a'_{s3} & ------ & a'_{sn} & b'_s \\
0 & a'_{22} & a'_{23} & & a'_{2n} & b'_2 \\
\vdots & & & & & \\
0 & a'_{12} & a'_{13} & & a'_{1n} & b'_1 \\
\vdots & & & & & \\
0 & a'_{n2} & a'_{n3} & & a'_{nn} & b'_n
\end{array}
$$

図 2.21

同様な処理をピボットを移しながら行う.

プログラム Dr15_1

```
/*
 * -------------------------------------------
 *         連立方程式の解法（ピボット選択法）      *
 * -------------------------------------------
 */

#include <stdio.h>
#include <math.h>
#include <stdlib.h>

#define N 3     // 元の数

void main(void)
{                                            // 係数行列
    double a[N][N+1]={{2.0  ,3.0  ,1.0  ,4.0  },
                      {4.0  ,1.0  ,-3.0 ,-2.0 },
                      {-1.0 ,2.0  ,2.0  ,2.0  }};
    double p,d,max,dumy;
    int i,j,k,s;

    for (k=0;k<N;k++){
        max=0;s=k;
        for(j=k;j<N;j++){
            if (fabs(a[j][k])>max){
                max=fabs(a[j][k]);s=j;
            }
        }
        if (max==0){
            printf("解けない");
            exit(1);
        }
        for (j=0;j<=N;j++){
            dumy=a[k][j];
            a[k][j]=a[s][j];
            a[s][j]=dumy;
        }
```

```
        p=a[k][k];                  // ピボット係数
        for (j=k;j<N+1;j++)         // ピボット行をpで割る
            a[k][j]=a[k][j]/p;
        for (i=0;i<N;i++){          // ピボット列の掃き出し
            if (i!=k){
                d=a[i][k];
                for (j=k;j<N+1;j++)
                    a[i][j]=a[i][j]-d*a[k][j];
            }
        }
    }

    for (k=0;k<N;k++)
        printf("x%d=%f¥n",k+1,a[k][N]);
}
```

実行結果

```
x1=2.000000
x2=-1.000000
x3=3.000000
```

練習問題 15-2 ガウスの消去法

ガウスの消去法を用いて連立方程式の解を求める.

ガウスの消去法は，先進消去と後退代入という2つの操作からできている.

$$a_{11}x_1 + a_{12}x_2 + a_{13}x_3 = b_1 \text{ ——— ①}$$
$$a_{21}x_1 + a_{22}x_2 + a_{23}x_3 = b_2 \text{ ——— ②}$$
$$a_{31}x_1 + a_{32}x_2 + a_{33}x_3 = b_3 \text{ ——— ③}$$

②－①×$\frac{a_{21}}{a_{11}}$，③－①×$\frac{a_{31}}{a_{11}}$を行うと②と③のx_1項が消える.

$$a_{11}x_1 + a_{12}x_2 + a_{13}x_3 = b_1 \text{ ——— ①}'$$
$$a'_{22}x_2 + a'_{23}x_3 = b'_2 \text{ ——— ②}'$$
$$a'_{32}x_2 + a'_{33}x_3 = b'_3 \text{ ——— ③}'$$

③′－②′×$\frac{a'_{32}}{a'_{22}}$を行うと③′のx_2項が消える.

$$a_{11}x_1 + a_{12}x_2 + a_{13}x_3 = b_1 \text{ ——— ①}''$$
$$a'_{22}x_2 + a'_{23}x_3 = b'_2 \text{ ——— ②}''$$
$$a''_{33}x_3 = b''_3 \text{ ——— ③}''$$

ここまでの操作を前進消去という，さて，③″よりx_3が求められるので，この値を②″に代入してx_2を求め，さらに①″に代入してx_1を求める．

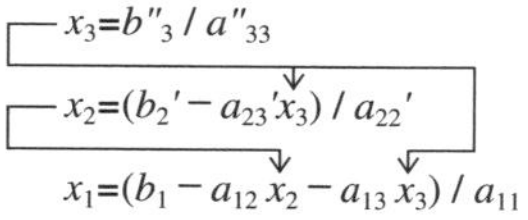

$$x_3 = b''_3 / a''_{33}$$
$$x_2 = (b_2' - a_{23}' x_3) / a_{22}'$$
$$x_1 = (b_1 - a_{12} x_2 - a_{13} x_3) / a_{11}$$

図 2.22

この操作を後退代入という．

前進消去のアルゴリズム

① ピボットを1行1列から$n-1$行$n-1$列に移しながら以下の操作を繰り返す．

② a_{kk}をピボットにし，i行についてa_{ik}/a_{kk}を求め，i行$-$ k行$\times$ a_{ik}/a_{kk}を行う．

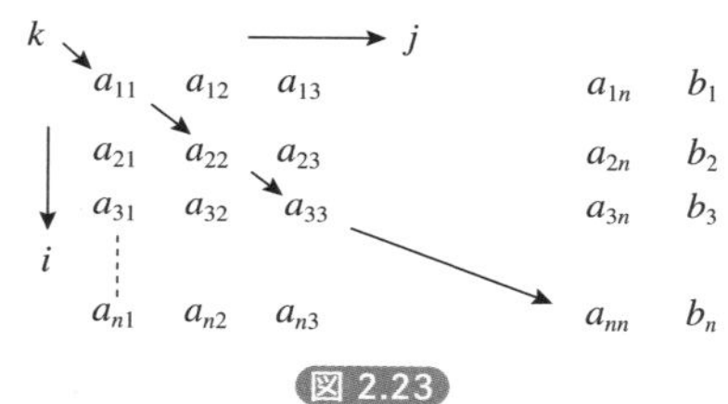

図 2.23

後退代入のアルゴリズム

① b_n'からb_1'に向かって以下の操作を繰り返す．

② b_i'を初期値として，b'_{i+1}からb'_nまで$a'_{ij} \times b'_j$の値を引く．

③ ②で求められた値をa'_{ii}で割る．

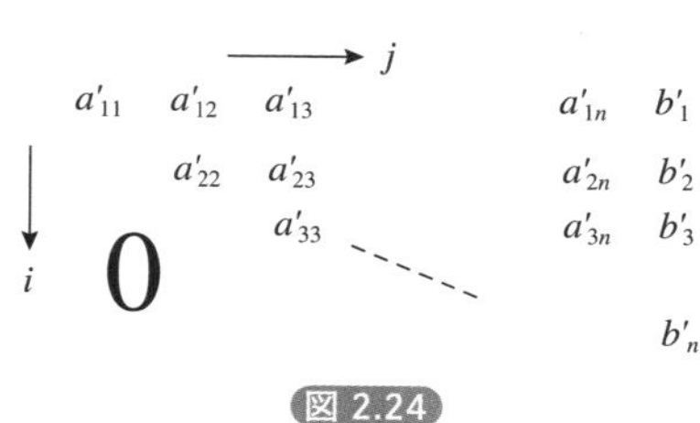

図 2.24

プログラム Dr15_2

```
/*
 * ---------------------------------------------
 *          連立方程式の解法（ガウスの消去法）       *
 * ---------------------------------------------
 */

#include <stdio.h>

#define N 3      // 元の数

void main(void)
{                                          // 係数行列
    double a[N][N+1]={{2.0  ,3.0  ,1.0  ,4.0  },
                      {4.0  ,1.0  ,-3.0 ,-2.0 },
                      {-1.0 ,2.0  ,2.0  ,2.0  }};
    double d;
    int i,j,k;

    for (k=0;k<N-1;k++){                   // 前進消去
        for (i=k+1;i<N;i++){
            d=a[i][k]/a[k][k];
            for (j=k+1;j<=N;j++)
                a[i][j]=a[i][j]-a[k][j]*d;
        }
    }
    for (i=N-1;i>=0;i--){                  // 後退代入
        d=a[i][N];
        for (j=i+1;j<N;j++)
            d=d-a[i][j]*a[j][N];
        a[i][N]=d/a[i][i];
    }

    for (k=0;k<N;k++)
        printf("x%d=%f¥n",k+1,a[k][N]);
}
```

実行結果

```
x1=2.000000
x2=-1.000000
x3=3.000000
```

なお，ガウスの消去法においてもピボット選択の必要性がある．

● 参考図書：『岩波講座情報科学18 数値計算』森正武，名取亮，鳥居達生，岩波書店

連立方程式の解法

連立方程式の解法として以下のものがある.

・ガウス・ジョルダン法（**Gauss-Jordan**）
・ガウスの消去法（**Gauss**）
・ガウス・ザイデル法（**Gauss-Seidel**）
・共役傾斜法
・コレスキー法（**Cholesky**）
・クラウト法（**Crout**）

● 参考図書：『FORTRAN77による数値計算法入門』坂野匡弘，オーム社

2-9 線形計画法

例題 16 線形計画法

線形計画法をシンプレックス法により解く.

生産料, コスト, 人員などのデータが一次関数として与えられているとき, 目的関数に対し最適解を得る方法を線形計画法（Linear Programming：LP）と呼ぶ.

たとえば, ある企業がx_1, x_2という2種類の商品を生産しており, 生産に使われる資源はIC, トランジスタ, 抵抗であって, x_1, x_2各1単位を生産するために必要な各資源の量は次のように表されるとする.

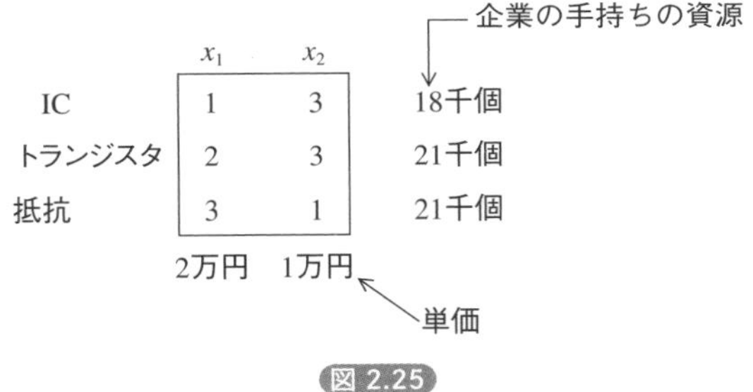

図 2.25

このとき, 手持ちの資源の範囲内で売上高を最大にするためには, x_1, x_2をそれぞれいくつ作ったらよいかを考えるというのがLPである. これは,

$$\begin{cases} x_1 + 3x_2 \leqq 18 & \cdots\cdots\cdots\cdots \text{ICの限界線} \\ 2x_1 + 3x_2 \leqq 21 & \cdots\cdots\cdots\cdots \text{トランジスタの限界線} \\ 3x_1 + x_2 \leqq 21 & \cdots\cdots\cdots\cdots \text{抵抗の限界線} \\ x_1, x_2 \geqq 0 & \end{cases}$$

のもとで,

$$2x_1 + x_2 = max \quad \cdots\cdots\cdots\cdots \text{売上高}$$

が最大となるようなx_1, x_2を求めればよい.

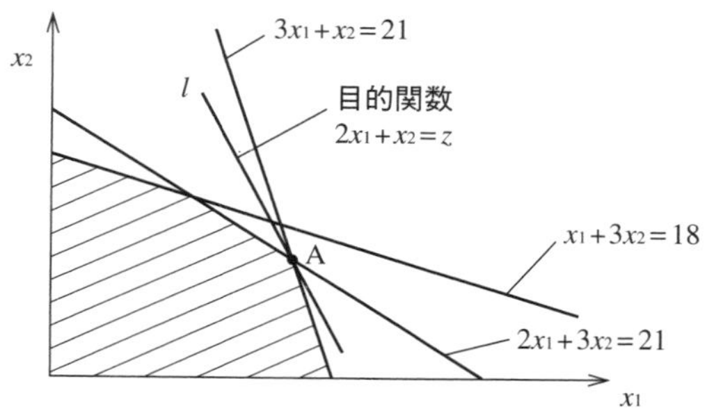

図 2.26 線形計画問題の図解法

これを図解すると**図2.26**のようになり，生産の実行可能領域は図の斜線部となる．したがって，この領域内で$2x_1 + x_2 = z$で示される直線群lを平行移動していき，斜線部から離れる瞬間のzの値が求める売上高の最大値であり，そのときの接点Aのx_1，x_2の値が各生産量の数量となる．A点はトランジスタの限界線と抵抗の限界線の交点であるから，$x_1 = 6$，$x_2 = 3$が求められる．

さて，このように変数が2つの場合は図解でも求められるが，変数が3つ以上になると図解では困難となる．コンピュータによるLPの解放として最も標準的なものにシンプレックス法がある．そこで，

制約式として，

$$\begin{cases} a_{11}x_1 + a_{12}x_2 + \cdots + a_{1n}x_n \gtreqless b_1 \\ a_{21}x_1 + a_{22}x_2 + \cdots + a_{2n}x_n \gtreqless b_2 \\ \vdots \\ a_{m1}x_1 + a_{m2}x_2 + \cdots + a_{mn}x_n \gtreqless b_m \end{cases}$$

❗ ⋛は不等号のうち，いずれかを選ぶという意味

目的関数として

$$z = c_1 x_1 + c_2 x_2 + \cdots + c_n x_n$$

が与えられたとする．このままでは解けないので，≧または≦の不等号を持つ制約式にスラック（slack）変数を入れ，等式化する．

$$
\begin{array}{llll}
a_{11}x_1 + a_{12}x_2 + \cdots + a_{1n}x_n + & x_{n+1} & & = b_1 \\
a_{21}x_1 + a_{22}x_2 + \cdots + a_{2n}x_n & & + x_{n+2} \quad & = b_2 \\
\vdots & & & \\
a_{m1}x_1 + a_{m2}x_2 + \cdots + a_{mn}x_n & & \quad + x_{n+m} & = b_m \\
z - c_1x_1 \quad - c_2x_2 \quad - \cdots - c_nx_n & & & = 0
\end{array}
$$

スラック

この連立方程式から，次のような係数行列を作り，

$$
\begin{array}{cccccccc}
a_{11} & a_{12} & \cdots & a_{1n} & 1 & & & b_1 \\
a_{21} & a_{22} & & a_{2n} & & 1 & & b_2 \\
\vdots & \vdots & & \vdots & & & \ddots & \vdots \\
a_{m1} & a_{m2} & & a_{mn} & & & 1 & b_m \\
-c_1 & -c_2 & \cdots & -c_n & 0 & 0 & \cdots \; 0 & 0
\end{array}
$$

図 2.27

$x_1 \sim x_n$の係数が1になるように掃き出し演算を行えばよいわけであるが，完全に等式の方程式を解くわけではなく，制約条件を満たし，目的関数値が最大（または最小）になるような特殊な掃き出しを行わなければならない．そのアルゴリズムは以下の通りである．

① 最下行（目的関数の係数）の中から最小なもの（負のデータなので絶対値が最大といってもよい）がある列yを探す．列選択．

② 最小値≧0なら終了．この条件は最下行の係数がすべて正になったことを意味し，これ以上掃き出しを行っても目的関数の値は増加しないことを意味する．

③ ①で求めたy列にある各行の要素で各行の右端要素を割ったものが最小となる行xを探す．行選択．

④ x行y列をピボットにして掃き出し演算を行う．

以上の操作を次のような係数行列を用いて具体的に説明する．

$$
\begin{pmatrix}
1 & 3 & 1 & 0 & 0 & 18 \\
2 & 3 & 0 & 1 & 0 & 21 \\
3 & 1 & 0 & 0 & 1 & 21 \\
-2 & -1 & 0 & 0 & 0 & 0
\end{pmatrix}
$$

図 2.28

① 最下段の最小なもの－2がある第1列を列選択し，1列の各行の要素1，2，3で各行の右端要素18，21，21を割り，最小の21/3がある第3行を行選択する．

1	3	1	0	0	18	18
2	3	0	1	0	21	21/2
③	1	0	0	1	21	21/3 ← 行選択
－2	－1	0	0	0	0	
↑ 列選択						

図 2.29

② 3行1列をピボットにして掃き出す．最下段の最小なもの－1/3がある第2列を列選択し，①と同様な操作により最小の3がある第2行を行選択する．

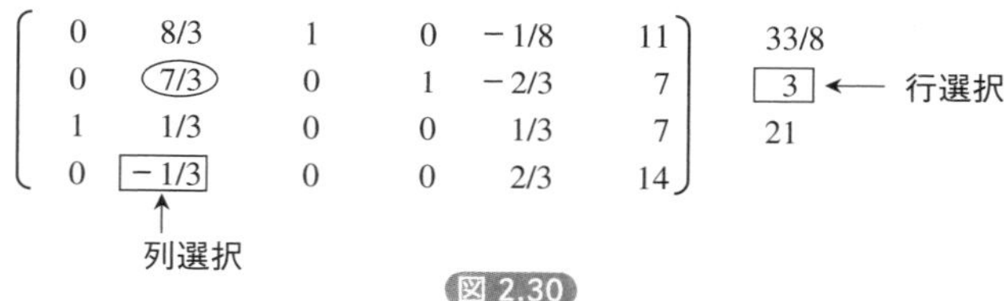

図 2.30

③ 2行2列をピボットにして帰き出す．変数x_1，x_2の1のある行を右にたどった位置にそれぞれの最適解がある．目的関数の最適解は最下段に得られる．

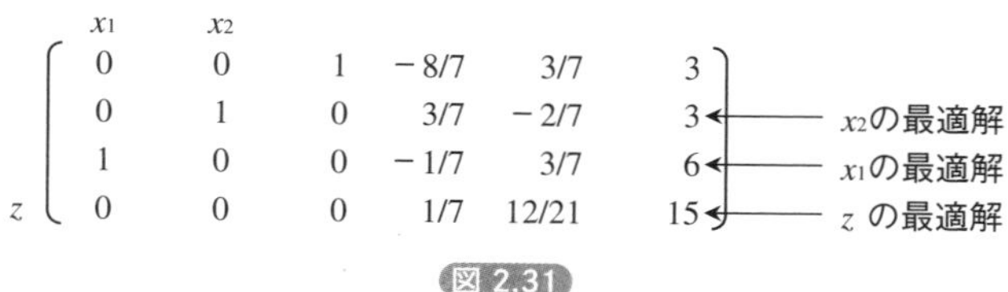

図 2.31

プログラム Rei16

```
/*
 * --------------------------------------------------------
 *        線形計画法（Ｌｉｎｅａ　Ｐｒｏｇｒａｍｉｎｇ）       *
 * --------------------------------------------------------
 */

#include <stdio.h>
#include <math.h>

#define N1 4      // 行数
#define N2 6      // 列数
#define N3 2      // 変数の数

void main(void)
{                                   // 係数行列
    double a[N1][N2]={{1.0,2.0,1.0,0.0,0.0,14.0  },
                      {1.0,1.0,0.0,1.0,0.0,8.0   },
                      {3.0,1.0,0.0,0.0,1.0,18.0  },
                      {-2.0,-3.0,0.0,0.0,0.0,0.0}};
    double min,p,d;
    int j,k,x,y,flag;

    while (1){
        min=9999;               // 列選択
        for (k=0;k<N2-1;k++){
            if (a[N1-1][k]<min){
                min=a[N1-1][k];
                y=k;
            }
        }

        if (min>=0)
            break;

        min=9999;               // 行選択
        for (k=0;k<N1-1;k++){
            p=a[k][N2-1]/a[k][y];
            if (a[k][y]>0 && p<min){
                min=p;
                x=k;
            }
        }
        p=a[x][y];                   // ピボット係数
        for (k=0;k<N2;k++)           // ピボット行をｐで割る
            a[x][k]=a[x][k]/p;
        for (k=0;k<N1;k++){          // ピボット列の掃き出し
            if (k!=x){
                d=a[k][y];
                for (j=0;j<N2;j++)
                    a[k][j]=a[k][j]-d*a[x][j];
            }
```

```
        }
    }

    for (k=0;k<N3;k++){
        flag=-1;
        for (j=0;j<N1;j++){
            if (a[j][k]==1)
                flag=j;
        }
        if (flag!=-1)
            printf("x%d = %f¥n",k,a[flag][N2-1]);
        else
            printf("x%d = %f¥n",k,0.0);
    }
    printf("z= %f¥n",a[N1-1][N2-1]);
}
```

実行結果

```
x0 = 2.000000
x1 = 6.000000
z= 22.000000
```

2-10 最小2乗法

例題 17 最小2乗法

与えられたデータ組に最も近似できる方程式$f(x) = a_0 + a_1x + a_2x^2 + \cdots + a_mx^m$を最小2乗法により導く.

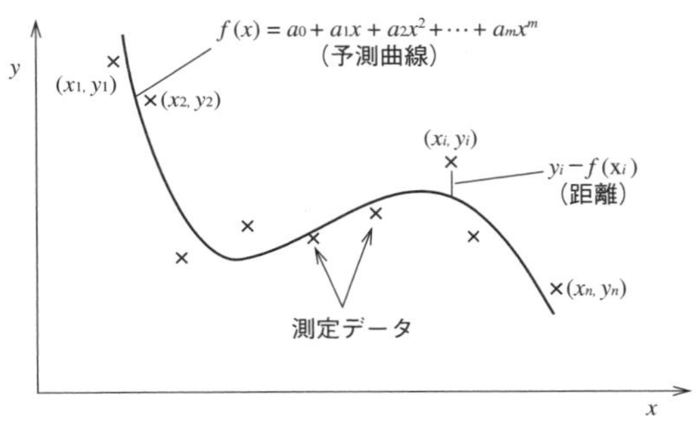

図 2.32 最小2乗法

図2.32のようなn組の測定データ(x_i, y_i) $(i = 1, 2, \cdots, n)$があるとする. このデータに沿う近似方程式として

$$f(x) = a_0 + a_1x + a_2x^2 + \cdots + a_mx^m$$

を考え, この方程式と測定データとの距離の2乗和$\left(\sum_{i=1}^{n}(y_i - f(x_i))^2\right)$を最小となるように, 係数$a_0$〜$a_m$を決めるのが最小2乗法の考え方である. これは次の連立方程式を解くことにより得られる. なお, mは当てはめ曲線の次数である.

$$\begin{cases} s_0a_0 + s_1a_1 + s_2a_2 + s_3a_3 \cdots + s_ma_m = t_0 \\ s_1a_0 + s_2a_1 + s_3a_2 + s_4a_3 \cdots + s_{m+1}a_m = t_1 \\ s_2a_0 + s_3a_1 + s_4a_2 + \cdots + s_{m+2}a_m = t_2 \\ \vdots \\ s_ma_0 + s_{m+1}a_1 + \cdots + s_{2m}a_m = t_m \end{cases}$$

$$\text{ただし}\begin{cases} s_0 = \sum_{j=1}^{n} x_j^0 \\ s_1 = \sum_{j=1}^{n} x_j^1 \\ \vdots \\ s_{2m} = \sum_{j=1}^{n} x_j^{2m} \end{cases} \quad \begin{cases} t_0 = \sum_{j=1}^{n} y_jx_j^0 \\ t_1 = \sum_{j=1}^{n} y_jx_j^1 \\ \vdots \\ t_m = \sum_{j=1}^{n} y_jx_j^m \end{cases}$$

この連立方程式はガウス・ジョルダン法で解けばよいから，次のような係数行列を作る．

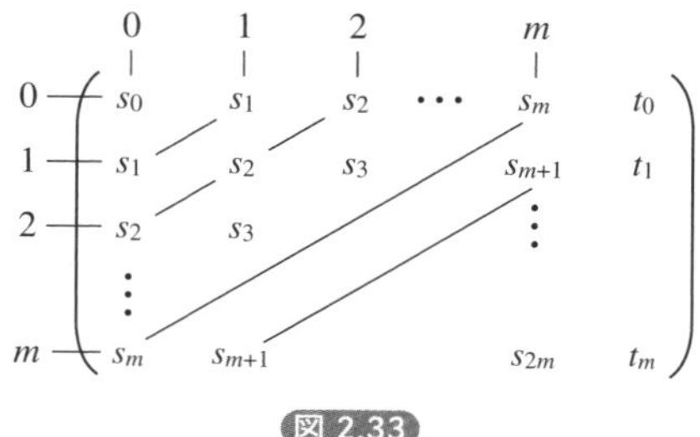

図 2.33

ここで注意してみると，係数行列の斜め方向に同じものが並んでいるので，すべての要素を計算しなくてもよいことになる．つまり，おのおのの行と列の添字の数を加えたものが等しい要素には同じ係数が入る．たとえば，s_2が入るのは2行0列，1行1列，0行2列というようにである．

プログラム Rei17

```
/*
 * --------------------
 *       最小2乗法      *
 * --------------------
 */

#include <stdio.h>

#define N 7                          // データ数
#define M 5                          // 当てはめ次数

double ipow(double,int);

void main(void)
{
    double x[]={-3,-2,-1, 0,1,2,3},
           y[]={ 5,-2,-3,-1,1,4,5},
           a[M+1][M+2],s[2*M+1],t[M+1];

    int i,j,k;
    double p,d,px;

    for (i=0;i<=2*M;i++)
        s[i]=0;
    for (i=0;i<=M;i++)
        t[i]=0;
```

```
    for (i=0;i<N;i++){
        for (j=0;j<=2*M;j++)                    // s0 から s2m の計算
            s[j]=s[j]+ipow(x[i],j);
        for (j=0;j<=M;j++)                      // t0 から tm の計算
            t[j]=t[j]+ipow(x[i],j)*y[i];
    }

    for (i=0;i<=M;i++){         // a[][] に s[],t[] の値を入れる
        for (j=0;j<=M;j++)
            a[i][j]=s[i+j];
        a[i][M+1]=t[i];
    }

    for (k=0;k<=M;k++){                   // はき出し
        p=a[k][k];
        for (j=k;j<=M+1;j++)
            a[k][j]=a[k][j]/p;
        for (i=0;i<=M;i++){
            if (i!=k){
                d=a[i][k];
                for (j=k;j<=M+1;j++)
                    a[i][j]=a[i][j]-d*a[k][j];
            }
        }
    }

    printf("    x    y¥n");      // 補間多項式による y の値の計算
    for (px=-3;px<=3;px=px+.5){
        p=0;
        for (k=0;k<=M;k++)
            p=p+a[k][M+1]*ipow(px,k);

        printf("%5.1f%5.1f¥n",px,p);
    }
}
double ipow(double p,int n)         // p ^ n  を求める関数
{
    int k;
    double s=1;
    for (k=1;k<=n;k++)
        s=s*p;
    return s;
}
```

❗ べき乗を求める標準関数powがあるが，あるC言語の処理系では`pow(x,0)`のようなときにエラーとなるものがあったので，自前の関数を使った．

実行結果

```
    x     y
 -3.0  5.0
 -2.5  0.3
 -2.0 -2.1
 -1.5 -2.9
 -1.0 -2.8
 -0.5 -2.2
  0.0 -1.3
  0.5 -0.1
  1.0  1.2
  1.5  2.6
  2.0  3.9
  2.5  4.9
  3.0  5.0
```

結果をグラフィックス表示するためのプログラムを以下に示す．グラフィックスライブラリについては**8章**と**附録**を参照．

プログラム Dr17

```
/*
 * --------------------
 *       最小2乗法      *
 * --------------------
 */

#include <stdio.h>
#include "glib.h"  ←  処理系に応じたライブラリを使用する

#define N 7                    // データ数
#define M 5                    // 当てはめ次数

#define Max(a,b) (((a)>(b))?(a):(b))

double ipow(double,int);

void main(void)
{
    double x[]={-3,-2,-1, 0,1,2,3},
           y[]={ 5,-2,-3,-1,1,4,5},
           a[M+1][M+2],s[2*M+1],t[M+1];
    int i,j,k;
    double p,d;

    for (i=0;i<=2*M;i++)
        s[i]=0;
    for (i=0;i<=M;i++)
        t[i]=0;
```

```
for (i=0;i<N;i++){
    for (j=0;j<=2*M;j++)          // s0 から s2m の計算
        s[j]=s[j]+ipow(x[i],j);
    for (j=0;j<=M;j++)            // t0 から tm の計算
        t[j]=t[j]+ipow(x[i],j)*y[i];
}

for (i=0;i<=M;i++){        // a[][] に s[],t[] の値を入れる
    for (j=0;j<=M;j++)
        a[i][j]=s[i+j];
    a[i][M+1]=t[i];
}

for (k=0;k<=M;k++){               // はき出し
    p=a[k][k];
    for (j=k;j<=M+1;j++)
        a[k][j]=a[k][j]/p;
    for (i=0;i<=M;i++){
        if (i!=k){
            d=a[i][k];
            for (j=k;j<=M+1;j++)
                a[i][j]=a[i][j]-d*a[k][j];
        }
    }
}

// 係数の表示
for (k=0;k<=M;k++)
    printf("a%d=%f¥n",k,a[k][M+1]);

// グラフの表示
double px,py,xmax,ymax,xmin,ymin,sx,sy,dx,dy,step;

ginit();
xmax=xmin=x[0];ymax=ymin=y[0];
for (i=1;i<N;i++){
    if (x[i]<xmin) xmin=x[i];
    if (y[i]<ymin) ymin=y[i];
    if (x[i]>xmax) xmax=x[i];
    if (y[i]>ymax) ymax=y[i];
}
sx=1.2*Max(fabs(xmin),fabs(xmax)); // x軸のサイズ
sy=1.2*Max(fabs(ymin),fabs(ymax)); // y軸のサイズ
dx=sx/100;dy=sy/100;               // ＋印のサイズ
step=(xmax-xmin)/100;              // プロット間隔

window(-sx,-sy,sx,sy);

line(-sx,0,sx,0);line(0,-sy,0,sy); // 軸線

for (i=0;i<N;i++){  // ＋印のプロット
    line(x[i]-dx,y[i],x[i]+dx,y[i]);
```

処理系に応じて書き直す
附録参照

プログラムの途中では宣言できない場合は先頭に移す

```
        line(x[i],y[i]-dy,x[i],y[i]+dy);
    }

    for (px=xmin;px<=xmax;px=px+step){ // グラフの描画
        py=0;
        for (i=0;i<=M;i++)
            py=py+a[i][M+1]*ipow(px,i);
        if (px==xmin)
            setpoint(px,py);
        else
            moveto(px,py);
    }
}
double ipow(double p,int n)          // p^n  を求める関数
{
    int k;
    double s=1;
    for (k=1;k<=n;k++)
        s=s*p;
    return s;
}
```

実行結果

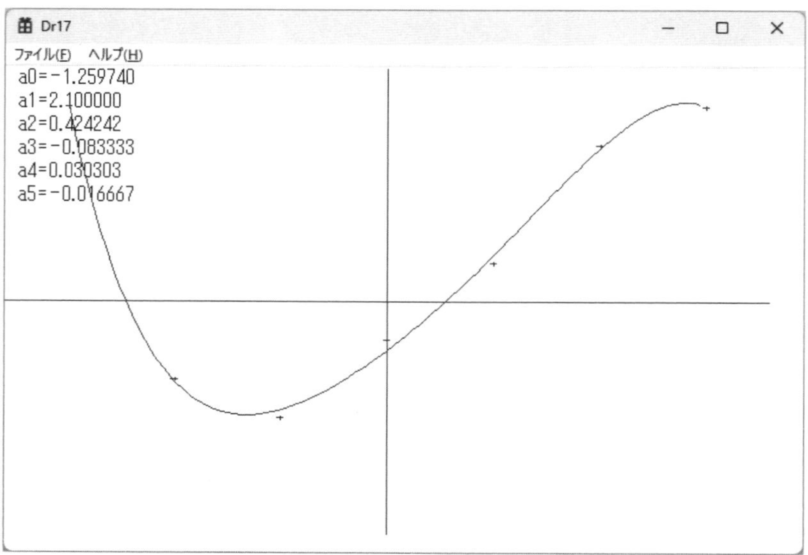

第3章 ソートとサーチ

- 数値計算と並んで多量のデータを処理することは，コンピュータの重要な仕事である．データ処理の基本的作業として，ソート（sort：整列）とサーチ（search：探索）がある．
- ソートに関しては，直接選択法，バブルソート，基本挿入法といった基本形ソートと，これを改良したシェル・ソートについて学ぶ．より高速なソート法であるクイック・ソートとヒープ・ソートは4章および6章で説明する．
- サーチに関しては線形探索と2分探索，さらに特殊な高速サーチ法であるハッシュについて説明する．なお，2分探索木を用いたサーチは6章で説明する．
- ソートされている2組のデータ列を1組のデータ列にするマージ（merge：併合），文字列の置き換え（リプレイス）や文字列の照合（パターンマッチング）についても説明する．

3-0 ソートとサーチとは

1　ソート（sort：整列）

ソート（sort）は，データ列をある規則に従って並べ替えることをいう．1，5，11，20…というように小さい順に並べることを昇順（正順）といい，逆に，…20，11，5，1と大きい順に並べることを降順（逆順）という．

コンピュータでは文字列も大きいか小さいか判定でき，それはいわゆる辞書式順に大小関係が決まっている．たとえば，

a＜aaa＜ab＜b…

という順序は，小さい順（辞書順）に並んでいる．

ソートは大きく分けると，

- **内部ソート**
- **外部ソート**

になる．コンピュータの主記憶（メモリ）上の配列にデータが与えられていて，これを扱うのが内部ソート，外部記憶装置（ディスク，磁気テープ）上のデータを扱うのが外部ソートである．

本書では内部ソートだけを扱う．内部ソートは**表3.1**に示す6種類に大別できる．

ソートに要する時間は，比較回数と交換回数によりだいたい決まる．この回数は，ソートする数列のデータがどのように並んでいる（正順に近い，逆順に近い，でたらめ）かにより異なる．したがって，ソート時間を一概に論ずることはできないが，基本形と改良形では，データ数が多く（100以上）なったときに圧倒的な差が出る．

数列の長さがn倍になると，基本整列法では所要時間はほぼn^2倍になるのに対し，シェル・ソートでは$n^{1.2}$倍，クイック・ソートやヒープ・ソートでは$n\log_2 n$倍になる．たとえば，nが10^6ならn^2は10^{12}，$n^{1.2} \approx 2 \times 10^7$，$n\log_2 n = 2 \times 10^7$となり，基本形は改良型に比べ50000倍もの差が出る．

計算量のオーダー（order）を表すのに，$O(n^2)$，$O(n\log_2 n)$，$O(n^{1.2})$という表現を用いる．これをビッグO記法（big O-notation）と呼ぶ．$O(n^2)$はデータ数がn倍になれば計算量はn^2倍になることを示している．

	ソート法	特徴	計算量
基本形	基本交換法 (バブル・ソート)	隣接する2項を逐次交換する. 原理は簡単だが,交換回数が多い.	$O(n^2)$
	基本選択法 (直接選択法)	数列から最大(最小)を探すことを繰り返す. 比較回数は多いが交換回数が少ない.	
	基本挿入法	整列された部分数列に対し該当項を適切な位置に挿入することを繰り返す.	
改良形	改良交換法 (クイック・ソート) →4章 4-6	数列の要素を1つずつ取り出し,それが数列の中で何番目になるか,その位置を求める.	$O(n\log_2 n)$
	改良選択法 (ヒープ・ソート) →6章 6-7	数列をヒープ構造(一種の木構造)にしてソートを行う.	
	改良挿入法 (シェル・ソート)	数列をとび(gap)のあるいくつかの部分数列に分け,そのおのおのを基本挿入法でソートする.	$O(n^{1.2})$

❗ これらのソート法については『プログラム技法』(二村良彦, オーム社) に, 系統的でわかりやすく書かれているので. それを参考にするとよい.

表 3.1 代表的な内部ソート法

2 サーチ (search:探索)

大量のデータの中から必要なデータを探し出す作業をサーチ (search:探索) という. サーチの方法は大きく分けて, 逐次探索法と2分探索法がある.

データは一般に次のようなレコードで構成されている.

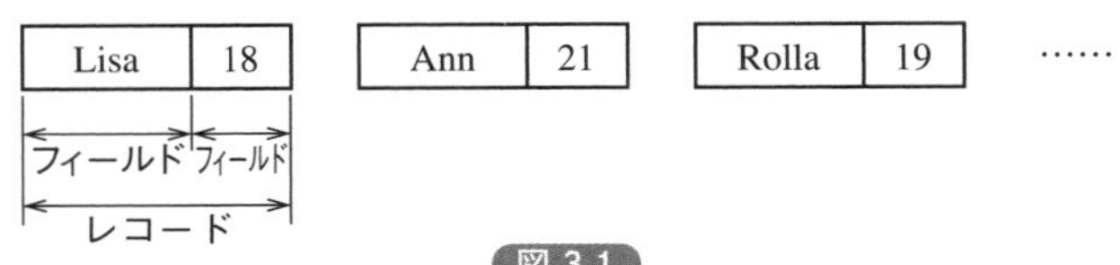

図 3.1

ひとかたまりのデータをレコード (record) と呼ぶ. レコードは複数のフィールド (field:項目) で構成される. サーチする項目 (フィールド) を特にキー (key) と呼ぶ.

逐次探索法は, 表のデータを先頭から順に探索する方法で, アルゴリズムはきわめて単純であり, 表がソートされていない場合に用いられる. 表の大きさがnの場合, 逐次探索法において最も効率よくデータが探索されるのは, 目的のデータが先頭にある場合であり，1回のサーチですむ．逆に最も効率が悪いのは，目的のデータが終端にある場合で，サーチをn回行う，したがって，サーチの平均オーダーは$O((n+1)/2))$となる．

2分探索法は，あらかじめソートされている表から目的のデータをサーチする場合に有効な方法で，アルゴリズムもそれほど難しくない．基本原理は，表を2つのグループに分け，目的のデータがどちらのグループに属するかを調べる．グループがわかったらそのグループをさらに2分し，どちらに目的のデータが属するか調べる．この操作を繰り返す．計算量は$O(\log_2 n)$

2分探索法を用いる場合は，データが更新されるたびに表をソートし直す必要があることを忘れてはならない．このため，探索と更新，ソートに適した表を実現するデータ構造として，

- 配列
- リスト
- 2分探索木

がある．この章では配列を用いる．リストについては**5章**参照．2分探索木については**6章**参照．逐次探索法や2分探索法はキーの値と表のデータの比較を繰り返すものであるが，キーの値から即座に探索位置を求めるハッシュ法という高速な探索法がある．

3-1 基本ソート

例題 18 直接選択法

直接選択法により，データを昇順（正順）にソートする．

部分数列$a_i \sim a_{n-1}$の中から最小項を探し，それとa_iを交換することを，部分数列$a_0 \sim a_{n-1}$から始め，部分数列がa_{n-1}になるまで繰り返す．これが直接選択法と呼ばれるソートである．

次のような具体例で説明する．

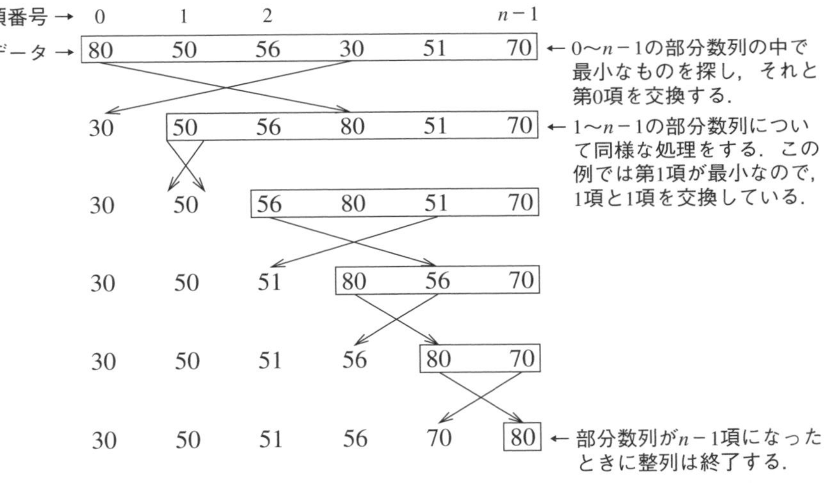

図 3.2 直接選択法

これをアルゴリズムとして記述すると次のようになる．

① 対象項iを0から$n-2$まで移しながら，以下を繰り返す．
　② 対象項を最小値の初期値とする．
　③ 対象項＋1〜$n-1$項について以下を繰り返す．
　　④ 最小項を探し，その項番号をsに求める．
　⑤ i項とs項を交換する．

プログラム Rei18

```
/*
 * --------------------------------
 *        直接選択法によるソート        *
 * --------------------------------
 */

#include <stdio.h>

#define N 6

void main(void)
{
    int a[]={80,41,35,90,40,20};
    int min,s,t,i,j;

    for (i=0;i<N-1;i++){
        min=a[i];
        s=i;
        for (j=i+1;j<N;j++){
            if (a[j]<min){
                min=a[j];
                s=j;
            }
        }
        t=a[i]; a[i]=a[s]; a[s]=t;
    }

    for (i=0;i<N;i++)
        printf("%d ",a[i]);
    printf("¥n");
}
```

実行結果

```
20 35 40 41 80 90
```

練習問題 18-1 バブル・ソート

バブル・ソートにより，データを昇順（正順）にソートする.

隣接する2項を比較し，下の項（後の項）が上の項（前の項）より小さければ，両項の入れ替えを行うことを繰り返す．これはちょうど小さい項が泡（バブル）のように上へ上っていく様子に似ていることからバブル・ソートという．

図3.3のpass1についてだけ説明する．51と70を比較し，後者の方が大きいので交換しない．30と51を比較し．後者の方が大きいので交換しない．56と30を比較

し．後者の方が小さいので交換する．50と30を比較し，後者の方が小さいので交換する．80と30を比較し，後者の方が小さいので交換する．第0項は30というデータで確定する．

これをpass2～pass5まで繰り返せばソートは完了する．各パスの比較回数はパスが進むに従って1回づつ減っていくことになる．

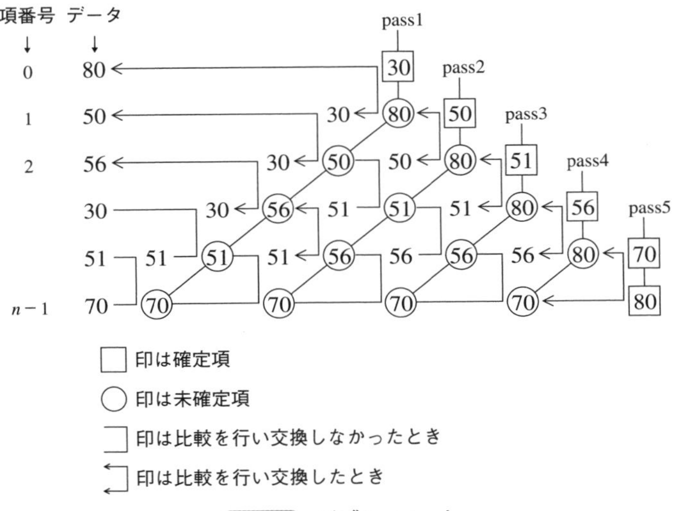

図 3.3 バブル・ソート

プログラム Dr18_1

```
/*
 * ---------------------------
 *          バブル・ソート        *
 * ---------------------------
 */

#include <stdio.h>

#define N 6

void main(void)
{
    int a[]={80,41,35,90,40,20};
    int t,i,j;

    for (i=0;i<N-1;i++){
        for (j=N-1;j>i;j--){
            if (a[j]<a[j-1]){
```

```
                t=a[j]; a[j]=a[j-1]; a[j-1]=t;
            }
        }
    }
    for (i=0;i<N;i++)
        printf("%d ",a[i]);
    printf("¥n");
}
```

実行結果

```
20 35 40 41 80 90
```

練習問題 18-2 シェーカー・ソート

バブル・ソートを改良したシェーカー・ソートによりソートを行う.

バブル・ソートでは部分数列が正しく並んでいたとしても無条件に比較を繰り返すために効率が悪い. もし数列の前方（左側）より走査を行ってきて, 最後に交換が行われたのがiと$i+1$の位置であれば, $i+1 \sim n-1$の要素は正しく並んでいるはずであるから次からは走査しなくてもよい. そこで, 最後に交換が行われた位置を`shift`に記憶しておき, 次の走査のときの範囲とすればよい.

しかし, もし右端近くに小さい要素があったとすれば, 最後の交換はいつも数列の後の方で行われることになり, 上の`shift`の効果は少ない. そこで走査を左からと右からの2方向で交互に行うようにする. これがシェーカー・ソートである.

プログラム Dr18_2

```
/*
 * --------------------------
 *       シェーカー・ソート      *
 * --------------------------
 */

#include <stdio.h>

#define N 9

void main(void)
{
    int a[]={3,5,6,9,2,7,8,10,4};
    int left,right,i,shift,t;

    left=0;right=N-1;
    while (left<right){
        for (i=left;i<right;i++){
```

```
            if (a[i]>a[i+1]){
                t=a[i];a[i]=a[i+1];a[i+1]=t;
                shift=i;
            }
        }
        right=shift;
        for (i=right;i>left;i--){
            if (a[i]<a[i-1]){
                t=a[i];a[i]=a[i-1];a[i-1]=t;
                shift=i;
            }
        }
        left=shift;
    }
    for (i=0;i<N;i++)
        printf("%d ",a[i]);
    printf("¥n");
}
```

実行結果

```
2 3 4 5 6 7 8 9 10
```

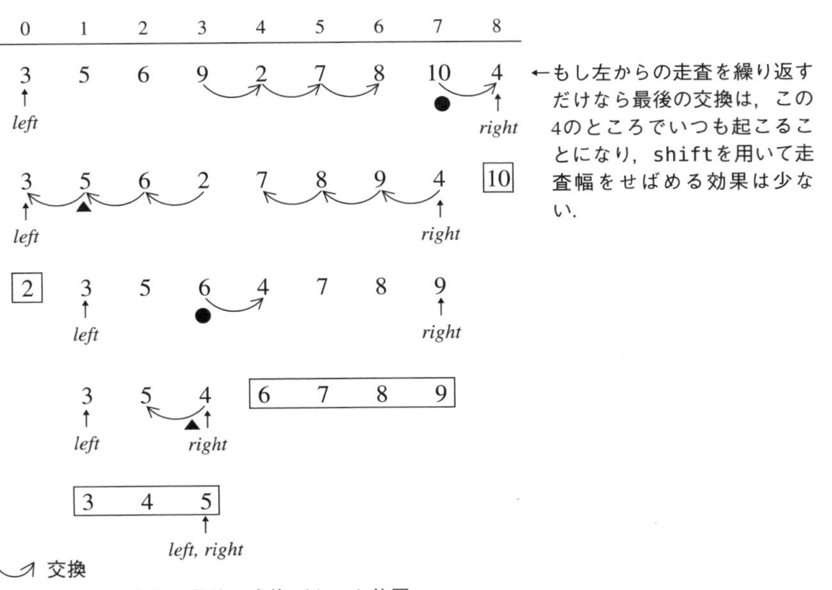

図 3.4 シェーカー・ソート

参考 レコード型データのソート

実際的なソートでは，次のようなレコード型データについて名前や年齢などをキー（key）にしてソートすることが多い．

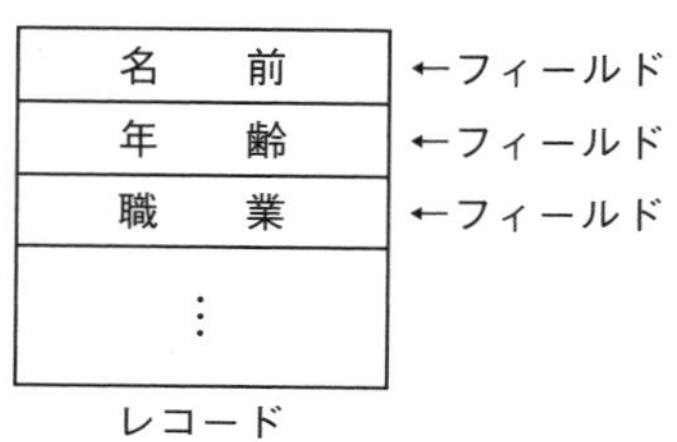

図 3.5

レコード型データはいくつものフィールドを持っているため，交換に要する時間増が一般変数に比べて大きくなる．そこで，次のようにレコード型データをポインタ配列で指し示させて，実際の交換はポインタの交換で行うようにするとよい．

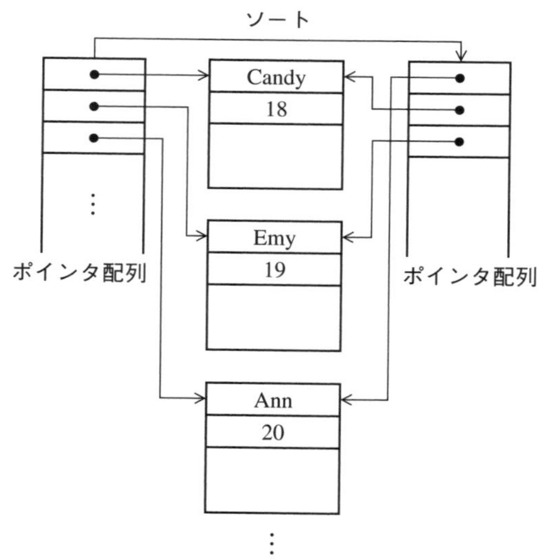

図 3.6 ポインタ配列のソート

プログラム Dr18_3

```
/*
 * ------------------------------
 *        ポインタをソートする      *
 * ------------------------------
 */

#include <stdio.h>
#include <string.h>

#define N 10

void main(void)
{
    struct girl {
        char name[20];
        int age;
    } *t,*p[N],a[]={"Ann",18,"Rolla",19,"Nancy",16,"Eluza",17,
                    "Juliet",18,"Machilda",20,"Emy",15,
                    "Candy",16,"Ema",17,"Mari",18};
    char *min;
    int s,i,j;

    for (i=0;i<N;i++)       // データをポインタで指し示す
        p[i]=&a[i];

    for (i=0;i<N-1;i++){
        min=p[i]->name;
        s=i;
        for (j=i+1;j<N;j++){
            if (strcmp(p[j]->name,min)<0){
                min=p[j]->name;
                s=j;
            }
        }
        t=p[i]; p[i]=p[s]; p[s]=t;     // ポインタの交換
    }

    for (i=0;i<N;i++)
        printf("%10s%4d¥n",p[i]->name,p[i]->age);
}
```

実行結果

```
       Ann  18
     Candy  16
     Eluza  17
       Ema  17
       Emy  15
    Juliet  18
  Machilda  20
      Mari  18
     Nancy  16
     Rolla  19
```

3-2 シェル・ソート

例題 19 基本挿入法

基本挿入法により，データを昇順（正順）にソートする．

基本挿入法の原理は数列$a_0 \sim a_{n-1}$の$a_0 \sim a_{i-1}$がすでに整列された部分数列であるとして，a_iがこの部分数列のどの位置に入るかを調べてその位置に挿入することである．これをiを1から$n-1$まで繰り返せばよい．

a_iが部分数列のどこに入るかは，部分数列の右端のa_{i-1}から始め，a_iが部分数列の項より小さい間は交換を繰り返せばよい．

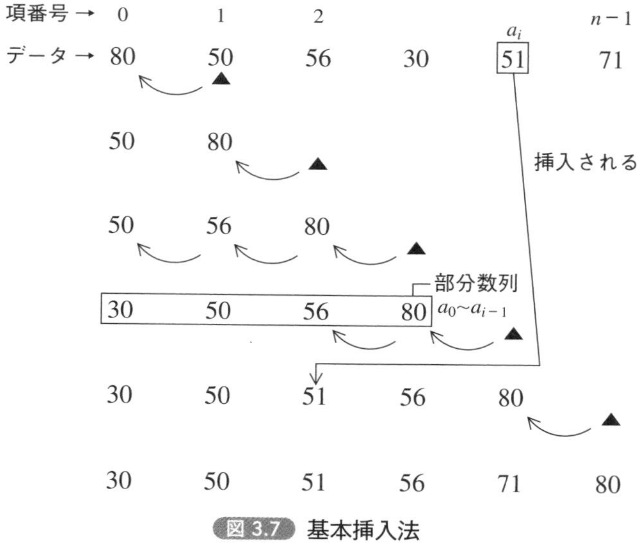

図 3.7 基本挿入法

たとえば，30，50，56，80という部分数列のどこに51が入るかを調べるには，まず80と比較し，51の方が小さいので80と51を変換する．次に56と比較し，51の方が小さいので56と51を交換する．次に50と比較し，51の方が大きいので51が入る位置はここということになり，このパスの処理を終了する．

プログラム Rei19

```
/*
 * ------------------
 *      基本挿入法     *
 * ------------------
 */

#include <stdio.h>
#include <stdlib.h>

#define N 100   // データ数

void main(void)
{
    int a[N],i,j,t;

    for(i=0;i<N;i++)        // N個の乱数
        a[i]=rand();

    for (i=1;i<N;i++){
        for (j=i-1;j>=0;j--){
            if (a[j]>a[j+1]){
                t=a[j]; a[j]=a[j+1]; a[j+1]=t;
            }
            else
                break;
        }
    }

    for (i=0;i<N;i++)
        printf("%8d",a[i]);
    printf("¥n");
}
```

①

①部は次のように書くこともできる．

```
    t=a[i];
    for (j=i-1; j>=0 && a[j]>t; j--)
        a[j+1]=a[j];
    a[j+1]=t;
```

番兵を用いれば，もっと簡単な表現ができる．（**3-3** 遂次探索と番兵 参照）

実行結果

```
   41   153   288   292   491   778  1842  1869  2082  2995
 3035  3548  3902  4664  4827  4966  5436  5447  5537  5705
 6334  6729  6868  7376  7711  8723  8942  9040  9741  9894
 9961 11323 11478 11538 11840 11942 12316 12382 12623 12859
13931 14604 14771 15006 15141 15350 15724 15890 16118 16541
16827 16944 17035 17421 17673 18467 18716 18756 19169 19264
19629 19718 19895 19912 19954 20037 21538 21726 22190 22648
22929 23281 23805 23811 24084 24370 24393 24464 24626 25547
25667 26299 26308 26500 26962 27446 27529 27644 28145 28253
28703 29358 30106 30333 31101 31322 32391 32439 32662 32757
```

練習問題 19 シェル・ソート

シェル・ソートにより，データを昇順（正順）にソートする．

$a_0, a_1, a_2, \cdots, a_{n-1}$ という数列を基本挿入法で一気にソートせず，数列をとび（*gap*）のあるいくつかの部分数列に分け，そのおのおのを基本挿入法でソートする．このように部分数列を大ざっぱにソートしながら，部分数列を全数列に収束させる（*gap* を1にする）ことで最終的なソートが完了する．つまり，$gap = 1$ の基本挿入法を適用する前に，小さい要素は前に，大きい要素は後にくるように大ざっぱに並べ替えておくことで，比較と交換の回数を減らすようにするというのがシェル・ソートの考え方である．シェルというのはこのソートの考案者の名前Shellである．

gap の決め方は最適な決め方があるが，ここでは単純に *gap* を半分にする方法を説明する．

図3.8を例にする．データを8個とすると最初の *gap* は $8/2 = 4$ となるので，4つとびの部分数列（51, 45），（60, 70），…についておのおの基本挿入法でソートする．

次に，*gap* を $4/2 = 2$ として，2つとびの部分数列（45, 55, 51, 80），（60, 21, 70, 30）についておのおの基本挿入法でソートする．

次に，*gap* を $2/2 = 1$ にして，1つとびの部分数列（45, 21, …）について基本挿入法でソートする．$gap = 1$ の部分数列は全数列であるから，これによりソートは完了した．

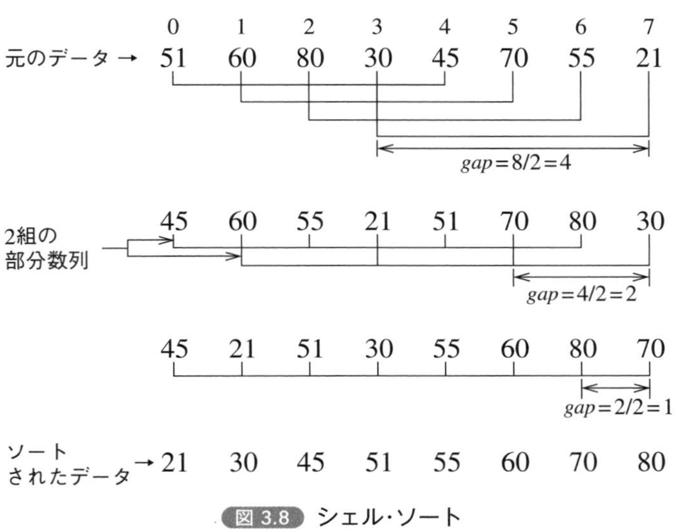

図 3.8 シェル・ソート

上図で，$gap = 2$のときの部分数列は次のように2組ある．

0 1 2 3 4 5 6 7
○□○□○□○□

これを○○○○と□□□□の2つの部分数列について別々に基本挿入法を適用すると次のようになる．

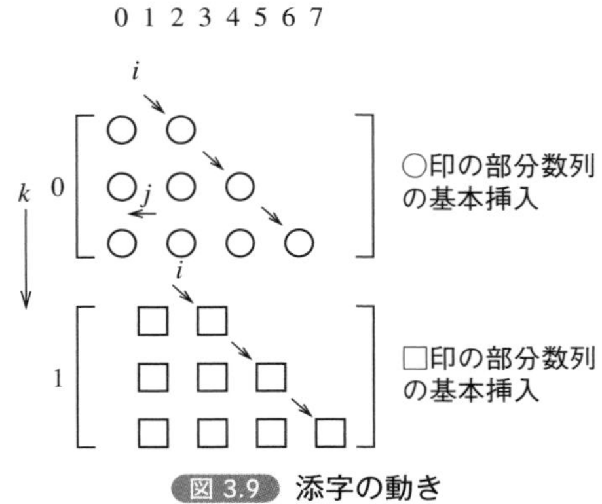

図 3.9 添字の動き

これをアルゴリズムとして記述すると次のようになる．

① *gap*に初期値（*N*/2）を設定

② *gap*が1になるまで以下を繰り返す

　③ *gap*とびの部分数列は全部で*gap*個あるので，この回数だけ以下を繰り返す

　④ *gap*とびの部分数列（a_j，a_{j+gap}，a_{j+2gap}，…）を基本挿入法でソート

プログラム **Dr19_1**

```
/*
 * ------------------------------------
 *        シェル・ソート（改良挿入法 ）      *
 * ------------------------------------
 */

#include <stdio.h>
#include <stdlib.h>

#define N 100   // データ数

void main(void)
{
    int a[N],i,j,k,gap,t;

    for(i=0;i<N;i++)        // N個の乱数
        a[i]=rand();

    gap=N/2;                 // ギャップの初期値
    while (gap>0){
        for (k=0;k<gap;k++){    // ギャップとびの部分数列のソート
            for (i=k+gap;i<N;i=i+gap){
                for (j=i-gap;j>=k;j=j-gap){
                    if (a[j]>a[j+gap]){
                        t=a[j]; a[j]=a[j+gap]; a[j+gap]=t;
                    }
                    else
                        break;
                }
            }
        }
        gap=gap/2;               // ギャップを半分にする
    }

    for (i=0;i<N;i++)
        printf("%8d",a[i]);
    printf("¥n");
}
```

41	153	288	292	491	778	1842	1869	2082	2995
3035	3548	3902	4664	4827	4966	5436	5447	5537	5705
6334	6729	6868	7376	7711	8723	8942	9040	9741	9894
9961	11323	11478	11538	11840	11942	12316	12382	12623	12859
13931	14604	14771	15006	15141	15350	15724	15890	16118	16541
16827	16944	17035	17421	17673	18467	18716	18756	19169	19264
19629	19718	19895	19912	19954	20037	21538	21726	22190	22648
22929	23281	23805	23811	24084	24370	24393	24464	24626	25547
25667	26299	26308	26500	26962	27446	27529	27644	28145	28253
28703	29358	30106	30333	31101	31322	32391	32439	32662	32757

参考 シェル・ソートの改良

*gap*の選び方

*gap*の系列を互いに素になるように選ぶと効率が最もよいとされているが，もう少し簡単な方法として，…，121，40，13，4，1という数列を使う方法がある．*gap*の初期値はデータ数*N*を超えない範囲で上の数列の中から最大なものを選ぶ．なお，**練習問題19**のように，…，8，4，2，1のような2のべき乗で*gap*をとると効率は悪いとされている．

データの局所参照性

○□○□○□○□という2組の部分数列を○○○○と□□□□に分けて別々に基本挿入法を適用した場合，配列の添字の参照がとびとびになるため，メモリアクセスの効率が悪い．大量のデータを調べる場合はなるべく連続した領域を調べるようにした方がアクセス効率がよい．これをデータの局所参照という．

先の部分数列も○○○○と□□□□の2つに分けずに○と□について平行して基本挿入法を適用した方が配列の添字がとびとびにならなくてすむ．

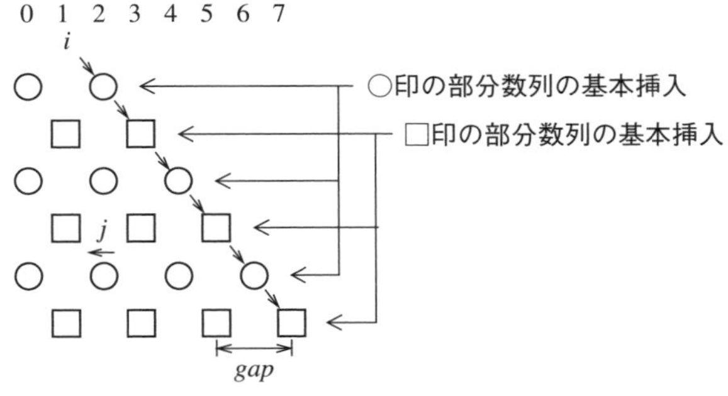

図 3.10 添字の動き

以上の点を考慮したシェル・ソートのプログラムを以下に示す．

プログラム　Dr19_2

```
/*
 * ----------------------------------------
 *          シェル・ソート（改良挿入法 )        *
 * ----------------------------------------
 */

#include <stdio.h>
#include <stdlib.h>

#define N 100   // データ数

void main(void)
{
    int a[N],i,j,gap,t;

    for(i=0;i<N;i++)                // N個の乱数
        a[i]=rand();
                    // Nより小さい範囲で最大のｇａｐを決める
    for (gap=1;gap<N/3;gap=3*gap+1)
        ;

    while (gap>0){
        for (i=gap;i<N;i++){
            for (j=i-gap;j>=0;j=j-gap){
                if (a[j]>a[j+gap]){
                    t=a[j]; a[j]=a[j+gap];a[j+gap]=t;
                }
                else
                    break;
            }
        }
        gap=gap/3;                  // ギャップを１／３にする
    }

    for (i=0;i<N;i++)
        printf("%8d",a[i]);
    printf("¥n");
}
```

実行結果

```
      41     153     288     292     491     778    1842    1869    2082    2995
    3035    3548    3902    4664    4827    4966    5436    5447    5537    5705
    6334    6729    6868    7376    7711    8723    8942    9040    9741    9894
    9961   11323   11478   11538   11840   11942   12316   12382   12623   12859
   13931   14604   14771   15006   15141   15350   15724   15890   16118   16541
   16827   16944   17035   17421   17673   18467   18716   18756   19169   19264
   19629   19718   19895   19912   19954   20037   21538   21726   22190   22648
   22929   23281   23805   23811   24084   24370   24393   24464   24626   25547
   25667   26299   26308   26500   26962   27446   27529   27644   28145   28253
   28703   29358   30106   30333   31101   31322   32391   32439   32662   32757
```

3-3 線形検索（リニアサーチ）と番兵

例題 20 線形探索

線形探索によりデータを探索（サーチ）する.

線形探索は，配列などに格納されているデータを先頭から1つづつ順に調べていき，見つかればそこで探索を中止するという単純な探索法である.

次のような名前と年齢をフィールド（field）とするレコード（record）がN件あったときに，名前フィールドをキー（key）にしてデータを探索する.

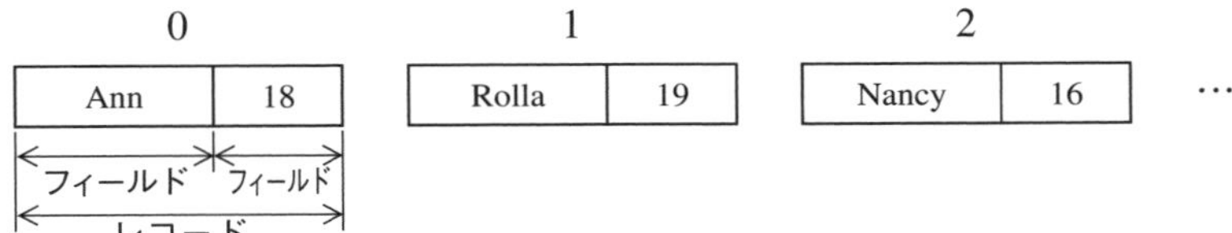

図 3.11 レコードとフィールド

プログラム Rei20

```
/*
 * --------------------
 *       線形探索法      *
 * --------------------
 */

#include <stdio.h>
#include <string.h>

#define N 10        // データ数

void main(void)
{
    struct girl {
        char name[20];
        int age;
    } a[]={"Ann",18,"Rolla",19,"Nancy",16,"Eluza",17,
           "Juliet",18,"Machilda",20,"Emy",15,"Candy",16,
           "Ema",17,"Mari",18};
    char key[20];
    int i;

    printf(" 検索する data ? ");scanf("%s",key);

    i=0;
```

```
    while (i<N && strcmp(key,a[i].name)!=0)
        i++;

    if (i<N)
        printf("%s %d¥n",a[i].name,a[i].age);
    else
        printf("見つかりませんでした¥n");
}
```

実行結果

```
検索するdata ? Eluza
Eluza 17
```

練習問題 20 番兵をたてる

番兵をたてることにより終了判定をスマートに設定する.

例題20で示したプログラムでは, 配列の添字がNを超えないかの判定と, キーとデータが一致したかの判定の2つを行っている.

これが次のように配列要素の最後部に1つ余分な要素を追加し, そこに探索するキーと同じデータを埋め込んでおくことで, 終了判定をスマートに記述できることになる.

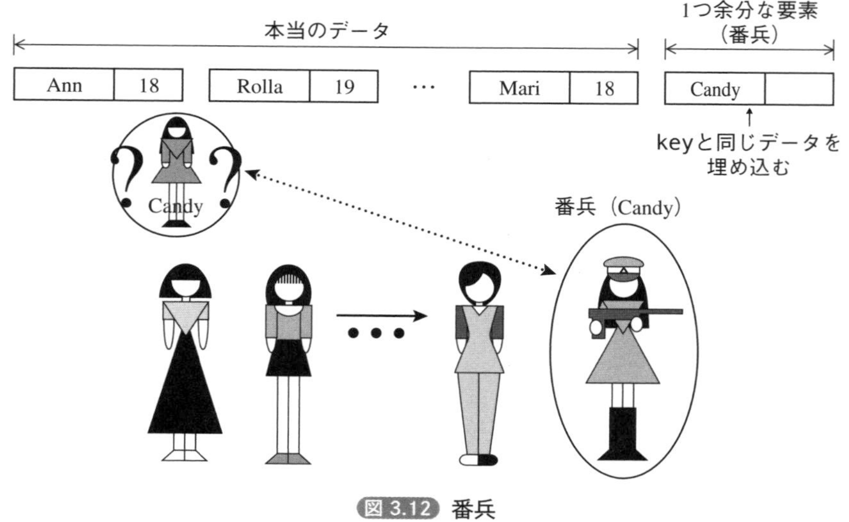

図3.12 番兵

このようなデータ構造にしておけば，キーに一致するデータが見つかるまで単純に探索を行っていけばよい．もし，キーに一致するデータがない場合でも，番兵のところまで探索して終了することになるから，配列要素を超えて探索を続けることはない．

このように探索するキーと同じデータをわざと配列の後部におき，配列の上限を超えて探索を行わないように見張りをしているものを番兵（sentinel）と呼ぶ．

プログラム Dr20_1

```
/*
 * ------------------------------------
 *          線形探索法（番兵をたてる）       *
 * ------------------------------------
 */

#include <stdio.h>
#include <string.h>

#define N 10        // データ数

void main(void)
{
    struct girl {
        char name[20];
        int age;
    } a[N+1]={"Ann",18,"Rolla",19,"Nancy",16,"Eluza",17,
              "Juliet",18,"Machilda",20,"Emy",15,"Candy",16,
              "Ema",17,"Mari",18};
    char key[20];
    int i;

    printf("検索する data ? ");scanf("%s",key);

    strcpy(a[N].name,key);          // 番兵
    i=0;
    while (strcmp(key,a[i].name)!=0)
        i++;

    if (i<N)
        printf("%s %d¥n",a[i].name,a[i].age);
    else
        printf("見つかりませんでした¥n");
}
```

実行結果

```
検索する data ? Eluza
Eluza 17
```

&&演算子

Cの&&演算子は，左の条件式が偽なら右の条件式を評価せずに偽と判定する．したがって**例題20**における，

```
i<N && strcmp(key,a[i].name)!=0
```

という条件式で，i=Nになったときはi<Nを評価して偽と判定するため，a[N].nameという存在しない配列を参照することはない．

PascalやBASICのAND演算子は左右を必ず評価するため，a[N].nameという存在しない配列を参照してしまう．このようなときには実行時エラーとなる場合があるので注意すべきである．

番兵の価値

例題20のプログラムは次のようにbreakを用いてループから強制脱出するようにしてもよい．

プログラム Dr20_2

```
/*
 * ------------------------------------
 *        線形探索法（ｂｒｅａｋ版）      *
 * ------------------------------------
 */

#include <stdio.h>
#include <string.h>

#define N 10        // データ数

void main(void)
{
    struct girl {
        char name[20];
        int age;
    } a[]={"Ann",18,"Rolla",19,"Nancy",16,"Eluza",17,
           "Juliet",18,"Machilda",20,"Emy",15,"Candy",16,
           "Ema",17,"Mari",18};
    char key[20];
    int i,flag=0;

    printf("検索するdata ? ");scanf("%s",key);
```

```
    for (i=0;i<N;i++){
        if (strcmp(key,a[i].name)==0){
            printf("%s %d¥n",a[i].name,a[i].age);
            flag=1;
            break;
        }
    }
    if (flag!=1)
        printf("見つかりませんでした¥n");
}
```

実行結果

```
検索するdata ? Eluza
Eluza 17
```

C言語のようにループから強制脱出するスマートな制御構造（break）を持つ場合は番兵を使わないでもプログラムはスマートに書ける．わざわざ余分なデータを入れる煩雑さを考えれば，break版も決して悪くない．

しかし，Pascalのようにループからの強制脱出にgotoしか使えないものは番兵の価値は大きい．

番兵を用いた基本挿入法

例題19の基本挿入法のプログラムに番兵をたてる．a[0]にデータ範囲外の最小値を番兵として入れ，データはa[1]～a[N]に入っているものとする．

プログラム Dr20_3

```
/*
 * -------------------
 *       基本挿入法      *
 * -------------------
 */

#include <stdio.h>
#include <stdlib.h>

#define N 100   // データ数

void main(void)
{
```

```
    int a[N+1],i,j,t;

    for(i=1;i<=N;i++)        // N個の乱数
        a[i]=rand();

    a[0]=-9999;              // 番兵
    for (i=2;i<=N;i++){
        t=a[i];
        for (j=i-1;a[j]>t;j--)
            a[j+1]=a[j];
        a[j+1]=t;
    }

    for (i=1;i<=N;i++)
        printf("%8d",a[i]);
    printf("¥n");
}
```

実行結果

```
      41     153     288     292     491     778    1842    1869    2082    2995
    3035    3548    3902    4664    4827    4966    5436    5447    5537    5705
    6334    6729    6868    7376    7711    8723    8942    9040    9741    9894
    9961   11323   11478   11538   11840   11942   12316   12382   12623   12859
   13931   14604   14771   15006   15141   15350   15724   15890   16118   16541
   16827   16944   17035   17421   17673   18467   18716   18756   19169   19264
   19629   19718   19895   19912   19954   20037   21538   21726   22190   22648
   22929   23281   23805   23811   24084   24370   24393   24464   24626   25547
   25667   26299   26308   26500   26962   27446   27529   27644   28145   28253
   28703   29358   30106   30333   31101   31322   32391   32439   32662   32757
```

3-4 2分探索

例題 21 2分探索

2分探索によりデータを探索する.

2分探索は，データがソートされて小さい順（または大きい順）に並んでいるときに有効な探索法である.

たとえば，次のようなデータからデータの50を2分探索する場合を考えてみる.

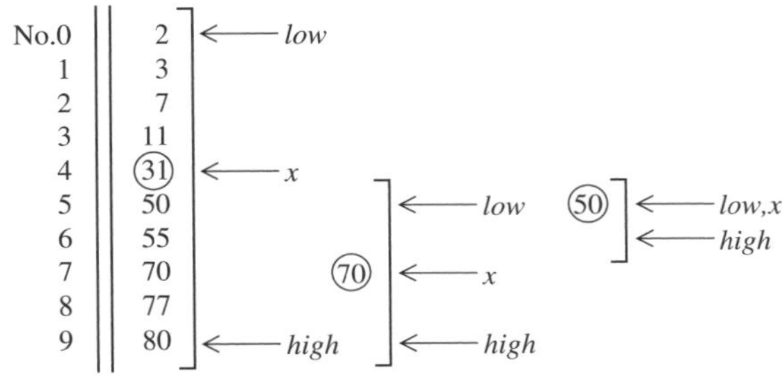

図 3.13 2分探索

探索範囲の下限を*low*，上限を*high*とし，$x = (low + high) / 2$の位置のデータとキー（探すデータ）を比較する．もし，キーの方が大きければ，キーの位置はxより上にあるはずなので，*low*を$x + 1$にする．逆に，キーの方が小さければ，キーの位置はxより下にあるはずなので，*high*を$x - 1$にする．これを，$low \leqq high$の間繰り返す.

それでは，上のデータについて実際に2分探索を行ってみよう.

① 最初$low = 0$, $high = 9$なので, $x = (0 + 9) / 2 = 4$となり, 4番目のデータの31と探すデータ50を比較し，50の方が大きいので$low = 4 + 1 = 5$とする.

② $low = 5$，$high = 9$のとき，$x = (5 + 9) / 2 = 7$となり，7番目のデータ70と50を比較し，50の方が小さいので$high = 7 - 1 = 6$とする.

③ $low = 5$，$high = 6$のとき，$x = (5 + 6) / 2 = 5$となり，5番目のデータ50と50を比較し，これでデータが探された.

つまり,2分探索では,探索するデータ範囲を半分に分け,キーがどちらの半分にあるかを調べることを繰り返し,調べる範囲をキーに向かってだんだんに絞っていく.

もし，キーが見つからなければ，*low*と*high*が逆転して*low*＞*high*となったときに終了する．

プログラム Rei21

```
/*
 * --------------------
 *        2分探索法      *
 * --------------------
 */

#include <stdio.h>

#define N 10          // データ数

void main(void)
{
    int a[]={2,3,7,11,31,50,55,70,77,80};
    int key,low,high,mid,flag=0;

    printf("検索するdata ? ");scanf("%d",&key);
    low=0;high=N-1;
    while (low<=high){
        mid=(low+high)/2;
        if (a[mid]==key){
            printf("%d は %d 番目にありました¥n",a[mid],mid);
            flag=1;
            break;
        }
        if (a[mid]<key)
            low=mid+1;
        else
            high=mid-1;
    }
    if (flag!=1)
        printf("見つかりませんでした¥n");
}
```

実行結果

```
検索するdata ? 55
55 は 6 番目にありました
```

練習問題 21 例題21の改造

例題21のプログラムを**break**を使わずに書く．

例題21のプログラムでは，データが見つかったときに`break`によりループを強制脱出しているが，Pascalなどではこの強制脱出ができない．そこでbreakを使わずに**例題21**を書き直すには次のようにする．

キーが見つかったときに，$low = mid + 1$と$high = mid - 1$の2つを行うことにすると，$low - high = (mid + 1) - (mid - 1) = 2$，つまり$low = high + 2$となり，$low \leqq high$という条件を満たさなくなるから探索ループから抜けることができる．

ループを終了したときに$low = high + 2$ならデータが見つかったときで，mid位置にデータがあることになる．$low = high + 1$ならデータが見つからなかったことを示す．

プログラム Dr21

```
/*
 * ------------------
 *      2分探索法      *
 * ------------------
 */

#include <stdio.h>

#define N 10        // データ数

void main(void)
{
    int a[]={2,3,7,11,31,50,55,70,77,80};
    int key,low,high,mid;

    printf("検索するdata ? ");scanf("%d",&key);

    low=0;high=N-1;
    while (low<=high){
        mid=(low+high)/2;
        if (a[mid]<=key)
            low=mid+1;
        if (a[mid]>=key)
            high=mid-1;
    }
    if (low==high+2)
        printf("%d は %d 番目にありました¥n",a[mid],mid);
    else
        printf("見つかりませんでした¥n");
}
```

実行結果

```
検索するdata ? 55
55 は 6 番目にありました
```

3-5 マージ（併合）

例題 22 マージ

昇順に並んだ2組のデータ列を,やはり昇順に並んだ1組のデータ列にマージする.

マージ（merge：併合）とは，整列（ソート）された2つの（3つ以上でもよい）データ列を合わせて，1本のやはり整列されたデータ列にすることである．

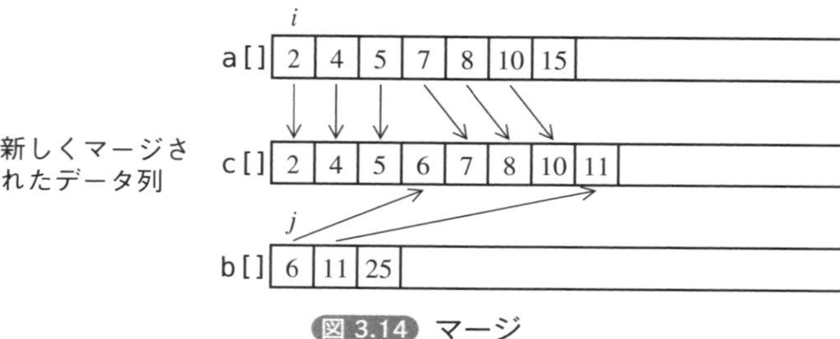

図 3.14 マージ

すでに整列されている2つのデータ列をa，b，新しいデータ列をcとし，データ列の先頭からの番号をそれぞれi，j，pとするとマージのアルゴリズムは次のようになる．

① データ列a，bのどちらかの終末に来るまで以下を繰り返す．
　② a_iとb_jを比べ小さい方をc_pにコピーし，小さい方のデータ列の番号を1つ先に進める．
③ 終末に達していないデータ列のデータを，終末になるまでcにコピーする．

プログラム Rei22

```
/*
 * -------------------------
 *         マージ（併合）         *
 * -------------------------
 */

#include <stdio.h>

#define M 10
#define N 5

void main(void)
{
```

```
    int a[]={2,4,5,7,8,10,15,20,30,40},
        b[]={6,11,25,33,35},
        c[M+N];
    int i,j,p;

    i=j=p=0;
    while (i<M && j<N){     // a[],b[] とも終わりでない間
        if (a[i]<=b[j])
            c[p++]=a[i++];
        else
            c[p++]=b[j++];
    }
    while (i<M)             // a[] が終わりになるまで
        c[p++]=a[i++];
    while (j<N)             // b[] が終わりになるまで
        c[p++]=b[j++];

    for (i=0;i<M+N;i++)
        printf("%d ",c[i]);
    printf("¥n");
}
```

実行結果

```
2 4 5 6 7 8 10 11 15 20 25 30 33 35 40
```

練習問題 22 番兵をたてたマージ

番兵をたてることで終了判定をスマートに記述する.

データ列a, bの最後に大きな値$MaxEof$（昇順に並んだ数列の場合）を番兵としておくと，データ列の終わりと，データの大小比較が簡単なアルゴリズムで記述できる.

たとえば，データ列aが終わりになったらa_iには$MaxEof$が入ることになり，データ列bのどのようなデータに対しても大きいわけであるから，a_iとb_jの比較では，いつもb_jが小さくなり，b_jがcにコピーされていく．データ列bも$MaxEof$になったときが終了である.

プログラム Dr22

```
/*
 * -------------------------
 *        マージ（併合）       *
 * -------------------------
 */

#include <stdio.h>

#define M 13
#define N 5
#define MaxEof 9999          // 番兵

void main(void)
{
    int a[]={2,4,5,7,8,10,15,20,30,40,45,50,60,MaxEof},
        b[]={6,11,25,33,35,MaxEof},
        c[M+N];
    int i,j,p;

    i=j=p=0;
    while (a[i]!=MaxEof || b[j]!=MaxEof){
        if (a[i]<=b[j])
            c[p++]=a[i++];
        else
            c[p++]=b[j++];
    }

    for (i=0;i<M+N;i++)
        printf("%d ",c[i]);
    printf("¥n");
}
```

実行結果

```
2 4 5 6 7 8 10 11 15 20 25 30 33 35 40 45 50 60
```

マージ・ソート

マージの考え方をソートに適用したものをマージ・ソートという．データ数が 2^n なら n パスのマージを繰り返せばソートできる．データ数が 2^n でないときは多少工夫する必要がある．

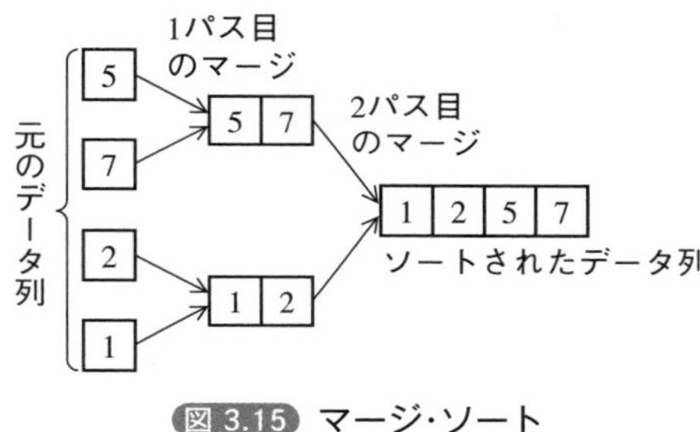

図 3.15 マージ·ソート

● 参考図書：『岩波講座 ソフトウェア科学3 アルゴリズムとデータ構造』石畑清，岩波書店

3-6 文字列の照合(パターンマッチング)

例題23 文字列の照合(単純な方法)

1文字づつずらしながら文字列の照合(string pattern matching)を行う.

テキストがtextに,照合するキー文字列がkeyに入っているものとする.

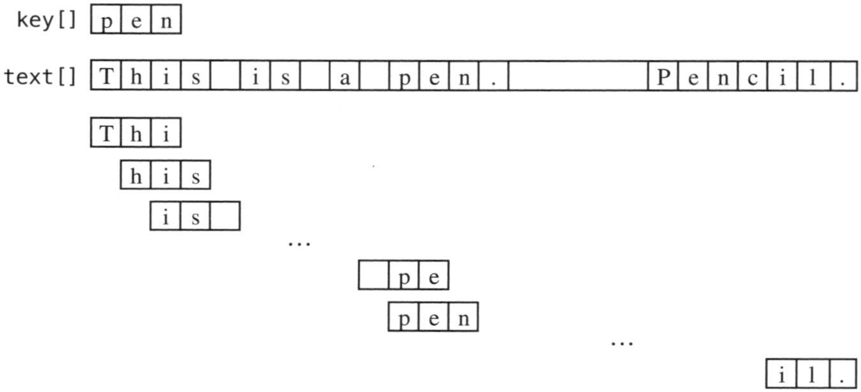

```
key[]  |p|e|n|

text[] |T|h|i|s| |i|s| |a| |p|e|n|.|   ...   |P|e|n|c|i|l|l|.|

       |T|h|i|
         |h|i|s|
           |i|s| |
                 …
                     | |p|e|
                       |p|e|n|
                                 …
                                               |i|l|.|
```

図3.16 文字列の照合

text中からkeyを探すには,textの先頭から始めて1文字づつずらしながらkeyと比較していけばよい.

関数searchはtext中のkeyが見つかった位置へのポインタを返す.textの最後(正確に言えばtextの終末からkeyの長さだけ前方位置)までいっても見つからなければNULLを返す.

プログラム Rei23

```
/*
 * ------------------------------------
 *          文字列の照合(単純な方法)      *
 * ------------------------------------
 */

#include <stdio.h>
#include <string.h>

char *search(char *,char *);

void main(void)
{
```

```
    static char text[]="This is a pen. That is a pencil.";
    char *p,key[]="pen";

    p=search(text,key);
    while (p!=NULL){
        printf("%s¥n",p);
        p=search(p+strlen(key),key);
    }
}
char *search(char *text,char *key)
{
    int m,n;
    char *p;

    m=strlen(text);
    n=strlen(key);
    for (p=text;p<=text+m-n;p++){
        if (strncmp(p,key,n)==0)    ←①
            return p;
    }
    return NULL;
}
```

実行結果

```
pen. That is a pencil.
pencil.
```

キー文字列と区切り文字

penという文字列に対してpencilやsharpenのpenを違うものと判定させるには，penという文字列が見つかったとき，penの前後の文字が区切り文字（␣または．）になっていることを条件に入れればよい．さらに，penがテキストの先頭または終末にある場合の条件も入れると，①部を次のようにする．

```
        if ((p==text||*(p-1)==' '||*(p-1)=='.')
            && strncmp(p,key,n)==0
            && (*(p+n)==' '||*(p+n)=='.'||*(p+n)=='¥0'))
```

練習問題 23 Boyer-Moore 法

Boyer-Moore法による文字列照合を行う．

例題23の単純な方法では1文字づつずらしていくため効率が悪い．Boyer-Moore

法では，テキスト中の文字列とkey文字列との照合を右端を基準にして行い，一致しなかったときの次の照合位置を，1文字先ではなく，テキスト中の照合文字の右端文字で決まるある値分だけ先に進めるというものである．

たとえば，key文字列のpencilを照合することを考えてみよう．次のように，pencilのどの文字でもないものが照合文字列の右端にあったなら，text内を5つずらした範囲内でpencilとなることはあり得ないから，次の参照位置は6つ先に進めてよい．

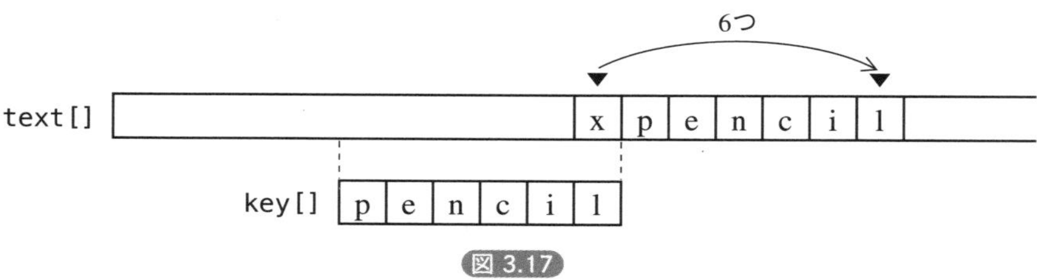

図 3.17

照合文字列の右端がeなら次の最も近い可能性は，以下のような場合なので次の照合位置は4つ先に進めてよい．

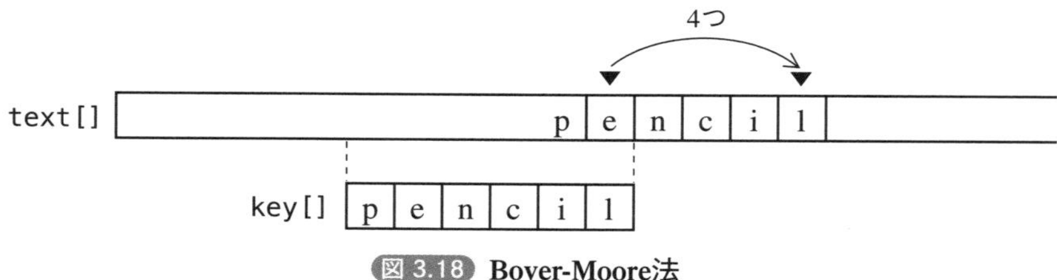

図 3.18 **Boyer-Moore法**

このようにして考えると右端文字の種類によって進めることができる値は次のようになる．

右端文字	p	e	n	c	i	l	その他の文字
進める値	5	4	3	2	1	6	6

表 3.2 スキップ値

key文字列に同じ文字がある場合，たとえば，arrayのような場合は，

a	r	r	a	y	その他
4	3	2	1	5	5

表 3.3

となるが，同じ文字列の「進める値」は小さい方を採用し

r	a	y	その他
2	1	5	5

表 3.4

とする．

Boyer-Moore法のアルゴリズムを記述すると以下のようになる．

① key文字列中の文字で決まる「進める値」の表を作る．

② textの終わりまで以下を繰り返す．

③ text中のp位置の文字とkeyの右端文字（key[n−1]で表せる）が一致したらp－n＋1位置を先頭にするn文字の文字列とkeyを比較し，一致したら，p－n＋1が求める位置とする．

④ p位置の文字で決まる「進める値」だけp位置を後にずらす．

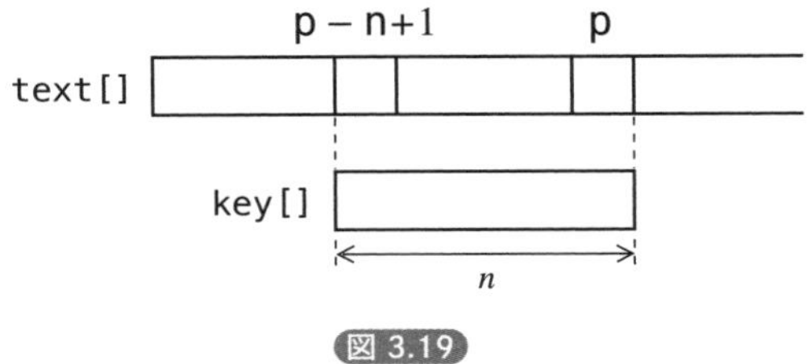

図 3.19

プログラム Dr23

```
/*
 * ------------------------------------------------
 *           文字列の照合（Ｂｏｙｅｒ－Ｍｏｏｒｅ法）      *
 * ------------------------------------------------
 */

#include <stdio.h>
#include <string.h>

char *search(char *,char *);
void table(char *);

int skip[256];

void main(void)
{
    static char text[]="This is a pen. That is a pencil.";
```

```
    char *p,key[]="pen";

    table(key);
    p=search(text,key);
    while (p!=NULL){
        printf("%s¥n",p);
        p=search(p+strlen(key),key);
    }
}
void table(char *key)      // スキップ・テーブルの作成
{
    int k,n;

    n=strlen(key);
    for (k=0;k<=255;k++)
        skip[k]=n;
    for (k=0;k<n-1;k++)
        skip[key[k]]=n-1-k;
}
char *search(char *text,char *key)
{
    int m,n;
    char *p;

    m=strlen(text);
    n=strlen(key);

    p=text+n-1;
    while (p<text+m){
        if (*p==key[n-1]){          // 右端の文字だけ比較 ◀── ①
            if (strncmp(p-n+1,key,n)==0)     // キー全体を比較
                return p-n+1;
        }
        p=p+skip[*p];                   // サーチ位置を進める
    }
    return NULL;
}
```

実行結果

```
pen. That is a pencil.
pencil.
```

❗ 右端の1文字を比較し，一致したときだけkey全体を比較しているが，キー全体の比較の処理がさほど時間のかからないものなら，①部は次のように直接キー全体を比較してもよい．

```
if (strncmp(p-n+1,key,n)==0)
    return p-n+1;
```

3-7 文字列の置き換え（リプレイス）

例題 24 リプレイス

text中のkey文字列をrepで示される文字列で置き換える（replace）.

text中から，keyで示される文字列を探し，そのkey文字列を文字列repで置き換える．

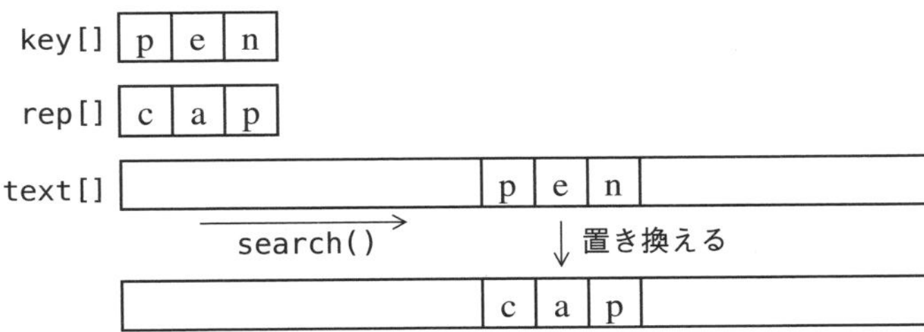

図 3.20 同じ長さのリプレイス

search関数は**例題23**で示したものを使う．

プログラム Rei24

```
/*
 * ----------------------------------------
 *          文字列の置き換え（リプレイス）          *
 * ----------------------------------------
 */

#include <stdio.h>
#include <string.h>

char *search(char *,const char *);
void replace(char *,const char *,const char *);

void main(void)
{
    static char text[]="This is a pen. That is a pencil.";

    replace(text,"pen","cap");       // 同じ長さであること
    printf("%s¥n",text);

}
void replace(char *text,const char *key,const char *rep)
{
    char *p;
```

```
    int i;
    p=search(text,key);
    while (p!=NULL){
        for (i=0;i<(int)strlen(rep);i++)     // 置き換え
            p[i]=rep[i];
        p=search(p+strlen(key),key);
    }
}
char *search(char *text,const char *key)
{
    int m,n;
    char *p;

    m=strlen(text);
    n=strlen(key);
    for (p=text;p<=text+m-n;p++){
        if (strncmp(p,key,n)==0)
            return p;
    }
    return NULL;
}
```

実行結果

```
This is a cap. That is a capcil.
```

練習問題 24 異なる長さの文字列でのリプレイス

text中のkey文字列をrepで示される文字列で置き換える.

置き換える文字列がkey文字列の長さと異なる場合は，次のように，keyより後の文字列を作業用bufに退避しておいてから，repをtextにコピーする.

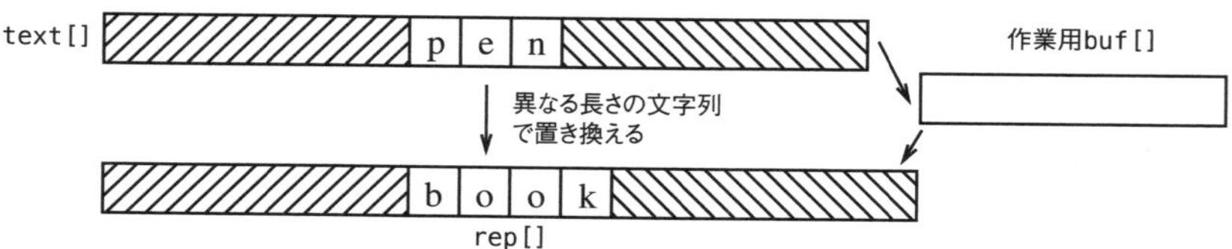

図3.21 異なる長さのリプレイス

置き換えにより，textの長さは長くなる場合があるのでtextのサイズは大きめにとっておくこと.

プログラム Dr24

```
/*
 * ----------------------------------
 *       文字列の置き換え（リプレイス）      *
 * ----------------------------------
 */

#include <stdio.h>
#include <string.h>

void replace(char *,const char *,const char *);
char *search(char *,const char *);

void main(void)
{
    int k;
    static char text[][128]={"      --- サルビアの花 ---",
                             "いつもいつも思ってた",
                             "サルビアの花をあなたの部屋の中に",
                             "投げ入れたくて",
                             "そして君のベッドに",
                             "サルビアの紅い花しきつめて",
                             "僕は君を死ぬまで抱きしめていようと",
                             ""};
    k=0;
    while (text[k][0]!='¥0'){
        replace(text[k],"サルビア","かすみ草");
        replace(text[k],"紅","白");
        printf("%s¥n",text[k]);
        k++;
    }
}
void replace(char *text,const char *key,const char *rep)
{
    char *p,buf[128];

    p=search(text,key);
    while (p!=NULL){
        *p='¥0';
        strcpy(buf,p+strlen(key));
        strcat(text,rep);
        strcat(text,buf);
        p=search(p+strlen(rep),key);
    }
}
char *search(char *text,const char *key)
{
    int m,n;
    char *p;

    m=strlen(text);
    n=strlen(key);
```

```
    for (p=text;p<=text+m-n;p++){
        if (strncmp(p,key,n)==0)
            return p;
    }
    return NULL;
}
```

実行結果

```
      --- か す み 草の花 ---
いつもいつも思ってた
か す み 草の花をあなたの部屋の中に
投げ入れたくて
そして君のベッドに
か す み 草の白い花しきつめて
僕は君を死ぬまで抱きしめていようと
```

size_t型

strlen関数はsize_t型を返すきまりになっている．size_t型は処理系ごとに扱いが異なる符号なし整数をsize_t型で統一することで，処理系依存を緩和させることができる．多くの処理系では`typedef unsigned int size_t;`と定義されている．

型チェックの厳しいコンパイラはstrlen関数の戻り値をint型変数に代入しようとすると警告エラーを出す．この場合は以下のようにキャストする．

```
m=(int)strlen(text);
```

対象プログラム

Rei23，Dr23，Rei24，Dr24，Rei25，Dr25，Rei41，Dr41，Rei49，Dr49

3-8 ハッシュ

例題 25 単純なハッシュ

名前と電話番号からなるレコードをハッシュ管理する.

たとえば，1クラスの生徒データのように学籍番号で管理できるものは，この番号を添字（レコード番号）にして配列（ファイル）に格納しておけば，添字を元に即座にデータを参照することができる.

ところが，番号で管理できないデータは，一般に名前などの非数値データをキーにしてサーチしなければデータ参照できない.

ANN	3211－1234	EMY	3331－4567	CANDY	3333－1222	…

しかし，ハッシュ（hash）という技法を使えば名前などをキーにして即座にデータ参照が行える.

ハッシング（hashing）は，キーの取り得る範囲の集合を，ある限られた数値範囲（レコード番号や配列の添字番号などに対応する）に写像する方法である. この写像を行う変換関数をハッシュ関数という.

ハッシュ関数として次のようなものを考える.

キーは英字の大文字からなる名前とし，A_1，A_2，$A_3 \cdots$，A_nのn文字からなるものとする. キーの長さがn文字とすると，取り得る名前の組み合わせは26^n個存在することになり，きわめて大きな数値範囲になってしまう. そこで，キーの先頭A_1，中間$A_{n/2}$，終わりから2番目A_{n-1}の3文字を用いて

$$\mathrm{hash}(A_1A_2\cdots A_n) = (A_1 + A_{n/2} \times 26 + A_{n-1} \times 26^2) \ \ \mathrm{mod} \ \ 1000$$

という関数を設定する.

たとえば，キーが“SUZUKI”なら,

$$\begin{aligned} \mathrm{hash}(\text{"SUZUKI"}) &= ((\text{'S'} - \text{'A'}) + (\text{'Z'} - \text{'A'}) \times 26 \\ &\quad + (\text{'K'} - \text{'A'}) \times 26^2) \ \% \ 1000 \\ &= (18 + 650 + 6760) \ \% \ 1000 \\ &= 428 \end{aligned}$$

となるから，428という数値を配列なら添字，ファイルならレコード番号とみなして，キーの“SUZUKI”を対応づければよい．

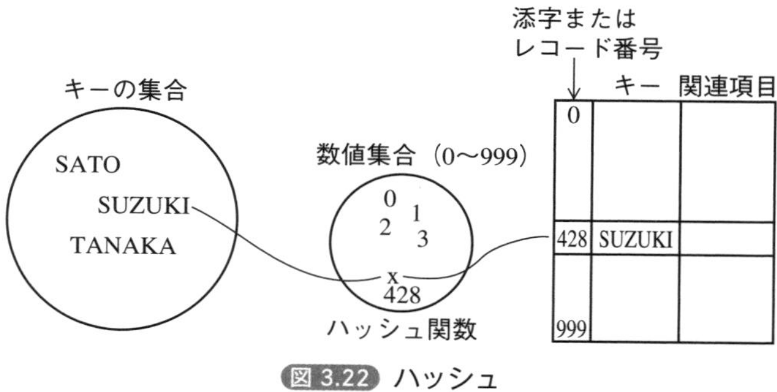

図 3.22 ハッシュ

プログラム Rei25

```
/*
 * ------------------
 *       ハッシュ      *
 * ------------------
 */

#include <stdio.h>
#include <string.h>

#define TableSize 1000
#define ModSize   1000

int hash(char *);

struct tel{                  // データ・テーブル
    char name[20];
    char telnum[20];
} dat[TableSize];

void main(void)
{
    int n;
    char a[20],b[20];

    printf("名前 電話番号¥n");
    while (scanf("%s %s",a,b)!=EOF){
        n=hash(a);
        strcpy(dat[n].name,a);
        strcpy(dat[n].telnum,b);

    }
```

```
    rewind(stdin);
    printf("検索するデータを入力してください¥n");
    while (scanf("%s",a)!=EOF){
        n=hash(a);
        printf("%15s%15s¥n",dat[n].name,dat[n].telnum);
    }
}
int hash(char *s)    // ハッシュ関数
{
    int n;

    n=strlen(s);
    return (s[0]-'A'+(s[n/2-1]-'A')*26+(s[n-2]-'A')*26*26)
    %ModSize;
}
```

データの検索

このプログラムではキー文字として英大文字しかサポートしていない.

実行結果

```
名前 電話番号
MISAWA 1234-5678
KAWADA 1111-2222
KOBASHI 999-0000
KIKUCHI 9876-5432
^Z
検索するデータを入力してください
KAWADA
         KAWADA       1111-2222
KIKUCHI
        KIKUCHI       9876-5432
^Z
```

練習問題 25 かち合いを考慮したハッシュ

かち合いを起こしたときには別な場所にデータを格納するように例題25を改良する.

たとえば,キーとして“SUZUKI”と“SIZUKA”の2つがあるとき,これをハッシュ関数にかけると,どちらも428になる.これを,かち合い(collision)という.**例題25**のプログラムはかち合いに対処できない.

ハッシュ関数は,こうしたかち合いをできるだけ少なくするように決めなければならないが,そのかち合いが多かれ少なかれ発生することは確実である.そこで,もし,かち合いが生じたら,後のデータを別の場所に格納するようにする.いろいろな方法があるが，ここでは最も簡単な方法を示す．

次のようにレコードに使用状況を示すフィールドempty（empty＝1：使用中，empty＝非1：未使用）を付加しておき，もしかち合いが発生したら（emptyを調べれば，かち合っているか否かわかる），そこより下のテーブルを順次見て行き空いている所にデータを格納する．この例では429に“SIZUKA”が入ることになる．

データをサーチする場合も，まずハッシュにより求めた値の場所を探し，なければテーブルの終わりまで下方へ順次探して行く．

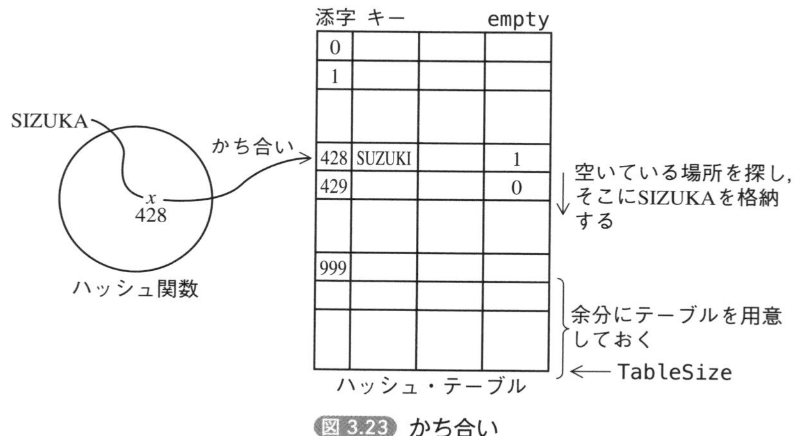

図3.23 かち合い

この方法だと，ハッシュテーブルが詰まってくると，かち合いの発生したデータを入れるための空いたテーブルがなかなか見つからなくなり，本来の位置からだいぶ離れた位置になってしまうことがあり，効率的でない．

プログラム Dr25

```
/*
 * ------------------
 *       ハッシュ     *
 * ------------------
 */

#include <stdio.h>
#include <string.h>

#define TableSize 1050
#define ModSize   1000
```

```
int hash(char *);

struct tel{                 // データ・テーブル
    char name[12];
    char telnum[12];
    int empty;
} dat[TableSize];

void main(void)
{
    int n;
    char a[12],b[12];

    printf(" 名前 電話番号 ¥n");
    while (scanf("%s %s",a,b)!=EOF){
        n=hash(a);
        while (n<TableSize && dat[n].empty==1)
            n++;
        if (n<TableSize){
            strcpy(dat[n].name,a);
            strcpy(dat[n].telnum,b);
            dat[n].empty=1;
        }
        else
            printf(" 表が一杯です ¥n");
    }

    rewind(stdin);
    printf(" 検索するデータを入力してください ¥n");
    while (scanf("%s",a)!=EOF){
        n=hash(a);
        while (n<TableSize && strcmp(a,dat[n].name)!=0)
            n++;
        if (n<TableSize)
            printf("%15s%15s¥n",dat[n].name,dat[n].telnum);
        else
            printf(" データは見つかりませんでした ¥n");
    }
}
int hash(char *s)           // ハッシュ関数
{
    int n;

    n=strlen(s);
    return (s[0]-'A'+(s[n/2-1]-'A')*26+(s[n-2]-'A')*26*26)
    ⮐ %ModSize;
}
```

実行結果

```
名前 電話番号
TSURUTA 1111-1111
TAUE 0000-0000
FUCHI 1234-4321
OGAWA 9999-8888
^Z
検索するデータを入力してください
OGAWA
          OGAWA       9999-8888
TAUE
           TAUE       0000-0000
^Z
```

この方法では同じ名前のデータはそれぞれ別に登録されており，先に検索されたデータだけが表示される．検索アルゴリズムを変更し，すべての同一名を検索するようにすることができる．

ハッシュテーブルへのデータの格納方式

ハッシュテーブル（ハッシュ表）に直接データを格納する方式をオープンアドレス法と呼ぶ．

ハッシュテーブルには直接データを格納せず，データへのポインタを格納する方式をチェイン法と呼ぶ．

かち合い（collision）の解決法

・リストを用いたチェイン法

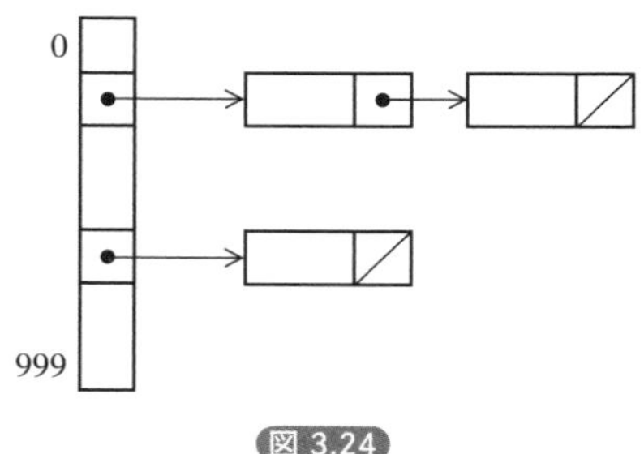

図 3.24

ハッシュテーブルには直接データを格納せず，データへのポインタを格納し，かち合いデータはリストの後に連結していく．リストを用いたハッシュ（**5章5-10**）参照．

・ダブル・ハッシュ法

かち合いが起こったとき，空きテーブルを1つづつ下に探していく方法（これを1次ハッシュ法という）は**練習問題25**で示したが，この探す距離を別のハッシュ関数を用いて計算する．

● 参考図書：『Cデータ構造とプログラム』Leendert Ammeraal 著，小山裕徳 訳，オーム社

第4章 再帰

- 再帰（recursion）というのは，自分自身の中から自分自身を呼び出すという，何やら得体の知れないからくりなのである．数学のような論理体系では，このような再帰を簡単明快に定義できるのに，人間の論理観はそれに追いつけない面を持っている．こうしたことから，再帰的なアルゴリズムは慣れなければ一般に理解しにくいが，一度慣れてしまうと，複雑なアルゴリズムを明快に記述する際に効果を発揮する．再帰は近代的プログラミング法における重要な制御構造の１つである．
- この章では階乗，フィボナッチ数列などの単純な再帰の例から始め，ハノイの塔や迷路などの問題を再帰を用いて明快に解く方法を示す．さらに，高速ソート法であるクイックソートも再帰を用いて示す．
- 再帰が真に威力を発揮するのは，再帰的なデータ構造（木やグラフなど）を扱うアルゴリズムを記述するときである．これについては6章，7章で示す．

4-0 再帰とは

再帰的（recursive：リカーシブ）な構造とは，自分自身（n次）を定義するのに，自分自身より1次低い部分集合（$n-1$次）を用い，さらにその部分集合は，より低次の部分集合を用いて定義するということを繰り返す構造である．このような構造を一般に再帰（recursion）と呼んでいる．

たとえば，$n!$は次のように再帰的に定義できる．

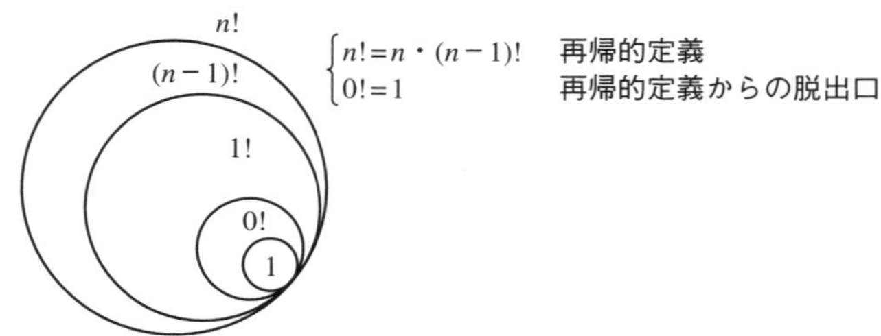

図 4.1 階乗の再帰的定義

再帰を用いると，複雑なアルゴリズムを明快に記述できることがあるため，近代的プログラミング法では重要な制御構造の1つとして考えられている．

FORTRANや従来型BASICでは再帰を認めていないが，C，C++，Java，Pascal，Visual Basic，Visual C++では再帰を認めている．

プログラムにおける再帰は次のような構造をしている．

```
          ⋮
     rfunc(n,…);          // 再帰手続きの最初の呼び出し
          ⋮
rfunc(n,…)
{
     if(脱出条件)          // 再帰からの脱出口
          return;
          ⋮
     rfunc(n-1,…);        // 再帰呼び出し
          ⋮
}
```

（rfunc(n,…) から } までの範囲：再帰手続き）

ある手続きの内部で，再び自分自身を呼び出すような構造の手続きを再帰的手続き（recursive procedure）と呼び，手続き内部で再び自分自身を呼び出すことを再帰呼び出し（recursive call）という．

再帰手続きには，一般に再帰からの脱出口を置かなければならない．こうしないと，再帰呼び出しは永遠に続いてしまうことになる．

一般に手続きの呼び出しにおいては，リターンアドレス，引数，局所変数（手続きの中で宣言されている変数）などがスタックにとられる．再帰呼び出しでは，手続きの呼び出しがネストして行われるため，ネストが深くなれば右図のようにスタックを浪費することになる．

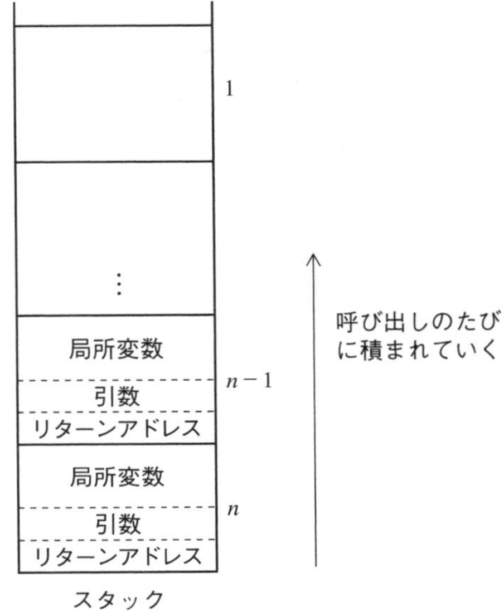

図 4.2 再帰呼び出しにおけるスタックの状態

再帰は，再帰的なデータ構造（たとえば**6章**で示す“木”など）に適用すると特に効果を発揮する．

たとえば，2分木は次のように定義できる．詳しくは**6章**を参照．

「空きでない2分木は，1つの根（節）と2つの部分木（左部分木と右部分木）からなる」
「空きの木も2分木である」

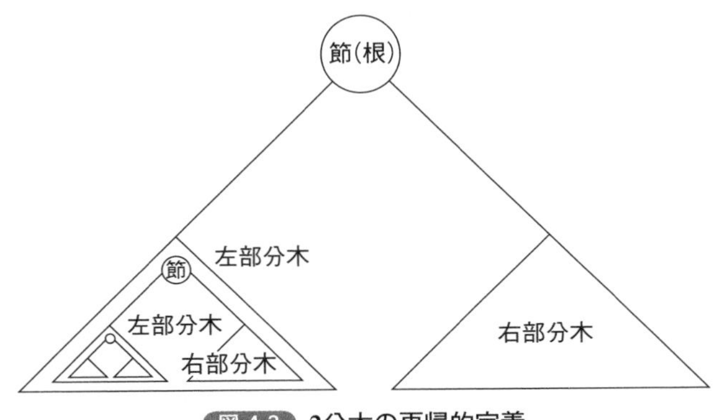

図 4.3 2分木の再帰的定義

4-1 再帰の簡単な例

例題 26 階乗の再帰解

$n!$ を求める関数を再帰を用いて作る.

$n!$ は次のように定義できる.

$$\begin{cases} n! = n \cdot (n-1)! & n > 0 \\ 0! = 1 \end{cases}$$

これは次のような意味に解釈できる.

- $n!$ を求めるには1次低い $(n-1)!$ を求めてそれに n を掛ける
- $(n-1)!$ を求めるには1次低い $(n-2)!$ を求めてそれに $n-1$ を掛ける

  ⋮
- $1!$ を求めるには $0!$ を求め，それに1を掛ける
- $0!$ は1である

以上を再帰関数として記述すると，

```
long kaijo(int n)
{
    if (n==0)
        return 1L;
    else
        return n*kaijo(n-1);
}
```

（注：`return 1L;` → 0!の脱出口，`kaijo(n-1)` → $(n-1)!$ を求める再帰の呼び出し）

となる．この再帰関数を用いて $4!$ を求めるには，メイン・ルーチンから，

```
kaijo(4);
```

と呼び出す．このとき，上の再帰関数は次のように実行される．

引数 n が再帰呼び出しのたびにスタック上に積まれ，再帰呼び出しからリターンするときには逆にスタックから取り戻されていくことに注意すること．

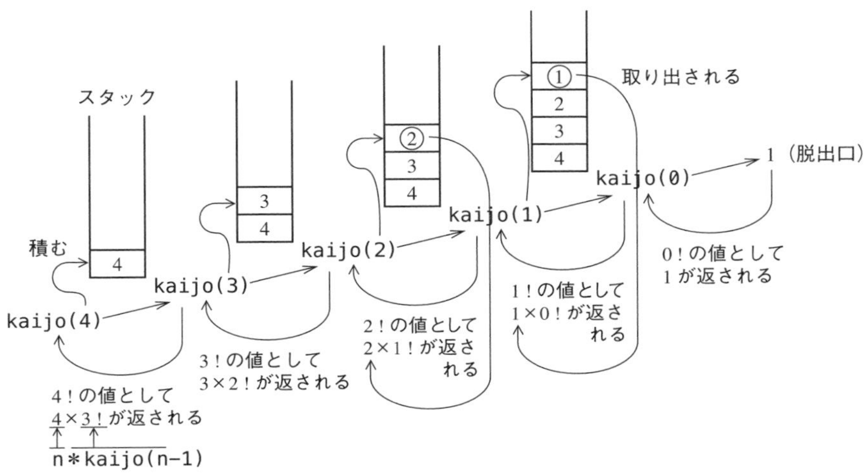

図 4.4 階乗の再帰呼び出し

まず4!を求めようとするが，これは4 × 3!なので，3!を求めようとする．3!は3 × 2!なので，2!を求めようとする．このように，自分を求めるために同じ手続きを使って前を求めるというのが再帰的アルゴリズムなのである．

再帰的なアルゴリズムには必ず脱出口がなければならない．もしなければ，再帰呼び出しは永遠に続いてしまう．（実際にはスタックオーバーフローエラーまたは暴走）．

kaijoの脱出口は0! = 1である．再帰呼び出しが0!に行き着いたとき，この値は1と定義されているから，もうこれ以上再帰呼び出しを行わず，あとは来た道を逆にたどって帰る．

つまり，kaijo(0)は値1（0!）を得てリターンし，kaijo(1)はkaijo(0)から得られた0!の値（1）にスタック上のnの値（1）を掛けた1 × 0!を得てリターンし，kaijo(2)はkaijo(1)から得られた1!の値にスタック上のnの値（2）を掛けた2 × 1!を得てリターンし…と続き，一番最初の呼び出しに対し，4 × 3!を返して，再帰呼び出しを完了する．

プログラム Rei26

```
/*
 * ------------------------
 *       階乗計算の再帰解      *
 * ------------------------
 */

#include <stdio.h>

long kaijo(int);

void main(void)
{
    int n;
    for (n=0;n<13;n++)
        printf("%2d!= %10ld¥n",n,kaijo(n));
}
long kaijo(int n)   // 再帰手続
{
    if (n==0)
        return 1L;
    else
        return n*kaijo(n-1);
}
```

実行結果

```
 0!=          1
 1!=          1
 2!=          2
 3!=          6
 4!=         24
 5!=        120
 6!=        720
 7!=       5040
 8!=      40320
 9!=     362880
10!=    3628800
11!=   39916800
12!=  479001600
```

練習問題 26-1 フィボナッチ数列

フィボナッチ数列を再帰を用いて求める.

次のような数列をフィボナッチ数列という.

1　1　2　3　5　8　13　21　34　55　89　……

この数列の第n項は第$n-1$項と第$n-2$項を加えたものであり，第1項と第2項は1であるから，次のように定義できる.

$$\begin{cases} f_n = f_{n-1} + f_{n-2} & n \geqq 3 \\ f_1 = f_2 = 1 & n = 1, 2 \end{cases}$$

プログラム Dr26_1

```
/*
 * ----------------------------------
 *        フィボナッチ数（再帰版）        *
 * ----------------------------------
 */

#include <stdio.h>

long fib(long);

void main(void)
{
    long n;
    for (n=1;n<=20;n++)
        printf("%3ld: %ld¥n",n,fib(n));
}
long fib(long n)
{
    if (n==1 || n==2)
        return 1L;
    else
        return fib(n-1)+fib(n-2);
}
```

実行結果

```
  1: 1
  2: 1
  3: 2
  4: 3
  5: 5
  6: 8
  7: 13
  8: 21
  9: 34
 10: 55
 11: 89
 12: 144
 13: 233
 14: 377
 15: 610
 16: 987
 17: 1597
 18: 2584
 19: 4181
 20: 6765
```

フィボナッチ（Fibonacci）

1200年頃のヨーロッパの数学者．彼の著書に次のような記述がある．

> 1つがいのウサギは，毎月1つがいの子を生む．その子は1ヶ月後から子を生み始める．最初1つがいのウサギがいたとすると，1ヶ月たつとウサギは2つがいとなり，2ヶ月後には3つがいとなり….

これがフィボナッチ数列である．フィボナッチ数列は植物における葉や花の配置に適用できる．

練習問題 26-2 ${}_nC_r$ の再帰解

${}_nC_r$を再帰を用いて求める.

すでに**1章**1-1のPascalの三角形で示したように${}_nC_r$は次のように定義できる．

$$\begin{cases} {}_nC_r = {}_{n-1}C_{r-1} + {}_{n-1}C_r & (n > r > 0) \\ {}_rC_0 = {}_rC_r = 1 & (r = 0 \text{ または } n = r) \end{cases}$$

これを図で表すと次のようになる．

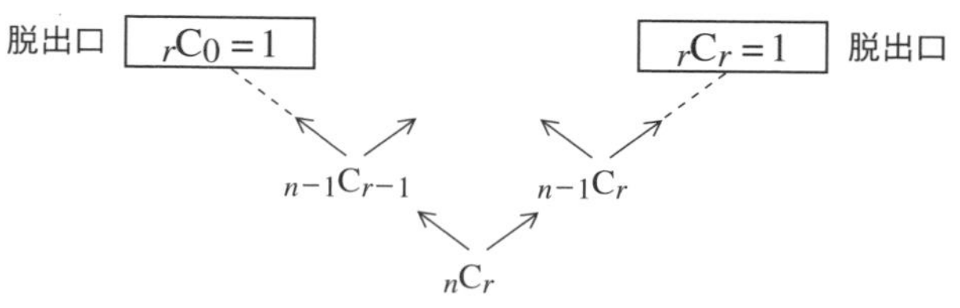

図 4.5 Pascalの三角形

${}_rC_0 = 1$が${}_{n-1}C_{r-1}$の呼び出しに対する脱出口，${}_rC_r = 1$が${}_{n-1}C_r$の呼び出しに対する脱出口と考えればよい．

プログラム Dr26_2

```
/*
 * ------------------------------
 *       n C r の計算（再帰版）     *
 * ------------------------------
 */

#include <stdio.h>

long combi(int,int);

void main(void)
{
    int n,r;

    for (n=0;n<=5;n++) {
        for (r=0;r<=n;r++)
            printf("%d C %d=%ld  ",n,r,combi(n,r));
        printf("¥n");
    }
}
long combi(int n,int r)
{
    if (r==0 || r==n)
        return 1L;
    else
        return combi(n-1,r)+combi(n-1,r-1);
}
```

実行結果

```
0 C 0=1
1 C 0=1  1 C 1=1
2 C 0=1  2 C 1=2  2 C 2=1
3 C 0=1  3 C 1=3  3 C 2=3  3 C 3=1
4 C 0=1  4 C 1=4  4 C 2=6  4 C 3=4  4 C 4=1
5 C 0=1  5 C 1=5  5 C 2=10  5 C 3=10  5 C 4=5  5 C 5=1
```

練習問題 26-3 Hornerの方法の再帰解

Hornerの方法を再帰を用いて行う.

Hornerの方法によれば,

$$f(x) = a_N x^N + a_{N-1} x^{N-1} + \cdots + a_1 x_1 + a_0$$

という多項式は

$$\begin{cases} f_i = f_{i-1} \cdot x + a_{N-i} \\ f_0 = a_N \end{cases}$$

と表せる. 詳しくは**1章1-1**の**練習問題1**を参照. なお, プログラムでは係数a_0～a_Nは配列a[0]～a[N]に対応する.

プログラム Dr26_3

```
/*
 * -------------------------------------
 *       H o r n e r の方法 (再帰版)       *
 * -------------------------------------
 */

#include <stdio.h>

#define N 4          // 次数
double fn(double,double[],int);

void main(void)
{
    double a[]={1,2,3,4,5};

    printf("%f¥n",fn(2,a,N));
}
double fn(double x,double a[],int i)
{
    if (i==0)
        return a[N];
    else
        return fn(x,a,i-1)*x+a[N-i];
}
```

実行結果

```
129.000000
```

練習問題 26-4 ユークリッドの互除法の再帰解 1

ユークリッドの互除法を再帰で実現する.

ユークリッドの互除法は,「そもそも2つの数m, nの最大公約数は, その2つの数の差と小さい方の数との最大公約数を求めることである」ということに基づいている. そして, このことを$m = n$になるまで繰り返し, そのときのmの値が求める最大公約数である.

mとnの最大公約数を求める関数を$\mathrm{gcd}(m, n)$とすると,

$$
\begin{aligned}
&m > n\text{なら} \quad \mathrm{gcd}(m, n) = \mathrm{gcd}(m - n, n)\\
&m < n\text{なら} \quad \mathrm{gcd}(m, n) = \mathrm{gcd}(m, n - m)\\
&m = n\text{なら} \quad \mathrm{gcd}(m, n) = m
\end{aligned}
$$

ということになる. 24と18について具体例を示す.

$$
\begin{aligned}
\mathrm{gcd}(24, 18) &= \mathrm{gcd}(6, 18)\\
&= \mathrm{gcd}(6, 12)\\
&= \mathrm{gcd}(6, 6)\\
&= 6
\end{aligned}
$$

プログラム Dr26_4

```
/*
 * ---------------------------------------
 *         ユークリッドの互除法（再帰版）      *
 * ---------------------------------------
 */

#include <stdio.h>

int gcd(int,int);

void main(void)
{
    int a,b;

    printf("2 つの整数を入力してください");
    scanf("%d %d",&a,&b);

    printf("最大公約数 =%d¥n",gcd(a,b));
}
int gcd(int m,int n)
```

```
{
    if (m==n)
        return m;
    if (m>n)
        return gcd(m-n,n);
    else
        return gcd(m,n-m);
}
```

実行結果

```
2つの整数を入力してください 128 72
最大公約数 =8
```

練習問題 26-5 ユークリッドの互除法の再帰解 2

剰余を用いたユークリッドの互除法を再帰で実現する．

ユークリッドの互除法において，$m - n$を用いるより$m \% n$を用いた方が効率がよい．mとnの最大公約数を求める関数をgcd(m, n)とすると，

$$m \neq n \quad \text{なら} \quad \mathrm{gcd}(m, n) = \mathrm{gcd}(n, m \% n)$$
$$n = 0 \quad \text{なら} \quad \mathrm{gcd}(m, n) = m$$

ということになる．32と14について具体例を示す．

$$\begin{aligned}\mathrm{gcd}(32, 14) &= \mathrm{gcd}(14, 4)\\ &= \mathrm{gcd}(4, 2)\\ &= \mathrm{gcd}(2, 0)\\ &= 2\end{aligned}$$

練習問題26-4の方式と違い，mとnの大小判断による場合分けは必要ない，なぜならもし$m < n$なら$m \% n$はmとなるので，

$$\mathrm{gcd}(14, 32) = \mathrm{gcd}(32, 14)$$

となり，あとは同じである．

プログラム Dr26_5

```
/*
 * ---------------------------------------
 *        ユークリッドの互除法（再帰版）        *
 * ---------------------------------------
 */

#include <stdio.h>

int gcd(int,int);

void main(void)
{
    int a,b;

    printf("２つの整数を入力してください");
    scanf("%d %d",&a,&b);

    printf("最大公約数=%d¥n",gcd(a,b));
}
int gcd(int m,int n)
{
    if (n==0)
        return m;
    else
        return gcd(n,m % n);
}
```

実行結果

```
２つの整数を入力してください 128 72
最大公約数=8
```

4-2 再帰解と非再帰解

例題 27 階乗の非再帰解

$n!$ を求める関数を再帰を用いずに作る.

$$n! = n \cdot (n-1) \cdot (n-2) \cdots 3 \cdot 2 \cdot 1$$

であるから1から始めてnまでn回繰り返して掛けていけばよい.

プログラム Rei27

```
/*
 * -------------------------
 *      階乗計算の非再帰解      *
 * -------------------------
 */

#include <stdio.h>

long kaijo(int);

void main(void)
{
    int n;
    for (n=0;n<13;n++)
        printf("%2d!= %10ld¥n",n,kaijo(n));
}
long kaijo(int n)   // 階乗
{
    int k;
    long p=1L;

    for (k=n;k>=1;k--)
        p=p*k;
    return p;
}
```

実行結果

```
 0!=          1
 1!=          1
 2!=          2
 3!=          6
 4!=         24
 5!=        120
 6!=        720
 7!=       5040
```

```
  8!=      40320
  9!=     362880
 10!=    3628800
 11!=   39916800
 12!=  479001600
```

練習問題 27 フィボナッチ数列の非再帰解

フィボナッチ数列を再帰を用いずに求める.

1　1　2　3　5　8　13　21　……

$a = 1$, $b = 1$ から始め,

$$b \leftarrow a + b$$
$$a \leftarrow \text{前の} b$$

を繰り返していけば, b にフィボナッチ数列が求められる.

```
                    a   b
                a   b
            a   b
        a   b
    a   b
   [1] [1]
    1 + 1 = [2]
        1 + 2 = [3]
            2 + 3 = [5]
                3 + 5 = [8]
```

図 4.6

プログラム Dr27

```
/*
 * ------------------------------------
 *        フィボナッチ数（非再帰版）       *
 * ------------------------------------
 */

#include <stdio.h>

long fib(long);

void main(void)
{
    long n;
    for (n=1;n<=20;n++)
        printf("%3ld: %ld¥n",n,fib(n));
}
long fib(long n)
{
    long a,b,dummy,k;
    a=1L; b=1L;
    for (k=3;k<=n;k++){
        dummy=b;
        b=a+b;
        a=dummy;
    }
    return b;
}
```

実行結果

```
  1: 1
  2: 1
  3: 2
  4: 3
  5: 5
  6: 8
  7: 13
  8: 21
  9: 34
 10: 55
 11: 89
 12: 144
 13: 233
 14: 377
 15: 610
 16: 987
 17: 1597
 18: 2584
 19: 4181
 20: 6765
```

4-1で，階乗，フィボナッチ数列，${}_nC_r$，ホーナー法，ユークリッドの互除法の再帰アルゴリズムを示したが．これらにいずれも非再帰解が存在する．アルゴリズムとして再帰解を用いるのか非再帰解を用いるかの指針を以下に示す．

・アルゴリズムを記述するのに再帰表現がぴったりの場合．たとえば，この章で示すハノイの塔，迷路，クイックソートなど．これらを非再帰版で書くとかなり複雑になる．

・再帰的なデータ構造（木やグラフなど）を扱うアルゴリズムを記述するには再帰は強力である．**6章**，**7章**参照．

・階乗の再帰版でみられるように，関数の最後に1つだけ再帰呼び出しがおかれているようなものを末尾再帰（tail recursion）というが，この手のものは簡単な繰り返しの非再帰版があり，その方がよい．

・一概にはいえないがおおよその傾向として以下のことがいえる．

— 再帰版は一般に再帰呼び出しのためにスタックを浪費する．

— 実行時間は，再帰版の方が非再帰版に比べ若干かかる．特にフィボナッチ数列や${}_nC_r$のように再帰呼び出しが2つ含まれているものは特に遅い．

— C言語のようなコンパイラ言語の場合，オブジェクトサイズは再帰版の方が若干小さくなる．

4-3 順列の生成

例題 28 順列の生成

n個の数字を使ってできる順列をすべて求める.

たとえば, 1, 2, 3を並べる並べ方は

123, 132, 213, 231, 312, 321

の6通りある. これを順列といい, n個 (互いに異なる) を並べる順列は$n!$通りある.

1, 2, …, n個の順列の問題は,

1	
2	
⋮	
n	

$n-1$個

図 4.7

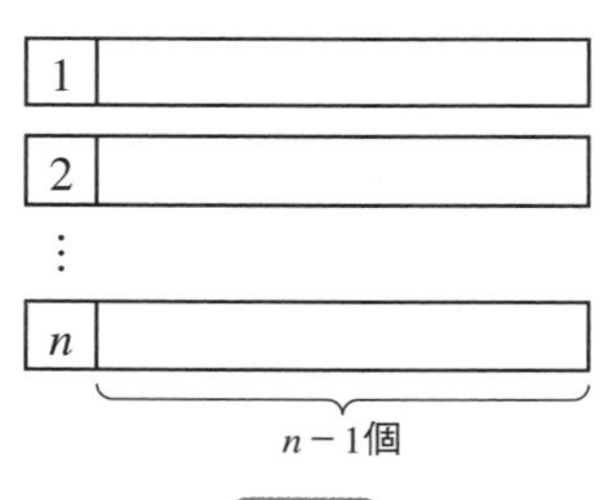

のようにそれぞれ1〜nを先頭にする$n-1$個からなる順列の問題に分解でき, $n-1$個からなる順列についてはまた同様なことがいえる.

先頭に1〜nの値を持ってくるには, 数列の第1項と第1項〜第n項のそれぞれを遂次交換することにより行う.

それでは, 1, 2, 3, 4に対して具体例を示す.

1, 2, 3, 4の順列は

- 1と1を交換してできる1, 2, 3, 4のうちの2, 3, 4の順列の問題に分解
- 1と2　〃　2, 1, 3, 4のうちの1, 3, 4　〃
- 1と3　〃　3, 2, 1, 4のうちの2, 1, 4　〃
- 1と4　〃　4, 2, 3, 1のうちの2, 3, 1　〃

となり, これは再帰呼び出しで表現できる. 再帰呼び出しの前に第1項と第1項〜第n項のそれぞれを交換する処理を置き, 再帰呼び出しの後に, 交換した数列を元に戻す処理を置く.

交換の基点iは再帰呼び出しが深くなるたびに1からnに向かって，1つずつ右に移っていく．

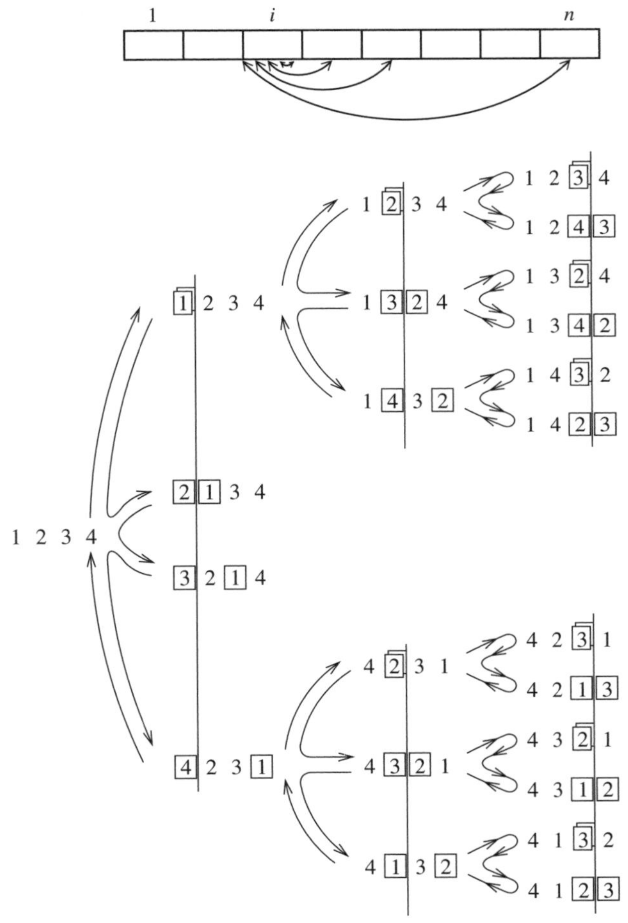

□□ は2つの項の交換

□ は自分同士の交換

図 4.8 順列の再帰呼び出し

プログラム Rei28

```
/*
 * ------------------------------------
 *         順列生成（辞書式順でない）        *
 * ------------------------------------
 */

#include <stdio.h>

#define N 4
int p[N+1];

void perm(int);

void main(void)
{
    int i;

    for (i=1;i<=N;i++)           // 初期設定
        p[i]=i;
    perm(1);
}
void perm(int i)
{
    int j,t;

    if (i<N){
        for (j=i;j<=N;j++){
            t=p[i]; p[i]=p[j]; p[j]=t;  // p[i] とp[j] の交換
            perm(i+1);                  // 再帰呼び出し
            t=p[i]; p[i]=p[j]; p[j]=t;  // 元に戻す
        }
    }
    else {
        for (j=1;j<=N;j++)              // 順列の表示
            printf("%d ",p[j]);
        printf("¥n");
    }
}
```

実行結果

```
1 2 3 4
1 2 4 3
1 3 2 4
1 3 4 2
1 4 3 2
1 4 2 3
2 1 3 4
2 1 4 3
```

```
2 3 1 4
2 3 4 1
2 4 3 1
2 4 1 3
3 2 1 4
3 2 4 1
3 1 2 4
3 1 4 2
```

```
3 4 1 2
3 4 2 1
4 2 3 1
4 2 1 3
4 3 2 1
4 3 1 2
4 1 3 2
4 1 2 3
```

練習問題 28 辞書式順に順列生成

n個の要素を使ってできる順列を辞書式順序ですべて求める.

例題28では生成される順列は辞書式順ではない．これを辞書式順にするには，第i項と第n項を交換する処理を，$i \sim i$，$i \sim i+1$，$i \sim i+2$，…，$i \sim n$，について逐次右に1つローテイトする処理に置き換える.

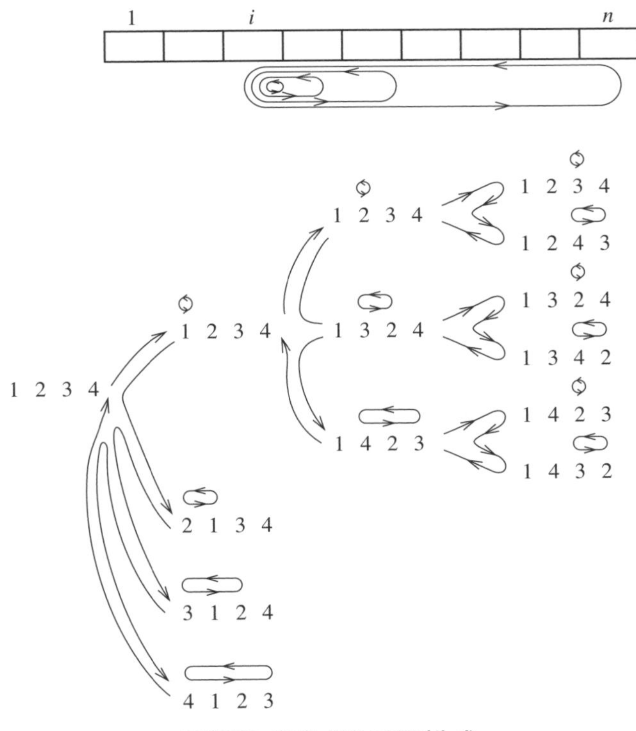

図 4.9 辞書式順の順列生成

プログラム Dr28_1

```
/*
 * -----------------------------
 *        順列生成（辞書式順）      *
 * -----------------------------
 */

#include <stdio.h>

#define N 4
int p[N+1];

void perm(int);

void main(void)
{
    int i;

    for (i=1;i<=N;i++)          // 初期設定
        p[i]=i;
    perm(1);
}
void perm(int i)
{
    int j,k,t;

    if (i<N){
        for (j=i;j<=N;j++){
            t=p[j];             // p[i] ～ p[j] の右ローテイト
            for (k=j;k>i;k--)
                p[k]=p[k-1];
            p[i]=t;

            perm(i+1);          // 再帰呼び出し

            for (k=i;k<j;k++)   // 配列の並びを再帰呼び出し前に戻す
                p[k]=p[k+1];
            p[j]=t;
        }
    }
    else {
        for (j=1;j<=N;j++)                  // 順列の表示
            printf("%d ",p[j]);
        printf("¥n");
    }
}
```

実行結果

```
1 2 3 4
1 2 4 3
1 3 2 4
1 3 4 2
1 4 2 3
1 4 3 2
2 1 3 4
2 1 4 3
```

```
2 3 1 4
2 3 4 1
2 4 1 3
2 4 3 1
3 1 2 4
3 1 4 2
3 2 1 4
3 2 4 1
```

```
3 4 1 2
3 4 2 1
4 1 2 3
4 1 3 2
4 2 1 3
4 2 3 1
4 3 1 2
4 3 2 1
```

単語の生成

練習問題28のプログラムにおいて，データとして，

```
p[1]='a';p[2]='c';p[3]='h';p[4]='t';
```

というアルファベットを用い，生成される順列の先頭3文字だけを表示すると，次のような英単語が生成される．

プログラム Dr28_2

```
                :
    p[1]='a';p[2]='c';p[3]='h';p[4]='t';
                :
            printf("%c",p[j]);
                :
```

実行結果

```
ach
act
ahc
aht
atc
ath
cah
cat
```

```
cha
cht
cta
cth
hac
hat
hca
hct
```

```
hta
htc
tac
tah
tca
tch
tha
thc
```

4-4 ハノイの塔

例題 29 ハノイの塔

ハノイの塔問題を再帰を用いて解く.

ハノイの塔の問題は，再帰の問題でよく取り上げられる．ハノイの塔の問題は次のように定義される.

図4.10に示す3本の棒a，b，cがある．棒aに，中央に穴が空いたn枚の円盤が大きい順に積まれている．これを1枚ずつ移動させて棒bに移す．ただし，移動の途中で円盤の大小が逆に積まれてはならない．また，棒cは作業用に使用するものとする.

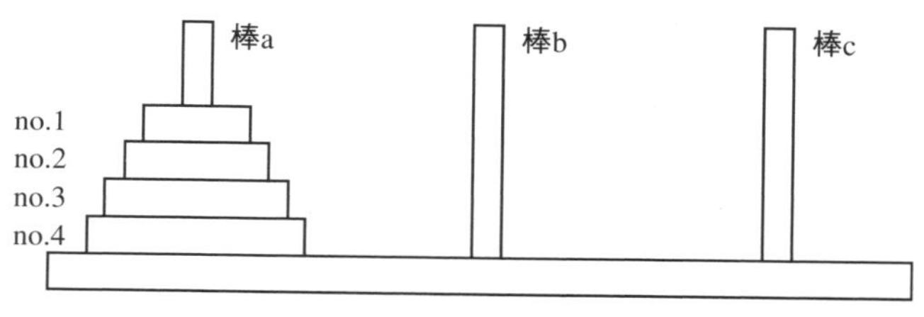

図4.10 ハノイの塔

棒aの円盤が1枚なら,

a → b ―――― ⓐ

と移す．棒aの円盤が2枚なら，**図4.11**に示すように

1. a → c
2. a → b
3. c → b

} ―――― β

の順に移す.

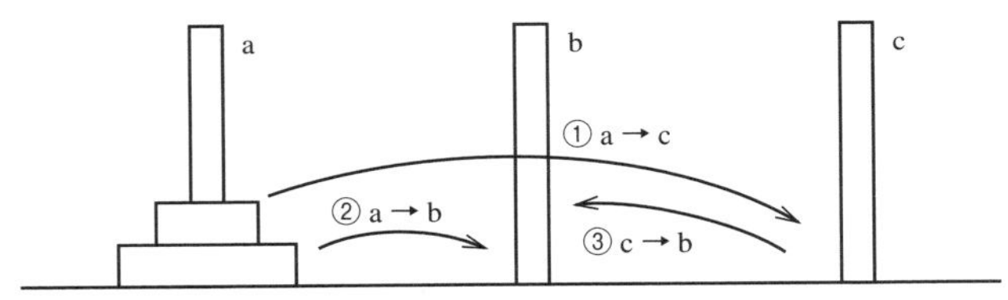

図 4.11 2枚の円盤の移動

これがハノイの塔の基本操作になる．なぜ基本操作になるかはすぐにわかる．

さて，棒aの円盤が3枚の場合を考えてみよう．**図4.12**において，棒aの上の2枚の円盤を△とし，

1. aの△を　a → c　に移せたとし
2. 下の1枚を　a → b　に移し，
3. cの△を　c → b　に移せたとする．

―― (γ)

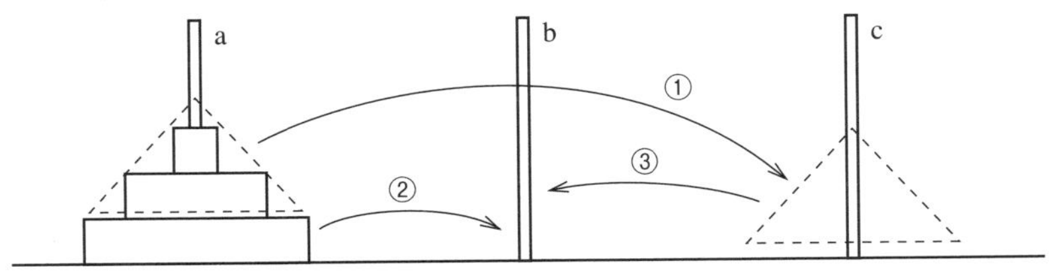

図 4.12 3枚の円盤の移動

ここで，△の移動は円盤の1枚ずつの移動ではないから，△の移動を1枚ずつの移動に置き換えなければならない．つまり，aの△をa→cに移す動作は，

a→b

a→c

b→c

となる．この操作は，2枚の円盤をaからbに移したβの解の目的の棒bを棒cに置き換えたものに他ならない．つまり，

a → b a → c b → c	swap b, c →	a → c a → b c → b	(β)解

と考えられる．同様に，cの△をc→bに移す動作も(β)解の元の棒aを棒cに置き換えたものに他ならない．つまり，

$$\left.\begin{array}{l} c \to a \\ c \to b \\ a \to b \end{array}\right\} \xrightarrow{\text{swap a, c}} \left.\begin{array}{l} a \to c \\ a \to b \\ c \to b \end{array}\right\} (\beta)\text{解}$$

したがって，3枚の円盤を移す解(γ)は，

1. bとcを交換した(β)解
2. (α)解
3. aとcを交換した(β)解

と書くことができる．同様に2枚の円盤を移す解(β)は，

1. bとcを交換した(α)解
2. (α)解
3. aとcを交換した(α)解

と書き直すことができる．

これを一般化するとn枚の円盤をa→bに移す問題を解く関数hanoiは次のように記述できる．

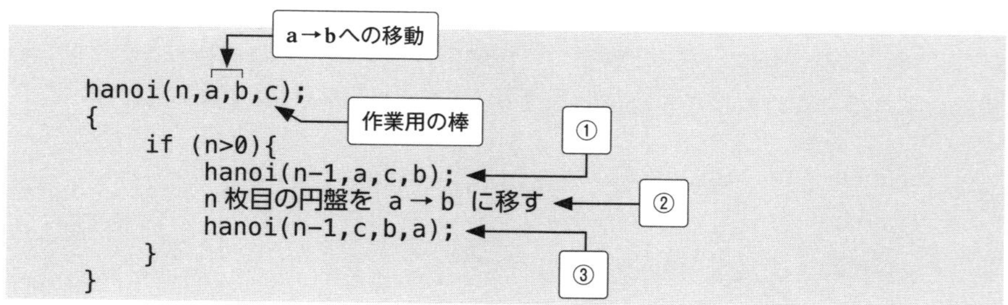
a→bへの移動
hanoi(n,a,b,c);
{
if (n>0){
hanoi(n-1,a,c,b);
n 枚目の円盤を a → b に移す
hanoi(n-1,c,b,a);
}
}
作業用の棒
①
②
③

①の呼び出しではbとcを交換し，③の呼び出しではaとcを交換していることに注意せよ．これは，a→bの移動は次のように表現できるからである．

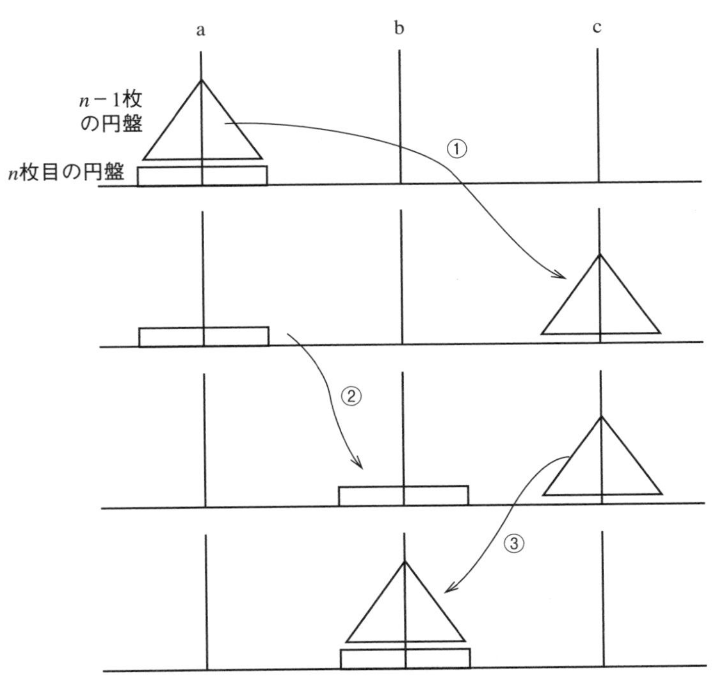

図 4.13 ハノイの塔

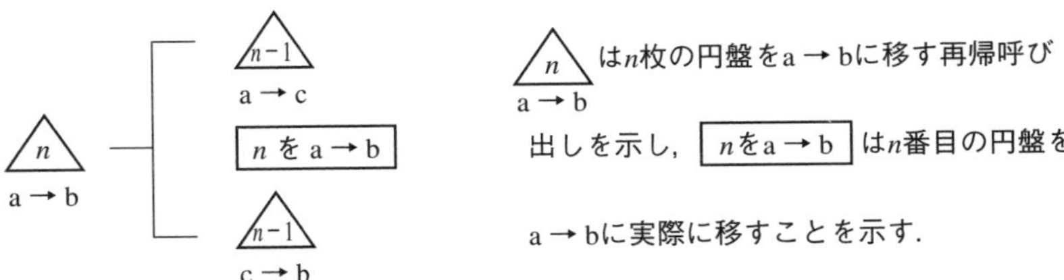

図 4.14

4枚の場合についてhanoiがどのように再帰呼び出しされるかを**図4.15**に示す.

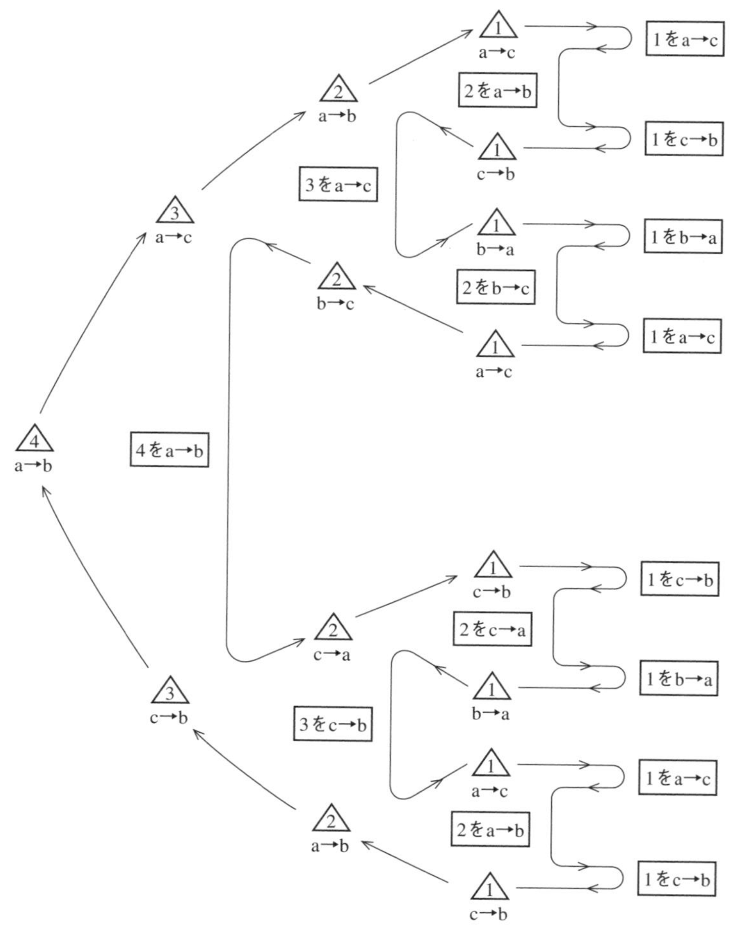

図4.15 ハノイの塔の再帰呼び出し

プログラム Rei29

```
/*
 * ----------------------------
 *        ハノイの塔の再帰解        *
 * ----------------------------
 */

#include <stdio.h>

void hanoi(int,char,char,char);

void main(void)
{
    int n;
    printf(" 円盤の枚数 ? ");
    scanf("%d",&n);

    hanoi(n,'a','b','c');
}
void hanoi(int n,char a,char b,char c)  // 再帰手続
{
    if (n>0) {
        hanoi(n-1,a,c,b);
        printf("%d 番の円盤を %c から %c に移動 ¥n",n,a,b);
        hanoi(n-1,c,b,a);
    }
}
```

実行結果

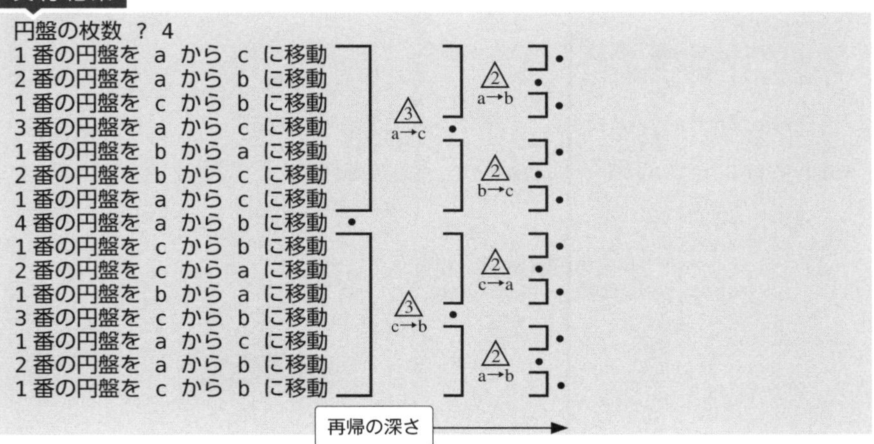

練習問題 29 hanoiの引数を1つ減らす

例題29の関数hanoiの引数cをなくす.

例題29ではhanoi(n, a, b, c)のように棒a, b, cの3つを引数にしていたが, 作業用の棒cに関する情報はaとbが決まれば,

$$c = ('a' + 'b' + 'c') - (a + b)$$

により求めることができる. したがって, cを引数にしなくてもよい.

なお, a, b, cは変数であり, 実際の棒は'a', 'b', 'c'で示している.

プログラム Dr29

```
/*
 * ----------------------------------------
 *          ハノイの塔（引数を1つ減らす）        *
 * ----------------------------------------
 */

#include <stdio.h>

void hanoi(int,char,char);
#define Total 'a'+'b'+'c'

void main(void)
{
    int n;
    printf("円盤の枚数 ? ");
    scanf("%d",&n);

    hanoi(n,'a','b');
}
void hanoi(int n,char a,char b)  // 再帰手続
{
    if (n>0) {
        hanoi(n-1,a,Total-(a+b));
        printf("%d 番の円盤を %c から %c に移動\n",n,a,b);
        hanoi(n-1,Total-(a+b),b);
    }
}
```

実行結果

```
円盤の枚数 ? 4
1番の円盤を a から c に移動
2番の円盤を a から b に移動
1番の円盤を c から b に移動
3番の円盤を a から c に移動
1番の円盤を b から a に移動
2番の円盤を b から c に移動
1番の円盤を a から c に移動
4番の円盤を a から b に移動
1番の円盤を c から b に移動
2番の円盤を c から a に移動
1番の円盤を b から a に移動
3番の円盤を c から b に移動
1番の円盤を a から c に移動
2番の円盤を a から b に移動
1番の円盤を c から b に移動
```

ハノイの塔

Édouard Lucasの作り話に，3本のダイアモンドの棒に64枚の金の円盤があり，これを全部移し終えたときにハノイの塔が崩れ，世界の終わりが来るというものがある．

さて，n枚の円盤を移す回数は，

$$2^n - 1$$

であるから，64枚の場合は，

$$2^{64} - 1 = 18446744073709551615$$

回の移動が必要ということになる．1回の移動に1秒かかるとすれば，

$$18446744073709551615 \div (365 \times 24 \times 60 \times 60) \approx 5850\text{億年}$$

となる．

4-5 迷路

例題 30 迷路をたどる

迷路の解を1つだけ見つける.

次のような迷路を解く問題を考える.

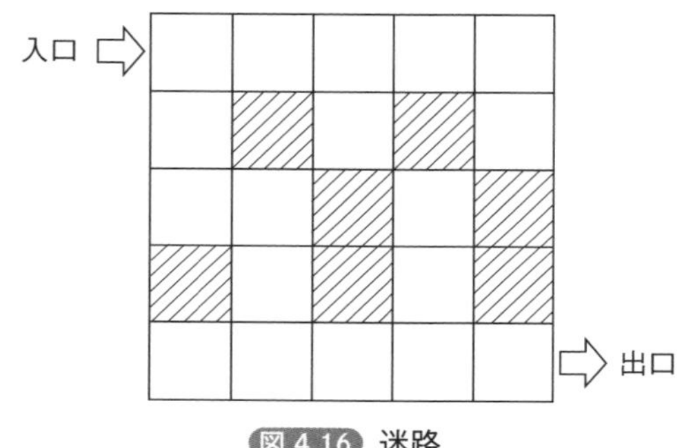

図 4.16 迷路

問題を解きやすくするために（探索の過程で外に飛び出してしまわないように）, 外側をすべて壁で囲むことにする.

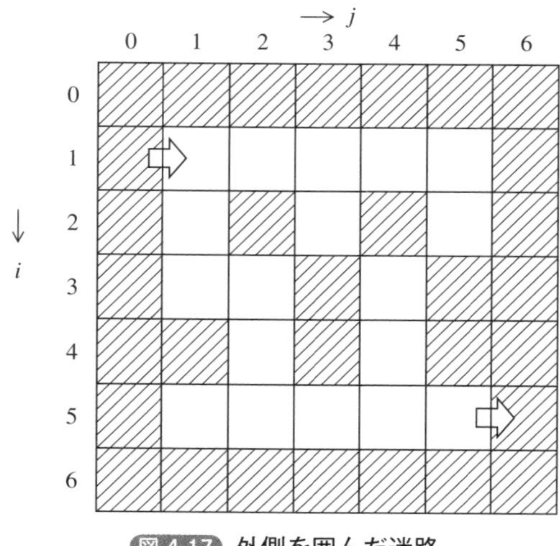

図 4.17 外側を囲んだ迷路

この迷路図の1つのマスを要素とする2次元配列を考え，□は通過できるので0，▨は通過できないので2というデータを与えることにする．また，マス目の縦方向をi，横方向をjで管理することにすると，迷路内の位置は(i, j)で表せる．

(i, j)位置から次の位置へ進む試みは次のように①，②，③，④の順に行い，もしその進もうとする位置が通行可なら，そこに進み，だめなら，次の方向を試みる．

これを出口に到達するまで繰り返す．なお，1度通過した位置は再トライしないように，配列要素に1を入れる．

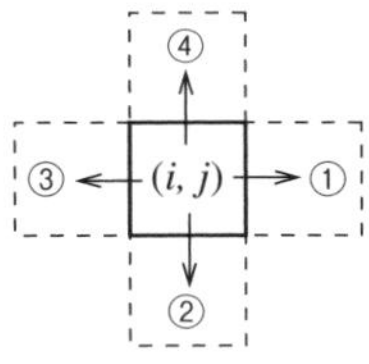

図4.18 進む方向

(i, j)位置を訪問する手続きを`visit(i,j)`とすると，迷路を進むアルゴリズムは次のようになる．

① (i, j)位置に1をつける
② 脱出口に到達しない間，以下を行う
　③ もし，右が空いていれば`visit(i,j+1)`を行う
　④ もし，下が空いていれば`visit(i+1,j)`を行う
　⑤ もし，左が空いていれば`visit(i,j-1)`を行う
　⑥ もし，上が空いていれば`visit(i-1,j)`を行う
⑦ 脱出口に到達していれば通過してきた位置(i, j)を表示

プログラム Rei30

```
/*
 * ----------------------------------------
 *          迷路をたどる（1つだけ見つける）       *
 * ----------------------------------------
 */

#include <stdio.h>

int m[7][7]={{2,2,2,2,2,2,2},
             {2,0,0,0,0,0,2},
             {2,0,2,0,2,0,2},
```

```
              {2,0,0,2,0,2,2},
              {2,2,0,2,0,2,2},
              {2,0,0,0,0,0,2},
              {2,2,2,2,2,2,2}};

int Si,Sj,Ei,Ej,success;

int visit(int,int);

void main(void)
{
    success=0;                       // 脱出に成功したかを示すフラグ
    Si=1; Sj=1; Ei=5; Ej=5;          // 入口と出口の位置

    printf("¥n 迷路の探索 ¥n");
    if (visit(Si,Sj)==0)
        printf(" 出口は見つかりませんでした ¥n");
    printf("¥n");
}
int visit(int i,int j)
{
    m[i][j]=1;                 // 訪れた位置に印をつける

    if (i==Ei && j==Ej)        // 出口に到達したとき
        success=1;
                               // 出口に到達しない間迷路をさまよう
    if (success!=1 && m[i][j+1]==0) visit(i,j+1);  ┐
    if (success!=1 && m[i+1][j]==0) visit(i+1,j);  │←①
    if (success!=1 && m[i][j-1]==0) visit(i,j-1);  │
    if (success!=1 && m[i-1][j]==0) visit(i-1,j);  ┘

    if (success==1)            // 通過点の表示
        printf("(%d,%d) ",i,j);
    return success;
}
```

実行結果

```
迷路の探索
(5,5) (5,4) (5,3) (5,2) (4,2) (3,2) (3,1) (2,1) (1,1)
```

このプログラムを実行したときの迷路の探索は次のように行われる.

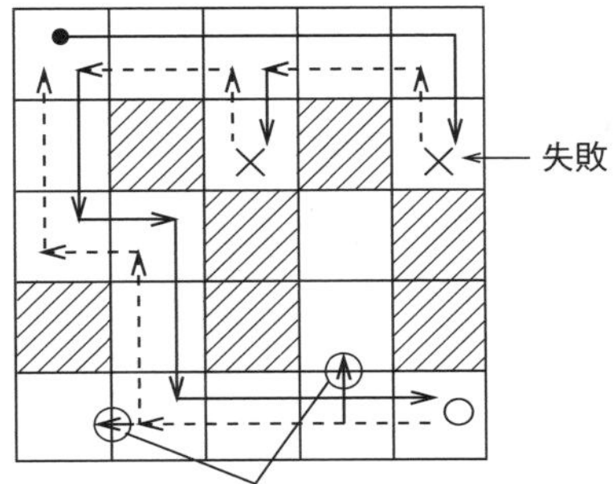

図 4.19 迷路の探索

(i, j)の値は, ⟶の向きに進むときにスタックに積まれ, ---→で戻るときに取り除かれる.

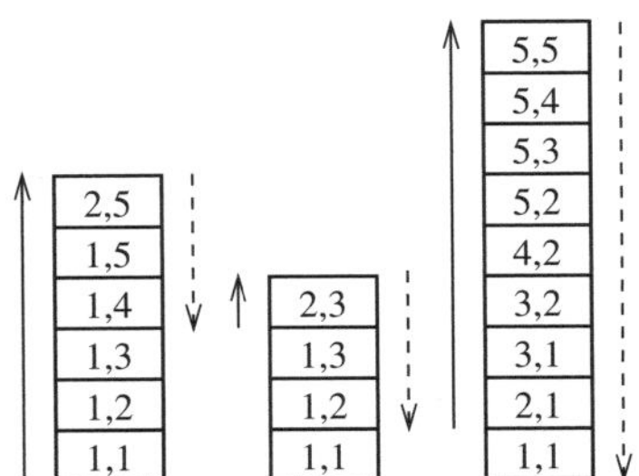

図 4.20 スタックに積まれた経路

プログラム中の①部を,

```
if (success!=1){
    if (m[i][j+1]==0) visit(i,j+1);   ← ①
    if (m[i+1][j]==0) visit(i+1,j);   ← ②
    if (m[i][j-1]==0) visit(i,j-1);   ← ③
    if (m[i-1][j]==0) visit(i-1,j);   ← ④
}
```

のようにした場合, もし①の呼び出しで出口に到達した場合に, ②, ③, ④は少なくとも1回実行される (success!=1の判定が外にあるため).

したがって, すでに出口が見つかっているにもかかわらず, 別なルートを探すことなる．図中の(4,4)，(5,1)の位置．そしてこの値はスタックに積まれるため，経路の表示の際に誤って出力されることになる．

練習問題 30-1 通過順に経路を表示する

例題30のプログラムでは再帰呼び出しの際にスタックに積まれるi，jの値を表示したため，経路は出口からの順になってしまった．これを入口からの順にする．

iの値を積むスタックをri[]，jの値を積むスタックをrj[]とし，どこまで積まれたかをspで示す．

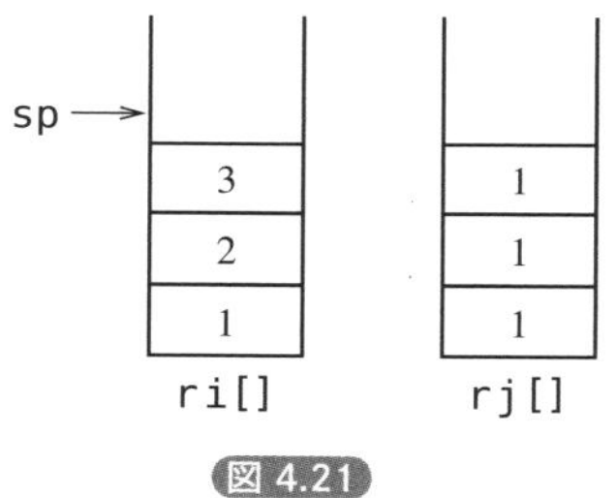

図4.21

プログラム Dr30_1

```
/*
 * ----------------------------------------
 *          迷路をたどる（経路をスタックに記録する）      *
 * ----------------------------------------
 */

#include <stdio.h>

int m[7][7]={{2,2,2,2,2,2,2},
             {2,0,0,0,0,0,2},
             {2,0,2,0,2,0,2},
             {2,0,0,2,0,2,2},
             {2,2,0,2,0,2,2},
             {2,0,0,0,0,0,2},
             {2,2,2,2,2,2,2}};

int Si,Sj,Ei,Ej,success,
    sp,ri[100],rj[100];            // 通過位置を入れるスタック

int visit(int,int);
```

```
void main(void)
{
    sp=0;                           // スタック・ポインタの初期化
    success=0;                      // 脱出に成功したかを示すフラグ
    Si=1; Sj=1; Ei=5; Ej=5;         // 入口と出口の位置

    printf("¥n 迷路の探索 ¥n");
    if (visit(Si,Sj)==0)
        printf(" 出口は見つかりませんでした ¥n");
    printf("¥n");
}
int visit(int i,int j)
{
    int k;

    m[i][j]=1;
    ri[sp]=i; rj[sp]=j; sp++;   // 訪問位置をスタックに積む

    if (i==Ei && j==Ej){         // 出口に到達したとき
        for (k=0;k<sp;k++)       // 通過点の表示
            printf("(%d,%d) ",ri[k],rj[k]);
        success=1;
    }
                    // 出口に到達しない間迷路をさまよう
    if (success!=1 && m[i][j+1]==0) visit(i,j+1);
    if (success!=1 && m[i+1][j]==0) visit(i+1,j);
    if (success!=1 && m[i][j-1]==0) visit(i,j-1);
    if (success!=1 && m[i-1][j]==0) visit(i-1,j);

    sp--;                        // スタックから捨てる
    return success;
}
```

実行結果

```
迷路の探索
(1,1) (2,1) (3,1) (3,2) (4,2) (5,2) (5,3) (5,4) (5,5)
```

練習問題 30-2 すべての経路をたどる

出口に到達できるすべての経路を求める.

すべての経路を求めるには，袋小路に入るか脱出口に到達して進んできた道を戻るときに，訪問位置の印として1を置いてきたものを再び0に戻してやればよい.図の ──→ の向きに進むときは1を置き，---→ で戻るときは0に戻す.

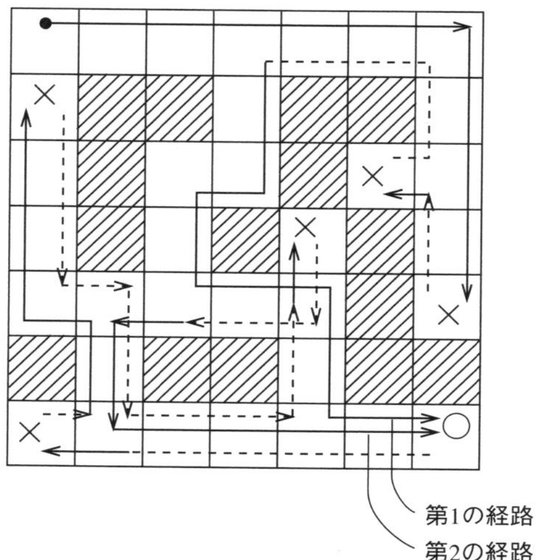

図 4.22 すべての迷路をたどる

プログラム Dr30_2

```
/*
 * ----------------------------
 *        すべての迷路をたどる        *
 * ----------------------------
 */

#include <stdio.h>

int m[9][9]={{2,2,2,2,2,2,2,2,2},
             {2,0,0,0,0,0,0,0,2},
             {2,0,2,2,0,2,2,0,2},
             {2,0,2,0,0,2,0,0,2},
             {2,0,2,0,2,0,2,0,2},
             {2,0,0,0,0,0,2,0,2},
             {2,2,0,2,2,0,2,2,2},
             {2,0,0,0,0,0,0,0,2},
             {2,2,2,2,2,2,2,2,2}};

int Si,Sj,Ei,Ej,success,
    sp,ri[100],rj[100];          // 通過位置を入れるスタック

int visit(int,int);

void main(void)
{
    sp=0;                        // スタック・ポインタの初期化
```

```
    success=0;                      // 脱出に成功したかを示すフラグ
    Si=1; Sj=1; Ei=7; Ej=7;         // 入口と出口の位置

    printf("¥n 迷路の探索 ");
    if (visit(Si,Sj)==0)
        printf(" 出口は見つかりませんでした ¥n");
    printf("¥n");
}
int visit(int i,int j)
{
    int k;
    static int path=1;

    m[i][j]=1;
    ri[sp]=i; rj[sp]=j; sp++;       // 訪問位置をスタックに積む

    if (i==Ei && j==Ej){            // 出口に到達したとき
        printf("¥npath=%d¥n",path++);       // 通過点の表示
        for (k=0;k<sp;k++)
            printf("(%d,%d) ",ri[k],rj[k]);
        success=1;
    }
                                    // 迷路をさまよう
    if (m[i][j+1]==0) visit(i,j+1);
    if (m[i+1][j]==0) visit(i+1,j);
    if (m[i][j-1]==0) visit(i,j-1);
    if (m[i-1][j]==0) visit(i-1,j);

    sp--;                           // スタックから捨てる
    m[i][j]=0;                      // 別な経路の探索のため

    return success;
}
```

実行結果

```
迷路の探索
path=1
(1,1) (1,2) (1,3) (1,4) (2,4) (3,4) (3,3) (4,3) (5,3) (5,4) (5,5) (6,5) (7,5)
(7,6) (7,7)
path=2
(1,1) (1,2) (1,3) (1,4) (2,4) (3,4) (3,3) (4,3) (5,3) (5,2) (6,2) (7,2) (7,3)
(7,4) (7,5) (7,6) (7,7)
path=3
(1,1) (2,1) (3,1) (4,1) (5,1) (5,2) (5,3) (5,4) (5,5) (6,5) (7,5) (7,6) (7,7)
path=4
(1,1) (2,1) (3,1) (4,1) (5,1) (5,2) (6,2) (7,2) (7,3) (7,4) (7,5) (7,6) (7,7)
```

訪問した位置に1を置くだけの処理

訪問した位置に1を置くだけの処理にしたvisitを示す.

プログラム Dr30_3

```
/*
 * -----------------------------------
 *         枠の中を埋める（ペイント）        *
 * -----------------------------------
 */

#include <stdio.h>

int m[10][10]={{2,2,2,2,2,2,2,2,2,2},
               {2,0,0,0,0,0,0,0,0,2},
               {2,0,0,0,0,0,0,0,0,2},
               {2,0,2,2,2,2,2,2,2,2},
               {2,0,2,0,0,2,0,2,0,2},
               {2,0,2,0,0,2,0,2,0,2},
               {2,0,0,2,2,2,0,2,0,2},
               {2,0,2,2,2,2,0,2,0,2},
               {2,0,0,0,0,0,0,0,0,2},
               {2,2,2,2,2,2,2,2,2,2}};

void visit(int,int);

void main(void)
{
    int i,j;

    visit(1,1);

    for (i=0;i<10;i++){
        for (j=0;j<10;j++)
            printf("%2d",m[i][j]);
        printf("¥n");
    }
}
void visit(int i,int j)
{
    m[i][j]=1;
    if (m[i][j+1]==0) visit(i,j+1);
    if (m[i+1][j]==0) visit(i+1,j);
    if (m[i][j-1]==0) visit(i,j-1);
    if (m[i-1][j]==0) visit(i-1,j);
}
```

実行結果

```
2 2 2 2 2 2 2 2 2 2
2 1 1 1 1 1 1 1 1 2
2 1 1 1 1 1 1 1 1 2
2 1 2 2 2 2 2 2 2 2
2 1 2 0 0 2 1 2 1 2
2 1 2 0 0 2 1 2 1 2
2 1 1 2 2 2 1 2 1 2
2 1 2 2 2 2 1 2 1 2
2 1 1 1 1 1 1 1 1 2
2 2 2 2 2 2 2 2 2 2
```

ここは2で囲まれているためペイントされない

参考 グラフィックペイント

前のプログラムは2という枠で囲まれた0の空間を1で埋め尽くすことになる．いわゆるペイント処理である．

このアルゴリズムを利用すれば，グラフィック画面におけるペイント処理を行うことができる．

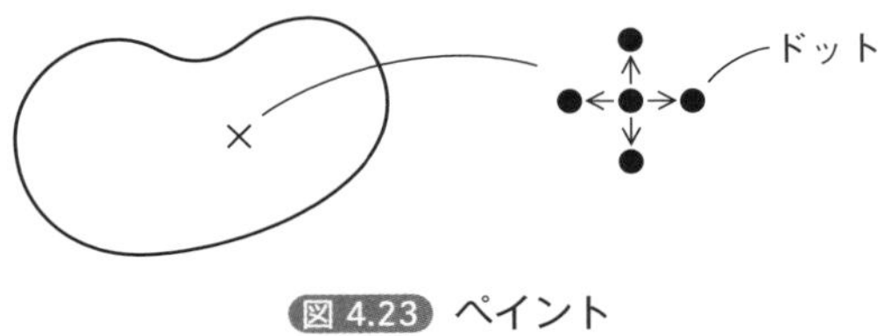

図 4.23 ペイント

ただし，スタックを浪費するため大きな領域のペイントはできない．

4-6 クイック・ソート

例題 31 クイック・ソート1

クイック・ソート法により，データを昇順にソートする.

クイック・ソートの原理は，数列中の適当な値（これを軸と呼ぶことにする）を基準値として，それより小さいか等しいものを左側，大きいか等しいものを右側に来るように並べ替える．こうしてできた左部分列と右部分列に対し同じことを繰り返す．ここでは簡単にするため，軸を数列の左端のものにする.

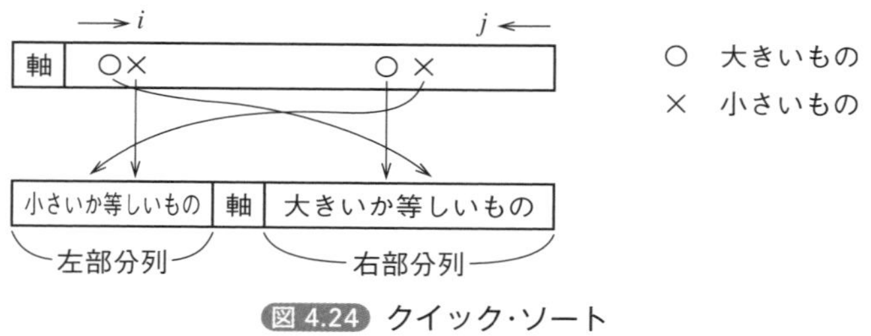

図 4.24 クイック・ソート

数列の左側から走査していく変数をi，右側から走査していく変数をjとすると，軸に対し，左部分列と右部分列を作る操作は次のようにする.

① iを数列の左端＋1，jを数列の右端に設定する
② 数列を右に操作していき，軸以上のものがある位置iを見つける
③ 数列を左に操作していき，軸以下のものがある位置jを見つける
④ $i>=j$ならループを抜ける
⑤ i項とj項を交換する
⑥ 左端の軸とj項を交換する

具体例を示す.

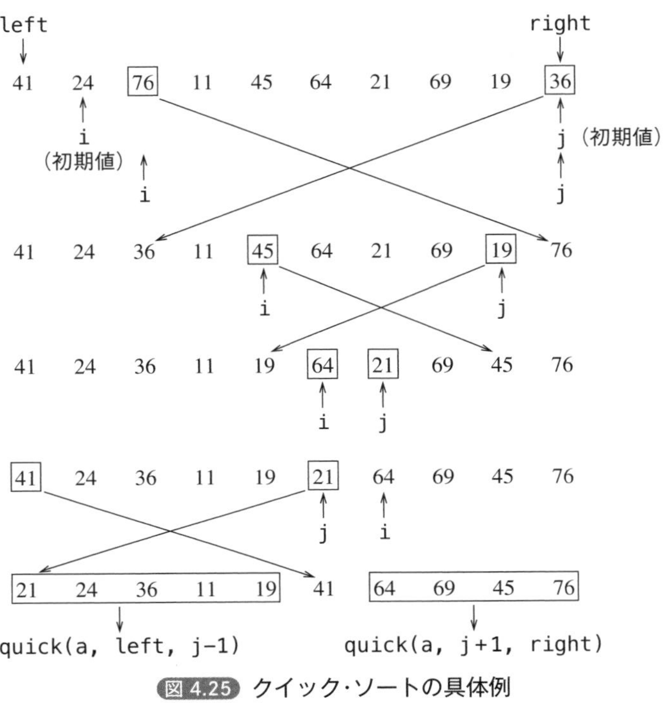

図 4.25 クイック・ソートの具体例

交換終了時の i と j の関係は次の2通りである.

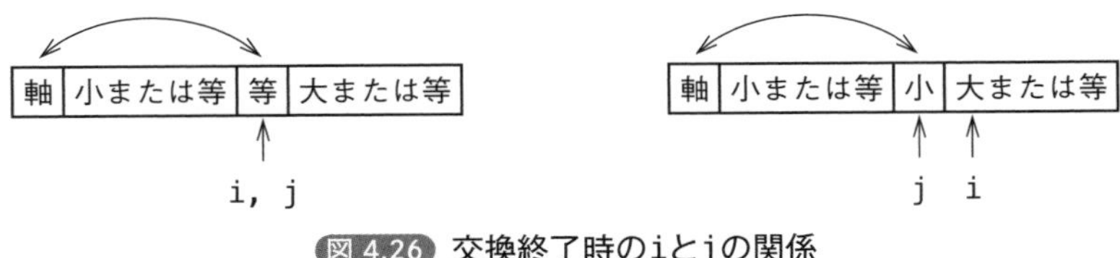

図 4.26 交換終了時のiとjの関係

したがって，次回に交換を行う左部分列は `left` から `j-1`，右部分列は `j+1` から `right` となる．軸は正しい位置に置かれているので，次回の交換対象にならない．

プログラム Rei31

```
/*
 * --------------------------
 *       クイック・ソート      *
 * --------------------------
 */

#include <stdio.h>

void quick(int[],int,int);

#define N 10

void main(void)
{
    static int a[]={41,24,76,11,45,64,21,69,19,36};
    int k;

    quick(a,0,N-1);

    for (k=0;k<N;k++)
        printf("%4d",a[k]);
    printf("¥n");
}
void quick(int a[],int left,int right)
{
    int s,t,i,j;

    if (left<right){
        s=a[left];              // 左端の項を軸にする ←① 
        i=left; j=right+1;      // 軸より小さいグループと
        while (1){              // 大きいグループに分ける
            while (a[++i]<s);
            while (a[--j]>s);
            if (i>=j) break;
            t=a[i]; a[i]=a[j]; a[j]=t;
        }
        a[left]=a[j]; a[j]=s; // 軸を正しい位置に入れる

        quick(a,left,j-1);      // 左部分列に対する再帰呼び出し
        quick(a,j+1,right);     // 右部分列に対する再帰呼び出し
    }
}
```

実行結果

```
  11  19  21  24  36  41  45  64  69  76
```

❶ 軸として左端または右端を用いるのは効率が悪く，数列の中央を軸にした方が効率がよいとされている．こうするためには，①部の前に，中央項と左端項を交換しておけばよい．

```
m = (left+right)/2;
t=a[m]; a[m]=a[left]; a[left]=t;
```

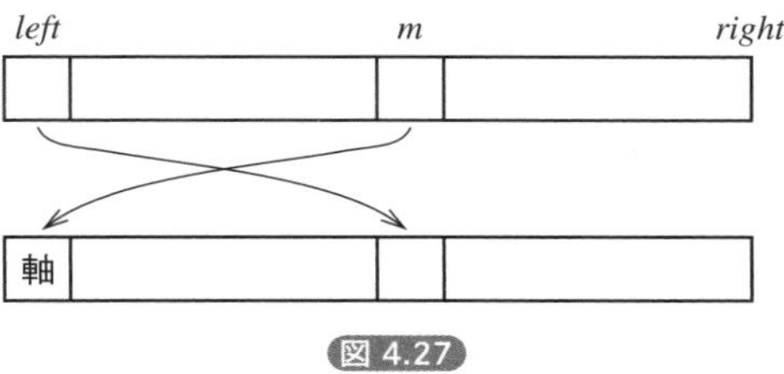

図 4.27

練習問題 31 クイック・ソート 2

左部分列と右部分列に分離する方法として例題31と異なる方法を用いる.

例題31では軸は左端に置いて交換対象からはずしていたが，軸の値を基準値とし，軸も含めて交換を行い，左部分列と右部分列に分ける方法もある．軸としては数列の中央を用いる．

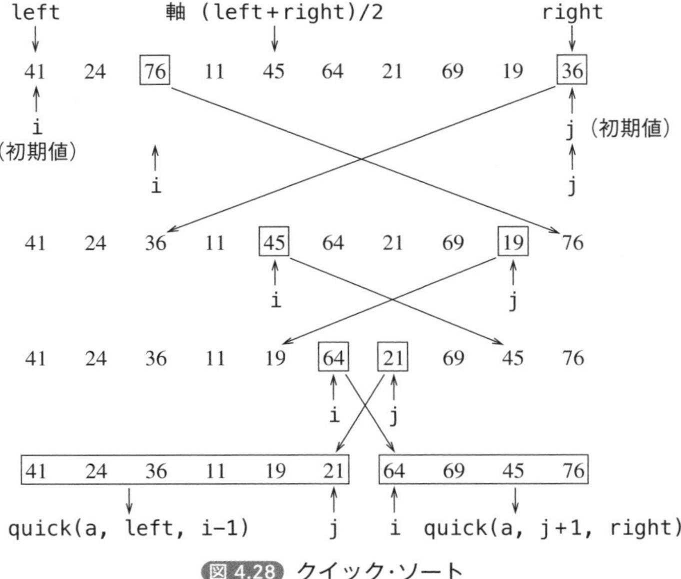

図 4.28 クイック・ソート

交換の終了時のiとjの関係は次の2通りである.

図 4.29 交換終了時のiとjの関係

したがって，次回に交換を行う左部分列は`left`〜`i-1`，右部分列は`j+1`〜`right`となる．iとjが等しいときはその項は基準値と同じ値で，正しい位置に置かれているので次回の交換の対象にはならない．

プログラム Dr31

```
/*
 * --------------------------
 *        クイック・ソート       *
 * --------------------------
 */

#include <stdio.h>

void quick(int[],int,int);

#define N 10

void main(void)
{
    static int a[]={41,24,76,11,45,64,21,69,19,36};
    int k;

    quick(a,0,N-1);

    for (k=0;k<N;k++)
        printf("%4d",a[k]);
    printf("¥n");
}
void quick(int a[],int left,int right)
{
    int s,t,i,j;
    if (left<right){
        s=a[(left+right)/2];    // 中央の値を軸にする
        i=left-1; j=right+1;    // 軸より小さいグループと
        while (1){              // 大きいグループに分ける
            while (a[++i]<s);
            while (a[--j]>s);
            if (i>=j) break;
            t=a[i]; a[i]=a[j]; a[j]=t;
        }
```

```
        quick(a,left,i-1);      // 左部分列に対する再帰呼び出し
        quick(a,j+1,right);     // 右部分列に対する再帰呼び出し
    }
}
```

実行結果

```
11  19  21  24  36  41  45  64  69  76
```

クイック・ソートの高速化

クイック・ソートをさらに高速化する方法として以下のものがある.

・軸（基準値）の選び方

数列の中からいくつかの値（3個程度）をサンプリングし，それらの中央値を基準値とする.

・挿入法の併用

部分数列の長さが，ある値より短くなったら，挿入法を用いてソートする.ある値は一概にはいえないが，10～20程度がよいとされている,

・再帰性の除去

再帰呼び出しを除去して繰り返し型のプログラムにする.

● 参考図書：『岩波講座 ソフトウェア科学3. アルゴリズムとデータ構造』石畑清，岩波書店

第5章

データ構造

- コンピュータを使った処理では多量のデータを扱うことが多い．この場合，取り扱うデータをどのようなデータ構造（data structure）にするかで，問題解決のアルゴリズムが異なってくる．『Algorithms + Data Structures = Programs（アルゴリズム＋データ構造＝プログラム）』N. Wirth著という書名にもなっているように，データ構造とアルゴリズムは密接な関係にあり，よいデータ構造を選ぶことがよいプログラムを作ることにつながる．データ構造としては，リスト，木，グラフが特に重要である．木とグラフについては6章，7章に分けて説明する．
- この章では，スタック（stack：棚），キュー（queue：待ち行列），リスト（list）といったデータ構造を説明する．
- リストはデータの挿入・削除が行いやすいデータ構造であるので，この方法について，また双方向リスト，循環リストなどの特殊なリストについても説明する．
- スタックの応用例として，逆ポーランド記法（reverse polish notation）とパージング（parsing）について，リストの応用例として自己再編成探索（self re-organizing search）とハッシュ（hash）のチェイン法について説明する．

5-0 データ構造とは

Cの持つデータ型を大きく分類すると次のようになる．

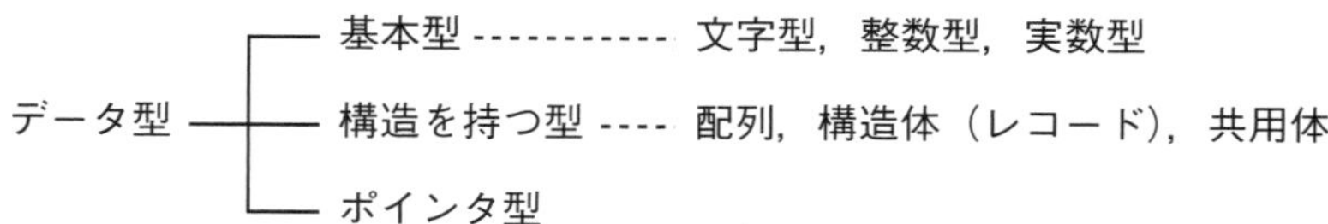

このようなコンピュータ言語が持つデータ型だけでは，大量のデータや複雑なデータを効率よく操作することはできない．そこでデータ群を都合よく組織化するための抽象的なデータ型をデータ構造（data structure）と呼ぶ．

代表的なデータ構造として次のようなものがある．

1. 表（table：テーブル）
2. 棚（stack：スタック）
3. 待ち行列（queue：キュー）
4. リスト（list）
5. 木（tree：トゥリー）
6. グラフ（graph）

これらのデータ構造は，コンピュータ言語が持つデータ型と組合わせてユーザが作る．

表，棚，待ち行列は配列を用いて表現できる．

FORTRAN，従来型BASICには，構造体（レコード）とポインタ型がないので，リスト，木，グラフといったデータ構造を実現するには不向きである．

表は，実社会で最も使われているデータ構造で，次のような成績表を思い浮かべればよい．このような表は配列（2次元配列とは限らない）を用いて簡単に表現できる．

	名前＼科目	国語	社会	数学	理科	英語
1	赤川一郎	75	80	90	73	81
2	岸　伸彦					
3	佐藤健一			75		
4	鈴木太郎					
5	三木良介					90

表 5.1 表(table)

表については，本書では特に説明しない．

スタック，キュー，リストについてはこの章で，木については**6章**で，グラフについては**7章**で説明する．

データ構造とアルゴリズムは密接な関係にあり，よいデータ構造を選ぶことがよいプログラムを作ることにつながる．一口によいデータ構造といってもなかなか難しいが，データの追加，削除，検索が効率よく行えるとか，複雑な構造が簡潔に表現できるといった観点が一つの判断基準となる．

5-1 スタック

例題 32 プッシュ／ポップ

スタックにデータを積む関数pushとデータを取り出す関数popを作る.

データを棚（stack）の下部から順に積んでいき，必要に応じて上部から取り出していく方式（last in first out：後入れ先出し）のデータ構造をスタック（stack：棚）という.

スタックは一般に1次元配列を用いて実現できる.

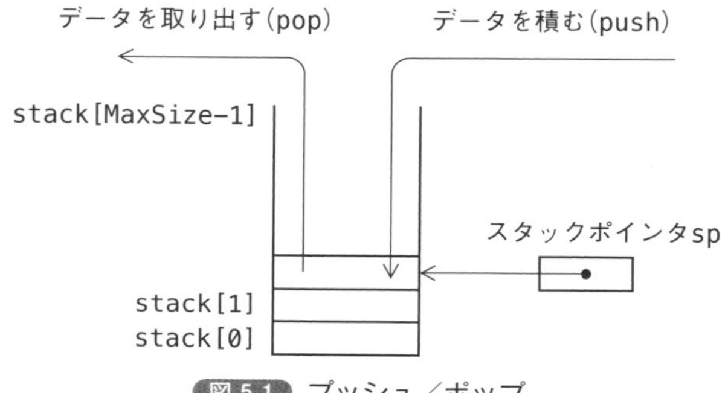

図5.1 プッシュ／ポップ

データをスタックに積む動作をpush，スタックから取り出す動作をpopと呼ぶ．スタック上のデータがどこまで入っているかをスタックポインタspで管理する.

データがスタックにpushされるたびにspの値は＋1され，popされるたびに－1される.

スタック・ポインタspの初期値は最初0に設定しておき，データをpushするときは現spが示す位置にデータを積んでから，spを＋1し，データをpopするときは，spの値を－1してからそれが示す位置のデータを取り出すものとするとする.

したがって，spが0の状態でpopしようとする場合は，スタックは「空の状態」であるし，spがMaxSizeの状態でpushしようとする場合はスタックは「溢れ状態」である.

プログラム Rei32

```
/*
 * -----------------
 *      スタック     *
 * -----------------
 */

#include <stdio.h>

#define MaxSize 100        // スタック・サイズ
int stack[MaxSize];        // スタック
int sp=0;                  // スタック・ポインタ
int push(int);
int pop(int *);

void main(void)
{
    int c,n;

    while (printf("]"),(c=getchar())!=EOF){
        rewind(stdin);
        if (c=='i' || c=='I'){
            printf("data--> ");
            scanf("%d",&n);rewind(stdin);
            if (push(n)==-1){
                printf("スタックが一杯です¥n");
            }
        }
        if (c=='o' || c=='O'){
            if (pop(&n)==-1)
                printf("スタックは空です¥n");
            else
                printf("stack data --> %d¥n",n);
        }
    }
}
int push(int n)      // スタックにデータを積む手続き
{
    if (sp<MaxSize){
        stack[sp]=n;
        sp++;
        return 0;
    }
    else
        return -1;       // スタックが一杯のとき
}
int pop(int *n)      // スタックからデータを取り出す手続き
{
    if (sp>0){
        sp--;
        *n=stack[sp];
        return 0;
```

```
    }
    else
        return -1;      // スタックが空のとき
}
```

実行結果

```
]i
data--> 56
]i
data--> 23
]i
data--> 85
]o
stack data --> 85
]o
stack data --> 23
]o
stack data --> 56
]o
スタックは空です
]^Z
```

練習問題 32 ハノイの塔のシミュレーション

ハノイの塔の円盤の移動をシミュレーションする.

ハノイの塔の円盤の移動を次のようにシミュレーションする.

円盤の枚数？4

1番の円盤を a→c に移す

```
    2
    3
    4           1

    a     b     c
```

2番の円盤を a→b に移す

```
    3
    4     2     1

    a     b     c
```

1番の円盤をc→bに移す

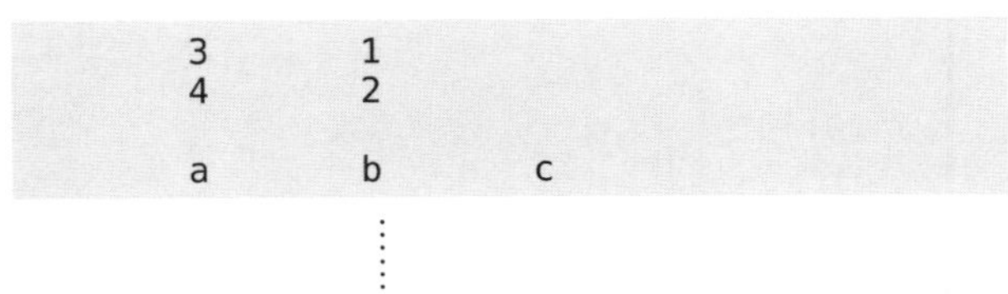

棒a，b，cの円盤の状態をスタックpie[][0]，pie[][1]，pie[][2]にそれぞれ格納し，円盤の最上位位置をスタック・ポインタsp[0]，sp[1]，sp[2]で管理する．円盤は1番小さいものから1，2，3，…という番号を与える．

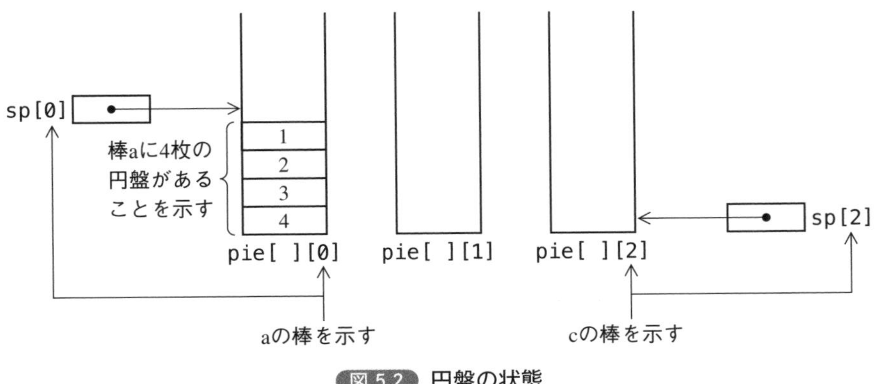

図5.2 円盤の状態

棒sの最上位の円盤を棒dに移す動作は

```
pie[sp[d]][d]=pie[sp[s]-1][s]
```

と表せる．

プログラム Dr32

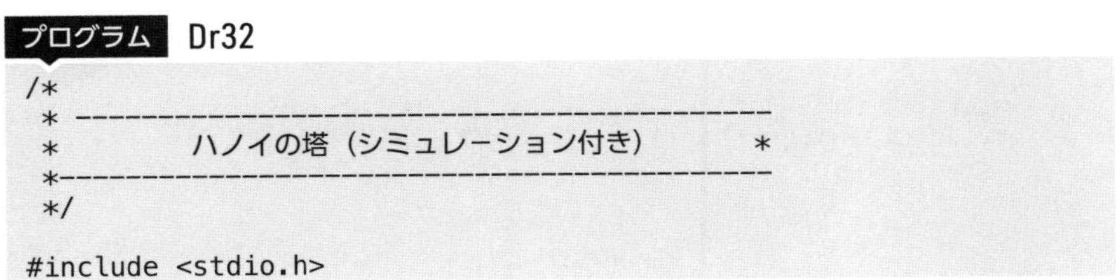

```
/*
 * ----------------------------------------
 *        ハノイの塔（シミュレーション付き）        *
 *----------------------------------------
 */

#include <stdio.h>
```

```
#include <conio.h>

void hanoi(int,int,int,int);
void move(int,int,int);

int pie[20][3];              // 20: 円盤の最大枚数 , 3: 棒の数
int sp[3],N;                 // スタック・ポインタ

void main(void)
{
    int i;
    printf(" 円盤の枚数 ? ");
    scanf("%d",&N);

    for (i=0;i<N;i++)                  // 棒 a に円盤を積む
        pie[i][0]=N-i;
    sp[0]=N; sp[1]=0; sp[2]=0;     // スタック・ポインタの初期設定

    hanoi(N,0,1,2);
}
void hanoi(int n,int a,int b,int c)  // 再帰手続
{
    if (n>0) {
        hanoi(n-1,a,c,b);
        move(n,a,b);
        hanoi(n-1,c,b,a);
    }
}
void move(int n,int s,int d)           // 円盤の移動シミュレーション
{
    int i,j;

    pie[sp[d]][d]=pie[sp[s]-1][s];  //  s ー> d へ円盤の移動
    sp[d]++;                          // スタック・ポインタの更新
    sp[s]--;

    printf("¥n%d 番の円盤を %c-->%c に移す ¥n¥n",n,'a'+s,'a'+d);
    for (i=N-1;i>=0;i--){
        for (j=0;j<3;j++){
            if (i<sp[j])
                printf("%8d",pie[i][j]);
            else
                printf("        ");
        }
        printf("¥n");
    }
    printf("¥n       a       b       c¥n");
    rewind(stdin);getchar();
}
```

実行結果

```
円盤の枚数 ? 3
1 番の円盤を a-->b に移す


    2
    3       1

    a       b       c
2 番の円盤を a-->c に移す



    3       1       2

    a       b       c
1 番の円盤を b-->c に移す


                    1
    3               2

    a       b       c
3 番の円盤を a-->b に移す


                    1
            3       2

    a       b       c
1 番の円盤を c-->a に移す



    1       3       2

    a       b       c
2 番の円盤を c-->b に移す


            2
    1       3

    a       b       c
1 番の円盤を a-->b に移す

            1
            2
            3

    a       b       c
```

5-2 キュー

例題 33 キュー

キューにデータを入れる関数queueinと取り出す関数queueoutを作る.

スタックは，データの格納順とは逆の順序でデータを取り出していくLIFO（last in first out：後入れ先出し）方式であったが，窓口に並んだ待ち行列を処理するには，LIFO方式では後に並んだ客から処理されることになり，不公平である．こうした場合はFIFO（first in first out：先入れ先出し）方式のデータ構造が必要となる．このモデルが待ち行列（queue：待ち行列）である．

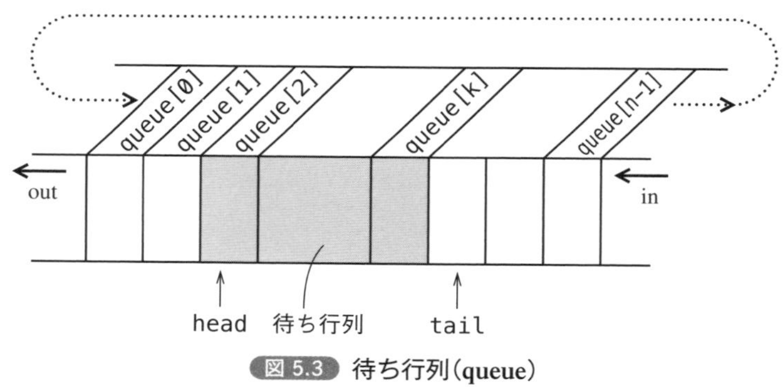

図 5.3 待ち行列(queue)

待ち行列もスタックと同様に，1次元配列で実現される．

今，queue[0]からqueue[n−1]のn個の配列を用意し，待ち行列の先頭を示すポインタをhead，待ち行列の終端を示すポインタをtailとする．

データの取り出しは待ち行列の先頭，つまりheadの位置から行い，データの格納は待ち行列の終端，つまりtailの位置から行うものとする．

データの取り出し，格納のたびに，headとtailはそれぞれ＋1されていくので，いずれ配列の終端に到達してしまう．しかし，よく考えてみると，待ち行列を取り出してしまった後の配列要素（headより左側）は空いているのだから，無駄をしていることになる．

そこで，配列の終端queue[n−1]と先頭queue[0]をつないでリング状の配列を考え，queue[n−1]まで待ち行列が並んでいて，次にデータが入ってきたらqueue[0]，queue[1]，…と入れることにするのである．

待ち行列の初期状態はhead = tail = 0とする．head = tailのときは待ち行列が空の状態を示し，tailがひとまわりして，headの直前にあるとき（つまり，tail + 1 mod n = headのとき）は待ち行列が一杯の状態を示す．tail位置にはデータは入らないので，tailとheadの間に1つ空きができてしまうことになる．しかしこれは，もしtailをもう1つ進めてデータを格納するとhead = tailとなり，待ち行列が空の状態と区別がつかなくなってしまうからである．したがって，この方式でqueue[0]～queue[n−1]の配列を確保したときの待ち行列の最大長は$n-1$となる．

プログラム Rei33

```
/*
 * ---------------------------
 *        キュー（待ち行列）      *
 * ---------------------------
 */

#include <stdio.h>

#define MaxSize 100       // キュー・サイズ
int queue[MaxSize];       // キュー
int head=0,               // 先頭データへのポインタ
    tail=0;               // 終端データへのポインタ
int queuein(int);
int queueout(int *);

void main(void)
{
    int c,n;

    while (printf("]"),(c=getchar())!=EOF){
        rewind(stdin);
        if (c=='i' || c=='I'){
            printf("data--> ");
            scanf("%d",&n);rewind(stdin);
            if (queuein(n)==-1){
                printf(" 待ち行列が一杯です ¥n");
            }
        }
        if (c=='o' || c=='O'){
            if (queueout(&n)==-1)
                printf(" 待ち行列は空です ¥n");
```

```
                else
                    printf("queue data --> %d¥n",n);
            }
        }
}
int queuein(int n)      // キューにデータを入れる手続き
{
    if ((tail+1)%MaxSize !=head){
        queue[tail]=n;
        tail++;
        tail=tail%MaxSize;
        return 0;
    }
    else
        return -1;      // キューが一杯のとき
}
int queueout(int *n)    // キューからデータを取り出す手続き
{
    if (tail!=head){
        *n=queue[head];
        head++;
        head=head%MaxSize;
        return 0;
    }
    else
        return -1;     // キューが空のとき
}
```

実行結果

```
]i
data--> 55
]i
data--> 56
]i
data--> 62
]o
queue data --> 55
]o
queue data --> 56
]o
queue data --> 62
]o
待ち行列は空です
]^Z
```

練習問題 33 キューデータの表示

待ち行列の内容を表示する.

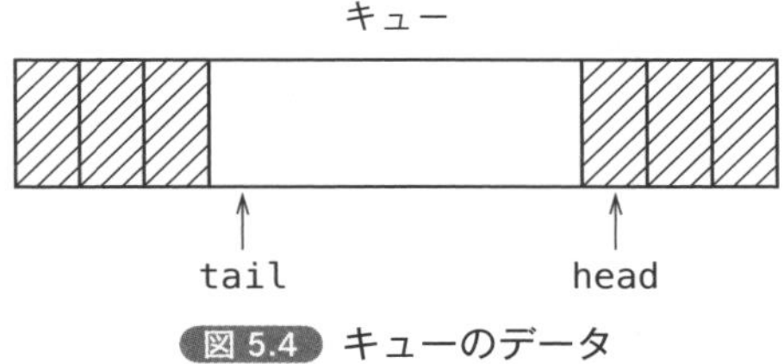

図 5.4 キューのデータ

プログラム Dr33

```
/*
 * -------------------------
 *        キュー（待ち行列）      *
 * -------------------------
 */

#include <stdio.h>

int queuein(int);
int queueout(int *);
void disp(void);

#define MaxSize 100          // キュー・サイズ
int queue[MaxSize];          // キュー
int head=0,                  // 先頭データへのポインタ
    tail=0;                  // 終端データへのポインタ

void main(void)
{
    int c,n;

    while (printf("]"),(c=getchar())!=EOF){
        rewind(stdin);
        switch (c){
            case 'i':
            case 'I': printf("data--> ");
                      scanf("%d",&n);rewind(stdin);
                     if (queuein(n)==-1)
                         printf(" 待ち行列が一杯です ¥n");
                     break;
            case 'o':
            case 'O': if (queueout(&n)==-1)
                            printf(" 待ち行列は空です ¥n");
                      else
```

```
                        printf("queue data --> %d¥n",n);
                    break;
            case 'l':
            case 'L':  disp();
                    break;
        }
    }
}
int queuein(int n)      // キューにデータを入れる手続き
{
    if ((tail+1)%MaxSize !=head){
        queue[tail]=n;
        tail++;
        tail=tail%MaxSize;
        return 0;
    }
    else
        return -1;      // キューが一杯のとき
}
int queueout(int *n)    // キューからデータを取り出す手続き
{
    if (tail!=head){
        *n=queue[head];
        head++;
        head=head%MaxSize;
        return 0;
    }
    else
        return -1;      // キューが空のとき
}
void disp(void)         // 待ち行列の内容を表示する手続き
{
    int i;

    i=head;
    while (i!=tail){
        printf("%d¥n",queue[i]);
        i++;
        i=i%MaxSize;
    }
}
```

実行結果

```
]i
data--> 55
]i
data--> 56
]i
data--> 62
]l
55
```

```
56
62
]^Z
```

参考 リストを用いたキュー

キューは配列を用いるより，リスト（**5-3**参照）を用いた方が簡単に表現できる．

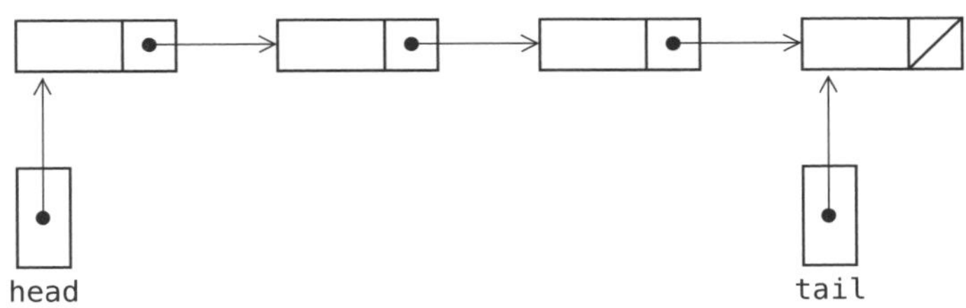

図 5.5 リストを用いたキュー

5-3 リストの作成

リストとは

データ部とポインタ部からなるデータを鎖状につなげたデータ構造を，リスト（線形リスト：linear list）という．

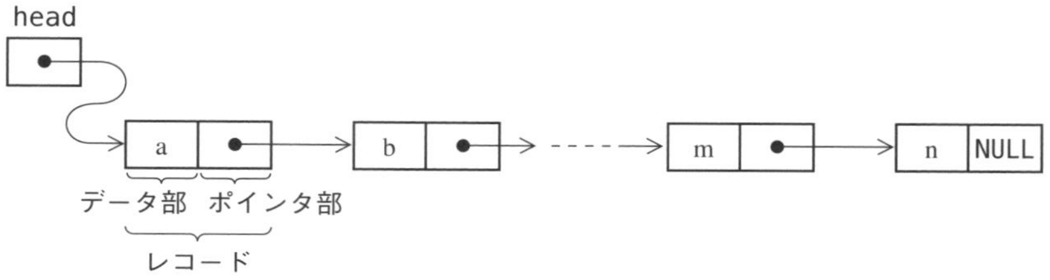

図 5.6 リスト

headは最初のレコードを指し示すポインタである．リストの最後のレコードのポインタ部のNULLは，どこも指し示さない（つまり，リストの終わりを示す）という意味の値である．

自己参照的構造体

リストの要素をノード（node）と呼ぶ．C言語ではノードを次のような構造体（Pascalなどではレコード）で表現する．

```
struct tfieled{
    char name[20];      ← データ部
    char tel[20];
    struct tfieled *pointer;  ← ポインタ部
};
```

このように自分自身の構造体へのポインタを持つ構造体を自己参照的構造体と呼ぶ．

記憶領域の取得

配列はコンパイル時にそのサイズが固定したいわゆる静的な記憶割り当てである．これに対し，必要なときに必要なサイズの領域を取得するやり方が動的な記憶割り当てである．

リストや木のようなデータは，そのサイズが不定でどんどん伸びていく性格のものなので，動的な記憶割り当てが向いている．

動的なメモリ取得関数mallocを用いてstruct tfield型のデータ領域を取得する関数tallocは次のようになる．動的メモリを取得するメモリ領域を特にヒープ領域と呼ぶ．

```
struct tfield *talloc(void)
{
    return (struct tfield *)malloc(sizeof(struct tfield));
}
```

tfield型ポインタへのキャスト

tfield型のバイト数を求めている

この関数を用いて，

```
struct tfield *p;
p=talloc();
```

とすると，tfield型のデータ領域を新たに取得し，それへのポインタをpに返す．

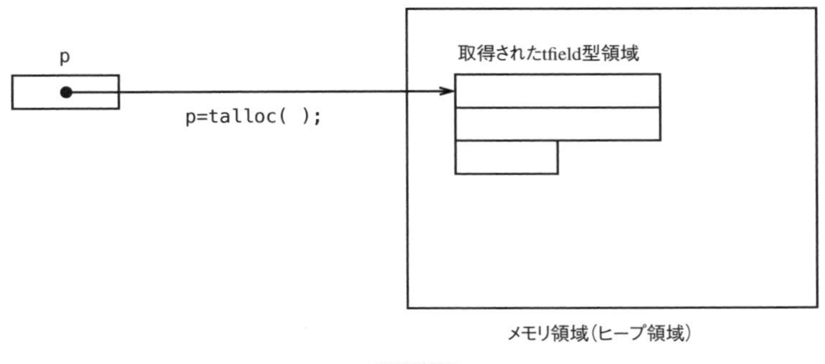

図 5.7

ポインタを用いた構造体メンバ（フィールド）の参照はp->name, p->tel, p->pointerにより行える．

例題 34 入力とは逆順なリストの作成

キーボードから入力したデータとは逆順につながったリストを作成する.

キーボードから入力したデータをリストにするには次のように，1番目に入力したデータが終端で，最後に入力したデータが先頭になるようなリストにするのが最も簡単な方法である.

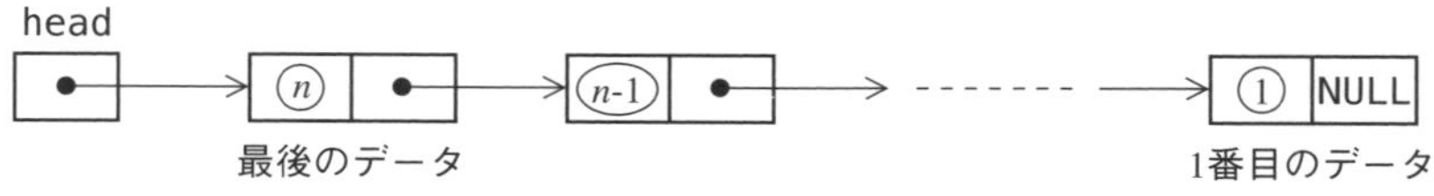

図 5.8 入力とは逆順なリスト

今，新しく取得されたノードがpで示されているとき，これをリストの先頭に追加する操作は次のようになる.

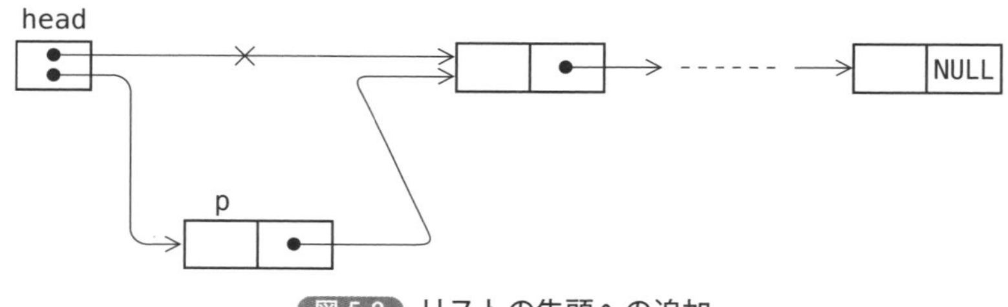

図 5.9 リストの先頭への追加

つまり，

```
p->pointer=head;     // p のポインタ部に head の値（今までの
                     // 先頭データへのポインタ）を入れる
head=p;              // head は p を指し示すようにする
```

というポインタの移動により，実に簡単に行うことができるのである.

プログラム Rei34

```
/*
 * ---------------------------
 *        リストデータの作成      *
 * ---------------------------
 */

#include <stdio.h>
#include <stdlib.h>

struct tfield {
    char name[20];             // 名前
    char tel[20];              // 電話番号
    struct tfield *pointer;    // 次のデータへのポインタ
};

struct tfield *talloc(void);

void main(void)
{
    struct tfield *head,*p;
    head=NULL;
    while (p=talloc(),scanf("%s %s",p->name,p->tel)!=EOF){
        p->pointer=head;
        head=p;
    }

    p=head;
    while (p!=NULL){
        printf("%15s%15s¥n",p->name,p->tel);
        p=p->pointer;
    }
}
struct tfield *talloc(void)      // 記憶領域の取得
{
    return  (struct tfield *)malloc(sizeof(struct tfield));
}
```

実行結果

```
ALICE 1234-5678
MERRY 999-9999
ELLEY 0000-0000
^Z
          ELLEY      0000-0000
          MERRY       999-9999
          ALICE      1234-5678
```

練習問題 34-1 入力順のリストの作成

キーボードから入力した順序につながったリストを作成する.

リストを入力順に構成していく場合は，今取得したノードがpのとき，これをリストの最後につなげるには，1つ前の領域を示すポインタが必要になる．これをoldとする.

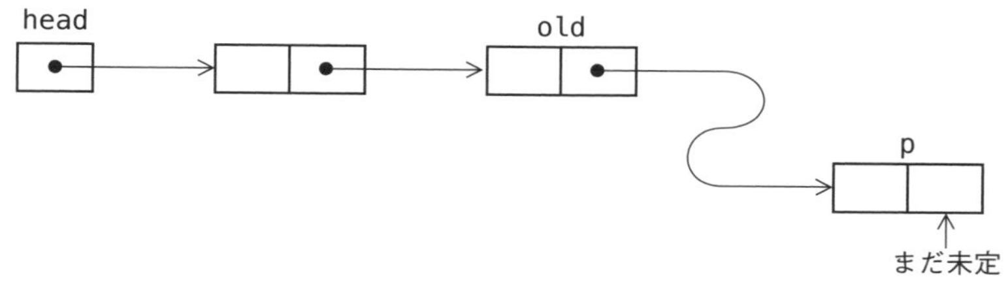

図5.10 入力順リスト

```
old->pointer=p;
```

により，pをリストの後につなげ,

```
old=p;
```

でp位置を新たなold位置とする．以上を繰り返していき，最後のデータの連結が終わったなら，そのデータのポインタ部にNULLを置く.

しかし，この方法では最初のノードはwhileループ中に含めることができないので，ループに入る前に前処理でheadにつなげておかなければならない.

この方式は**例題34**の方式に比べ前処理と後処理が入ってしまう.

プログラム Dr34_1

```
/*
 * ---------------------------------------
 *         リストデータの作成（入力順）       *
 * ---------------------------------------
 */

#include <stdio.h>
#include <stdlib.h>

struct tfield {
```

```
    char name[20];           // 名前
    char tel[20];            // 電話番号
    struct tfield *pointer; // 次のデータへのポインタ
};

struct tfield *talloc(void);

void main(void)
{
    struct tfield *head,*p,*old;

    head=talloc();                              ┐
    scanf("%s %s",head->name,head->tel);        ┘ ← 前処理
    old=head;
    while (p=talloc(),scanf("%s %s",p->name,p->tel)!=EOF){
        old->pointer=p;
        old=p;
    }
    old->pointer=NULL;      ← 後処理

    p=head;
    while (p!=NULL){
        printf("%15s%15s\n",p->name,p->tel);
        p=p->pointer;
    }
}
struct tfield *talloc(void)      // 記憶領域の取得
{
    return  (struct tfield *)malloc(sizeof(struct tfield));
}
```

実行結果

```
Ann 03-2111-1234
Candy 03-3222-3456
Nancy 03-3111-5783
Rolla 03-3222-5271
Machilda 03-3111-1254
^Z
            Ann    03-2111-1234
          Candy    03-3222-3456
          Nancy    03-3111-5783
          Rolla    03-3222-5271
       Machilda    03-3111-1254
```

練習問題 34-2 ダミー・ノード

ダミー・ノードを先頭にいれたリストを作る.

練習問題34-1では先頭ノードは前処理でリストにつなげておかなければならないことを述べたが，この先頭ノードをダミー・ノードとし，2番目以後のノードを実データとするリストが考えられる.

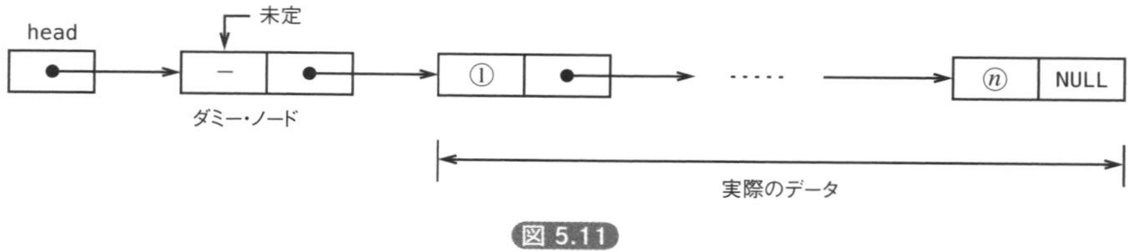

図 5.11

この方式では，前処理においてデータ入力部を置かなくてもよい．なお，実データの先頭へのポインタはheadではなく，head->pointerであることに注意せよ.

プログラム Dr34_2

```
/*
 * ---------------------------------------------
 *         リストデータの作成（ダミー・ノード）       *
 * ---------------------------------------------
 */

#include <stdio.h>
#include <stdlib.h>

struct tfield {
    char name[20];             // 名前
    char tel[20];              // 電話番号
    struct tfield *pointer; // 次のデータへのポインタ
};

struct tfield *talloc(void);

void main(void)
{
    struct tfield *head,*p,*old;

    head=talloc();         // ダミー・ノードの作成
    old=head;
    while (p=talloc(),scanf("%s %s",p->name,p->tel)!=EOF){
        old->pointer=p;
```

```
        old=p;
    }
    old->pointer=NULL;

    p=head->pointer;
    while (p!=NULL){
        printf("%15s%15s¥n",p->name,p->tel);
        p=p->pointer;
    }
}
struct tfield *talloc(void)     // 記憶領域の取得
{
    return (struct tfield *)malloc(sizeof(struct tfield));
}
```

実行結果

```
Ann 03-2111-1234
Candy 03-3222-3456
Nancy 03-3111-5783
Rolla 03-3222-5271
Machilda 03-3111-1254
^Z
            Ann    03-2111-1234
          Candy    03-3222-3456
          Nancy    03-3111-5783
          Rolla    03-3222-5271
       Machilda    03-3111-1254
```

❶ 取得領域の開放

本書ではmallocにより取得した領域を解放する処理を入れていないので必要な場合は以下のようにする．たとえばmallocで取得したメモリ領域で構成されるリストを解放する関数として以下のようなものを作る．

```
void freelist(struct tfield *p)
{
    struct tfield *q;
    while (p!=NULL){
        q=p;
        p=p->pointer;
        free(q);
    }
}
```

この関数を必要なところで、以下のように呼び出す．

```
freelist(head);
```

5-4 リストへの挿入

例題 35 リストへの挿入

リスト中からキーデータを探し，その後に新しいデータを挿入する．関数 link を作る．

リストは，データの挿入，削除に適している．配列のようなデータ構造では，データの途中に新しいデータを挿入したり，途中のデータを削除する場合，配列要素の一部を移動させなければならないが，リストではポインタ部の入れ替えを行うだけで，他のデータは移動する必要はない．

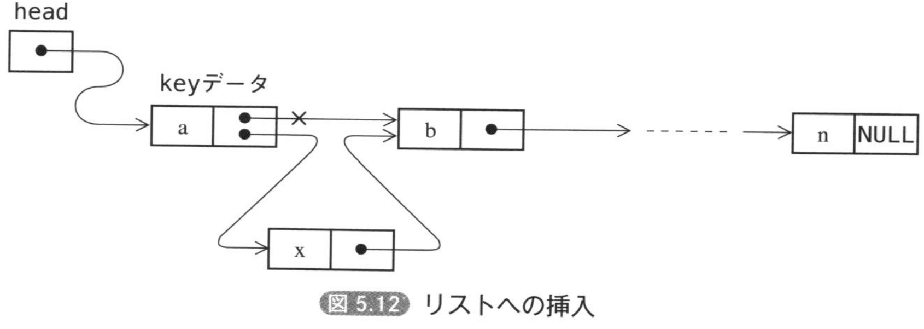

図 5.12 リストへの挿入

プログラム Rei35

```
/*
 * ------------------------------
 *        リストデータへの追加        *
 * ------------------------------
 */

#include <stdio.h>
#include <stdlib.h>
#include <string.h>

struct tfield {
    char name[20];              // 名前
    char tel[20];               // 電話番号
    struct tfield *pointer;     // 次のデータへのポインタ
} *head;

struct tfield *talloc(void);
```

```
void genlist(void);
void displist(void);
void link(char *);

void main(void)
{
    char key[20];

    genlist();
    displist();

    while (printf("Key Name "),scanf("%s",key)!=EOF){
        link(key);        // 環境によっては rewind(stdin); が必要になる
    }

    displist();
}
void link(char *key)     // リストへの追加
{
    struct tfield *p,*n;

    n=talloc();
    printf("追加データ ");
    scanf("%s %s",n->name,n->tel);

    p=head;
    while (p!=NULL){
        if (strcmp(key,p->name)==0){
            n->pointer=p->pointer;
            p->pointer=n;
            return;
        }
        p=p->pointer;
    }
    printf("キーデータが見つかりません¥n");
}
void genlist(void)          // リストの作成
{
    struct tfield *p;

    head=NULL;
    while (p=talloc(),scanf("%s %s",p->name,p->tel)!=EOF){
        p->pointer=head;
        head=p;
    }
}
void displist(void)      // リストの表示
{
    struct tfield *p;
    p=head;
    while (p!=NULL){
        printf("%15s%15s¥n",p->name,p->tel);
        p=p->pointer;
```

```
    }
}
struct tfield *talloc(void)     // 記憶領域の取得
{
    return (struct tfield *)malloc(sizeof(struct tfield));
}
```

実行結果

```
Ann 03-2111-1234
Candy 02-3222-3456
Nancy 03-3111-5783
Rolla 03-3222-5271
Machilda 03-3111-1254
^Z
       Machilda   03-3111-1254
          Rolla   03-3222-5271
          Nancy   03-3111-5783
          Candy   02-3222-3456
            Ann   03-2111-1234
Key Name Nancy
追加データ Marry 03-4444-6666
Key Name  ^Z
       Machilda   03-3111-1254
          Rolla   03-3222-5271
          Nancy   03-3111-5783
          Marry   03-4444-6666
          Candy   02-3222-3456
            Ann   03-2111-1234
```

練習問題 35 見つからなければ先頭へ挿入する

キーデータが見つからなければリストの先頭へデータを挿入するようにする. linkを書き直す.

プログラム Dr35_1

```
/*
 * -----------------------------
 *        リストデータへの追加      *
 * -----------------------------
 */

#include <stdio.h>
#include <stdlib.h>
#include <string.h>

struct tfield {
    char name[20];             // 名前
```

```
    char tel[20];               // 電話番号
    struct tfield *pointer;    // 次のデータへのポインタ
} *head;

struct tfield *talloc(void);
void genlist(void);
void displist(void);
void link(char *);

void main(void)
{
    char key[20];

    genlist();
    displist();

    while (printf("Key Name "),scanf("%s",key)!=EOF){
        link(key);
    }

    displist();
}
void link(char *key)            // リストへの追加
{
    struct tfield *p,*n;

    n=talloc();
    printf("追加データ ");
    scanf("%s %s",n->name,n->tel);

    p=head;
    while (p!=NULL){
        if (strcmp(key,p->name)==0){
            n->pointer=p->pointer;
            p->pointer=n;
            return;
        }
        p=p->pointer;
    }
    printf("%s が見つからないので先頭に追加します¥n",key);
    n->pointer=head;
    head=n;
}
void genlist(void)              // リストの作成
{
    struct tfield *p;

    head=NULL;
    while (p=talloc(),scanf("%s %s",p->name,p->tel)!=EOF){
        p->pointer=head;
        head=p;
    }
}
```

```
void displist(void)              // リストの表示
{
    struct tfield *p;
    p=head;
    while (p!=NULL){
        printf("%15s%15s¥n",p->name,p->tel);
        p=p->pointer;
    }
}
struct tfield *talloc(void)       // 記憶領域の取得
{
    return  (struct tfield *)malloc(sizeof(struct tfield));
}
```

実行結果

```
Ann 03-2111-1234
Candy 02-3222-0000
Nancy 03-9999-9876
Rolla 03-1212-1212
Machilda 03-5050-9797
^Z
       Machilda   03-5050-9797
          Rolla   03-1212-1212
          Nancy   03-9999-9876
          Candy   02-3222-0000
            Ann   03-2111-1234
Key Name Emy
追加データ Emy 03-7777-7777
Emy が見つからないので先頭に追加します
Key Name ^Z
            Emy   03-7777-7777
       Machilda   03-5050-9797
          Rolla   03-1212-1212
          Nancy   03-9999-9876
          Candy   02-3222-0000
            Ann   03-2111-1234
```

参考 番兵を用いたリストの探索

例題35，**練習問題35**でのリストの探索では番兵を立てなかったが，次のように番兵を用いて探索することもできる．

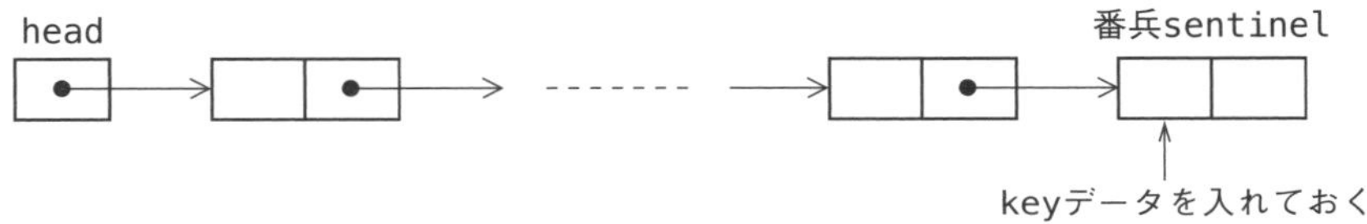

図 5.13 番兵

プログラム Dr35_2

```
/*
 * ---------------------------
 *        リストデータの探索      *
 * ---------------------------
 */

#include <stdio.h>
#include <stdlib.h>
#include <string.h>

struct tfield {
    char name[20];           // 名前
    char tel[20];            // 電話番号
    struct tfield *pointer; // 次のデータへのポインタ
};

struct tfield *talloc(void);

void main(void)
{
    struct tfield *head,*p,
                  sentinel;         // 番兵
    char key[20];

    head=&sentinel;         // 番兵へのポインタ
    while (p=talloc(),scanf("%s %s",p->name,p->tel)!=EOF){
        p->pointer=head;
        head=p;
    }

    rewind(stdin);                            // 探索
    while (printf("key name "),scanf("%s",key)!=EOF){
```

```
        strcpy(sentinel.name,key);       // 番兵にキーを入れる
        p=head;
        while (strcmp(p->name,key)!=0)
            p=p->pointer;
        if (p!=&sentinel)
            printf("%s %s¥n",p->name,p->tel);
        else
            printf("見つかりません¥n");
    }
}
struct tfield *talloc(void)      // 記憶領域の取得
{
    return  (struct tfield *)malloc(sizeof(struct tfield));
}
```

実行結果

```
Ann 03-2111-1234
Candy 02-3222-3456
Nancy 03-3111-5783
Rolla 03-3222-5271
Machilda 03-3111-1254
^Z
Key Name Candy
Candy 02-3222-3456
Key Name Marry
見つかりません
```

5-5 リストからの削除

例題 36 リストからの削除

リスト中からキーデータを探し，それをリストから削除する関数delを作る.

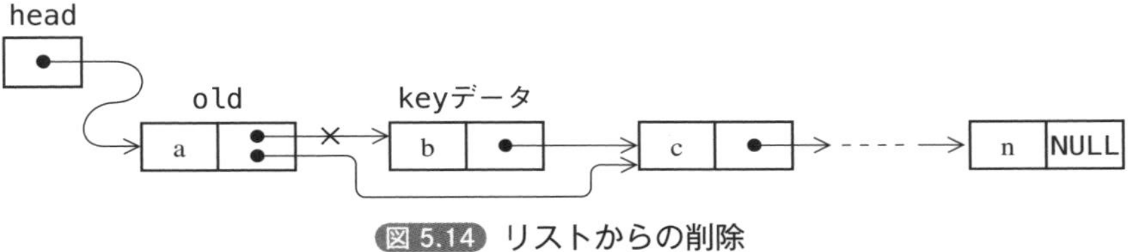

図 5.14 リストからの削除

keyデータがリストの先頭の場合はheadの内容を変更し，そのほかの位置なら前のノードのポインタ部を変更するため，場合分けが必要となる.

プログラム Rei36

```
/*
 * -------------------------
 *       リストデータの削除       *
 * -------------------------
 */

#include <stdio.h>
#include <stdlib.h>
#include <string.h>

struct tfield {
    char name[20];          // 名前
    char tel[20];           // 電話番号
    struct tfield *pointer; // 次のデータへのポインタ
} *head;

struct tfield *talloc(void);
void genlist(void);
void displist(void);
void del(char *);

void main(void)
{
    char key[20];

    genlist();
    displist();
```

```
    while (printf("Key Name "),scanf("%s",key)!=EOF){
        del(key);
    }

    displist();
}
void del(char *key)              // リストから削除
{
    struct tfield *p,*old;

    p=old=head;
    while (p!=NULL){
        if (strcmp(key,p->name)==0){
            if (p==head)
                head=p->pointer;
            else
                old->pointer=p->pointer;
            return;
        }
        old=p;
        p=p->pointer;
    }
    printf("キーデータが見つかりません¥n");
}
void genlist(void)
{
    struct tfield *p;

    head=NULL;
    while (p=talloc(),scanf("%s %s",p->name,p->tel)!=EOF){
        p->pointer=head;
        head=p;
    }
}
void displist(void)
{
    struct tfield *p;
    p=head;
    while (p!=NULL){
        printf("%15s%15s¥n",p->name,p->tel);
        p=p->pointer;
    }
}
struct tfield *talloc(void)      // 記憶領域の取得
{
    return  (struct tfield *)malloc(sizeof(struct tfield));
}
```

実行結果

```
Ann 03-2111-1234
Candy 03-3222-3456
Nancy 03-3111-5783
Rolla 03-3222-5271
Machilda 03-3111-1254
^Z
         Machilda 03-3111-1254
          Rolla   03-3222-5271
          Nancy   03-3111-5783
          Candy   03-3222-3456
            Ann   03-2111-1234
Key Name Rolla
Key Name ^Z
       Machilda   03-3111-1254
          Nancy   03-3111-5783
          Candy   03-3222-3456
            Ann   03-2111-1234
```

練習問題 36 ダミー・ノード版リストからの削除

ダミー・ノードを入れることで，先頭ノードか，その他のノードかの場合分けをしないようにする．

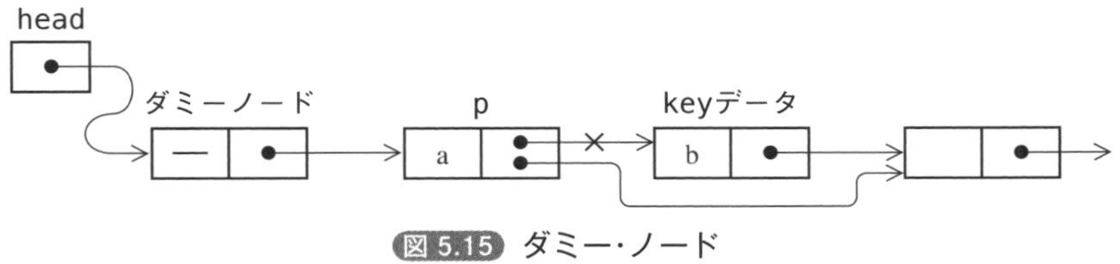

図 5.15 ダミー・ノード

リストをたどるポインタがpのとき，次のノードの名前フィールドはp->pointer->nameで参照でき，ポインタフィールドはp->pointer->pointerで参照できる．したがって**例題36**のようにoldという別なポインタを用意する必要はない．

プログラム Dr36

```
/*
 * --------------------------
 *        リストデータの削除       *
 * --------------------------
 */

#include <stdio.h>
#include <stdlib.h>
#include <string.h>

struct tfield {
    char name[20];          // 名前
    char tel[20];           // 電話番号
    struct tfield *pointer; // 次のデータへのポインタ
} *head;

struct tfield *talloc(void);
void genlist(void);
void displist(void);
void del(char *);

void main(void)
{
    char key[20];

    genlist();
    displist();

    while (printf("Key Name "),scanf("%s",key)!=EOF){
        del(key);
    }

    displist();
}
void del(char *key)                 // リストから削除
{
    struct tfield *p;

    p=head;
    while (p->pointer!=NULL){
        if (strcmp(key,p->pointer->name)==0){
            p->pointer=p->pointer->pointer;
            return;
        }
        p=p->pointer;
    }
    printf(" キーデータが見つかりません ¥n");
}
void genlist(void)          // ダミー・ノードを入れたリスト
{
    struct tfield *p;
```

```
    head=NULL;
    do {
        p=talloc();
        p->pointer=head;
        head=p;
    }while (scanf("%s %s",p->name,p->tel)!=EOF);
}
void displist(void)            // リストの表示
{
    struct tfield *p;
    p=head->pointer;
    while (p!=NULL){
        printf("%15s%15s¥n",p->name,p->tel);
        p=p->pointer;
    }
}
struct tfield *talloc(void)      // 記憶領域の取得
{
    return  (struct tfield *)malloc(sizeof(struct tfield));
}
```

実行結果

```
Ann 03-2111-1234
Candy 03-3222-3456
Nancy 03-3111-5783
Rolla 03-3222-5271
Machilda 03-3111-1254
^Z
       Machilda   03-3111-1254
          Rolla   03-3222-5271
          Nancy   03-3111-5783
          Candy   03-3222-3456
            Ann   03-2111-1234
Key Name Rolla
Key Name ^Z
       Machilda   03-3111-1254
          Nancy   03-3111-5783
          Candy   03-3222-3456
            Ann   03-2111-1234
```

5-6 双方向リスト

いろいろなリスト

先に示したheadから順に後ろへ要素をたどり，最後のNULLで終わるようなリストを特に，線形リスト（linear list）と呼ぶ．リストには線形リスト以外にも，循環リスト（circular list）と双方向リスト（doubly-linked list）がある．

循環リストは，線形リストの最後のポインタがNULLでなく，先頭ノードを指している構造をとる．したがって，データの終端はない．

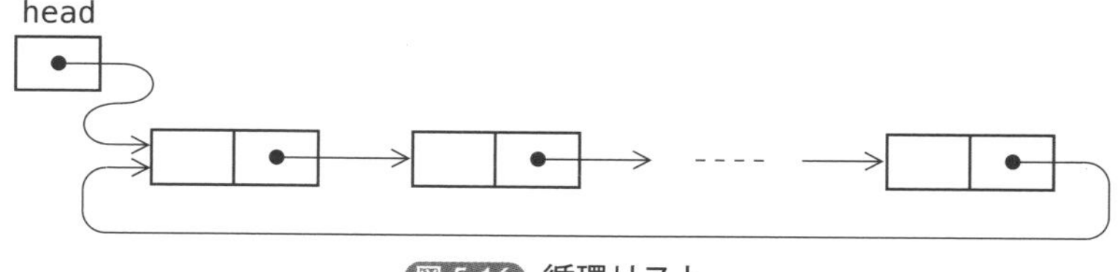

図5.16 循環リスト

線形リストは前から後ろに向かって進むには都合がよいが，リスト・データを後戻りさせることはできない．そこで前向きのポインタ（逆ポインタ）と後ろ向きのポインタ（順ポインタ）を持つリストがあり，これを双方向リストという．

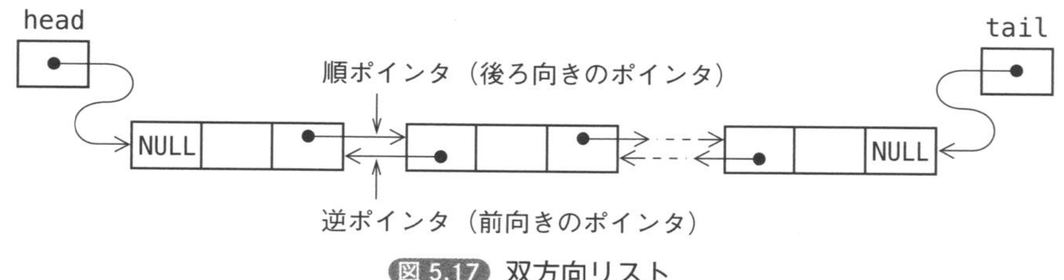

図5.17 双方向リスト

例題 37 双方向リスト

名前，電話番号からなるデータを双方向リストとして構成する.

まず，次のように入力順とは逆順になるようにリストをtailを基点にして作る.

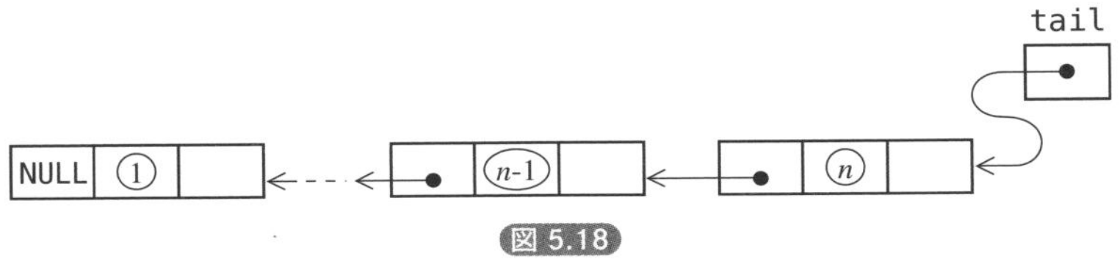

図 5.18

このリストをtailからたどりながら，順ポインタ（右向きのポインタ）に右のノードへのポインタを入れていく.

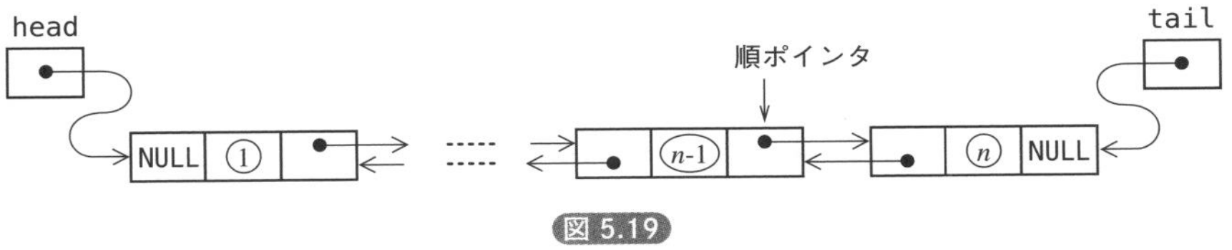

図 5.19

このリストをheadからたどれば，データの入力順にノードをたどることができる．この方法も入力順リストを作る1つの方法である.

プログラム Rei37

```
/*
 * ----------------------------------
 *        双方向リストデータの作成        *
 * ----------------------------------
 */

#include <stdio.h>
#include <stdlib.h>
#include <string.h>

struct tfield {
    struct tfield *left;     // 逆ポインタ
    char name[20];           // 名前
    char tel[20];            // 電話番号
    struct tfield *right;    // 順ポインタ
```

```
};

struct tfield *talloc(void);

void main(void)
{
    struct tfield *head,*tail,*p;

    tail=NULL;                          // 逆リストの作成
    while (p=talloc(),scanf("%s %s",p->name,p->tel)!=EOF){
        p->left=tail;
        tail=p;
    }

    p=tail;                             // 順リストの作成
    head=NULL;
    while (p!=NULL){
        p->right=head;
        head=p;
        p=p->left;
    }

    printf("¥n順方向リスト¥n");
    p=head;                             // リストの順表示
    while (p!=NULL){
        printf("%15s%15s¥n",p->name,p->tel);
        p=p->right;
    }

    printf("¥n逆方向リスト¥n");
    p=tail;                             // リストの逆表示
    while (p!=NULL){
        printf("%15s%15s¥n",p->name,p->tel);
        p=p->left;
    }
}
struct tfield *talloc(void)         // 記憶領域の取得
{
    return  (struct tfield *)malloc(sizeof(struct tfield));
}
```

実行結果

```
Ann 03-2111-1234
Candy 03-3222-3456
Nancy 03-3111-5783
Rolla 03-3222-5271
Machilda 03-3111-1254
^Z
順方向リスト
            Ann    03-2111-1234
          Candy    03-3222-3456
```

```
        Nancy   03-3111-5783
        Rolla   03-3222-5271
     Machilda   03-3111-1254

逆方向リスト
     Machilda   03-3111-1254
        Rolla   03-3222-5271
        Nancy   03-3111-5783
        Candy   03-3222-3456
          Ann   03-2111-1234
```

練習問題 37 循環・双方向リスト

名前，電話番号からなるデータを循環・双方向リストとして構成する.

循環・双方向リストは，循環リストと双方向リストの考え方を組み合わせたもので，次のような構造をとる.

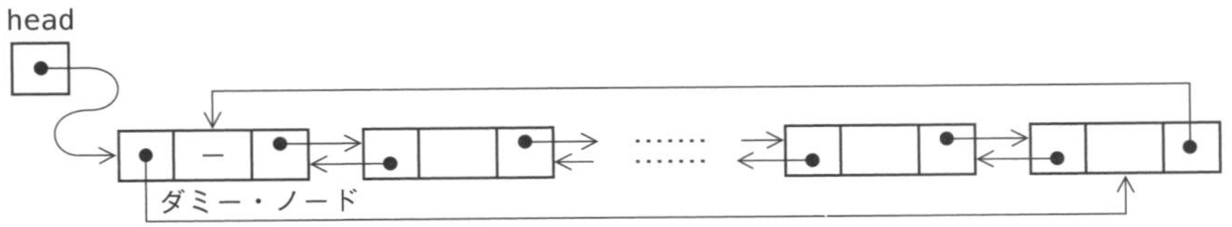

図 5.20 循環·双方向リスト

このようなリストでは，ダミー・ノードが重要な役割を果たしている. つまり，先頭ノードに対する特別な処理の排除とデータ探索における番兵の2つの働きをする.

リストを作成するには，まず次のような空きリストから始めて新しいノードを後へ挿入していく.

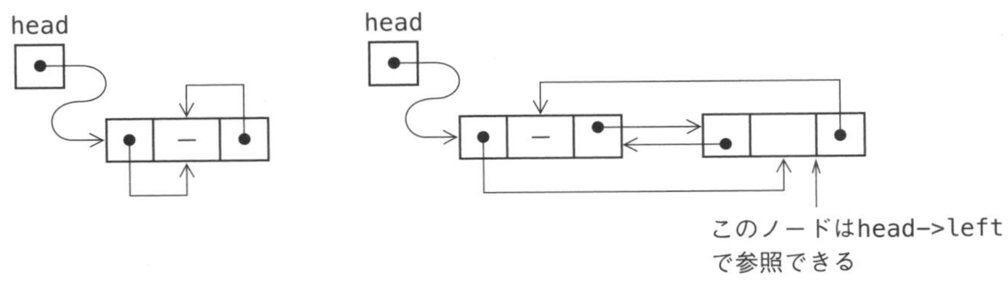

図 5.21

新しいノードをpとし，変更しなければならないポインタ部を，Ⓐ，Ⓑ，Ⓒ，Ⓓ

とすると，次のような順序で変更を行う．順序を誤るとうまくいかない．

Ⓓ ← head
Ⓒ ← head->left
Ⓑ ← p
Ⓐ ← p

pを追加する前のⒷのポインタ部はhead->left->rightで表せ，Ⓒへのポインタはhead->leftで表せる．

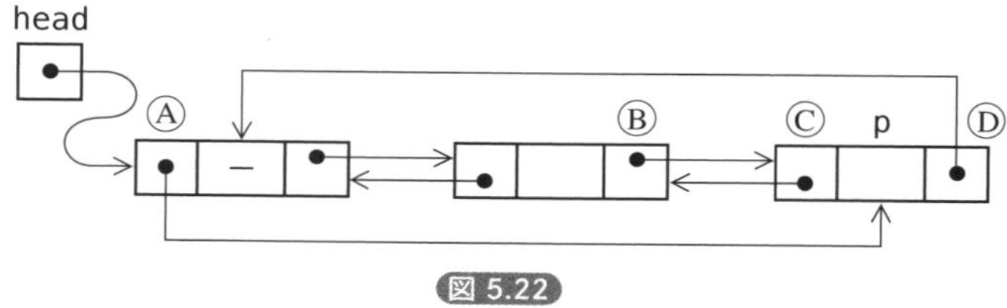

図 5.22

プログラム Dr37

```
/*
 * ------------------------------------------
 *          循環・双方向リストデータの作成          *
 * ------------------------------------------
 */

#include <stdio.h>
#include <stdlib.h>
#include <string.h>

struct tfield {
    struct tfield *left;     // 逆ポインタ
    char name[20];           // 名前
    char tel[20];            // 電話番号
    struct tfield *right;    // 順ポインタ
};

struct tfield *talloc(void);

void main(void)
{
    struct tfield *head,*p;

    head=talloc();                       // ダミー・ノードの作成
    head->left=head->right=head;
```

```
    while (p=talloc(),scanf("%s %s",p->name,p->tel)!=EOF){
        p->right=head;
        p->left=head->left;
        head->left->right=p;
        head->left=p;
    }

    printf("¥n 順方向リスト ¥n");
    p=head->right;
    while (p!=head){
        printf("%15s%15s¥n",p->name,p->tel);
        p=p->right;
    }
    printf("¥n 逆方向リスト ¥n");
    p=head->left;
    while (p!=head){
        printf("%15s%15s¥n",p->name,p->tel);
        p=p->left;
    }
}
struct tfield *talloc(void)      // 記憶領域の取得
{
    return  (struct tfield *)malloc(sizeof(struct tfield));
}
```

実行結果

```
Ann 03-2111-1234
Candy 03-3222-3456
Nancy 03-3111-5783
Rolla 03-3222-5271
Machilda 03-3111-1254
^Z
順方向リスト
            Ann    03-2111-1234
          Candy    03-3222-3456
          Nancy    03-3111-5783
          Rolla    03-3222-5271
       Machilda    03-3111-1254

逆方向リスト
       Machilda    03-3111-1254
          Rolla    03-3222-5271
          Nancy    03-3111-5783
          Candy    03-3222-3456
            Ann    03-2111-1234
```

5-7 逆ポーランド記法

例題 38 逆ポーランド記法

挿入記法の式から逆ポーランド記法の式に変換する.

数式を

$$a + b - c * d / e$$

のように，オペランド（演算の対象となるもの）の間に演算子を置く書き方を挿入記法（中置記法：infix notation）と呼び，数学の世界で一般に用いられている.

これを，

$$ab + cd * e / -$$

のようにオペランドの後に演算子を置く書き方を，後置記法（postfix notation）または逆ポーランド記法（reverse polish notation）と呼ぶ．この式は，「aとbを足し，cとdを掛け，それをeで割ったものを引く」というように式の先頭から読んでいけばよいのと，かっこが不要なため，演算ルーチンを簡単に作れることから，コンピュータの世界ではよく使われる.

それでは挿入記法の式から，逆ポーランド記法に変換するアルゴリズムを示す．問題を簡単にするため，次のような条件をつける.

- オペランドは1文字からなる
- 演算子は＋，－，＊，／の4つの2項演算子だけとする
- 式が誤っている場合のエラー処理はつけない

式の各要素を因子（factor）と呼ぶ．因子にはオペランドと演算子があるが，これを評価する優先順位（priority，precedence）は次のようになる.

因子	優先順位
オペランド	3
＊，／	2
＋，－	1

数字の大きいものが優先順位が高い

表 5.2 優先順位表

この優先順位表はpri[]という配列に格納しておく.

式を評価するとき，取り出した因子を格納する作業用のstack[]，逆ポーランド記法の式を作るpolish[]という2つのスタックを用いて次のように行う.

① 式の終わりになるまで以下を繰り返す
  ② 式から1つの因子を取り出す
  ③ (取り出した因子の優先順位) <= (スタック・トップの因子の優先順位) である間，polish[]にstack[]の最上位の因子を取り出して積む
  ④ ②で取り出した因子をstack[]に積む
⑤ stackに残っている因子を取り出しpolish[]に積む

具体例を示す.

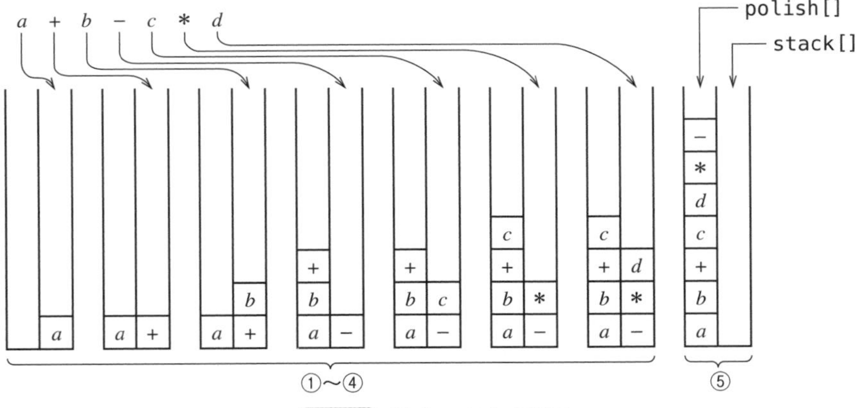

図 5.23 スタック上の因子

プログラムに際しては，次のようにstack[0]に番兵を置き，

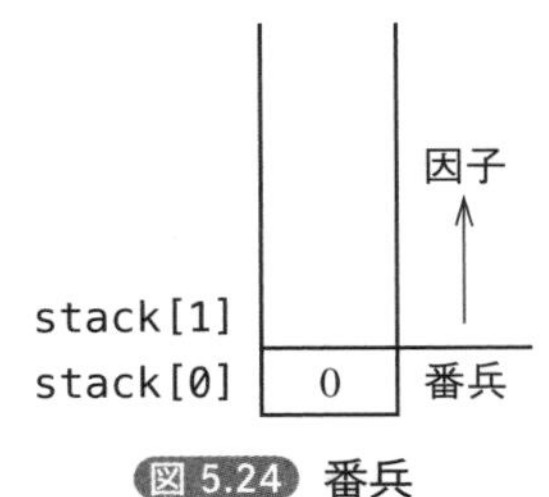

図 5.24 番兵

・一番最初の因子に対する特別な処理
・スタックの底を越えたかの判定

の2つの処理を行わなくてもよいようにする．具体的には，stack[0]には番兵として0を入れる．そしてpri[stack[0]]つまり，pri[0]の値として－1（最も低い優先順位）を入れる．

プログラム Rei38

```
/*
 * --------------------------
 *         逆ポーランド記法        *
 * --------------------------
 */

#include <stdio.h>

char stack[50],polish[50];
int pri[256];                          // 優先順位テーブル
int sp1,sp2;                           // スタック・ポインタ

void main(void)
{
    int i;
    const char *p="a+b-c*d/e";    // 式

    for (i=0;i<=255;i++)          // 優先順位テーブルの作成
        pri[i]=3;
    pri['+']=pri['-']=1; pri['*']=pri['/']=2;

    stack[0]=0;pri[0]=-1;         // 番兵
    sp1=sp2=0;
    while  (*p!='¥0'){
        while (pri[*p]<=pri[stack[sp1]])
            polish[++sp2]=stack[sp1--];
        stack[++sp1]=*p++;
    }
    for (i=sp1;i>0;i--)     // スタックの残りを取り出す
        polish[++sp2]=stack[i];

    for (i=1;i<=sp2;i++)
        putchar(polish[i]);
    printf("¥n");
}
```

実行結果

```
ab+cd*e/-
```

練習問題 38-1 かっこの処理を含む

かっこを含む式を逆ポーランド記法の式に変換する.

かっこの処理は次のようになる.

- '(' はそのままstack[]に積む.
- ')' はstack[]のトップが '(' になるまで, stack[]に積まれている因子を取り出し, polish[]に積む. スタック・トップに来た '(' は捨てる. ')' は, stack[]に積まない.

例題38のプログラムに上の2つの処理を加える. なお '(' は ')' が来るまでstack[]から取り出されてはいけないので優先順位は一番低くする. ')' の処理はスタックに積まず別処理にしているので優先順位は与えない.

具体例を示す.

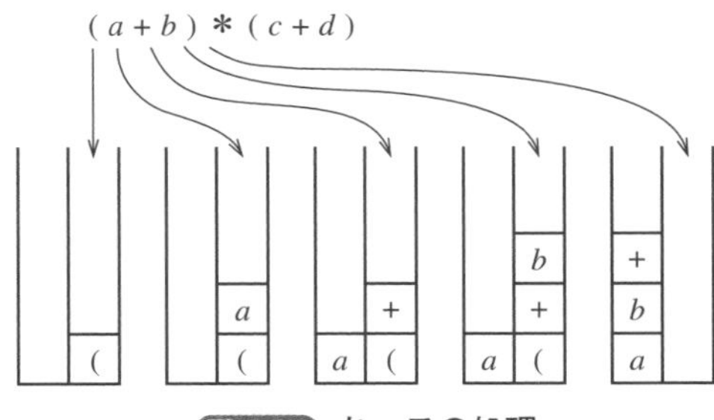

図 5.25 かっこの処理

プログラム Dr38_1

```
/*
 * -----------------------------------------
 *         逆ポーランド記法（かっこの処理を含む）       *
 * -----------------------------------------
 */

#include <stdio.h>

char stack[50],polish[50];
int pri[256];                          // 優先順位テーブル
int sp1,sp2;                           // スタック・ポインタ

void main(void)
{
    int i;
```

```
    const char *p="(a+b)*(c+d)";    // 式

    for (i=0;i<=255;i++)                // オペランドの優先順位
        pri[i]=3;
    pri['+']=pri['-']=1; pri['*']=pri['/']=2;
    pri['(']=0;

    stack[0]=0;pri[0]=-1;       // 番兵
    sp1=sp2=0;
    while  (*p!='¥0'){
        if (*p=='(')            // ( の処理
            stack[++sp1]=*p;
        else if(*p==')'){       // ) の処理
            while (stack[sp1]!='(')
                polish[++sp2]=stack[sp1--];
            sp1--;
        }
        else {                  // オペランドと演算子の処理
            while (pri[*p]<=pri[stack[sp1]])
                polish[++sp2]=stack[sp1--];
            stack[++sp1]=*p;
        }
        p++;
    }
    for (i=sp1;i>0;i--)         // スタックの残りを取り出す
        polish[++sp2]=stack[i];

    for (i=1;i<=sp2;i++)        // 逆ポーランド式の表示
        putchar(polish[i]);
    printf("¥n");
}
```

実行結果

```
ab+cd+*
```

練習問題 38-2 かっこの処理を含む（コンパクト版）

かっこの処理を練習問題38-1よりうまい方法で行う.

練習問題38-1では‘(’と‘)’の処理を他の因子の場合と別扱いにしていた.ここでは，それを一緒にしてプログラムをコンパクトにする.

‘(’の優先順位の与え方によって次のような問題がでる.

① ‘(’の優先順位を最低に設定すると，それをスタックに積むときに，stack[]からの因子取り出しが行われてしまう.

② ‘(’の優先順位を最高に設定すると，stack[]からの因子取り出しが‘(’位置で止まらない.

練習問題38-1では，スタックからの取り出し作業において，'(' を他の因子と同じ扱いにしているため，'(' の優先順位を最低にした．このため '(' をstack[] に積む処理は別処理としなければならなかった．

ここでは次のような方法をとる．

- '(' の優先順位を最高にし，これをスタックに積む処理を別扱いにしないようにする．しかし，この結果，スタックからの取り出しのときに '(' を突き抜けてしまうので，スタック・トップが '(' なら，取り出しを行わないという条件をつけ加える．
- ')' にも優先順位を与える．')' の優先順位を最低にすることで，stack[] の内容が ')' に来るまで全部取り出される．この処理が終了し，スタック・トップに来た ')' を取り除く．

この場合の優先順位表は次のようになる．

因子	優先順位
(	4
オペランド	3
＊，／	2
＋，－	1
)	0

数字が大きいものが優先順位が高い

表 5.3 かっこを含めた優先順位

プログラム Dr38_2

```
/*
 * ------------------------------------------
 *          逆ポーランド記法（かっこの処理を含む）         *
 * ------------------------------------------
 */

#include <stdio.h>

char stack[50],polish[50];
int pri[256];                           // 優先順位テーブル
int sp1,sp2;                            // スタック・ポインタ

void main(void)
{
```

```
    int i;
    const char *p="(a+b)*(c+d)";        // 式

    for (i=0;i<=255;i++)                // オペランドの優先順位
        pri[i]=3;
    pri['+']=pri['-']=1; pri['*']=pri['/']=2;  // 演算子の優先順位
    pri['(']=4; pri[')']=0;

    stack[0]=0;pri[0]=-1;        // 番兵
    sp1=sp2=0;
    while  (*p!='¥0'){
        while (pri[*p]<=pri[stack[sp1]] && stack[sp1]!='(')
            polish[++sp2]=stack[sp1--];
        if (*p!=')')
            stack[++sp1]=*p;
        else
            sp1--;
        p++;

    }
    for (i=sp1;i>0;i--)         // スタックの残りを取り出す
        polish[++sp2]=stack[i];

    for (i=1;i<=sp2;i++)        // 逆ポーランド式の表示
        putchar(polish[i]);
    printf("¥n");
}
```

実行結果

```
ab+cd+*
```

逆ポーランド記法

逆ポーランド記法という名前は，考案者であるポーランドの数学者ルカシェーヴィッチにちなんでつけられた．演算子を後に置くポーランド記法はポーランド後置記法または逆ポーランド記法という．Polishは「ポーランド（Poland）の」という意味．

5-8 パージング

例題 39 逆ポーランド式のパージング

(6 + 2)／(6 − 2) + 4のような式を解析（parse）して式の値を求める.

式のオペランドは‘0’〜‘9’までの1文字の定数とする.

例題38, **練習問題38**の方法により, (6 + 2)／(6 − 2) + 4のような式を逆ポーランド記法の式に変換する. 変換結果はpolish[]に格納されている.

これを次の要領で計算していく. オペランドおよび計算結果はスタックv[]に格納していき, 最後に残ったv[1]の値が答となる.

① 以下をpolish[]が空になるまで繰り返す
　② polish[]から1因子を取り出す
　③ それがオペランド（‘0’〜‘9’）ならv[]に積む
　④ 演算子（+, −, *, ／）ならスタック最上位（v[sp1]）とその下（v[sp1−1]）を演算子（*ope*）に応じて次のように計算し, v[sp1−1]に結果を格納する.
　v[sp1−1]=v[sp1−1] ***ope*** v[sp1]

具体例を示す.

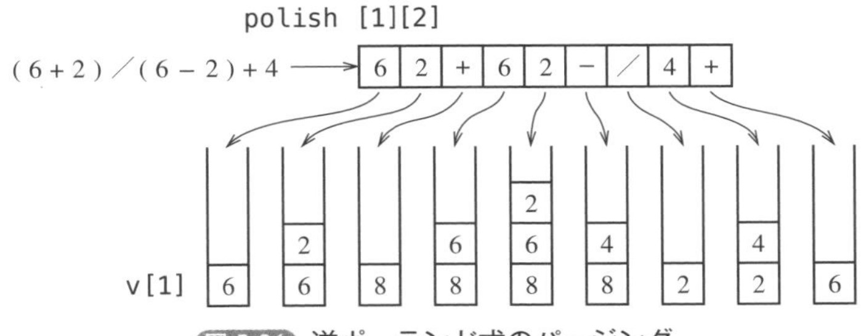

図 5.26 逆ポーランド式のパージング

なお, このプログラムでは, べき乗を行う‘^’という演算子も含めることにする.

プログラム Rei39

```
/*
 * ------------------------------------------------
 *         優先順位パージング（逆ポーランドに変換）      *
 * ------------------------------------------------
 */

#include <stdio.h>
#include <math.h>

char stack[50],polish[50];
double v[50];
int pri[256];                           // 優先順位テーブル
int sp1,sp2;                            // スタック・ポインタ

void main(void)
{
    int i;
    const char *p="(6+3)/(6-2)+3*2^3-1",*expression=p;  // 式

    for (i=0;i<=255;i++)
        pri[i]=4;
    pri['+']=pri['-']=1; pri['*']=pri['/']=2; pri['^']=3;
    pri['(']=5; pri[')']=0;

    stack[0]=0;pri[0]=-1;           // 番兵
    sp1=sp2=0;
    while  (*p!='¥0'){
        while (pri[*p]<=pri[stack[sp1]] && stack[sp1]!='(')
            polish[++sp2]=stack[sp1--];
        if (*p!=')')
            stack[++sp1]=*p;
        else
            sp1--;
        p++;

    }
    for (i=sp1;i>0;i--)           // スタックの残りを取り出す
        polish[++sp2]=stack[i];

    sp1=0;                        // 式の計算
    for (i=1;i<=sp2;i++){
        if ('0'<=polish[i] && polish[i]<='9')
            v[++sp1]=polish[i]-'0';
        else {
            switch (polish[i]){
                case '+':v[sp1-1]=v[sp1-1]+v[sp1];break;
                case '-':v[sp1-1]=v[sp1-1]-v[sp1];break;
                case '*':v[sp1-1]=v[sp1-1]*v[sp1];break;
                case '/':v[sp1-1]=v[sp1-1]/v[sp1];break;
                case '^':v[sp1-1]=pow(v[sp1-1],v[sp1]);break;
            }
```

```
            sp1--;
        }
    }
    printf("%s=%f¥n",expression,v[1]);
}
```

実行結果

```
(6+3)/(6-2)+3*2^3-1=25.250000
```

練習問題 39 直接法

逆ポーランド記法に変換しながら同時に演算を行い，式の値を求める．

計算用スタック`v[]`と演算子用スタック`ope[]`の2つのスタックを用いて次のように式を評価していく．

① 式から1因子を取り出しては以下を行う．
  ② オペランド（定数：'0' ～ '9'）なら計算用スタックに積む．
  ③ そうでない（演算子）なら**例題39**と同じ規則を適用する．ただし，**例題39**では`stack[]`→`polish[]`へのデータ移動を行っていたが，その代わりに`calc`という「演算処理」を行う．
④ 演算子用スタックに残っている演算子を取り出しては「演算処理」を行う．

ここで，上述の「演算処理」とは，演算子用スタックの最上部の演算子を用いて，計算用スタックの最上位（`v[sp1]`）とその下（`v[sp1-1]`）を計算し，結果を`v[sp1-1]`に格納する処理である．

具体例を示す．

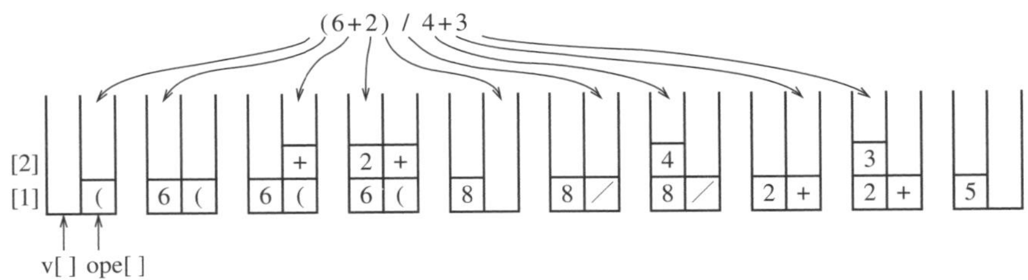

図 5.27 直接法

さて，算術式として普通の加減乗除算を与えてもおもしろ味はないので，ここでは以下に示す‘>’，‘<’，‘|’の3つのユーザ定義演算子を作ることにする．

- $a > b$ … aとbの大きい方を式の値とする
- $a < b$ … aとbの小さい方を式の値とする
- $a \mid b$ … $(a+b)/2$を式の値とする

たとえば，$(1>2 \mid 5<9)<5$という式は次のように評価される．

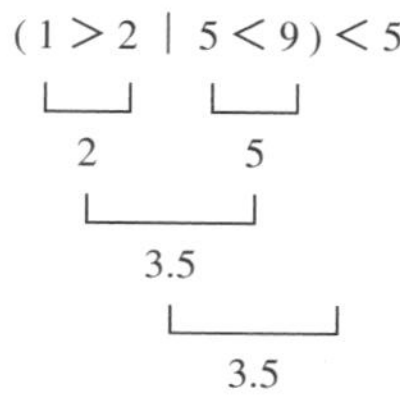

図 5.28

優先順位表は次のようになる．

因子	優先順位
(	3
>, <	2
|	1
)	0

数字が大きいものが優先順位が高い

表 5.4 直接法における優先順位表

プログラム Dr39

```
/*
 * ------------------------------------
 *         優先順位パージング（直接法）         *
 * ------------------------------------
 */

#include <stdio.h>
#define Max(a,b) ((a)>(b)?(a):(b))
#define Min(a,b) ((a)<(b)?(a):(b))

double v[50];         // 計算用スタック
char ope[50];         // 演算子用スタック
```

```
int pri[256];           // 優先順位テーブル
int sp1,sp2;            // スタック・ポインタ

void calc(void);

void main(void)
{
    const char *expression="(1>2|2<8|3<4)|(9<2)",*p=expression;

    pri['|']=1; pri['<']=pri['>']=2;
    pri['(']=3; pri[')']=0;

    ope[0]=0; pri[0]=-1;            // 番兵
    sp1=sp2=0;
    while  (*p!='¥0'){
        if ('0'<=*p && *p<='9')
            v[++sp2]=*p-'0';
        else {
            while (pri[*p]<=pri[ope[sp1]] && ope[sp1]!='(')
                calc();
            if (*p!=')')
                ope[++sp1]=*p;
            else
                sp1--;          // (を取り除く
        }
        p++;
    }
    while (sp1>0)                   // 演算子スタックが空になるまで
        calc();
    printf("%s=%f¥n",expression,v[1]);
}
void calc(void)                     // 演算処理
{
    switch (ope[sp1]) {
        case '|' : v[sp2-1]=(v[sp2-1]+v[sp2])/2;break;
        case '>' : v[sp2-1]=Max(v[sp2-1],v[sp2]);break;
        case '<' : v[sp2-1]=Min(v[sp2-1],v[sp2]);break;
    }
    sp2--; sp1--;
}
```

実行結果

```
(1>2|2<8|3<4)|(9<2)=2.250000
```

5-9 自己再編成探索

例題 40 自己再編成探索（先頭に移す）

線形探索において，よく探索されるデータが前方に来るようにリストを再編成する.

線形探索では，データの先頭から1つ1つ調べていくので，後ろにあるものほど探索に時間がかかる.

一般に一度使われたデータというのは再度使われる可能性が高いので，探索ごとに探索されたデータを前の方に移すようにすると，自ずと使用頻度の高いデータが前の方に移ってくる．このような方法を自己再編成探索（self re-organizing search）という.

身近な例としては，ワープロで漢字変換をした場合，直前に変換した漢字が，今回の第1候補になる学習機能といわれるものがそうである.

自己再編成探索はデータの挿入・削除を探索のたびに行うため，リストで実現するのがよい.

データを再編成する方法として，次のようなものが考えられる.

・探索データを先頭に移す
・探索データを1つ前に移す

探索データを先頭に移すには次のようにする.

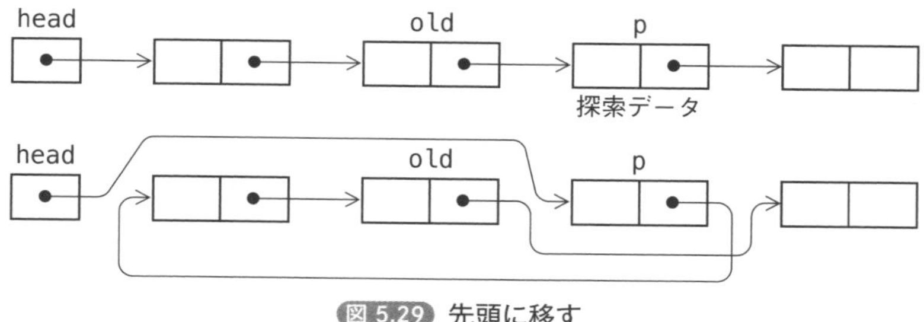

図 5.29 先頭に移す

プログラム Rei40

```
/*
 * ------------------------------------
 *       自己再編成探索（先頭に移す）      *
 * ------------------------------------
 */

#include <stdio.h>
#include <stdlib.h>
#include <string.h>

struct tfield {
    char name[20];          // 名前
    char tel[20];           // 電話番号
    struct tfield *pointer; // 次のデータへのポインタ
};

struct tfield *talloc(void);

void main(void)
{
    char key[20];
    struct tfield *head,*p,*old;

    head=NULL;                        // リストの作成
    while (p=talloc(),scanf("%s %s",p->name,p->tel)!=EOF){
        p->pointer=head;
        head=p;
    }
                                  // 探索
    while (printf("¥nKey Name ? "),scanf("%s",key)!=EOF){
        p=old=head;
        while (p!=NULL){
            if (strcmp(key,p->name)==0){
                printf("%15s%15s¥n",p->name,p->tel);
                if (p!=head){
                    old->pointer=p->pointer;    // 先頭に移す
                    p->pointer=head;
                    head=p;
                }
                break;
            }
            old=p;
            p=p->pointer;
        }
    }
}
struct tfield *talloc(void)      // 記憶領域の取得
{
    return  (struct tfield *)malloc(sizeof(struct tfield));
}
```

実行結果

```
Ann 03-2111-1234
Candy 03-3222-3456
Nancy 03-3111-5783
Rolla 03-3222-5271
Machilda 03-3111-1254
^Z
Key Name ? Rolla
           Rolla 03-3222-5271
```

練習問題 40 自己再編成探索（1つ前に移す）

探索されたデータを1つ前の位置に移す.

2つ前のノードのポインタ部を変更するため，old1，old2という2つのポインタを使う．このため，リスト先頭にダミー・ノードを置く．

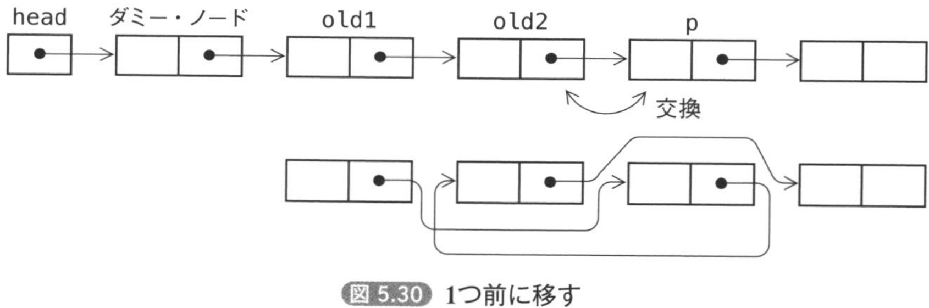

図 5.30 1つ前に移す

プログラム Dr40

```
/*
 * ------------------------------------
 *          自己再編成探索（1つ前に移す）       *
 * ------------------------------------
 */

#include <stdio.h>
#include <stdlib.h>
#include <string.h>

struct tfield {
    char name[20];              // 名前
    char tel[20];               // 電話番号
    struct tfield *pointer; // 次のデータへのポインタ
};
```

```
struct tfield *talloc(void);

void main(void)
{
    char key[20];
    struct tfield *head,*p,*old1,*old2,*q;

    head=NULL;                      // リストの作成
    while (p=talloc(),scanf("%s %s",p->name,p->tel)!=EOF){
        p->pointer=head;
        head=p;
    }
    p=talloc();                     // ダミー・ノード
    p->pointer=head;
    head=p;
                                    // 探索
    while (printf("¥nKey Name ? "),scanf("%s",key)!=EOF){
        p=head->pointer;
        old1=old2=head;
        while (p!=NULL){
            if (strcmp(key,p->name)==0){
                printf("%15s%15s¥n",p->name,p->tel);
                if (p!=head->pointer){    // 先頭でないときに
                    q=old1->pointer;      // 1つ前と交換
                    old1->pointer=p;
                    old2->pointer=p->pointer;
                    p->pointer=q;
                }
                break;
            }
            old1=old2;
            old2=p;
            p=p->pointer;
        }
    }
}
struct tfield *talloc(void)      // 記憶領域の取得
{
    return  (struct tfield *)malloc(sizeof(struct tfield));
}
```

実行結果

```
Ann 03-2111-1234
Candy 03-3222-3456
Nancy 03-3111-5783
Rolla 03-3222-5271
Machilda 03-3111-1254
^Z
Key Name ? Machilda
       Machilda   03-3111-1254
```

5-10 リストを用いたハッシュ

例題 41 チェイン法

ハッシュ法で管理されるデータをリストで構成する.

3章3-8はハッシュ表に直接データを置くものであった. これをオープンアドレス法(open addressing)と呼ぶ.

これに対し, 同じハッシュ値を持つデータ(かち合いを起こしたデータ)をリストでつなぎ, リスト先頭へのポインタをハッシュ表に置くものをチェイン法(chaining)と呼ぶ. この方法によれば, かち合いで生じたときのデータの追加が簡単に, しかも無制限に行うことができる.

次の例は, かち合いが生じたデータをリストの先頭に追加するものである.

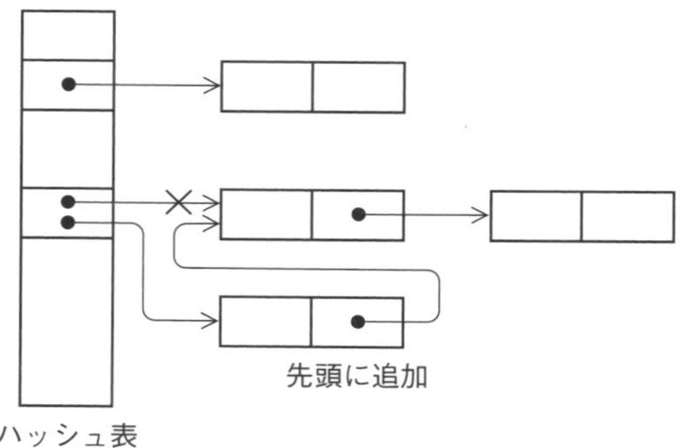

図 5.31 リストを用いたハッシュ

プログラム Rei41

```
/*
 * -------------------------------------------
 *         リストを用いたハッシュ (先頭に追加)     *
 * -------------------------------------------
 */

#include <stdio.h>
#include <stdlib.h>
#include <string.h>

#define TableSize 1000
```

```
#define ModSize   1000

int hash(char *);

struct tfield{
    char name[20];
    char tel[20];
    struct tfield *pointer;
} *dat[TableSize];                // ポインタ・テーブル

struct tfield *talloc(void);

void main(void)
{
    int n;
    char key[20];
    struct tfield *p;

    for (n=0;n<TableSize;n++)      // ポインタ・テーブルの初期化
        dat[n]=NULL;

    printf(" 名前 電話番号 ¥n");
    while (p=talloc(),scanf("%s %s",p->name,p->tel)!=EOF){
        n=hash(p->name);       // ハッシング
        p->pointer=dat[n];     // 先頭に追加
        dat[n]=p;
    }

    rewind(stdin);                // 探索
    printf("¥n 探索するデータを入力してください ¥n");
    while (scanf("%s",key)!=EOF){
        n=hash(key);
        p=dat[n];
        while (p!=NULL){
            if (strcmp(key,p->name)==0)
                printf("%15s%15s¥n",p->name,p->tel);
            p=p->pointer;
        }
    }
}
int hash(char *s)             // ハッシュ関数
{
    int n;

    n=strlen(s);
    return (s[0]-'A'+(s[n/2-1]-'A')*26+(s[n-2]-'A')*26*26)
    ⏎ %ModSize;
}
struct tfield *talloc(void)          // 記憶領域の取得
{
    return (struct tfield *)malloc(sizeof(struct tfield));
}
```

実行結果

```
名前 電話番号
ANN 03-2111-1234
CANDY 03-3222-3456
NANCY 03-3111-5783
ROLLA 03-3222-5271
MACHILDA 03-3111-1254
^Z
探索するデータを入力してください
CANDY
          CANDY   03-3222-3456
```

練習問題 41 チェイン法（終端に追加）

例題41を変更し，リストの終端にデータを追加するようにする.

データの終わりまで探索し，そこに追加する.

リスト・データが空の場合と，空でない場合の場合分けが必要である.

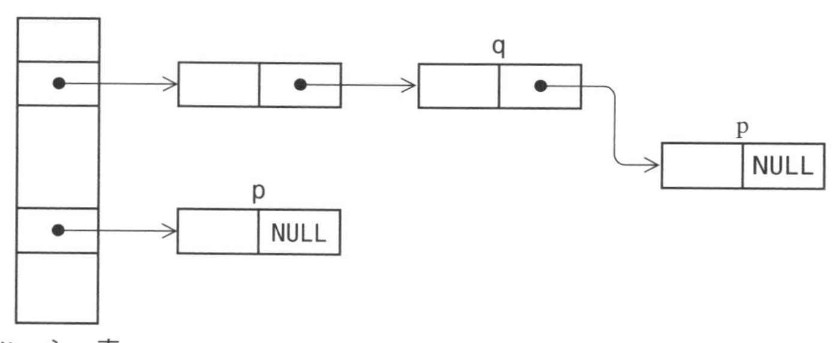

図5.32 終端に追加

プログラム Dr41

```
/*
 * --------------------------------------------
 *         リストを用いたハッシュ（終端に追加）        *
 * --------------------------------------------
 */

#include <stdio.h>
#include <stdlib.h>
#include <string.h>

#define TableSize 1000
#define ModSize   1000

int hash(char *);

struct tfield {
    char name[20];
    char tel[20];
    struct tfield *pointer;
} *dat[TableSize];                  // ポインタ・テーブル

struct tfield *talloc(void);

void main(void)
{
    int n;
    char key[20];
    struct tfield *p,*q;

    for (n=0;n<TableSize;n++)     // ポインタ・テーブルの初期化
        dat[n]=NULL;

    printf("名前 電話番号¥n");
    while (p=talloc(),scanf("%s %s",p->name,p->tel)!=EOF){
        n=hash(p->name);
        if (dat[n]==NULL){            // 空のとき
            dat[n]=p;
            p->pointer=NULL;
        }
        else {                         // かちあったとき
            q=dat[n];
            while (q->pointer!=NULL)     // 終端へ追加
                q=q->pointer;
            q->pointer=p;
            p->pointer=NULL;
        }
    }

    rewind(stdin);                       // 探索
    printf("¥n探索するデータを入力してください¥n");
    while (scanf("%s",key)!=EOF){
```

```
        n=hash(key);
        p=dat[n];
        while (p!=NULL){
            if (strcmp(key,p->name)==0)
                printf("%15s%15s¥n",p->name,p->tel);
            p=p->pointer;
        }
    }
}
int hash(char *s)           // ハッシュ関数
{
    int n;

    n=strlen(s);
    return (s[0]-'A'+(s[n/2-1]-'A')*26+(s[n-2]-'A')*26*26)
    ⮐ %ModSize;
}
struct tfield *talloc(void)         // 記憶領域の取得
{
    return (struct tfield *)malloc(sizeof(struct tfield));
}
```

実行結果

```
名前 電話番号
ANN 03-2111-1234
CANDY 03-3222-3456
NANCY 03-3111-5783
ROLLA 03-3222-5271
MACHILDA 03-3111-1254
^Z
探索するデータを入力してください
CANDY
          CANDY   03-3222-3456
```

第6章 木（tree）

- 木（tree）はデータ構造の中で最も重要でよく使われるものである．次々に場合分けされていくような物事（たとえば家系図や会社の組織図）を階層的（hierarchy：ハイアラーキ）に表すのに木はぴったりの表現である．
- 木のうちで，各節点（node：ノード）から出る枝（branch）が2本以下のものを特に2分木（binary tree）といい，この章ではこの2分木を中心に，木の作成法，木の走査（traversal：トラバーサル）法を説明する．
- 走査とは，一定の順序で木のすべてのノードを訪れることをいい，再帰のアルゴリズムがデータ構造と結び付いている典型的な例である．2分木のノードに与えるデータの性質により，2分探索木，ヒープ（heap：山），式の木，決定木などがある．
- 木の応用例としてヒープ・ソートと知的データベースについて説明する．

6-0 木とは

線形リストはポインタにより一方向にデータが伸びていくが，途中で枝分かれすることはない．枝分かれをしながらデータが伸びていくデータ構造を木（tree）と呼ぶ．

木はいくつかの節点（node：ノード）と，それらを結ぶ枝（branch）から構成される．節点はデータに対応し，枝はデータとデータを結ぶ親子関係に対応する．ある節点から下方に分岐する枝の先にある節点を子といい，分岐元の節点を親という．

木の一番始めの節点をとくに根（root）といい，子を持たない節点を葉（leaf）という．木の中のある節点を相対的な根と考え，そこから枝分かれしている枝と節点の集合を部分木という．

木は階層（hierarchy：ハイアラーキ）構造を表すのに適している．階層構造の身近な例としては，家系図や会社の組織図がある．**図6.1**に階層構造の木の例を示す．

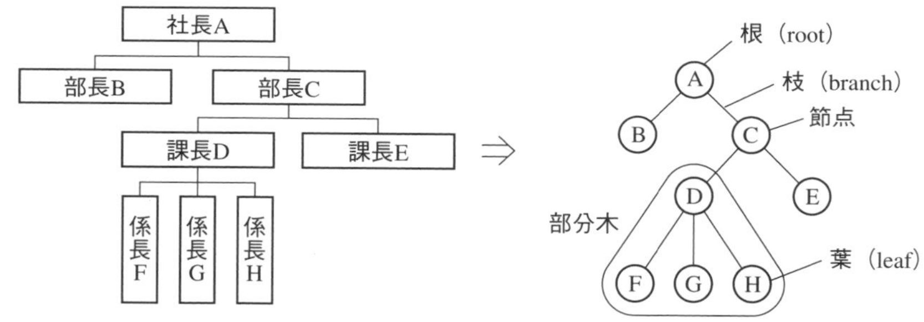

図6.1 階層構造と木

木のうちで，各節点から出る枝が2本以下のものを特に2分木（binary tree：2進木ともいう）という．木のアルゴリズムの中心はこの2分木である．

2分木の中で，個々の節点のデータが比較可能であり，親と子の関係が，ある規則（大きい，小さいなど）に従って並べられている木を2分探索木（binary search tree）という．

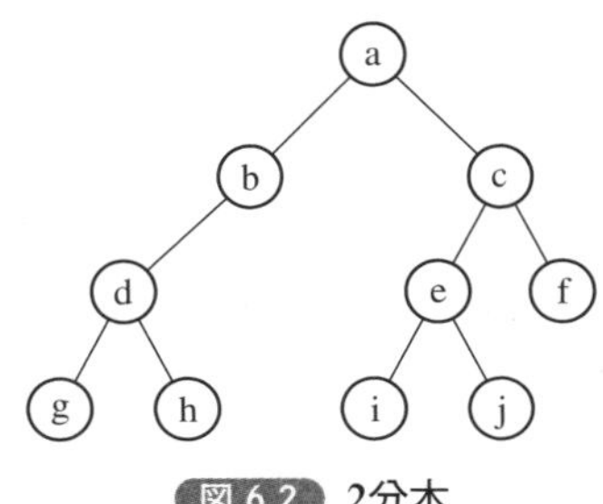

図 6.2 2分木

根から，ある節点に到達するまでに通る枝の数を，その頂点の深さ（depth）といい，根から最も深い頂点までの深さを木の高さ（height）という．**図6.2**における節点b，cの深さは1，節点d，e，fの深さは2，節点g，h，i，jの深さは3となり，木の高さは3となる．なお，根の深さは0である．

2分木の左右のバランスをとったAVL木，多分木のB木などもあるが，本書では扱わない．

● 参考図書：『アルゴリズムとデータ構造』石畑清，岩波書店

6-1 2分探索木の配列表現

例題 42 2分探索木のサーチ

配列で表現した2分探索木のサーチを行う.

2分木の中で，個々のノードのデータが比較可能であり，親と子の関係が，ある規則（大きい，小さいなど）に従って並べられている木を2分探索木という.

以下の例は，名前を辞書順に並べたもので，左の子＜親＜右の子という関係が，すべての親と子の間で成立している.

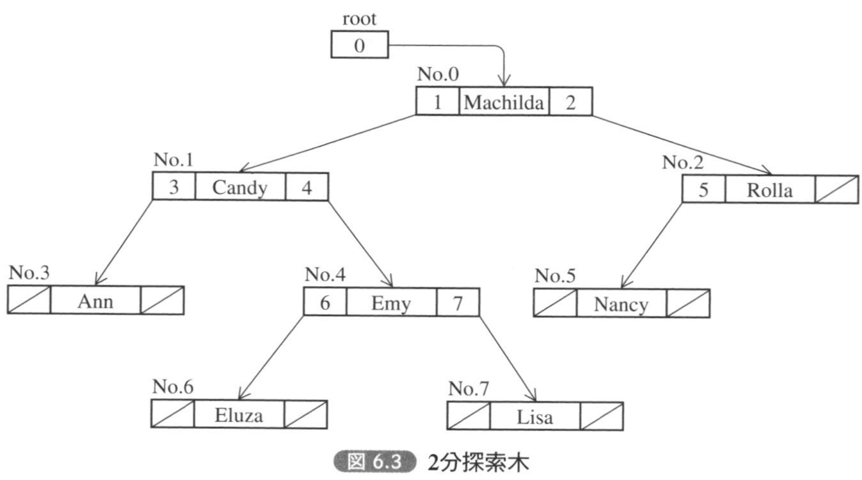

図 6.3 2分探索木

この2分探索木のデータを配列を用いて表現すると次のようになる.

p	a[p].left	a[p].name	a[p].right
0	1	Machilda	2
1	3	Candy	4
2	5	Rolla	nil
3	nil	Ann	nil
4	6	Emy	7
5	nil	Nancy	nil
6	nil	Eluza	nil
7	nil	Lisa	nil
⋮	⋮	⋮	⋮

表 6.1 2分探索木の配列表現

a[p].leftに左の子へのポインタ，a[p].rightに右の子へのポインタを与える．このポインタの値は配列の要素番号を用いる．rootは根となる配列要素へのポインタとなる．

nilはポインタが指し示す物がないという意味で，具体的には－1などの値を用いるものとする．

さて，このような2分探索木の中から，keyというデータを探すにはrootから始め，keyがノードのデータより小さければ左側の木へ，大きければ右側の木へと探索を進めていく．ポインタがnilになっても見つからなければデータはないことになる．

プログラム Rei42

```
/*
 * ----------------------------
 *        2分探索木の配列表現        *
 * ----------------------------
 */

#include <stdio.h>
#include <string.h>

#define nil -1
#define MaxSize 100

struct tnode {
    int left;                   // 左部分木へのポインタ
```

```
    char name[12];
    int right;              // 右部分木へのポインタ
};

void main(void)
{
    struct tnode a[MaxSize]={{  1,"Machilda",  2},
                             {  3,"Candy"   ,  4},
                             {  5,"Rolla"   ,nil},
                             {nil,"Ann"     ,nil},
                             {  6,"Emy"     ,  7},
                             {nil,"Nancy"   ,nil},
                             {nil,"Eluza"   ,nil},
                             {nil,"Lisa"    ,nil}};
    char key[12];
    int p;

    printf("Search name --> "); scanf("%s",key);
    p=0;
    while (p!=nil){
        if (strcmp(key,a[p].name)==0){
            printf("見つかりました¥n");
            break;
        }
        else if (strcmp(key,a[p].name)<0)
            p=a[p].left;                    // 左部分木へ移動
        else
            p=a[p].right;                   // 右部分木へ移動
    }
}
```

実行結果

```
Search name --> Emy
見つかりました
```

練習問題 42　2分探索木へのデータの追加

2分探索木に新しいデータを追加する．

例題42の要領で，新しいデータkeyが入るべき位置oldを探す．keyデータと親のデータとの大小関係を比較し，keyデータが大きければ親の右側に，小さければ親の左側に接続する．

新しいデータは配列のノード格納現在位置（sp）が示す配列要素に格納する．

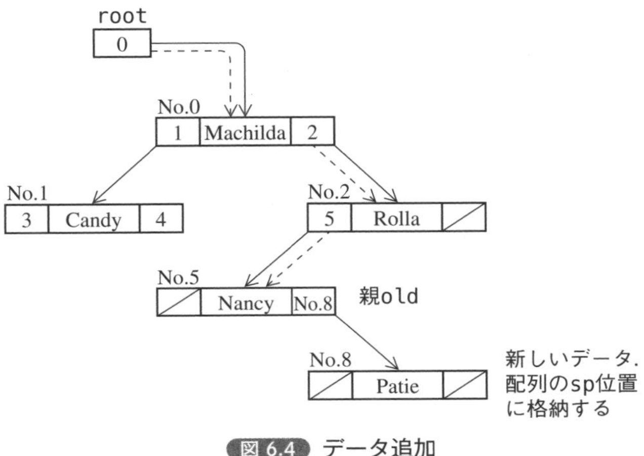

図 6.4 データ追加

プログラム Dr42

```
/*
 * ---------------------------------
 *        2分探索木へのデータ追加       *
 * ---------------------------------
 */

#include <stdio.h>
#include <string.h>

#define nil -1
#define MaxSize 100

struct tnode {
    int left;               // 左部分木へのポインタ
    char name[12];
    int right;              // 右部分木へのポインタ
};

int sp=8;                    // ノードの格納現在位置
struct tnode a[MaxSize]={{  1,"Machilda",  2},
                         {  3,"Candy"   ,  4},
                         {  5,"Rolla"   ,nil},
                         {nil,"Ann"     ,nil},
                         {  6,"Emy"     ,  7},
                         {nil,"Nancy"   ,nil},
                         {nil,"Eluza"   ,nil},
                         {nil,"Lisa"    ,nil}};
```

```
void main(void)
{
    char key[12];
    int p,old,i;

    printf("New name --> "); scanf("%s",key);
    p=0;                                    // 木のサーチ
    while (p!=nil){
        old=p;
        if (strcmp(key,a[p].name)<=0)
            p=a[p].left;
        else
            p=a[p].right;
    }

    a[sp].left=a[sp].right=nil;             // 新しいノードの接続
    strcpy(a[sp].name,key);
    if (strcmp(key,a[old].name)<=0)
        a[old].left=sp;
    else
        a[old].right=sp;
    sp++;

    for (i=0;i<sp;i++)                      // ノード・テーブルの表示
        printf("%4d%12s%4d¥n",a[i].left,a[i].name,a[i].right);
}
```

実行結果

```
New name --> Patie
   1    Machilda   2
   3       Candy   4
   5       Rolla  -1
  -1         Ann  -1
   6         Emy   7
  -1       Nancy   8
  -1       Eluza  -1
  -1        Lisa  -1
  -1       Patie  -1
```

6-2 2分探索木の動的表現

例題 43 2分探索木の作成

空の木から始めて，2分探索木を作成する.

木のノードは動的メモリに取得するものとし，ルート・ノードの作成と2つ目以降のノードの接続は別処理とする.

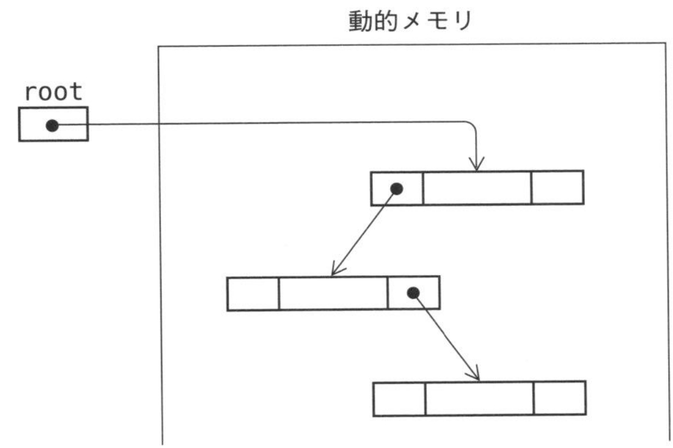

図 6.5 動的メモリ上への木の表現

プログラム Rei43

```
/*
 * --------------------------
 *         2分探索木の作成        *
 * --------------------------
 */

#include <stdio.h>
#include <stdlib.h>
#include <string.h>

struct tnode {
    struct tnode *left;      // 左部分木へのポインタ
    char name[12];           // 名前
    struct tnode *right;     // 右部分木へのポインタ
};

struct tnode *talloc(void);

void main(void)
{
```

```
    char dat[12];
    struct tnode *root,*p,*old=NULL;

    root=talloc();                           // ルート・ノード
    scanf("%s",root->name);
    root->left=root->right=NULL;

    while (scanf("%s",dat)!=EOF){
        p=root;                              // 木のサーチ
        while (p!=NULL){
            old=p;
            if (strcmp(dat,p->name)<=0)
                p=p->left;
            else
                p=p->right;
        }
        p=talloc();                          // 新しいノードの接続
        strcpy(p->name,dat);
        p->left=p->right=NULL;
        if (strcmp(dat,old->name)<=0)
            old->left=p;
        else
            old->right=p;
    }
}
struct tnode *talloc(void)      // 記憶領域の取得
{
    return (struct tnode *)malloc(sizeof(struct tnode));
}
```

練習問題 43 最小ノード・最大ノードの探索

2分探索木の中から最小のノードと最大のノードを探す.

2分探索木を左のノード，左のノードとたどっていき，行き着いたところに最少ノードがある．逆に右のノード，右のノードとたどっていき，行き着いたところに最大ノードがある．

プログラム Dr43

```
    p=root;                                  // 最小ノードの探索
    while (p->left!=NULL)
        p=p->left;
    printf("最小ノード= %s¥n",p->name);

    p=root;                                  // 最大ノードの探索
    while (p->right!=NULL)
        p=p->right;
    printf("最大ノード= %s¥n",p->name);
```

6-3 2分探索木の再帰的表現

例題 44 2分探索木の作成（再帰版）

2分探索木の作成を再帰を用いて行う.

親ノードpに新しいデータwを接続する手続きをgentree(p,w)とすると，接続位置を求めて左の木に進むには,

```
p->left=gentree(p->left,w);
```

とし，右の木に進むには,

```
p->right=gentree(p->right,w);
```

とする．gentree()は次のような値を返すものとする.

- 新しいノードが作られたときはそれへのポインタ.
- そうでないときは，gentreeの呼び出しのときにpに渡されたデータ，つまり元のポインタ値.

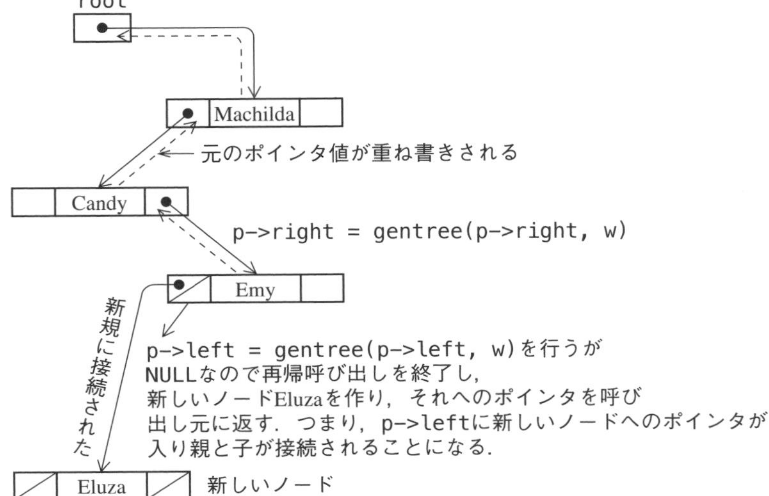

図 6.6 木の再帰手続き

これにより，新しいノードは，その親に新規に接続され，再帰呼び出しから戻る際に親と子の接続が，同じ関係に再度接続されていくことになる．

Eluzaが追加される様子を**図6.6**に示す．

プログラム Rei44

```
/*
 * ------------------------------------
 *          2分探索木の作成（再帰版）          *
 * ------------------------------------
 */

#include <stdio.h>
#include <stdlib.h>
#include <string.h>

struct tnode {
    struct tnode *left;      // 左部分木へのポインタ
    char name[12];           // 名前
    struct tnode *right;     // 右部分木へのポインタ
};

struct tnode *talloc(void);
struct tnode *gentree(struct tnode *,char *);

void main(void)
{
    char dat[12];
    struct tnode *root,*p;

    root=NULL;
    while (scanf("%s",dat)!=EOF){
        root=gentree(root,dat);
    }
    p = root;
    while (p != NULL) {     // 左のノードをたどる
        printf("%s¥n", p->name);
        p = p->left;
    }
}
struct tnode *gentree(struct tnode *p,char *w)
                              // 木の作成の再帰手続き
{
    if (p==NULL){
        p=talloc();
        strcpy(p->name,w);
        p->left=p->right=NULL;
    }
    else if(strcmp(w,p->name)<0)
        p->left=gentree(p->left,w);
    else
```

```
        p->right=gentree(p->right,w);
    return p;
}
struct tnode *talloc(void)      // 記憶領域の取得
{
    return (struct tnode *)malloc(sizeof(struct tnode));
}
```

練習問題 44 2分探索木のサーチ（再帰版）

2分探索木のサーチを再帰を用いて行う.

keyを持つノードpを探すアルゴリズムは次のようになる.

- もし，ノードpが端（NULL）に来るか，ノードpにkeyが見つかれば，pの値を返す.
- もし，keyの方が小さければ左の木へのサーチの再帰呼び出しを行い，そうでないなら右の木へのサーチの再帰呼び出しを行う.

プログラム Dr44_1

```
/*
 * ------------------------------------
 *         2分探索木のサーチ（再帰版）      *
 * ------------------------------------
 */

#include <stdio.h>
#include <stdlib.h>
#include <string.h>

struct tnode {
    struct tnode *left;      // 左部分木へのポインタ
    char name[12];           // 名前
    struct tnode *right;     // 右部分木へのポインタ
};

struct tnode *talloc(void);
struct tnode *gentree(struct tnode *,char *);
struct tnode *search(struct tnode *,char *);

void main(void)
{
    char key[12];
    struct tnode *root,*p;

    root=NULL;                                // 木の作成
```

```
    while (scanf("%s",key)!=EOF){
        root=gentree(root,key);
    }

    rewind(stdin);
    while (printf("Search name -->"),scanf("%s",key)!=EOF){
        if ((p=search(root,key))!=NULL)
            printf("%s が見つかりました¥n",p->name);
        else
            printf("見つかりません¥n");
    }
}
struct tnode *search(struct tnode *p,char *key)  // 木のサーチ
{
    if (p==NULL || strcmp(key,p->name)==0)
        return p;
    if (strcmp(key,p->name)<0)
        return search(p->left,key);
    else
        return search(p->right,key);
}
struct tnode *gentree(struct tnode *p,char *w)
                      // 木の作成の再帰手続き
{
    if (p==NULL){
        p=talloc();
        strcpy(p->name,w);
        p->left=p->right=NULL;
    }
    else if(strcmp(w,p->name)<0)
        p->left=gentree(p->left,w);
    else
        p->right=gentree(p->right,w);
    return p;
}
struct tnode *talloc(void)     // 記憶領域の取得
{
    return (struct tnode *)malloc(sizeof(struct tnode));
}
```

参考 参照による呼び出し

木の作成の再帰手続きgentreeは，参照による呼び出しを用いると次のように書ける．関数の戻り値でポインタを返すのではなく引数pにポインタを返すようにしている．

プログラム Dr44_2

```
/*
 * ----------------------------------
 *        2分探索木の作成（再帰版）       *
 * ----------------------------------
 */

#include <stdio.h>
#include <stdlib.h>
#include <string.h>

struct tnode {
    struct tnode *left;      // 左部分木へのポインタ
    char name[12];           // 名前
    struct tnode *right;     // 右部分木へのポインタ
};

struct tnode *talloc(void);
void gentree(struct tnode **,char *);

void main(void)
{
    char dat[12];
    struct tnode *root,*p;

    root=NULL;
    while (scanf("%s",dat)!=EOF){
        gentree(&root,dat);
    }
    p=root;
    while (p!=NULL){    // 左のノードをたどる
        printf("%s¥n",p->name);
        p=p->left;
    }
}
void gentree(struct tnode **p,char *w)  // 木の作成の再帰手続き
{                                       // 参照による呼出し
    if ((*p)==NULL){
        (*p)=talloc();
        strcpy((*p)->name,w);
        (*p)->left=(*p)->right=NULL;
    }
    else if(strcmp(w,(*p)->name)<0)
        gentree(&((*p)->left),w);
    else
        gentree(&((*p)->right),w);
}
struct tnode *talloc(void)     // 記憶領域の取得
{
    return (struct tnode *)malloc(sizeof(struct tnode));
}
```

6-4 2分探索木のトラバーサル

例題 45 2分探索木のトラバーサル

2分探索木のすべてのノードを訪問する.

一定の手順で，木のすべてのノードを訪れることを木の走査（トラバーサル：traversal）という.

次の例は，左のノードへ行けるだけ進み，端に来たら1つ前の親に戻って右のノードに進み，同じことを繰り返すものである.

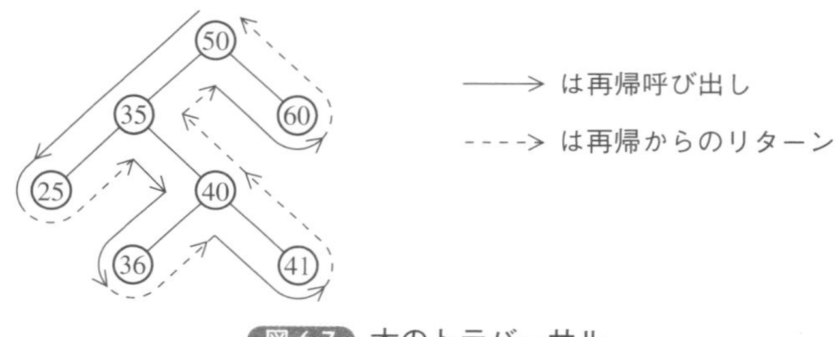

図 6.7 木のトラバーサル

木の走査の過程において，「訪れたノードを表示する処理」をどこに置くかで次の3つに分かれる.

・**行きがけ順（先順：preorder traversal）**

① ノードの表示

② 左の木を走査する再帰呼び出し

③ 右の木を走査する再帰呼び出し

表示されるデータは50，35，25，40，36，41，60の順になる.

・**通りがけ順（中順：inorder traversal）**

① 左の木を走査する再帰呼び出し

② ノードの表示

③ 右の木を走査する再帰呼び出し

表示されるデータは25，35，36，40，41，50，60とちょうど小さい順に並ぶ.

右の木の走査と左の木の走査を逆にすれば，大きい順に並ぶ．

・**帰りがけ順（後順：postorder traversal）**

① 左の木を走査する再帰呼び出し

② 右の木を走査する再帰呼び出し

③ ノードの表示

表示されるデータは25，36，41，40，35，60，50の順になる．

プログラム Rei45

```
/*
 * ---------------------------------
 *        2分探索木のトラバーサル        *
 * ---------------------------------
 */

#include <stdio.h>
#include <stdlib.h>
#include <string.h>

struct tnode {
    struct tnode *left;      // 左部分木へのポインタ
    char name[12];           // 名前
    struct tnode *right;     // 右部分木へのポインタ
};

struct tnode *talloc(void);
struct tnode *gentree(struct tnode *,char *);
void treewalk(struct tnode *);

void main(void)
{
    char dat[12];
    struct tnode *root;

    root=NULL;
    while (scanf("%s",dat)!=EOF){
        root=gentree(root,dat);
    }
    treewalk(root);
}
void treewalk(struct tnode *p)  // 木のトラバーサル
{
    if (p!=NULL){
        treewalk(p->left);
        printf("%s¥n",p->name);
        treewalk(p->right);
    }
```

```
}
struct tnode *gentree(struct tnode *p,char *w)
                        // 木の作成の再帰手続き
{
    if (p==NULL){
        p=talloc();
        strcpy(p->name,w);
        p->left=p->right=NULL;
    }
    else if(strcmp(w,p->name)<0)
        p->left=gentree(p->left,w);
    else
        p->right=gentree(p->right,w);
    return p;
}
struct tnode *talloc(void)      // 記憶領域の取得
{
    return (struct tnode *)malloc(sizeof(struct tnode));
}
```

実行結果

```
Machilda
Candy
Rolla
Ann
Emy
Nancy
Eluza
Lisa
^Z
```

```
Ann
Candy
Eluza
Emy
Lisa
Machilda
Nancy
Rolla
```

練習問題 45-1 大きい順に並べる

2分探索木のノードを走査し，大きい順に表示する．

プログラム Dr45_1

```
/*
 * ---------------------------------
 *          2分探索木のトラバーサル        *
 * ---------------------------------
 */

#include <stdio.h>
#include <stdlib.h>
#include <string.h>
```

```
struct tnode {
    struct tnode *left;      // 左部分木へのポインタ
    char name[12];           // 名前
    struct tnode *right;     // 右部分木へのポインタ
};

struct tnode *talloc(void);
struct tnode *gentree(struct tnode *,char *);
void treewalk(struct tnode *);

void main(void)
{
    char dat[12];
    struct tnode *root;

    root=NULL;
    while (scanf("%s",dat)!=EOF){
        root=gentree(root,dat);
    }
    treewalk(root);
}
void treewalk(struct tnode *p)  // 木のトラバーサル
{
    if (p!=NULL){
        treewalk(p->right);
        printf("%s¥n",p->name);
        treewalk(p->left);
    }
}
struct tnode *gentree(struct tnode *p,char *w)
                          // 木の作成の再帰手続き
{
    if (p==NULL){
        p=talloc();
        strcpy(p->name,w);
        p->left=p->right=NULL;
    }
    else if(strcmp(w,p->name)<0)
        p->left=gentree(p->left,w);
    else
        p->right=gentree(p->right,w);
    return p;
}
struct tnode *talloc(void)      // 記憶領域の取得
{
    return (struct tnode *)malloc(sizeof(struct tnode));
}
```

実行結果

```
Machilda
Candy
Rolla
Ann
Emy
Nancy
Eluza
Lisa
^Z
Rolla
Nancy
Machilda
Lisa
Emy
Eluza
Candy
Ann
```

練習問題 45-2 トラバーサルの非再帰版

木のトラバーサル（通りがけ順）を非再帰版で作る.

次のように，スタック w[] に親の位置を積みながら走査を行う.

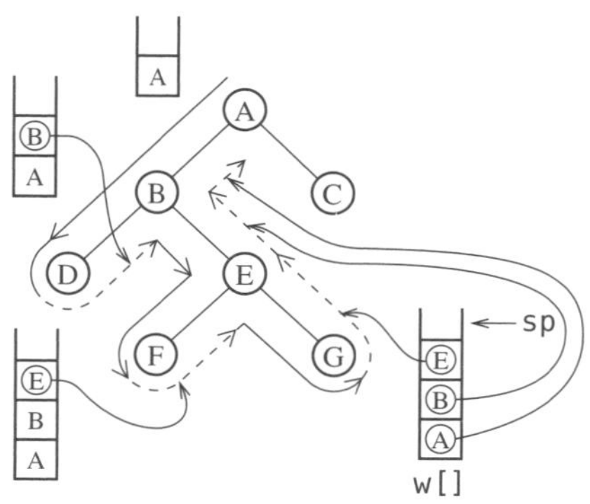

図 6.8 親の位置の保存

① 「スタックが空でかつ右の端」が終了条件となるので，これを満たさない間以下を繰り返す．
　② 左の子へ行けるだけ進む．このとき親の位置をスタックw[sp]に保存する．
　③ 1つ前の親に戻り，そのノードを表示する．これは，spを－1したときのw[sp]が親の位置を示すデータとなっていることを利用する．
　④ 右の子へ進む．

プログラム Dr45_2

```
/*
 * ---------------------------------------------
 *           2分探索木のトラバーサル（非再帰版）       *
 * ---------------------------------------------
 */

#include <stdio.h>
#include <stdlib.h>
#include <string.h>

struct tnode {
    struct tnode *left;      // 左部分木へのポインタ
    char name[12];           // 名前
    struct tnode *right;     // 右部分木へのポインタ
};

struct tnode *talloc(void);
struct tnode *gentree(struct tnode *,char *);
void treewalk(struct tnode *);

void main(void)
{
    char dat[12];
    struct tnode *root;

    root=NULL;
    while (scanf("%s",dat)!=EOF){
        root=gentree(root,dat);
    }
    treewalk(root);
}
void treewalk(struct tnode *p)  // 木のトラバーサル（非再帰版）
{
    struct tnode *q,*w[128];
    int sp=0;

    q=p;
    while (!(sp==0 && q==NULL)){
        while (q!=NULL){        // 行けるだけ左に進む
```

```
            w[sp++]=q;              // 親の位置をスタックに積む
            q=q->left;
        }
        sp--;                       // 1つ前の親に戻る
        printf("%s¥n",w[sp]->name);
        q=w[sp]->right;             // 右へ進む
    }
}
struct tnode *gentree(struct tnode *p,char *w)
                              // 木の作成の再帰手続き
{
    if (p==NULL){
        p=talloc();
        strcpy(p->name,w);
        p->left=p->right=NULL;
    }
    else if(strcmp(p->name,w)<0)
        p->right=gentree(p->right,w);
    else
        p->left=gentree(p->left,w);
    return p;
}
struct tnode *talloc(void)      // 記憶領域の取得
{
    return (struct tnode *)malloc(sizeof(struct tnode));
}
```

実行結果

```
Machilda
Candy
Rolla
Ann
Emy
Nancy
Eluza
Lisa
^Z
Ann
Candy
Eluza
Emy
Lisa
Machilda
Nancy
Rolla
```

6-5 レベルごとのトラバーサル

例題 46 レベルごとのトラバーサル

木のレベル（深さ）ごとに，さらに同一レベルでは左から右にノードをトラバーサルする．

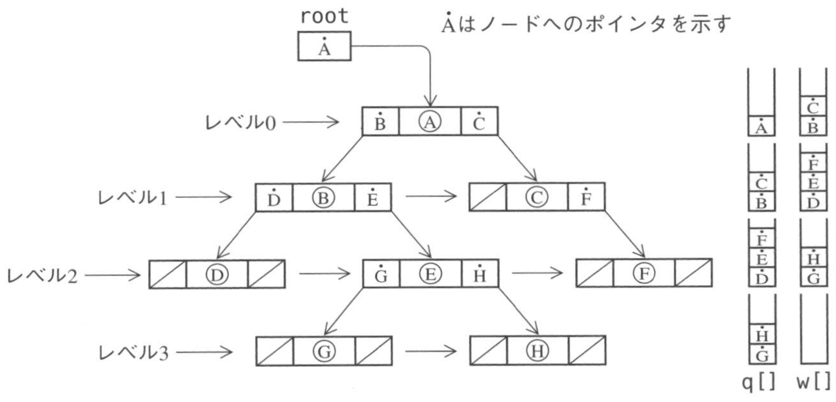

図 6.9 レベルごとのトラバーサル

レベルnの各ノードへのポインタが，最左端ノードから最右端ノードの順にスタックq[]に入っているものとすれば，このスタック情報を元に，レベルnの各ノードを左から右に走査することができる．この走査の過程で各ノードの子を左の子，右の子の順に並べ，あれば，それへのポインタをスタックw[]に格納しておく．こうしてw[]に得られたデータが次のレベルの全ノードとなる．

したがって，レベル$n+1$の走査は，w[]→q[]にコピーし，上と同じことを繰り返せばよい．

プログラム Rei46

```
 * ------------------------------------------
 *         レベルごとの２分探索木のトラバーサル      *
 * ------------------------------------------
 */

#include <stdio.h>
#include <stdlib.h>
#include <string.h>

struct tnode {
    struct tnode *left;      // 左部分木へのポインタ
    char name[12];           // 名前
    struct tnode *right;     // 右部分木へのポインタ
};

struct tnode *talloc(void);
struct tnode *gentree(struct tnode *,char *);
void treewalk(struct tnode *);

void main(void)
{
    char dat[12];
    struct tnode *root;

    root=NULL;
    while (scanf("%s",dat)!=EOF){
        root=gentree(root,dat);
    }
    treewalk(root);
}
void treewalk(struct tnode *p)  // レベルごとの木のトラバーサル
{
    struct tnode *q[128],      // ポインタ・テーブル
                 *w[128];      // 作業用
    int i,child,n,level;

    child=1; q[0]=p; level=0;      // 初期値
    do {
        n=0;
        printf("level %d :",level);
        for (i=0;i<child;i++){
            printf("%12s",q[i]->name); // ノードの表示
            // １つ下のレベルの子へのポインタをスタックに積む
            if (q[i]->left!=NULL)
                w[n++]=q[i]->left;
            if (q[i]->right!=NULL)
                w[n++]=q[i]->right;
        }
        printf("¥n");
        child=n;                   // １つ下のレベルの子の数
```

```
        for (i=0;i<child;i++)
            q[i]=w[i];
        level++;
    } while (child!=0);
}
struct tnode *gentree(struct tnode *p,char *w)
                      // 木の作成の再帰手続き
{
    if (p==NULL){
        p=talloc();
        strcpy(p->name,w);
        p->left=p->right=NULL;
    }
    else if(strcmp(w,p->name)<0)
        p->left=gentree(p->left,w);
    else
        p->right=gentree(p->right,w);
    return p;
}
struct tnode *talloc(void)     // 記憶領域の取得
{
    return (struct tnode *)malloc(sizeof(struct tnode));
}
```

実行結果

```
Machilda
Candy
Rolla
Ann
Emy
Nancy
Eluza
Lisa
^Z
level 0 :    Machilda
level 1 :       Candy        Rolla
level 2 :         Ann          Emy          Nancy
level 3 :       Eluza         Lisa
```

練習問題 46 親との接続関係の表示

レベルごとのトラバーサルにおいて，そのノードの親との接続関係を表示する．

たとえば，LisaはMachildaの左の子なので，`Machilda->l:Lisa`のように表示するものとする．

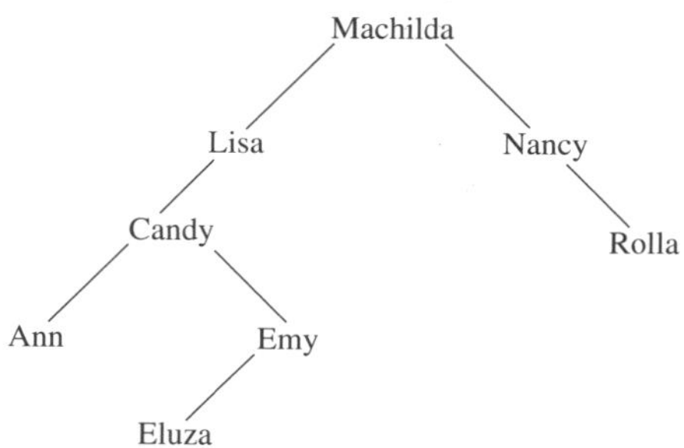

図 6.10 親との接続関係

例題46のスタック`q[]`，`w[]`を次のような接続関係を示す配列にする．`parent`，と`direct`の情報が増えた点以外は**例題46**と同じと考え方でよい．

```
    struct connect {
        struct tnode *node; // 子ノード，例題 46 の w[] に相当する
        char *parent;       // 親の名前
        char direct;        // 親の左の子か右の子かを示す
    } q[128],w[128];
```

プログラム Dr46

```
/*
 * ---------------------------------------
 *      レベルごとの２分探索木のトラバーサル      *
 * ---------------------------------------
 */

#include <stdio.h>
#include <stdlib.h>
#include <string.h>

struct tnode {
    struct tnode *left;      // 左部分木へのポインタ
    char name[12];           // 名前
    struct tnode *right;     // 右部分木へのポインタ
};
```

```
struct tnode *talloc(void);
struct tnode *gentree(struct tnode *,char *);
void treewalk(struct tnode *);

void main(void)
{
    char dat[12];
    struct tnode *root;

    root=NULL;
    while (scanf("%s",dat)!=EOF){
        root=gentree(root,dat);
    }
    treewalk(root);
}
void treewalk(struct tnode *p)  // レベルごとの木のトラバーサル
{
    struct connect {            // 接続関係を示す構造体
        struct tnode *node;     // 子ノード
        const char *parent;     // 親の名前
        char direct;            // 親の左の子か右の子かを示す
    } q[128],w[128];
    int i,child,n,level;

    child=1; level=0;          // 初期値
    q[0].node=p; q[0].parent="root"; q[0].direct=' ';
    do {
        n=0;
        printf("level %d :¥n",level);
        for (i=0;i<child;i++){
            printf("%12s->%c:%12s¥n",q[i].parent,q[i].direct,
            ⮐q[i].node->name);
            // 1つ下のレベルの子へのポインタをスタックに積む
            if (q[i].node->left!=NULL){
                w[n].parent=q[i].node->name;
                w[n].direct='l';
                w[n].node=q[i].node->left;
                n++;
            }
            if (q[i].node->right!=NULL){
                w[n].parent=q[i].node->name;
                w[n].direct='r';
                w[n].node=q[i].node->right;
                n++;
            }
        }
        child=n;               // 1つ下のレベルの子の数
        for (i=0;i<child;i++)
            q[i]=w[i];
        level++;
    } while (child!=0);
}
```

```
struct tnode *gentree(struct tnode *p,char *w)
                      // 木の作成の再帰手続き
{
    if (p==NULL){
        p=talloc();
        strcpy(p->name,w);
        p->left=p->right=NULL;
    }
    else if(strcmp(w,p->name)<0)
        p->left=gentree(p->left,w);
    else
        p->right=gentree(p->right,w);
    return p;
}
struct tnode *talloc(void)      // 記憶領域の取得
{
    return (struct tnode *)malloc(sizeof(struct tnode));
}
```

実行結果

```
Machilda
Lisa
Candy
Ann
Emy
Eluza
Nancy
Rolla
^Z
level 0 :
        root-> :    Machilda
level 1 :
    Machilda->l:        Lisa
    Machilda->r:       Nancy
level 2 :
        Lisa->l:       Candy
       Nancy->r:       Rolla
level 3 :
       Candy->l:         Ann
       Candy->r:         Emy
level 4 :
         Emy->l:       Eluza
```

第6章 木(tree)

6-6 ヒープ

例題 47 ヒープの作成(上方移動)

上方移動によりヒープ・データを作成する.

すべての親が必ず2つの子を持つ(最後の要素は左の子だけでもよい)完全2分木で，どの親と子をとっても，親<子になっている木をヒープ(heap：山，堆積)という．なお，左の子と右の子の大小関係は問わない．

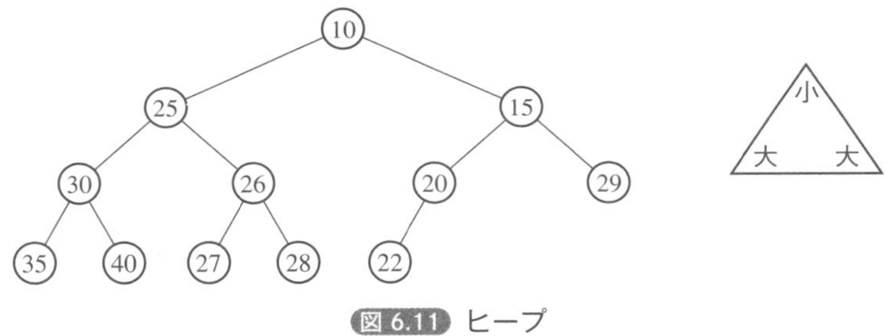

図 6.11 ヒープ

このヒープは，2分木をレベルごとの走査で得られる順に配列に格納して表すこともできる．

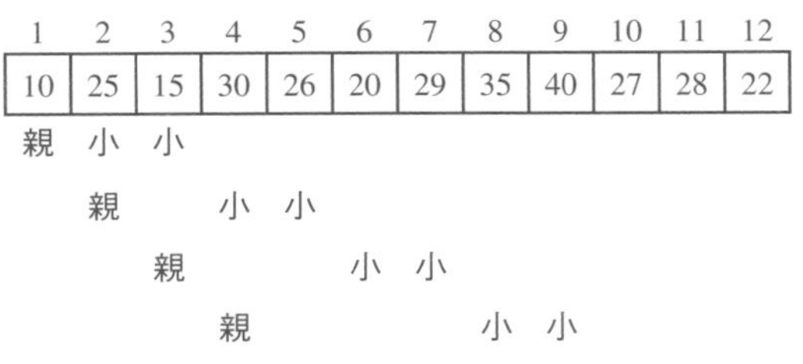

1	2	3	4	5	6	7	8	9	10	11	12
10	25	15	30	26	20	29	35	40	27	28	22
親	小	小									
	親		小	小							
		親			小	小					
			親				小	小			

図 6.12 ヒープの配列表現

左の子の位置をsとすると，右の子の位置は$s+1$となるが，このとき，2つの子の親の位置pは$s/2$で求められる．

❗ 配列要素の基底を0から始める場合は親の位置pは$(s-1)/2$となる．ヒープデータは基底を1にした方が自然である．

新しいデータをヒープに追加するには次のように行う．この操作は空のヒープから始めることができる．

・新しいデータをヒープの最後の要素として格納する．
・その要素を子とする親のデータと比較し，親の方が大きければ子と親を交換する．
・次に親を子として，その上の親と同じことを繰り返す．繰り返しの終了条件は，子の位置が根まで上がるか，親 ≦ 子になるまで．

このように新しいデータをヒープの関係を満たすまで上方に上げていくことを上方移動という．

データの12が追加される具体例を示す．

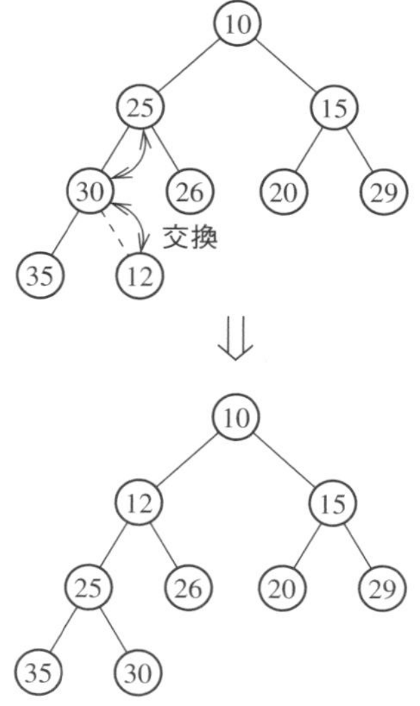

図 6.13 上方移動（shift up）

プログラム Rei47

```
/*
 * ----------------------
 *       ヒープの作成      *
 * ----------------------
 */

#include <stdio.h>

void main(void)
{
    int heap[100];
    int n,i,s,p,w;

    n=1;
    while (scanf("%d",&heap[n])!=EOF){ //  ヒープの最後の要素に入れる
        s=n;
        p=s/2;          // 親の位置
        while (s>=2 && heap[p]>heap[s]){    // 上方移動
            w=heap[p];heap[p]=heap[s];heap[s]=w;
            s=p;p=s/2;
        }
        n++;
     }
     for (i=1;i<n;i++)
        printf("%d ",heap[i]);
     printf("¥n");
}
```

実行結果

```
1
5
3
9
2
^Z
1 2 3 9 5
```

練習問題 47 ヒープの作成（下方移動）

下方移動によりヒープ・データを作成する.

例題47ではデータを1つずつヒープに追加していったが，全データを2分木に割り当ててからヒープに再構築する方法がある.

- 子を持つ最後の親から始め，ルートまで以下を繰り返す.
- 親の方が子より小さければ，2つの子のうち小さい方と親を交換する．交換した子を新たな親として，親＜子の関係を満たす間，下方のループに対し同じ処理を繰り返す.

具体例を示す.

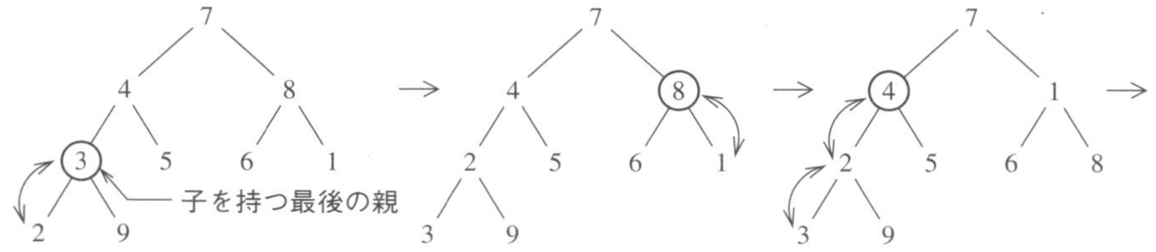

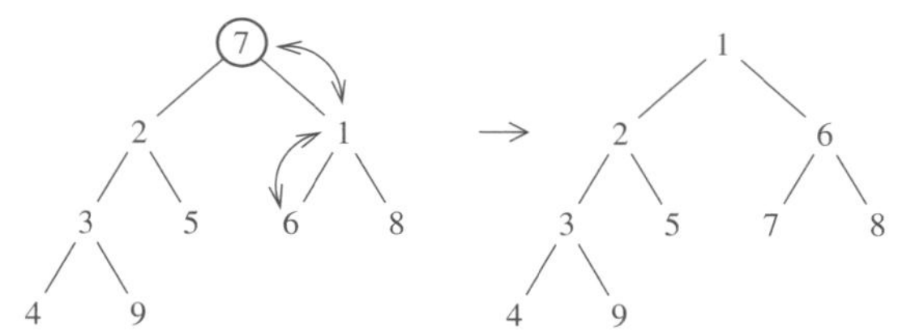

図 6.14 下方移動(shift down)

親の位置をpとすれば，左の子の位置sは$2*p$となり，右の子の位置は$s+1$となる．そこで，左の子と右の子を比較し，左の子が小さければsはそのままにし，右の子が小さければsを＋1する．これで，sの位置の子が親との交換候補となる．ただし，ヒープの最後が左の子だけの場合（$s==n$のとき）があるので，この場合は左の子を交換候補とする.

プログラム Dr47

```
/*
 * ---------------------------------
 *        ヒープの作成（下方移動）      *
 * ---------------------------------
 */

#include <stdio.h>

void swap(int *,int *);

void main(void)
{
    int heap[100];
    int i,n,p,s,m;

    n=1;                        // データを木に割り当てる
    while (scanf("%d",&heap[n])!=EOF)
        n++;
    m=n-1;                      // データ数
    for (i=m/2;i>=1;i--){
        p=i;                    // 親の位置
        s=2*p;                  // 左の子の位置
        while (s<=m){
            if (s<m && heap[s+1]<heap[s])    // 左と右の子の小さい方
                s++;
            if (heap[p]<=heap[s])
                break;
            swap(&heap[p],&heap[s]);
            p=s; s=2*p;                      // 親と子の位置の更新
        }
    }
    for (i=1;i<=m;i++)
        printf("%d ",heap[i]);
    printf("¥n");
}
void swap(int *a,int *b)
{
    int w;
    w=*a; *a=*b; *b=w;
}
```

実行結果

```
1
5
3
9
2
^Z
1 2 3 9 5
```

6-7 ヒープ・ソート

例題 48 ヒープ・ソート

ヒープ・ソートによりデータを降順に並べ換える.

ヒープ・ソートは大きく分けると次の2つの部分からなる.

① 初期ヒープを作る
② 交換と切り離しにより崩れたヒープを正しいヒープに直す

②の部分を詳しく説明すると次のようになる.

・n個のヒープデータがあったとき，ルートの値は最小値になっている．このルートと最後の要素（n）を交換し，最後の要素（ルートの値）を木から切り離す.
・すると，$n-1$個のヒープが構成されるが，ルートのデータがヒープの条件を満たさない．そこでルートのデータを下方移動（**練習問題47**）し，正しいヒープを作る.

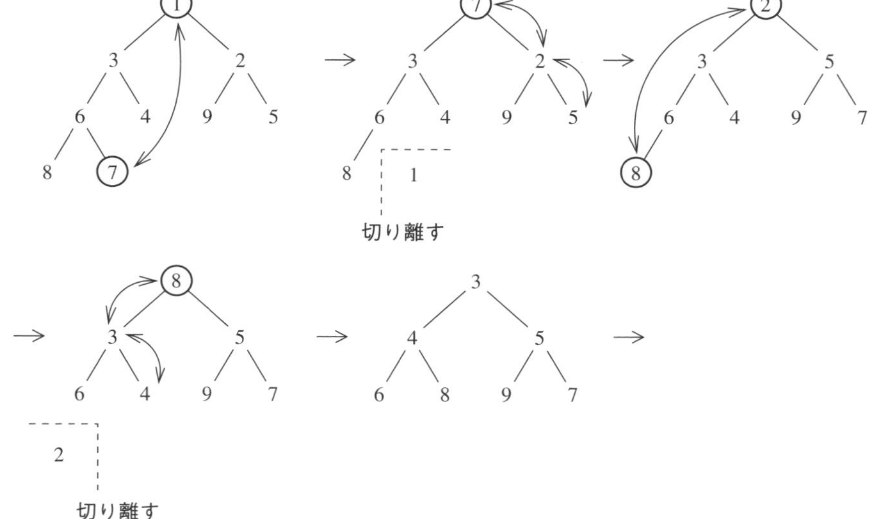

図 6.15 ヒープ・ソート

・$n-1$個のヒープについて，ルートと最後の要素（$n-1$）を交換し，最後の要素を木から切り離す．

以上を繰り返していけば，n，$n-1$，$n-2$，…に小さい順にデータが確定されるとともに，ヒープのサイズが1つずつ小さくなっていき，最後に整列が終了する．

プログラム Rei48

```
/*
 * ----------------------
 *       ヒープ・ソート      *
 * ----------------------
 */

#include <stdio.h>

void swap(int *,int *);

void main(void)
{
    int heap[100];
    int n,i,s,p,m;

    n=1;                                    // 初期ヒープの作成
    while (scanf("%d",&heap[n])!=EOF){
        s=n;p=s/2;
        while (s>=2 && heap[p]>heap[s]){
            swap(&heap[p],&heap[s]);
            s=p;p=s/2;
        }
        n++;
    }
    m=n-1;                      // nの保存
    while (m>1){
        swap(&heap[1],&heap[m]);
        m--;                                // 木の終端を切り離す

        p=1; s=2*p;
        while (s<=m){
            if (s<m && heap[s+1]<heap[s])       // 左と右の小さい方
                s++;
            if (heap[p]<=heap[s])
                break;
            swap(&heap[p],&heap[s]);
            p=s; s=2*p;                         // 親と子の位置の更新
        }
    }
    for (i=1;i<n;i++)
        printf("%d ",heap[i]);
```

```
    printf("¥n");
}
void swap(int *a,int *b)
{
    int w;
    w=*a; *a=*b; *b=w;
}
```

実行結果

```
8
2
6
4
5
^Z
8 6 5 4 2
```

練習問題 48 ヒープ・ソート

初期ヒープも下方移動を用いて作る．したがって，下方移動部分を関数shiftdownとする．

初期ヒープの作成も下方移動（**練習問題47**）を用いれば，ヒープ・ソートの後半と処理を共有できる．この部分を関数shiftdownとして作る．

プログラム Dr48_1

```
/*
 * -----------------------
 *       ヒープ・ソート     *
 * -----------------------
 */

#include <stdio.h>

void swap(int *,int *);
void shiftdown(int,int,int[]);

void main(void)
{
    int heap[100];
    int i,n,m;

    n=1;                              // データを木に割り当てる
    while (scanf("%d",&heap[n])!=EOF)
```

```
        n++;
    m=n-1;                              //  nの保存
    for (i=m/2;i>=1;i--)                //  初期ヒープの作成
        shiftdown(i,m,heap);
    while (m>1){
        swap(&heap[1],&heap[m]);
        m--;                                 //  木の終端を切り離す
        shiftdown(1,m,heap);
    }
    for (i=1;i<n;i++)
        printf("%d ",heap[i]);
    printf("¥n");
}
void shiftdown(int p,int n,int heap[])  //  下方移動
{
    int s;
    s=2*p;
    while (s<=n){
        if( s<n && heap[s+1]<heap[s])   //  左と右の子の小さい方
            s++;
        if (heap[p]<=heap[s])
            break;
        swap(&heap[p],&heap[s]);
        p=s; s=2*p;                     //  親と子の位置の更新
    }
}
void swap(int *a,int *b)
{
    int w;
    w=*a; *a=*b; *b=w;
}
```

実行結果

```
8
2
6
4
5
^Z
8 6 5 4 2
```

❶ ソートのスピードを速くするためには，関数にせず，直接その場所に置いた方が関数コールによるオーバーヘッドがなくなる．

昇順ソートのshiftdown

というヒープをソートすれば降順のソートになる．昇順のソートにするためには 

というヒープを用いる．この場合のshiftdownは次のようになる．

プログラム Dr48_2

```
/*
 * -----------------------
 *       ヒープ・ソート      *
 * -----------------------
 */

#include <stdio.h>

void swap(int *,int *);
void shiftdown(int,int,int[]);

void main(void)
{
    int heap[100];
    int i,n,m;

    n=1;                               // データを木に割り当てる
    while (scanf("%d",&heap[n])!=EOF)
        n++;
    m=n-1                              // nの保存
    for (i=m/2;i>=1;i--)               // 初期ヒープの作成
        shiftdown(i,m,heap);
    while (m>1){
        swap(&heap[1],&heap[m]);
        m--;                               // 木の終端を切り離す
        shiftdown(1,m,heap);
    }
    for (i=1;i<n;i++)
        printf("%d ",heap[i]);
    printf("¥n");
}
void shiftdown(int p,int n,int heap[])  // 下方移動
{
    int s;
    s=2*p;
    while (s<=n){
        if( s<n && heap[s+1]>heap[s])   // 左と右の子の大きい方
            s++;
```

```
            if (heap[p]>=heap[s])
                break;
            swap(&heap[p],&heap[s]);
            p=s; s=2*p;                                  // 親と子の位置の更新
    }
}
void swap(int *a,int *b)
{
    int w;
    w=*a; *a=*b; *b=w;
}
```

実行結果

```
8
2
6
4
5
^Z
2 4 5 6 8
```

6-8 式の木

例題 49 式の木の作成

逆ポーランド記法の式から式の木を作る．

$a * b - (c + d) / e$

を逆ポーランド記法で表すと

$ab * cd + e / -$

となることは**5章5-7**で示した．

ここでは逆ポーランド記法の式から次のような木（これを式の木という）を作る．

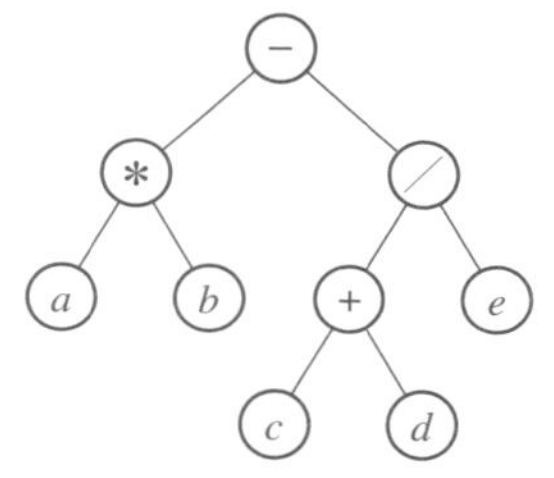

図 6.16 式の木

この木の特徴は次の通りである．

・ルートは式の最後の文字（必ず演算子）である．これは走査を式の後ろから進めることを意味する．

・定数（オペランド）は葉になる．走査の再帰呼び出しはこの葉に来てリターンする．

このことを考慮に入れると，式の木の作成アルゴリズムは次のようになる．

・逆ポーランド記法の式の後ろから1文字取り出し，それをノードとして割り当てる．

・もしその文字が定数なら左右ポインタにNULLを入れて再帰呼び出しから戻る．

・演算子なら次の文字を右の子として接続する再帰呼び出しを行い，続いて次の文字を左の子として接続する再帰呼び出しを行う．

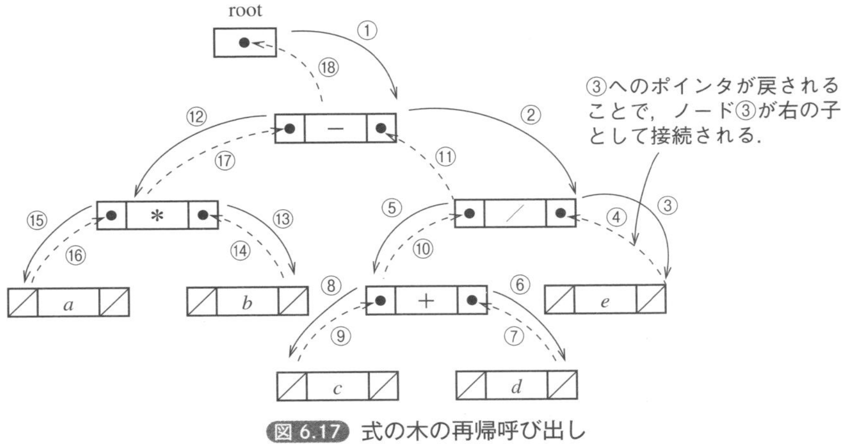

図 6.17 式の木の再帰呼び出し

式の木を

・行きがけ順に走査すると，

$- * ab / + cde$

のような演算子が先に来る接頭型の式ができる．

・通りがけ順に走査すると，

$a * b - c + d / e$

のような演算子がオペランドの間に入る挿入形の式ができる．しかし，本当の挿入形では $a * b - (c + d) / e$ +のように()を入れなければならない．

● 参考図書：『プログラムのためのPascalによる再帰法テクニック』
J.S.ロール著，荒実，玄光男 共訳，啓学出版

・帰りがけ順に走査すると

$ab * cd + e / -$

のような演算子が後に来る接尾型の式（逆ポーランド記法）ができる．

プログラム Rei49

```
/*
 * -----------------
 *       式の木      *
 * -----------------
 */

#include <stdio.h>
#include <stdlib.h>
#include <string.h>

struct tnode {
    struct tnode *left;      // 左部分木へのポインタ
    char ope;                // 項目
    struct tnode *right;     // 右部分木へのポインタ
};

struct tnode *talloc(void);
struct tnode *gentree(struct tnode *,char *);
void prefix(struct tnode *);
void infix(struct tnode *);
void postfix(struct tnode *);

void main(void)
{
    struct tnode *root;
    char expression[]="ab*cd+e/-";

    root=NULL;
    root=gentree(root,expression);

    printf("¥nprefix  = ");prefix(root);    // 式の木の走査
    printf("¥ninfix   = ");infix(root);
    printf("¥npostfix = ");postfix(root);
    printf("¥n");
}
struct tnode *gentree(struct tnode *p,char *w)  // 式の木の作成
{
    int n;

    n=strlen(w);
    p=talloc();
    p->ope=w[n-1];          // 文字列の終端をノードにする
    w[n-1]='¥0';            // 終端を除く
    if (p->ope=='-' || p->ope=='+' || p->ope=='*' ||
    ⮐ p->ope=='/'){
        p->right=gentree(p->right,w);
        p->left=gentree(p->left,w);
    }
    else {
        p->left=p->right=NULL;
    }
```

```
    return p;
}
void prefix(struct tnode *p)     // 接頭形
{
    if (p!=NULL){
        putchar(p->ope);
        prefix(p->left);
        prefix(p->right);
    }
}
void infix(struct tnode *p)       // 挿入形
{
    if (p!=NULL){
        infix(p->left);
        putchar(p->ope);
        infix(p->right);
    }
}
void postfix(struct tnode *p)     // 接尾形
{
    if (p!=NULL){
        postfix(p->left);
        postfix(p->right);
        putchar(p->ope);
    }
}
struct tnode *talloc(void)     // 記憶領域の取得
{
    return (struct tnode *)malloc(sizeof(struct tnode));
}
```

実行結果

```
prefix  = -*ab/+cde
infix   = a*b-c+d/e
postfix = ab*cd+e/-
```

練習問題 49 式の木の計算

式の木から式の値を求める.

式の木を帰りがけ順に走査していく過程で，演算子が拾われたらその演算子の左の子と右の子について，その演算子を用いて計算し，演算子の入っていたノードに答を入れて次に進む．これを木の最後まで行えば，ルートノードに式の値が得られる．

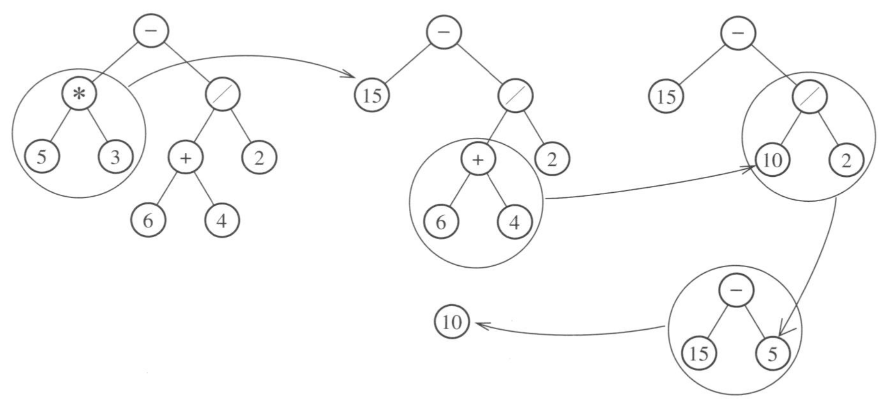

図 6.18 式の木の計算

プログラム Dr49

```
/*
 * -------------------------------
 *        式の木を用いた式の計算        *
 * -------------------------------
 */

#include <stdio.h>
#include <stdlib.h>
#include <string.h>

struct tnode {
    struct tnode *left;      // 左部分木へのポインタ
    int ope;                 // 項目
    struct tnode *right;     // 右部分木へのポインタ
};

struct tnode *talloc(void);
struct tnode *gentree(struct tnode *,char *);
void postfix(struct tnode *);

void main(void)
{
    struct tnode *root;
    char expression[]="53*64+2/-";

    root=NULL;
    root=gentree(root,expression);

    postfix(root);          // 式の計算
    printf("value=%d¥n",root->ope);
}
struct tnode *gentree(struct tnode *p,char *w)  // 式の木の作成
```

```
{
    int n;

    n=strlen(w);
    p=talloc();                        // 文字列の終端をノードにする
    if ('0'<=w[n-1] && w[n-1]<='9')          // 定数のときは数値に変換
        p->ope=w[n-1]-'0';
    else
        p->ope=w[n-1];
    w[n-1]='¥0';                       // 終端を除く
    if (p->ope=='-' || p->ope=='+' || p->ope=='*' ||
    ⏎ p->ope=='/'){
        p->right=gentree(p->right,w);
        p->left=gentree(p->left,w);
    }
    else {
        p->left=p->right=NULL;
    }
    return p;
}
void postfix(struct tnode *p)     // 式の木の計算
{
    if (p!=NULL){
        postfix(p->left);
        postfix(p->right);
        switch (p->ope){
            case '+': p->ope=(p->left->ope)+(p->right
                      ⏎ ->ope);break;
            case '-': p->ope=(p->left->ope)-(p->right
                      ⏎ ->ope);break;
            case '*': p->ope=(p->left->ope)*(p->right
                      ⏎ ->ope);break;
            case '/': p->ope=(p->left->ope)/(p->right
                      ⏎ ->ope);break;
        }
    }
}
struct tnode *talloc(void)      // 記憶領域の取得
{
    return (struct tnode *)malloc(sizeof(struct tnode));
}
```

実行結果

```
value=10
```

6-9 知的データベース

例題 50 知的データベース

コンピュータと人間が対話を進める過程で，コンピュータに学習機能を持たせ，知的データベースを蓄積していくシステムを作る.

※ この問題は，『基本 JIS BASIC』(西村恕彦編，オーム社）を参考にした

ある質問（たとえば「男ですか」）に対し，答えをyesとnoの2つに限定するなら，質問を接点（node）とする2分木と考えられる．このような木を決定木という．

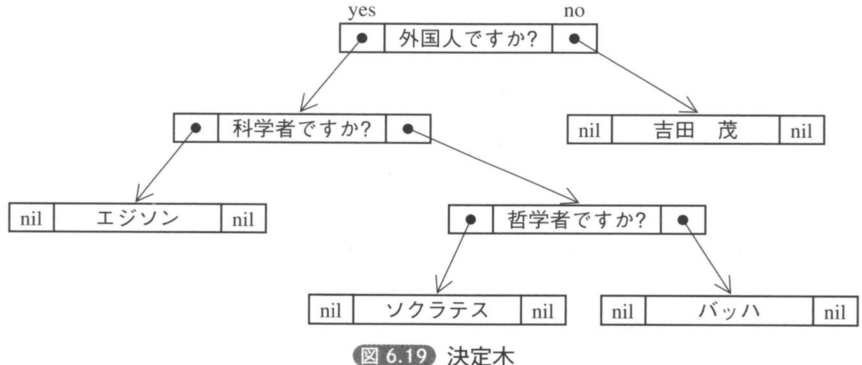

図 6.19 決定木

図6.19の決定木では「外国人ですか?」という質問にyesと答えると，「科学者ですか?」と聞いてくる．それにyesと答えると「答えはエジソンです」とコンピュータが答えを出す．もし対話者が考えているものが「アインシュタイン」だったなら，コンピュータの出した答えは誤りであったことになる．この場合はコンピュータに「アインシュタイン」を導く情報を与えておかなければならない．これが（簡単ではあるが）学習機能である．**図6.19**の場合，この情報を与えるには，「科学者ですか?」の下に「エジソン」と「アインシュタイン」を区別する質問を対話者に聞くように追加すればよい．これが，**図6.20**になる．

「アインシュタイン」と「エジソン」を区別する質問ノードを「物理学者ですか?」とし，この質問ノードを「エジソン」の位置に入れる．質問に対するyesのノードを上，noのノードを下にして，現在使用している配列要素の最後（`lp`で示される）に追加する．質問ノードの左ポインタおよび右ポインタに「アインシュタイン」,「エジソン」の位置を与える．この学習機能の挿入を**図6.21**に示す．

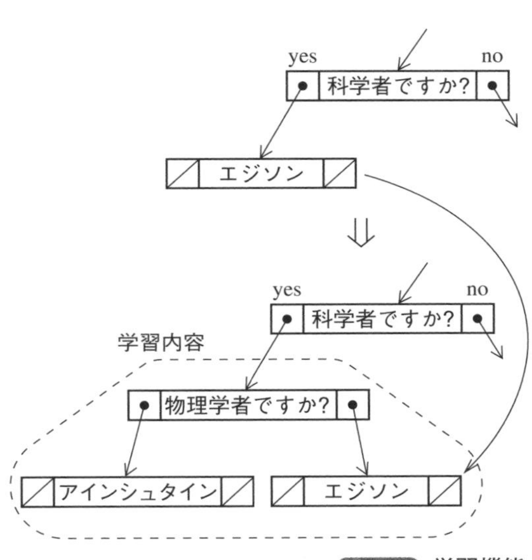

図 6.20 学習機能

添　字 p	左ポインタ left[p]	質問ノード node[p]	右ポインタ right[p]
0	1	外国人ですか?	2
1	3	科学者ですか?	4
2	nil	吉田　茂	nil
3	nil	エジソン	nil
4	5	哲学者ですか?	6
5	nil	ソクラテス	nil
6	nil	バッハ	nil ← lp
7	nil	アインシュタイン	nil
8			
9			
Max			

学習した質問ノード

7	物理学者ですか?	8

図 6.21 学習内容の挿入

プログラム Rei50

```
/*
 * -------------------------------------
 *        質疑応答と決定木（配列表現）        *
 * -------------------------------------
 */

#include <stdio.h>

#define Max 100
#define nil -1
int getch(void)
{
    rewind(stdin);
    return getchar();
}

void main(void)
{
    struct tnode {
        int left;           // 左へのポインタ
        char node[100];
        int right;          // 右へのポインタ
    };
    static struct tnode a[Max]={{1  ,"外国人ですか？"   ,2},
                                {3  ,"科学者ですか？"   ,4},
                                {nil,"吉田　茂"         ,nil},
                                {nil,"エジソン"         ,nil},
                                {5  ,"哲学者ですか？"   ,6},
                                {nil,"ソクラテス"       ,nil},
                                {nil,"バッハ"           ,nil}};
    int p,lp=6,c;

    do {
        p=0;
        while (a[p].left!=nil){                          // 木のサーチ
            printf("¥n%s y/n ",a[p].node);c=getch();
            if (c=='y' || c=='Y')
                p=a[p].left;
            else
                p=a[p].right;
        }

        printf("¥n答えは %s です。¥n正しいですか y/n ",a[p].node);
        c=getch();

        if (c=='n' || c=='N'){                          // 学習
            a[lp+1]=a[p];                               // ノードの移動
                                                        // 新しいノードの作成
            printf("¥nあなたの考えは ? ");
            scanf("%s",a[lp+2].node);
            a[lp+2].left=a[lp+2].right=nil;
                                                        // 質問ノードの作成
            printf("%s と %s を区別する質問は ? "
```

```
            ⏎,a[lp+1].node,a[lp+2].node);
            scanf("%s",a[p].node);
            printf(" y e sの項目は %s で良いですか y/n "
            ⏎,a[lp+1].node);
            c=getch();

            if (c=='Y' || c=='y'){          // 子の接続
                a[p].left=lp+1; a[p].right=lp+2;
            }
            else {
                a[p].left=lp+2; a[p].right=lp+1;
            }
            lp=lp+2;
        }
    } while (printf("¥n続けますか y/n "), c=getch(),c=='y' || c==
    ⏎'Y');
    printf("¥n");
}
```

実行結果

```
外国人ですか ? y/n y

科学者ですか ? y/n y

答えは エジソン です。
正しいですか y/n n

あなたの考えは ? アインシュタイン
エジソン と アインシュタイン を区別する質問は ? 物理学者ですか ?
ｙｅｓの項目は エジソン で良いですか y/n n

続けますか y/n y

外国人ですか ? y/n y

科学者ですか ? y/n y

物理学者ですか ? y/n y

答えは アインシュタイン です。
正しいですか y/n y
```

練習問題 50　知的データベース（動的表現）

データベースの木を動的メモリ領域に取得する.

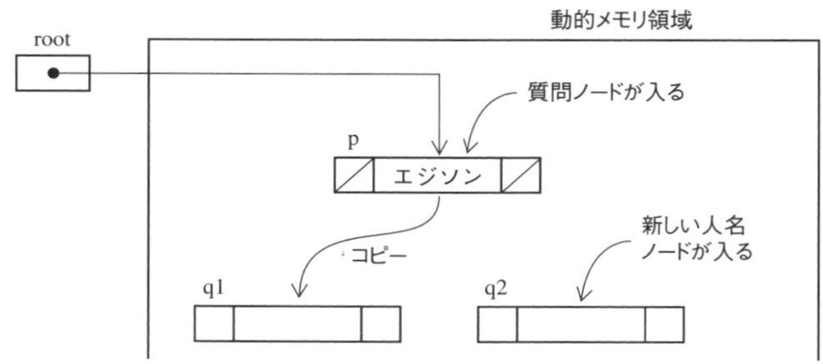

図 6.22　学習内容の挿入

初期ノードとして適当な人名を与え，後は学習機能でデータベースの木を広げていく．

プログラム　Dr50_1

```
/*
 * -------------------------------------
 *         質疑応答と決定木（動的表現）         *
 * -------------------------------------
 */

#include <stdio.h>
#include <stdlib.h>

struct tnode {
    struct tnode *left;         // 左の子へのポインタ
    char node[100];
    struct tnode *right;        // 右の子へのポインタ
};
struct tnode *talloc(void);
int getch(void)
{
    rewind(stdin);
    return getchar();
}

void main(void)
{
    struct tnode *root,*p,*q1,*q2;
    int c;

    root=talloc();
```

```
    printf("初期ノード ? ");scanf("%s",root->node);
    root->left=root->right=NULL;
    do {
        p=root;                                 // 木のサーチ
        while (p->left!=NULL){
            printf("¥n%s y/n ",p->node);c=getch();
            if (c=='Y' || c=='y')
                p=p->left;
            else
                p=p->right;
        }

        printf("¥n答えは %s です。¥n正しいですか y/n ",p->node);
        c=getch();

        if (c=='n' || c=='N'){                  // 学習
            q1=talloc(); *q1=*p;                // ノードの移動

            q2=talloc();                        // 新しいノードの作成
            printf("¥nあなたの考えは ? ");scanf("%s",q2->node);
            q2->left=q2->right=NULL;
                                                // 質問ノードの作成
            printf("%s と %s を区別する質問は ? "
            ⏎,q1->node,q2->node);
            scanf("%s",p->node);
            printf(" y e sの項目は %s で良いですか y/n "
            ⏎,q1->node);
            c=getch();
            if (c=='Y' || c=='y'){              // 子の接続
                p->left=q1; p->right=q2;
            }
            else {
                p->left=q2; p->right=q1;
            }
        }
    } while (printf("¥n続けますか y/n "), c=getch(),c=='Y' || c==
    ⏎'y');
    printf("¥n");
}
struct tnode *talloc(void)                      // 記憶領域の取得
{
    return (struct tnode *)malloc(sizeof(struct tnode));
}
```

実行結果
```
初期ノード ? エジソン

答えは エジソン です。
正しいですか y/n n

あなたの考えは ? アインシュタイン
エジソン と アインシュタイン を区別する質問は ? 物理学者ですか？
ｙｅｓの項目は エジソン で良いですか y/n

続けますか y/n y

物理学者ですか y/n y

答えは アインシュタイン です。
正しいですか y/n y

続けますか y/n
```

データベースのディスクへの保存

例題50、**練習問題50**のデータベース（木）はメモリ上に構成されているので電源を切れば何も残らない．したがって，データベースをディスクに保存する必要がある．**例題50**のように木を配列で表現してある場合は，配列の先頭からディスクにセーブしていけばよいが，木を動的メモリで構成してある場合は少しやっかいである．

ここで扱う木は次のように必ず2つの子を持つものとする．木を再構成するために必要な情報は，そのノードが葉（子を持たないノード）であるか否かである．したがって，木をディスクに落とすときは，木を先がけ順で走査し，ノードと葉であるか否かの情報の2つを書き出す．

逆にディスクからデータを読んで木を再構成する場合は，データが葉になるまで再帰呼び出しを行えばよい．

このことは式の木の作成（**例題49**）において定数（オペランド）が葉になっていることと同じである．

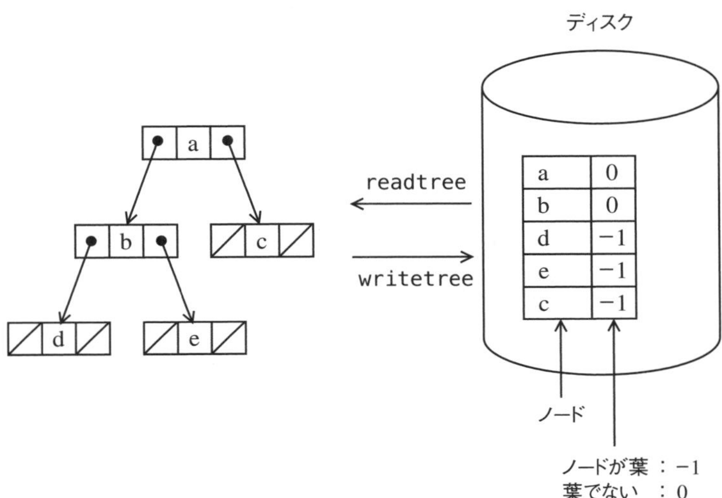

図 6.23 木のディスクへのリード/ライト

練習問題50に，ファイルから木をリードする関数readtreeとファイルに木をライトする関数writetreeを付け加えたものを次に示す．

プログラム Dr50_2

```
/*
 * ------------------------------------------
 *          木（動的表現）のディスクへの保存          *
 * ------------------------------------------
 */

#include <stdio.h>
#include <stdlib.h>

#define Rec 34L                 // レコード・サイズ
#define Leaf -1                 // 葉
FILE *fp;

struct tnode {
    struct tnode *left;         // 左の子へのポインタ
    char node[100];
    struct tnode *right;        // 右の子へのポインタ
};

struct tnode *talloc(void);
struct tnode *readtree(struct tnode *);
void writetree(struct tnode *);
int getch(void)
```

```
{
    rewind(stdin);
    return getchar();
}

void main(void)
{
    struct tnode *root=NULL,*p,*q1,*q2;
    int c;

    if ((fp=fopen("dbase.dat","r"))==NULL){
        root=talloc();
        printf("初期ノード ? ");scanf("%s",root->node);
        root->left=root->right=NULL;
    }
    else {
        root=readtree(root);
        fclose(fp);
    }
    do {
        p=root;                  // 木のサーチ
        while (p->left!=NULL){
            printf("¥n%s y/n ",p->node);c=getch();
            if (c=='Y' || c=='y')
                p=p->left;
            else
                p=p->right;
        }

        printf("¥n答えは %s です。¥n正しいですか y/n ",p->node);
        c=getch();

        if (c=='n' || c=='N'){              // 学習
            q1=talloc(); *q1=*p;            // ノードの移動

            q2=talloc();                    // 新しいノードの作成
            printf("¥nあなたの考えは ? ");scanf("%s",q2->node);
            q2->left=q2->right=NULL;
                                            // 質問ノードの作成
            printf("%s と %s を区別する質問は ? "
            ⮐,q1->node,q2->node);
            scanf("%s",p->node);
            printf(" y e sの項目は %s で良いですか y/n "
            ⮐,q1->node);
            c=getch();
            if (c=='Y' || c=='y'){          // 子の接続
                p->left=q1; p->right=q2;
            }
            else {
                p->left=q2; p->right=q1;
            }
        }
    } while (printf("¥n続けますか y/n "), c=getch(),c=='Y' || c==
    ⮐'y');
```

```
    printf("¥n");
    if ((fp=fopen("dbase.dat","w"))!=NULL){
        writetree(root);
        fclose(fp);
    }
}
struct tnode *readtree(struct tnode *p)     // ファイルから木をリード
{
    int flag;

    p=talloc();
    fscanf(fp,"%30s%4d",p->node,&flag);
    if (flag==Leaf)
        p->left=p->right=NULL;
    else{
        p->left=readtree(p->left);
        p->right=readtree(p->right);
    }
    return p;
}
void writetree(struct tnode *p)         // ファイルに木をライト
{
    if (p!=NULL){
        if (p->left==NULL)
            fprintf(fp,"%30s%4d",p->node,Leaf);
        else
            fprintf(fp,"%30s%4d",p->node,!Leaf);
        writetree(p->left);
        writetree(p->right);
    }
}
struct tnode *talloc(void)              // 記憶領域の取得
{
    return (struct tnode *)malloc(sizeof(struct tnode));
}
```

実行結果

```
初期ノード ? ウルトラマン

答えは ウルトラマン です。
正しいですか y/n
あなたの考えは ? ウルトラセブン
ウルトラマン と ウルトラセブン を区別する質問は ? 体が赤色ですか
ｙｅｓの項目は ウルトラマン で良いですか y/n
続けますか y/n
体が赤色ですか y/n
答えは ウルトラセブン です。
正しいですか y/n
あなたの考えは ? ウルトラマンタロウ
ウルトラセブン と ウルトラマンタロウ を区別する質問は ? 角が生えていますか
ｙｅｓの項目は ウルトラセブン で良いですか y/n
続けますか y/n
```

第 7 章

グラフ（graph）

- 簡単にいえば，木の節点（node）が何箇所にも接続されたものがグラフ（graph）である．
- 道路網を例にとれば，各地点（東京，横浜，…）をノード，各地点間（東京－横浜間，…）の距離または所要時間を枝（辺）と考えたものがグラフである．道路網の例のように各辺に重みが定義されているグラフをネットワーク（network）と呼び，日常の社会現象を表現するのに適している．たとえばネットワークの経路の最短路を見つける方法を使えば，東京から大阪までの道路網で最も速く行ける経路を見つけるといった問題を解くことができる．

7-0 グラフとは

グラフ(graph)は節点(node,頂点:vertex)を辺(edge,枝:branch)で結んだもので次のように表せる.このグラフの意味は,1→2への道や2→1への道はあるが,1→3への道がないことを示していると考えてもよい.

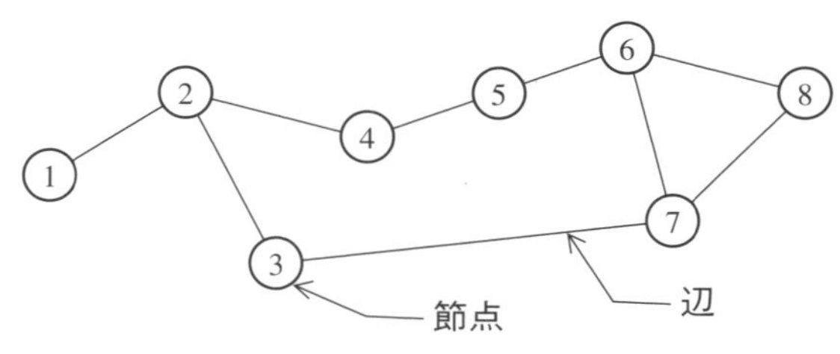

図 7.1 グラフ(graph)

このようなグラフをデータとして表現するためには次のような隣接行列(adjacency matrix)を用いる.

i \ j	1	2	3	4	5	6	7	8
1	0	1	0	0	0	0	0	0
2	1	0	1	1	0	0	0	0
3	0	1	0	0	0	0	1	0
4	0	1	0	0	1	0	0	0
5	0	0	0	1	0	1	0	0
6	0	0	0	0	1	0	1	1
7	0	0	1	0	0	1	0	1
8	0	0	0	0	0	1	1	0

図 7.2 隣接行列

この隣接行列の各要素は,節点i→節点jへの辺がある場合に1,なければ0になる.i=jの場合を0でなく1とする方法もあるが,本書では0とする.

なお,C言語の配列は基底要素が0から始まるので,0の要素は未使用とし,1の要素から使用するものとする.

辺に向きを持たせたものを有向グラフ(directed graph)といい,辺を矢線で表す.

先に示した辺に向きのないものを無向グラフ(undirected graph)という.

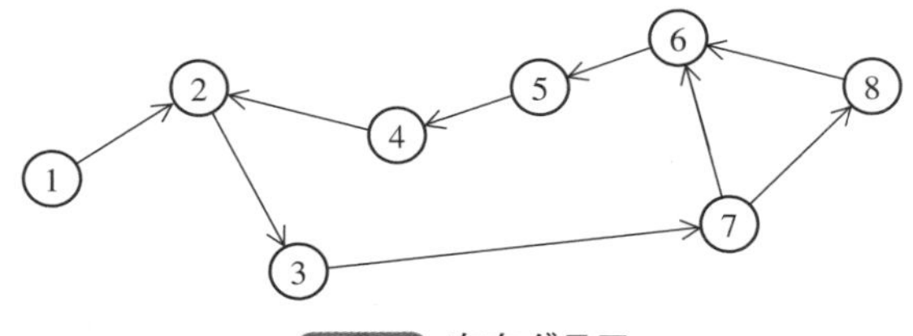

図 7.3 有向グラフ

この場合の隣接行列は次のようになる．有向グラフでは1→2に行けるが，2→1へは行けない．

	1	2	3	4	5	6	7	8
1	0	1	0	0	0	0	0	0
2	0	0	1	0	0	0	0	0
3	0	0	0	0	0	0	1	0
4	0	1	0	0	0	0	0	0
5	0	0	0	1	0	0	0	0
6	0	0	0	0	1	0	0	0
7	0	0	0	0	0	1	0	1
8	0	0	0	0	0	1	0	0

図 7.4 有向グラフの隣接行列

第7章 グラフ(graph)

7-1 グラフの探索(深さ優先)

例題 51 深さ優先探索

深さ優先によりグラフのすべての節点を訪問する.

深さ優先探索(depth first search:縦型探索ともいう)のアルゴリズムは次の通りである.

・始点を出発し,番号の若い順に進む位置を調べ,行けるところ(辺で連結されていてまだ訪問していない)まで進む.
・行き場所がなくなったら,行き場所があるところまで戻り,再び行けるところまで進む.
・行き場所がすべてなくなったら終わり(来た道を戻る).

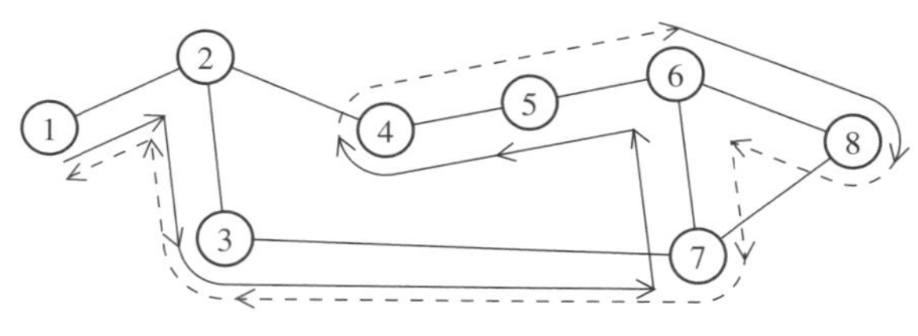

図7.5 深さ優先探索

たとえば,節点3での次に進む位置のチェックは次のようにして行われる.

① 節点1について調べる.連結していないので進めない.
② 節点2について調べる.すでに訪問しているので進めない.
③ 節点3について調べる.連結していない(隣接行列の対角要素を0にしてある)ので進めない.
④ 節点4,5,6について調べる.連結していないので進めない.
⑤ 節点7について調べる.条件を満たすので節点7へ進む.

プログラムにおいてi点→j点へ進めるかは,隣接行列`a[i][j]`が1でかつ訪問フラグ`v[j]`が0のときである.訪問フラグはj点への訪問が行われれば`v[j] = 1`とする.

プログラム Rei51

```
/*
 * ---------------------------------
 *        グラフの探索（深さ優先）        *
 * ---------------------------------
 */
#include <stdio.h>

#define N 8                                 // 点の数

int a[N+1][N+1]={{0,0,0,0,0,0,0,0,0},       // 隣接行列
                 {0,0,1,0,0,0,0,0,0},
                 {0,1,0,1,1,0,0,0,0},
                 {0,0,1,0,0,0,0,1,0},
                 {0,0,1,0,0,1,0,0,0},
                 {0,0,0,0,1,0,1,0,0},
                 {0,0,0,0,0,1,0,1,1},
                 {0,0,0,1,0,0,1,0,1},
                 {0,0,0,0,0,0,1,1,0}};
int v[N+1];                                 // 訪問フラグ

void visit(int);

void main(void)
{
    int i;

    for (i=1;i<=N;i++)
        v[i]=0;
    visit(1);
    printf("¥n");
}
void visit(int i)
{
    int j;

    v[i]=1;
    for (j=1;j<=N;j++){
        if (a[i][j]==1 && v[j]==0){
            printf("%d->%d ",i,j);
            visit(j);
        }
    }
}
```

実行結果

```
1->2 2->3 3->7 7->6 6->5 5->4 6->8
```

練習問題 51-1 すべての点を始点にした探索

例題51では節点1を始点としたが，すべての節点を始点として，そこからグラフの各節点をたどる経路を深さ優先探索で調べる．

各節点を始点として深さ優先探索を行うとき，そのつど訪問フラグv[]を0クリアしておく．

プログラム Dr51_1

```
/*
 * ---------------------------------
 *          グラフの探索（深さ優先）       *
 * ---------------------------------
 */
#include <stdio.h>

#define N 8                                         // 点の数

int a[N+1][N+1]={{0,0,0,0,0,0,0,0,0},              // 隣接行列
                 {0,0,1,0,0,0,0,0,0},
                 {0,1,0,1,1,0,0,0,0},
                 {0,0,1,0,0,0,0,1,0},
                 {0,0,1,0,0,1,0,0,0},
                 {0,0,0,0,1,0,1,0,0},
                 {0,0,0,0,0,1,0,1,1},
                 {0,0,0,1,0,0,1,0,1},
                 {0,0,0,0,0,0,1,1,0}};
int v[N+1];                                         // 訪問フラグ

void visit(int);

void main(void)
{
    int i,k;

    for (k=1;k<=N;k++){
        for (i=1;i<=N;i++)
            v[i]=0;
        visit(k);
        printf("¥n");
    }
}
void visit(int i)
{
    int j;

    v[i]=1;
    for (j=1;j<=N;j++){
        if (a[i][j]==1 && v[j]==0){
```

```
                printf("%d->%d ",i,j);
                visit(j);
            }
        }
}
```

実行結果

```
1->2 2->3 3->7 7->6 6->5 5->4 6->8
2->1 2->3 3->7 7->6 6->5 5->4 6->8
3->2 2->1 2->4 4->5 5->6 6->7 7->8
4->2 2->1 2->3 3->7 7->6 6->5 6->8
5->4 4->2 2->1 2->3 3->7 7->6 6->8
6->5 5->4 4->2 2->1 2->3 3->7 7->8
7->3 3->2 2->1 2->4 4->5 5->6 6->8
8->6 6->5 5->4 4->2 2->1 2->3 3->7
```

練習問題 51-2 非連結グラフの探索

非連結グラフを深さ優先探索で調べる.

次のようにグラフが分かれているものを非連結グラフと呼ぶ.

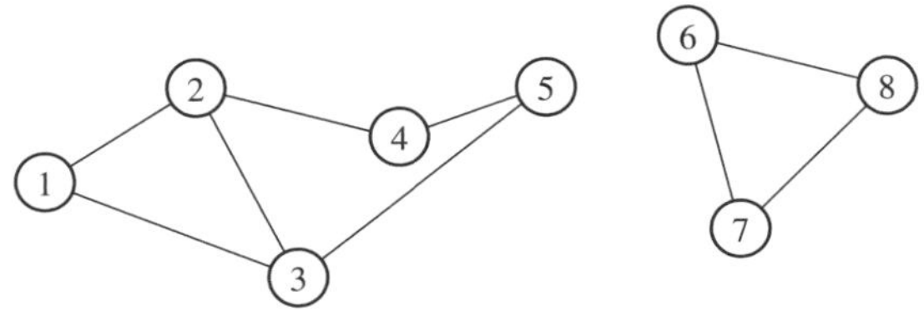

図 7.6 非連結グラフ

各節点を始点として，深さ優先探索を行うが，訪問フラグv[]の0クリアは最初の一度だけ行う.

プログラム Dr51_2

```
/*
 * ------------------------------------
 *          非連結グラフの探索（深さ優先）     *
 * ------------------------------------
 */
#include <stdio.h>
```

```
#define N 8                                     // 点の数

int a[N+1][N+1]={{0,0,0,0,0,0,0,0,0},   // 隣接行列
                 {0,0,1,1,0,0,0,0,0},
                 {0,1,0,1,1,0,0,0,0},
                 {0,1,1,0,0,1,0,0,0},
                 {0,0,1,0,0,1,0,0,0},
                 {0,0,0,1,1,0,0,0,0},
                 {0,0,0,0,0,0,0,1,1},
                 {0,0,0,0,0,0,1,0,1},
                 {0,0,0,0,0,0,1,1,0}};
int v[N+1];                                     // 訪問フラグ

void visit(int);

void main(void)
{
    int i,count=1;     // 連結成分のカウント用

    for (i=1;i<=N;i++)
        v[i]=0;
    for (i=1;i<=N;i++){
        if (v[i]!=1){
            printf("%d :",count++);
            visit(i);
            printf("¥n");
        }
    }
}
void visit(int i)
{
    int j;

    printf("%d ",i);
    v[i]=1;
    for (j=1;j<=N;j++){
        if (a[i][j]==1 && v[j]==0)
            visit(j);
    }
}
```

実行結果

```
1 :1 2 3 5 4
2 :6 7 8
```

7-2 グラフの探索（幅優先）

例題 52 幅優先探索

幅優先によりグラフのすべての節点を訪問する.

幅優先探索（breadth first search：横型探索ともいう）のアルゴリズムは次の通りである.

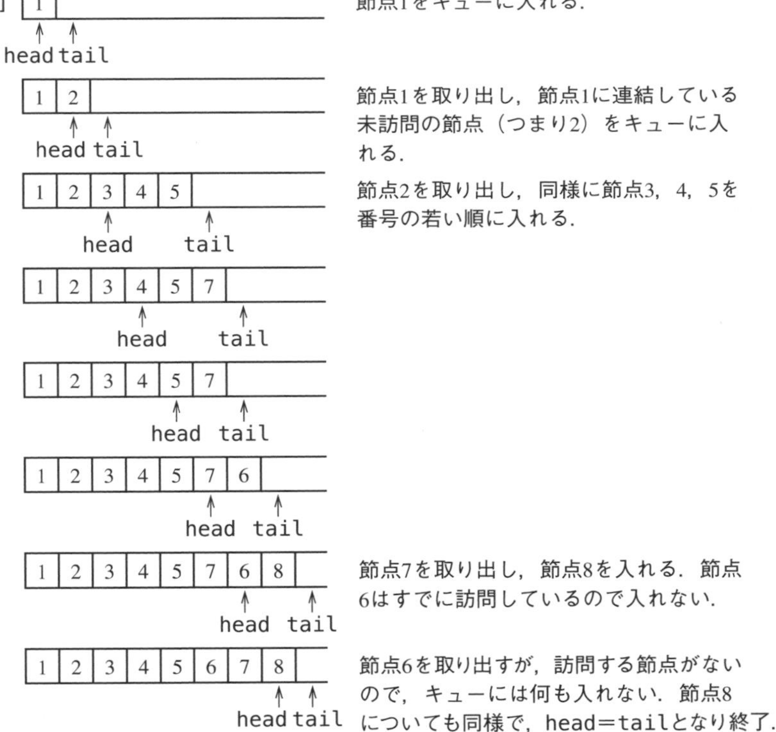

図 7.7 キュー

・始点をキュー（待ち行列）に入れる．
・キューから節点を取り出し，その節点に連結している未訪問の節点をすべてキューに入れる．
・キューが空になるまで繰り返す．

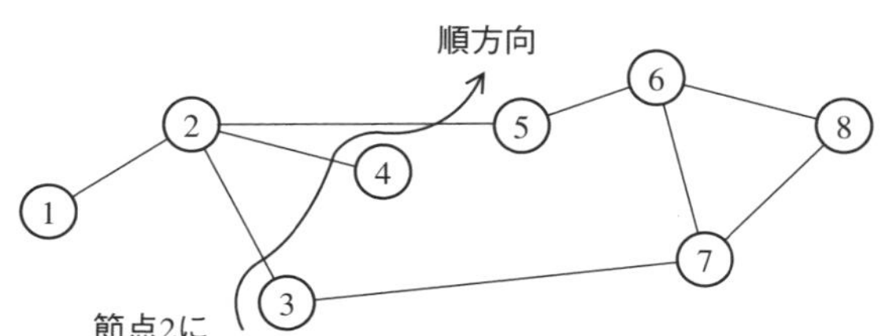

図 7.8 幅優先探索

プログラム Rei52

```
/*
 * ---------------------------------
 *        グラフの探索（幅優先）       *
 * ---------------------------------
 */

#include <stdio.h>

#define N 8                                     // 点の数

int a[N+1][N+1]={{0,0,0,0,0,0,0,0,0},          // 隣接行列
                 {0,0,1,0,0,0,0,0,0},
                 {0,1,0,1,1,1,0,0,0},
                 {0,0,1,0,0,0,0,1,0},
                 {0,0,1,0,0,0,0,0,0},
                 {0,0,1,0,0,0,1,0,0},
                 {0,0,0,0,0,1,0,1,1},
                 {0,0,0,1,0,0,1,0,1},
                 {0,0,0,0,0,0,1,1,0}};
int v[N+1];                                     // 訪問フラグ

int queue[100];                 // キュー
int head=0,                     // 先頭データのインデックス
    tail=0;                     // 終端データのインデックス


void main(void)
{
    int i,j;
```

```
    for (i=1;i<=N;i++)
        v[i]=0;

    queue[tail++]=1;v[1]=1;
    do {
        i=queue[head++];            // キューから取り出す
        for (j=1;j<=N;j++){
            if (a[i][j]==1 && v[j]==0){
                printf("%d->%d ",i,j);
                queue[tail++]=j;    // キューに入れる
                v[j]=1;
            }
        }
    } while (head!=tail);
    printf("¥n");
}
```

実行結果

```
1->2 2->3 2->4 2->5 3->7 5->6 7->8
```

練習問題 52 すべての点を始点にした探索

すべての節点を始点として，そこからグラフの各節点をたどる経路を幅優先探索で調べる．

プログラム Dr52

```
/*
 * ------------------------------
 *        グラフの探索（幅優先）      *
 * ------------------------------
 */

#include <stdio.h>

#define N 8                                         // 点の数

int a[N+1][N+1]={{0,0,0,0,0,0,0,0,0},               // 隣接行列
                 {0,0,1,0,0,0,0,0,0},
                 {0,1,0,1,1,1,0,0,0},
                 {0,0,1,0,0,0,0,1,0},
                 {0,0,1,0,0,0,0,0,0},
                 {0,0,1,0,0,0,1,0,0},
                 {0,0,0,0,0,1,0,1,1},
                 {0,0,0,1,0,0,1,0,1},
                 {0,0,0,0,0,0,1,1,0}};
int v[N+1];                                         // 訪問フラグ
```

```
int queue[100];                 // キュー
int head,                       // 先頭データのインデックス
    tail;                       // 終端データのインデックス


void main(void)
{
    int i,j,p;

    for (p=1;p<=N;p++){
        for (i=1;i<=N;i++)
            v[i]=0;
        head=tail=0;
        queue[tail++]=p;v[p]=1;
        do {
            i=queue[head++];            // キューから取り出す
            for (j=1;j<=N;j++){
                if (a[i][j]==1 && v[j]==0){
                    printf("%d->%d ",i,j);
                    queue[tail++]=j;    // キューに入れる
                    v[j]=1;
                }
            }
        } while (head!=tail);
        printf("¥n");
    }
}
```

実行結果

```
1->2 2->3 2->4 2->5 3->7 5->6 7->8
2->1 2->3 2->4 2->5 3->7 5->6 7->8
3->2 3->7 2->1 2->4 2->5 7->6 7->8
4->2 2->1 2->3 2->5 3->7 5->6 7->8
5->2 5->6 2->1 2->3 2->4 6->7 6->8
6->5 6->7 6->8 5->2 7->3 2->1 2->4
7->3 7->6 7->8 3->2 6->5 2->1 2->4
8->6 8->7 6->5 7->3 5->2 2->1 2->4
```

7-3 トポロジカル・ソート

例題 53 トポロジカル・ソート

有向グラフで結ばれている節点をある規則で整列する.

1～8までの仕事があったとする. 1の仕事をするには2の仕事ができていなければならない. 3の仕事をするためには1の仕事ができていなければならない. 7の仕事をするためには, 3, 6, 8の仕事ができていなければならない. …という関係を有向グラフを用いると次のように表現できる.

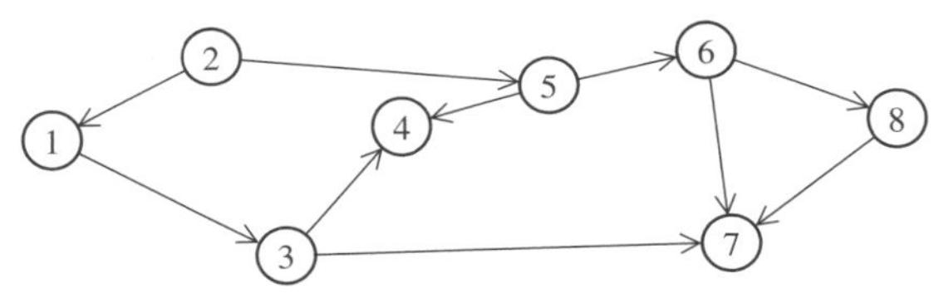

図 7.9 半順序関係

さて, 上のグラフを見ると仕事の系列は2, 1, 3, 4, 7と2, 5, 4, 6, 7, 8という2つの系列になることがわかる. 仕事1と仕事5は系列が違うのでどちらを先に行ってもよいことになる. このように, 必ずしも順序を比較できない場合がある順序関係を半順序関係 (partial order) という. 半順序関係が与えられたデータに対し, 一番最初に行う仕事から最後に行う仕事までを1列に並べることをトポロジカル・ソート (topological sort) と呼ぶ. 半順序関係のデータであるから解は1つとは限らない.

トポロジカル・ソートは有向グラフに対し深さ優先の探索を行い, 行き着いたところから探索経路を戻るときに節点を拾っていけばよい.

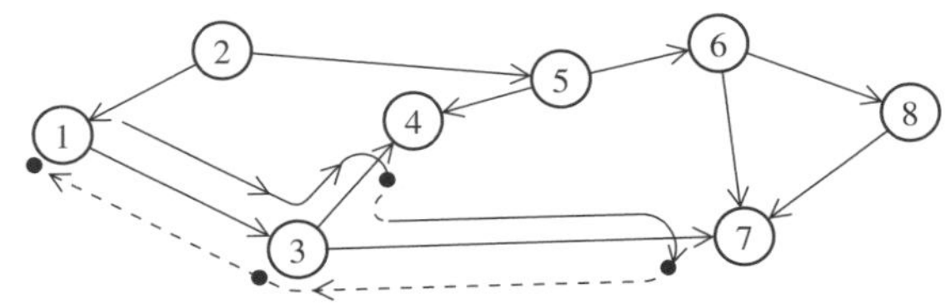

図 7.10 深さ優先探索によるトポロジカル・ソート

まず，節点1を始点に，連結していて未訪問の節点を，

1 ⟶ 3 ⟶ ④ ⇢ 3 ⟶ ⑦ ⇢ ③ ⇢ ①

と進む．○印の節点が拾われる．次に節点2を始点に，

2 ⟶ 5 ⟶ 6 ⟶ ⑧ ⇢ ⑥ ⇢ ⑤ ⇢ ②

と進む．

次に節点3，4，5，6，7，8についても同様に行うが，すでに訪問されているので何もしないで終わる．拾われた節点を逆に並べた，

2，5，6，8，1，3，7，4

が行うべき仕事の順序である．始点の扱い方を変えれば，その他の解が得られる．

プログラム Rei53

```
/*
 * ------------------------------
 *       トポロジカル・ソート      *
 * ------------------------------
 */
#include <stdio.h>

#define N 8                                   // 点の数

int a[N+1][N+1]={{0,0,0,0,0,0,0,0,0},         // 隣接行列
                 {0,0,0,1,0,0,0,0,0},
                 {0,1,0,0,0,1,0,0,0},
                 {0,0,0,0,1,0,0,1,0},
                 {0,0,0,0,0,0,0,0,0},
                 {0,0,0,0,1,0,1,0,0},
                 {0,0,0,0,0,0,0,1,1},
                 {0,0,0,0,0,0,0,0,0},
                 {0,0,0,0,0,0,0,1,0}};
int v[N+1];                                   // 訪問フラグ

void visit(int);

void main(void)
{
    int i;

    for (i=1;i<=N;i++)
        v[i]=0;
    for (i=1;i<=N;i++)
```

```
        if (v[i]==0)
            visit(i);
    printf("¥n");
}
void visit(int i)
{
    int j;
    v[i]=1;
    for (j=1;j<=N;j++){
        if (a[i][j]==1 && v[j]==0)
            visit(j);
    }
    printf("%d ",i);
}
```

実行結果

```
4 7 3 1 8 6 5 2
```

練習問題 53 閉路の判定を含む

閉路があるとトポロジカル・ソートの解はないので，閉路の判定を含める．さらに例題53ではソート結果が逆順になるので，これを正順にする．

ある始点から始めて先へ先へ進むときに，1度通過した点に再び戻って来た場合には，そこに閉路があることを示す．下の例では3→4→5→7→3が閉路である．このような閉路は順序関係がないのでトポロジカル・ソートしてもその解は意味を持たない．

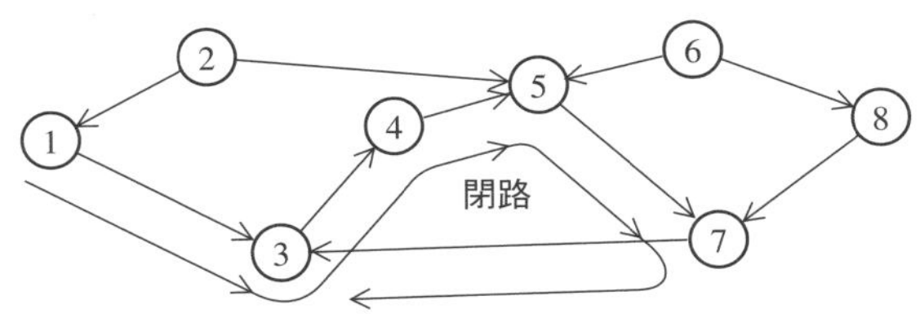

図 7.11 閉路の判定

閉路の条件は，$i \to j$への訪問ができ，j点は，今回の訪問ですでに探索済みである場合となる．したがって，条件式は次のようになる．

```
a[i][j]==1 && v[j]==1
```

この判定を行うためには，始点を変えた次回の探索に備え，今回の探索の帰り道で，各節点の訪問フラグv[]を0と1以外の値に設定（このプログラムでは2とした）する必要がある．この処理がなければ，閉路でもないところで，閉路と判定されてしまう．

ソート結果を正順（仕事の開始順）に表示するには，スタックに経路の節点を記録しておき，すべての再帰呼び出しが終わり，メインルーチンに戻ったときに，スタック・トップから表示していけばよい．

プログラム Dr53

```
/*
 * -------------------------------------------
 *        トポロジカル・ソート（閉路の判定を含む）       *
 * -------------------------------------------
 */
#include <stdio.h>
#include <stdlib.h>

#define N 8                                    // 点の数

int a[N+1][N+1]={{0,0,0,0,0,0,0,0,0},          // 隣接行列
                 {0,0,0,1,0,0,0,0,0},
                 {0,1,0,0,0,1,0,0,0},
                 {0,0,0,0,1,0,0,1,0},
                 {0,0,0,0,0,0,0,0,0},
                 {0,0,0,0,1,0,1,0,0},
                 {0,0,0,0,0,0,0,1,1},
                 {0,0,0,0,0,0,0,0,0},
                 {0,0,0,0,0,0,0,1,0}};
int v[N+1],                                    // 訪問フラグ
    s[N+1];                                    // ソート結果格納用

void visit(int);

void main(void)
{
    int i;

    for (i=1;i<=N;i++)
        v[i]=0;
    for (i=1;i<=N;i++)
        if (v[i]==0)
            visit(i);
    for (i=N;i>=1;i--)
        printf("%d ",s[i]);
    printf("¥n");
}
```

```
void visit(int i)
{
    int j;
    static int sp=1;      // スタック・ポインタ
    v[i]=1;
    for (j=1;j<=N;j++){
        if (a[i][j]==1 && v[j]==0)
            visit(j);
        if (a[i][j]==1 && v[j]==1){
            printf("%d と %d の付近にループがあります ¥n",i,j);
            exit(1);
        }
    }
    v[i]=2;               // 閉路の判定のため
    s[sp++]=i;            // スタックに格納
}
```

実行結果

```
2 5 6 8 1 3 7 4
```

転置行列

有向グラフの矢線を逆にした場合の隣接行列は，元の隣接行列の縦と横の成分を入れ換えたものになる．これを転置行列という．転置行列は元の隣接行列を a[i][j] で参照せず，a[j][i] で参照することで実現できる．転置行列を用いればスタックを使わなくても正順なソートが得られる．**例題53**のif文のところを次のようにするだけでよい．a[j][i] は $i \to j$ への連結を示す．

```
if (a[j][i]==1 && v[j]==0)
```

ただし，探索順序が異なるので，**例題53**とは異なる解となる．

第7章 グラフ（graph）

7-4 Eulerの一筆書き

例題 54 Euler（オイラー）の一筆書き

グラフ上のすべての辺を一度だけ通ってもとの位置に戻る経路を探す．これは一筆書きの問題と同じである．

隣接行列の各要素には連結されている辺の数を入れる．

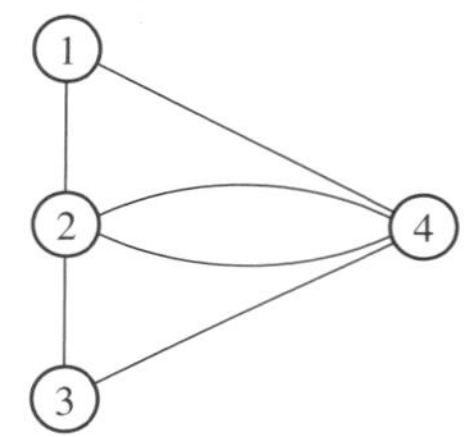

	1	2	3	4
1	0	1	0	1
2	1	0	1	2
3	0	1	0	1
4	1	2	1	0

図 7.12 一筆書き

一筆書きの経路を求めるアルゴリズムは深さ優先探索を用いて実現できる．

- 一度通った辺（道）を消しながら，行けるところまで行く．
- 行き着いたところが開始点で，かつ，すべての辺が消えている（すべての辺を通ったことを意味する）なら，そこまでの経路が1つの解である．
- 行くところがなくなったら，来た道を，道を復旧（連結）しながら1つずつ戻り，そのつど次に進める位置を探す．

辺を消す動作は隣接行列a[][]の内容を1減じ，復旧は1増加することで行う．次に進む順序は番号の若い節点から候補にする．

始点1から出発し，1に戻ってくる場合の具体例を**図7.13**に示す．

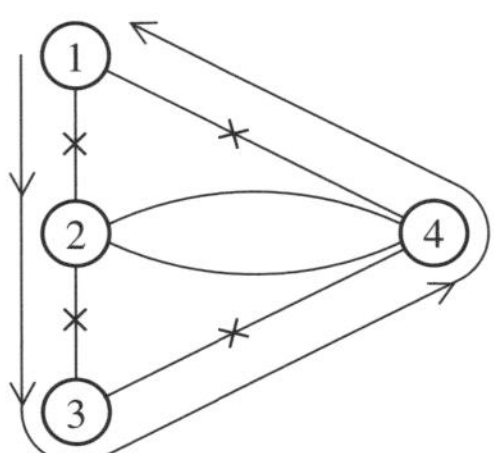

1→2→3→4と進む

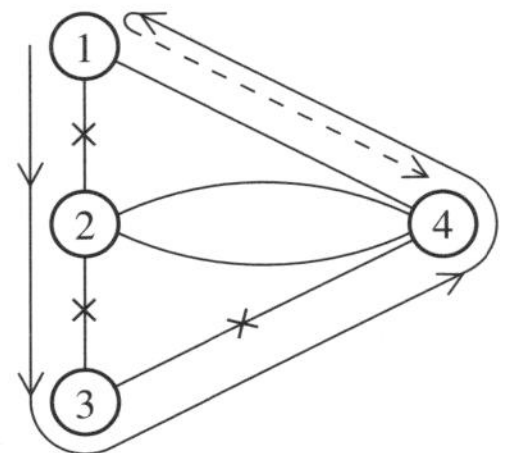

進めないので4に戻る

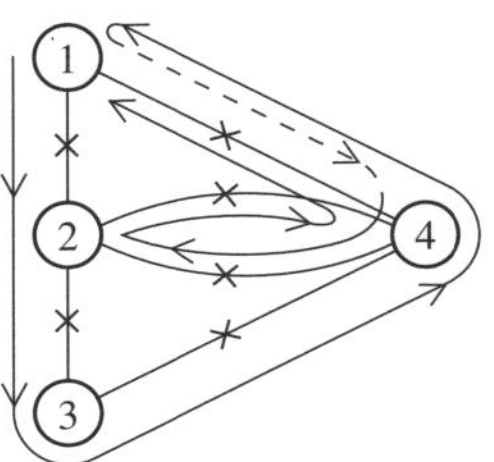

4から2→4→1と進む，始点に戻り，すべての辺を通ったので，1→2→3→4→2→4→1が1つの解である．

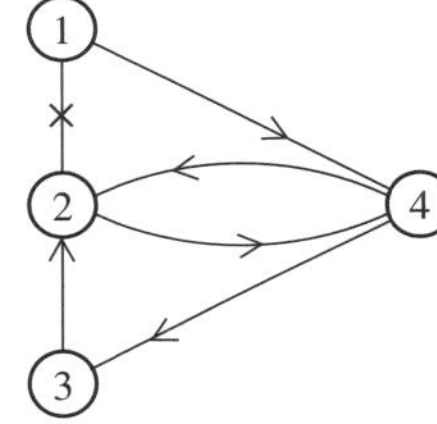

今まできた道を復旧しながら．次に進める位置まで戻る．4に戻ったときに1と2への道があるが，これはすでに訪れているので再訪はしない．結局2の位置まで戻ることになる．

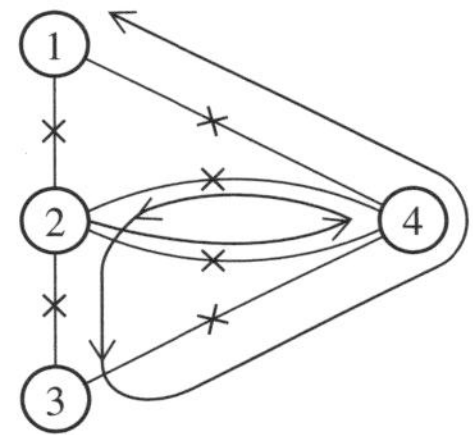

1→2→4→2→3→4→1も1つの解である．以下同様に繰り返す．

図 7.13 深さ優先探索による一筆書き

プログラム Rei54

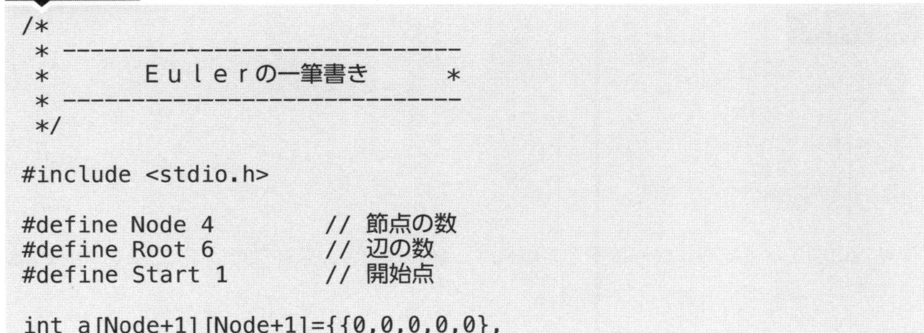

```
/*
 * -----------------------------
 *      E u l e rの一筆書き      *
 * -----------------------------
 */

#include <stdio.h>

#define Node 4          // 節点の数
#define Root 6          // 辺の数
#define Start 1         // 開始点

int a[Node+1][Node+1]={{0,0,0,0,0},
```

```
                        {0,0,1,0,1},
                        {0,1,0,1,2},
                        {0,0,1,0,1},
                        {0,1,2,1,0}};
int success,
    v[Root+1],          // 経路を入れるスタック
    n;                  // 通過した道の数

void visit(int);

void main(void)
{
    success=0; n=Root;
    visit(Start);
    if (success==0)
        printf("解なし¥n");
}
void visit(int i)
{
    int j;
    v[n]=i;
    if (n==0 && i==Start){      // 辺の数だけ通過し元に戻ったら
        printf("解 %d:",++success);
        for (i=0;i<=Root;i++)
            printf("%d",v[i]);
        printf("¥n");
    }
    else {
        for (j=1;j<=Node;j++)
            if (a[i][j]!=0){
                a[i][j]--; a[j][i]--;     // 通つた道を切り離す
                n--;
                visit(j);
                a[i][j]++; a[j][i]++;     // 道を復旧する
                n++;
            }
    }
}
```

実行結果

```
解 1:1424321
解 2:1432421
解 3:1423421
解 4:1243241
解 5:1234241
解 6:1242341
```

❗ 始点に戻らなくてもよい一筆書きの場合は，i==Startの条件は付けずに，if(n==0)とする．

練習問題 54 Eulerの一筆書き（有向グラフ版）

道が一方通行の場合の一筆書きを考える.

次のような有向グラフで考えればよい.

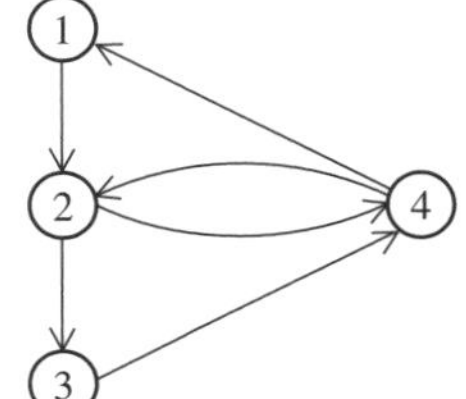

	1	2	3	4
1	0	1	0	0
2	0	0	1	1
3	0	0	0	1
4	1	1	0	0

図 7.14 有向グラフ版の一筆書き

プログラム Dr54

```
/*
 * ---------------------------------------------
 *        Eulerの一筆書き（有向グラフ版）        *
 * ---------------------------------------------
 */

#include <stdio.h>

#define Node 4          // 節点の数
#define Root 6          // 辺の数
#define Start 1         // 開始点

int a[Node+1][Node+1]={{0,0,0,0,0},
                       {0,0,1,0,0},
                       {0,0,0,1,1},
                       {0,0,0,0,1},
                       {0,1,1,0,0}};
int success,
    v[Root+1],         // 経路を入れるスタック
    n;                 // 通過した道の数

void visit(int);

void main(void)
{
    success=0; n=Root;
    visit(Start);
    if (success==0)
        printf("解なし¥n");
}
void visit(int i)
{
    int j;
```

```
    v[n]=i;
    if (n==0 && i==Start){  // 辺の数だけ通過し元に戻ったら
        printf("解 %d:",++success);
        for (i=0;i<=Root;i++)
            printf("%d",v[i]);
        printf("¥n");
    }
    else {
        for (j=1;j<=Node;j++){
            if (a[i][j]!=0){
                a[i][j]--;      // 通った道を切り離す
                n--;
                visit(j);
                a[i][j]++;      // 道を復旧する
                n++;
            }
        }
    }
}
```

実行結果

```
解 1:1424321
解 2:1432421
```

ケニスバーグの橋

ケニスバーグ（Konigsberg）の町は，川で4つの部分（a，b，c，d）に分割されているが，それらをつなぐ7本の橋が架かっている．

どの橋も1回だけ渡って元の地点に戻ることができるかという問題を解くにあたって，Euler（オイラー）がグラフ理論を考え出したとされている．a，b，c，dを節点，7つの橋を辺と考えれば，次のようなグラフとなる．

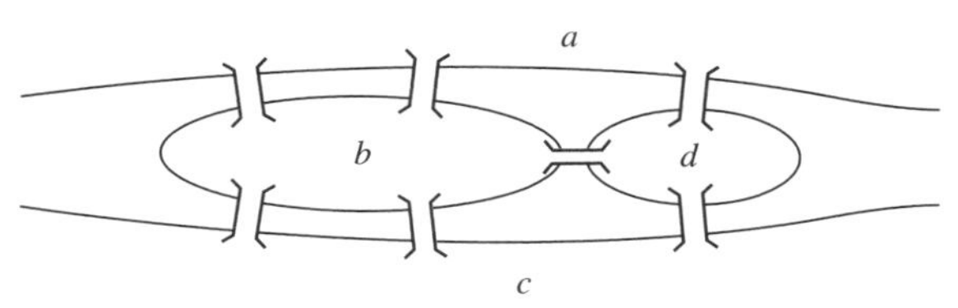

図7.15 ケニスバーグの橋

7-5 最短路問題

例題 55 ダイクストラ法

ある始点からグラフ上の各点への最短距離をダイクストラ法により求める.

次のように各辺に重みが定義されているグラフを重み付きグラフとかネットワーク (network) と呼ぶ,

この例では辺の長さを道の長さと考えれば, $a \to h$の最短距離は, $a \to d \to g \to h$のルートで9となる. ネットワークは, 辺の重みを配列要素とする隣接行列で表せる. 連結していない節点間の要素にはできるだけ大きな値Mを入れる.

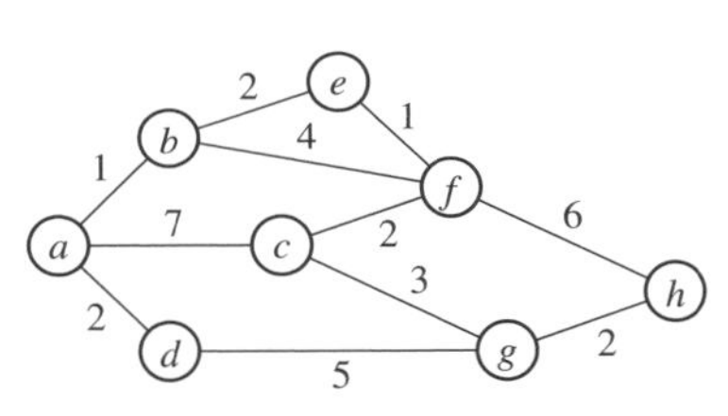

図7.16 ネットワーク

	1	2	3	4	5	6	7	8
1	0	1	7	2	M	M	M	M
2	1	0	M	M	2	4	M	M
3	7	M	0	M	M	2	3	M
4	2	M	M	0	M	M	5	M
5	M	2	M	M	0	1	M	M
6	M	4	2	M	1	0	M	6
7	M	M	3	5	M	M	0	2
8	M	M	M	M	M	6	2	0

Mは大きな値とする

図7.17 ネットワークを表す隣接行列

ある始点からグラフ (ネットワーク) 上の各点への最短距離を求める方法としてダイクストラ (Dijkstra) 法がある.

ダイクストラ法は, 各節点への最短路を, 始点の周辺から1つずつ確定し, 徐々に範囲を広げていき, 最終的にはすべての節点への最短路を求めるもので, 次のようなアルゴリズムとなる.

- 始点につながっている節点の, 始点－節点間の距離を求め, 最小の値を持つ節点に印を付けて確定する.
- 印を付けた節点につながる節点までの距離を求め, この時点で計算されている節点 (印の付いていない) の距離の中で最小の値を持つ節点に印を付けて確定する.
- これをすべての節点に印が付くまで繰り返すと, 各節点に得られる値が, 始点からの最短距離となる.

aを始点としてダイクストラ法を適用した具体例を示す．

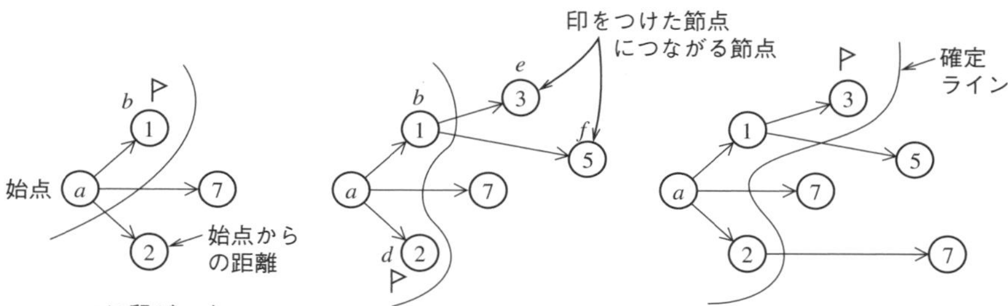

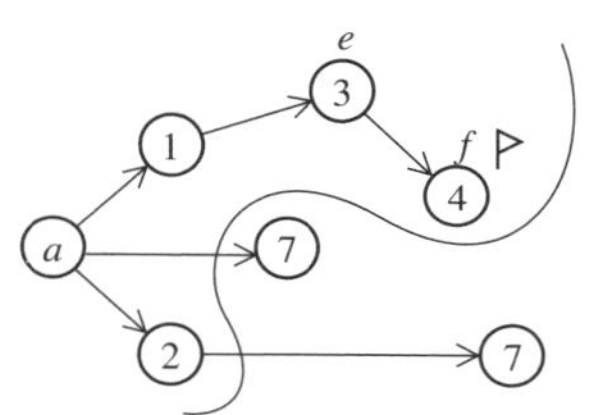

eにつながっているfまでの距離（eを経由して）を求める．4となり前の値5より小さいので更新し，bからの接続を切りeからの接続とする．

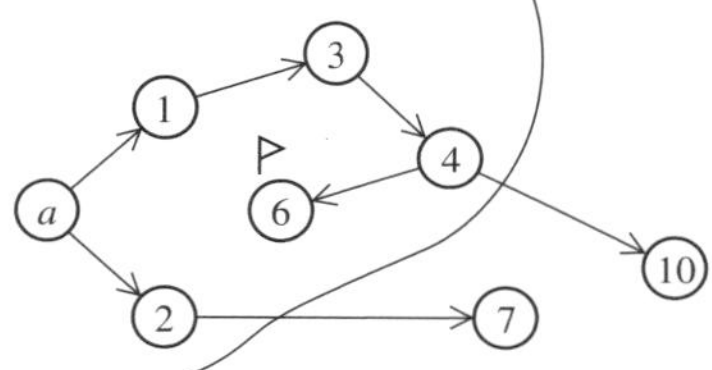

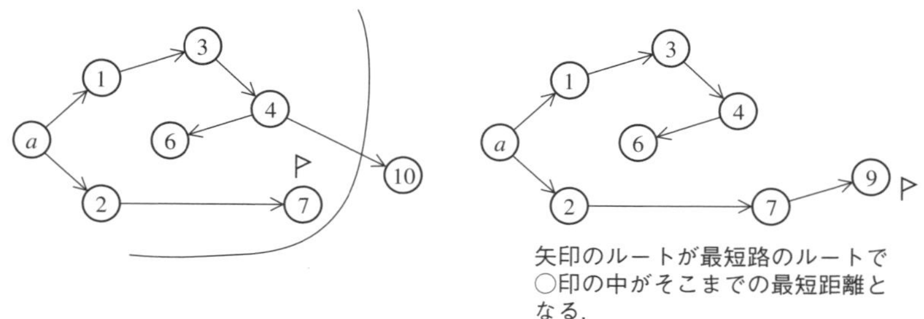

図7.18 ダイクストラ法

さて，今q点に印が付き，qにはp（pはすでに確定している点とする）とrが接続されていたとする．pはすでに確定している点であるから$p \leq q$である．したがって，qを通ってpへ行く距離は，今までのpの距離より小さくなることはありえない．つまり，確定してきた節点への距離は新たに変更を受けることはない．

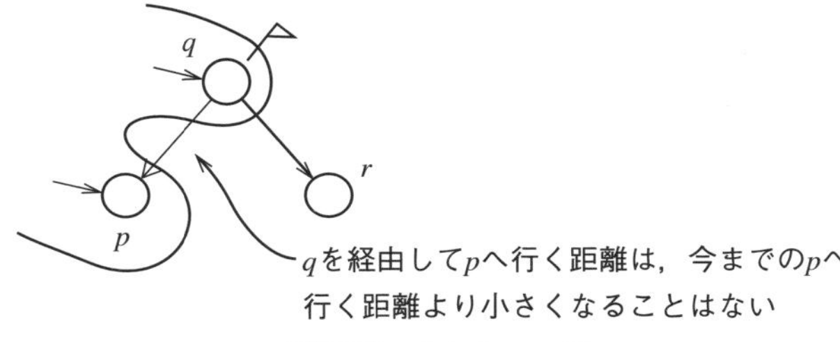

図 7.19 確定点への道

プログラム Rei55

```
/*
 * -------------------------------------
 *         最短路問題（ダイクストラ法）       *
 * -------------------------------------
 */

#include <stdio.h>
#include <stdlib.h>

#define N 8          // 節点の数
#define M 9999

int a[N+1][N+1]={{0,0,0,0,0,0,0,0,0}, // 隣接行列
                 {0,0,1,7,2,M,M,M,M},
                 {0,1,0,M,M,2,4,M,M},
                 {0,7,M,0,M,M,2,3,M},
                 {0,2,M,M,0,M,M,5,M},
                 {0,M,2,M,M,0,1,M,M},
                 {0,M,4,2,M,1,0,M,6},
                 {0,M,M,3,5,M,M,0,2},
                 {0,M,M,M,M,M,6,2,0}};
void main(void)
{
    int j,k,p,start,min,
        leng[N+1],             // 節点までの距離
        v[N+1];                // 確定フラグ

    printf("始点 ");scanf("%d",&start);
    for (k=1;k<=N;k++){
        leng[k]=M;v[k]=0;
    }
    leng[start]=0;
```

```
    for (j=1;j<=N;j++){
        min=M;          // 最小の節点を捜す
        for (k=1;k<=N;k++){
            if (v[k]==0 && leng[k]<min){
                p=k; min=leng[k];
            }
        }
        v[p]=1;               // 最小の節点を確定する

        if (min==M){
            printf("グラフは連結でない¥n");
            exit(1);
        }

        // pを経由してkに至る長さがそれまでの最短路より小さければ更新
        for (k=1;k<=N;k++){
            if((leng[p]+a[p][k])<leng[k])
                leng[k]=leng[p]+a[p][k];
        }
    }
    for (j=1;j<=N;j++)
        printf("%d -> %d : %d¥n",start,j,leng[j]);
}
```

実行結果

```
始点 1
1 -> 1 : 0
1 -> 2 : 1
1 -> 3 : 6
1 -> 4 : 2
1 -> 5 : 3
1 -> 6 : 4
1 -> 7 : 7
1 -> 8 : 9
```

練習問題 55 最短路のルートの表示

例題55に，最短路のルートの表示を加える．

最短路のルートを保存するために，前の節点へのポインタを`index[]`に格納することにする．

ダイクストラ法では，pを経由してkに至る長さがそれまでの最短路の長さよりも小さければ距離の更新を行ったが，そのときに前の節点へのポインタ`index[]`も更新する．

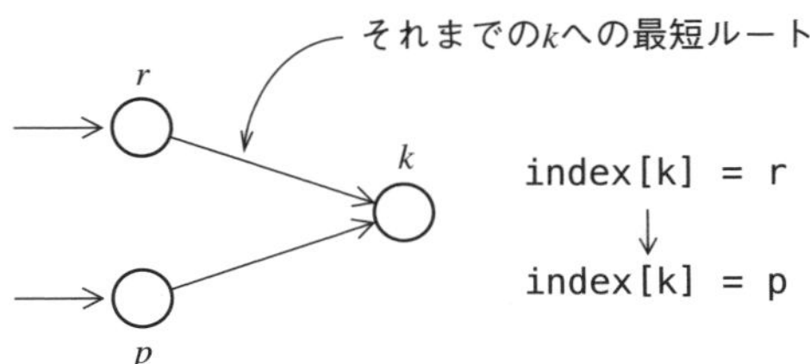

図 7.20 前の節点へのポインタ

このindex[]を終点より逆にたどれば最短ルートがわかる．始点のindex[]には探索の終わりを示す0を入れておく．

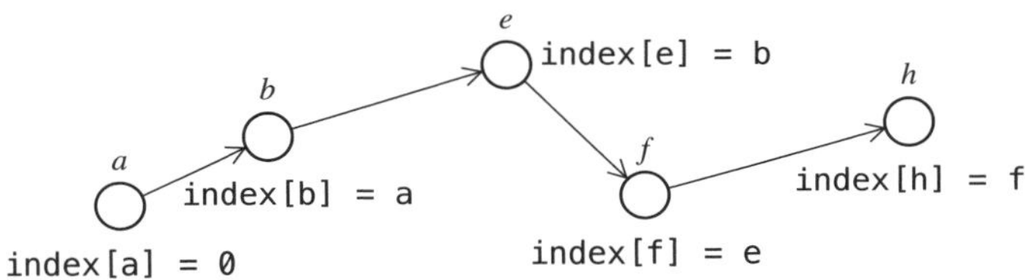

図 7.21 最短路ルートをたどる

プログラム Dr55

```
/*
 * ----------------------------
 *        最短路のルートの表示      *
 * ----------------------------
 */

#include <stdio.h>
#include <stdlib.h>

#define N 8             // 節点の数
#define M 9999

int a[N+1][N+1]={{0,0,0,0,0,0,0,0,0}, // 隣接行列
                 {0,0,1,7,2,M,M,M,M},
                 {0,1,0,M,M,2,4,M,M},
                 {0,7,M,0,M,M,2,3,M},
                 {0,2,M,M,0,M,M,5,M},
                 {0,M,2,M,M,0,1,M,M},
                 {0,M,4,2,M,1,0,M,6},
                 {0,M,M,3,5,M,M,0,2},
                 {0,M,M,M,M,M,6,2,0}};
void main(void)
{
```

```
    int j,k,p,start,min,
        leng[N+1],              // 節点までの距離
        v[N+1],                 // 確定フラグ
        index[N+1];             // 前の節点へのポインタ

    printf(" 始点 ");scanf("%d",&start);
    for (k=1;k<=N;k++){
        leng[k]=M;v[k]=0;
    }
    leng[start]=0;
    index[start]=0;          // 始点はどこも示さない

    for (j=1;j<=N;j++){
        min=M;                  // 最小の節点を捜す
        for (k=1;k<=N;k++){
            if (v[k]==0 && leng[k]<min){
                p=k; min=leng[k];
            }
        }
        v[p]=1;                 // 最小の節点を確定する

        if (min==M){
            printf(" グラフは連結でない¥n");
            exit(1);
        }

        // pを経由してkに至る長さがそれまでの最短路より小さければ更新
        for (k=1;k<=N;k++){
            if((leng[p]+a[p][k])<leng[k]){
                leng[k]=leng[p]+a[p][k];
                index[k]=p;
            }
        }
    }
    for (j=1;j<=N;j++){                     // 最短路のルートの表示
        printf("%3d : %d",leng[j],j);   // 終端
        p=j;
        while (index[p]!=0){
            printf(" <-- %d",index[p]);
            p=index[p];
        }
        printf("¥n");
    }
}
```

実行結果

```
始点 1
  0 : 1
  1 : 2 <-- 1
  6 : 3 <-- 6 <-- 5 <-- 2 <-- 1
  2 : 4 <-- 1
```

```
3 : 5 <-- 2 <-- 1
4 : 6 <-- 5 <-- 2 <-- 1
7 : 7 <-- 4 <-- 1
9 : 8 <-- 7 <-- 4 <-- 1
```

四国の道路マップ

四国の主要都市を結ぶ道路マップである．各都市間の車での所要時間（単位は分）を辺の重みとするネットワークの例．

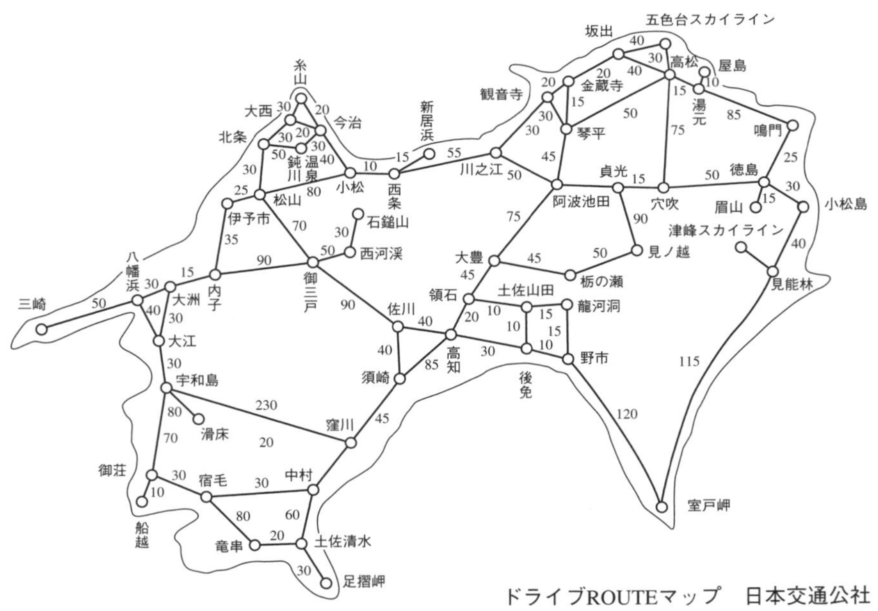

ドライブROUTEマップ　日本交通公社

図 7.22

第8章 グラフィックス

- 点の位置を示すのに座標を導入し，各点の位置関係が直線上にあるなら1次方程式，各点が円，楕円，双曲線，放物線などの曲線上にあるなら2次方程式として表せる．こうして2次元図形は何らかの方程式（y = f(x)）で表せるから，図形問題を演算によって解くことができる．これを解析幾何学といい，創始者はデカルト（René Descartes）である．
  図形を方程式で表し，コンピュータにより解析的に解けば，座標変換による図形の平行移動, 回転, 拡大, 縮小が容易に行える．また，3次元空間の座標を2次元平面に投影することもできる．
- ところで，自然界に存在する物体，たとえば，複雑に入り組んだ海岸線などを解析的に表現することは難しい．そこで，こうした複雑な図形を表現するのにフラクタル（FRACTALS）という考え方がある．これはグラフィックスの世界を再帰的に表現するもので，リカーシブグラフィックスなどとも呼ばれている．

8-0 基本グラフィックス・ライブラリ

1 glib.hの仕様

glib.hの役割と特徴

C言語のグラフィックス関数は標準規格がないので，各社のCで仕様が異なる．本書では，12の標準グラフィックス関数とその仕様を定めた．これらの標準グラフィックス関数は，各社が提供しているグラフィックス関数を元に，`glib.h`として実現する．ユーザ・プログラムでは，この`glib.h`をインクルードすることで，各社のグラフィックス関数を意識する必要がなくなる．

`glib.h`の主な特徴は次の3点である．

- y軸の向きを，上方を正とする座標形（デカルト座標）を用いる
- ウィンドウをサポートし実数型データの描画を行う
- タートルグラフィックス型ライブラリのサポート

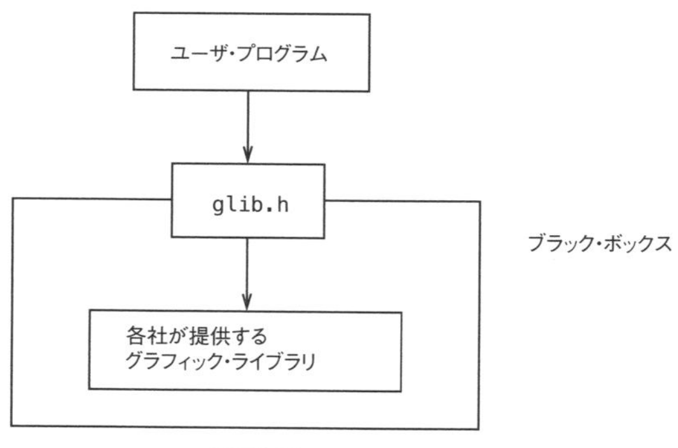

図 3.1 glib.hの役割

❶ Cメーカよりグラフィックス・ライブラリが提供されていなければパソコンなどに応じて自作しなければならない（付録参照）．

● 参考図書：『Microsoft C初級プログラミング入門（下）』河西朝雄著，技術評論社

`glib.h`のグラフィックス処理で使う次の用語を定義する.

- **物理座標**
  グラフィックスディスプレイ上の実際のドット（ピクセル）位置を示す座標.
  画面の左上隅を(0, 0)にしているものが多い.

- **論理座標**
  図形をイメージする論理的な座標.

- **ビューポート**
  図形を表示する物理座標上の領域.

- **ウィンドウ**
  ビューポートに表示する図形を切り取る論理座標上の領域.

- **仮想物理座標**
  ウィンドウで切り取った領域をビューポートに展開した際のグラフィックスディスプレイ上の仮想的な座標.

- **現在位置**
  たとえば直線を引いたときなどに，引き終わったときに最後に参照した点(Last referenced Point:LP). つまり，次の描画の際の始点になる位置.

- **現在角**
  直線を描画するときの描画方向を示す角度.

ウィンドウとビューポート

グラフィックスディスプレイ上の物理座標として，左上隅を(0, 0)とするコンピュータが多いため，**図8.2**のように論理座標のyの正の向きを下方にする処理系が多い.

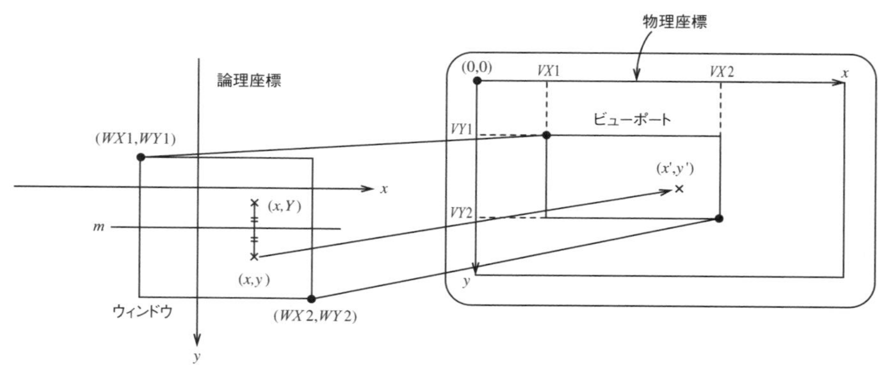

図3.2 一般に用いられているウィンドウとビューポート

ウィンドウの機能を持たないグラフィックスライブラリにウィンドウの機能を持たせるための概要を以下に説明する.

$(WX1, WY1) - (WX2, WY2)$で囲まれるウィンドウを$(VX1, VY1) - (VX2, VY2)$で囲まれるビューポートに展開するには次のファクタで縮小または拡大する.

$$FACTX = (VX2 - VX1) / (WX2 - WX1) \cdots x\text{軸のファクタ}$$
$$FACTY = (VY2 - VY1) / (WY2 - WY1) \cdots y\text{軸のファクタ}$$

このファクタを設定することが関数`window(WX1,WY1,WX2,WY2)`, `view(VX1,VY1,VX2,VY2)`の主な仕事である.

FACTX, *FACTY*を用いれば, 論理座標(x, y)の点を物理座標(x', y')に移す変換式は次のようになる.

$$\left.\begin{aligned} x' &= (x - WX1) * FACTX + VX1 \\ y' &= (y - WY1) * FACTY + VY1 \end{aligned}\right\} \cdots\cdots①$$

この変換式の値を, `line`, `pset`などの描画関数の引数に与えればよい.

glib.hにおける座標系

論理座標のyの正の向きを下方にする処理系では次のような問題が生じる.

上下向きが逆転しているので, 描画に際しては, ユーザプログラム中でyの値を次のように補正しなければならない.

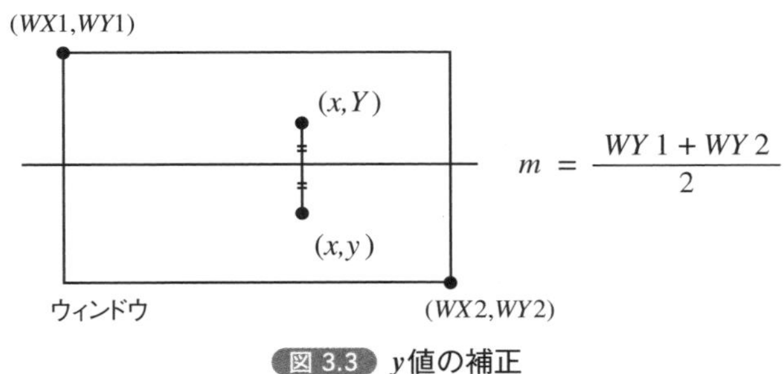

図 3.3 y値の補正

$$Y = m - (y - m) = 2m - y = 2 \cdot \frac{WY1 + WY2}{2} - y = WY1 + WY2 - y$$

つまり，ウィンドウのy座標の中央mを対称軸にして上下を反転させた値をyの補正値として用いればビューポート上では上下が人間の感覚と一致する．

このような補正をユーザプログラムの負担にしないためには，この補正式を先の①式に代入して，

$$\left.\begin{aligned} x' &= (x - WX1) * FACTX + VX1 \\ y' &= ((WY1 + WY2 - y) - WY1) * FACTY + VY1 \\ &= (WY2 - y) * FACTY + VY1 \end{aligned}\right\} \cdots\cdots ②$$

という変換式を用いればよい．

以上の点を`glib.h`に吸収させているので，`glib.h`では，次のような，yの正方向を上にする統一的な座標系を用いる．したがって`glib.h`を使えば，y軸に関する補正は一切必要ない．

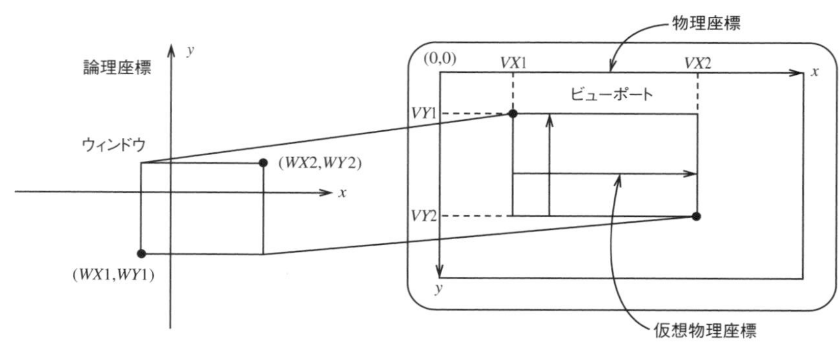

図 3.4 glib.hの座標系

現在位置と現在角

直線を引くのに始点と終点を与えるのではなく，直線の長さと角度を与えるという方法がある．タートルグラフィックスやリカーシブグラフィックスではこの方法が便利である．長さlの直線を引く関数を`move(l)`，角度を$a°$回転する関数を`turn(a)`とすると，

```
move(l);turn(a);move(l)
```

は次のようになる．

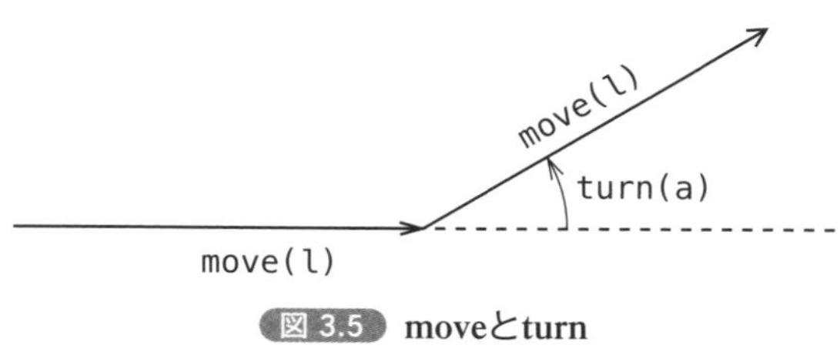

図 3.5 moveとturn

❶ タートルグラフィックス（turtle graphics）はLOGOやUCSD Pascalなどで有名なもので，△形のタートル（亀）に長さと方向を指定して，直線を引いていくものである．

`move`と`turn`を実現するためには，描画の現在位置（*LP*）と現在角を内部的に記憶しておかなければならない．

現在位置の座標を(*LPX*, *LPY*)，現在角を*ANGLE*とすると，`move(l)`は，

$$\texttt{line}\ (LPX,LPY,LPX + l * \cos(ANGLE)\ ,LPY + l * \sin(ANGLE))$$

と実現できる．

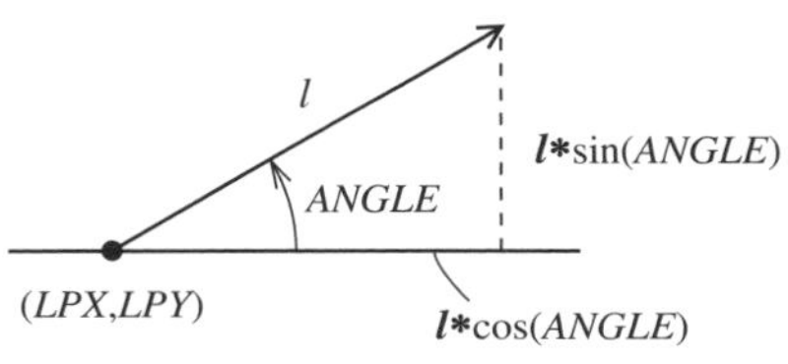

図 3.6 moveの実現

2 glib.hの各関数

`ginit()`	**グラフィックス画面の初期化**

グラフィックス画面を640 × 400ドットモードに初期化し，ウィンドウとビューポートを(0, 0) − (639, 399)の範囲に設定する．

`window(x1,y1,x2,y2)`	**ウィンドウの設定**
`view(x1,y1,x2,y2)`	**ビューポートの設定**

次のようにウィンドウとビューポートを指定する．ビューポートに指定する値は，左上隅を(0, 0)とする物理座標上の値とする．

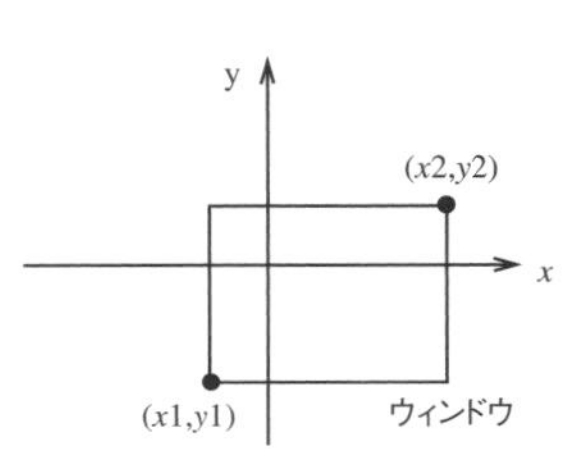

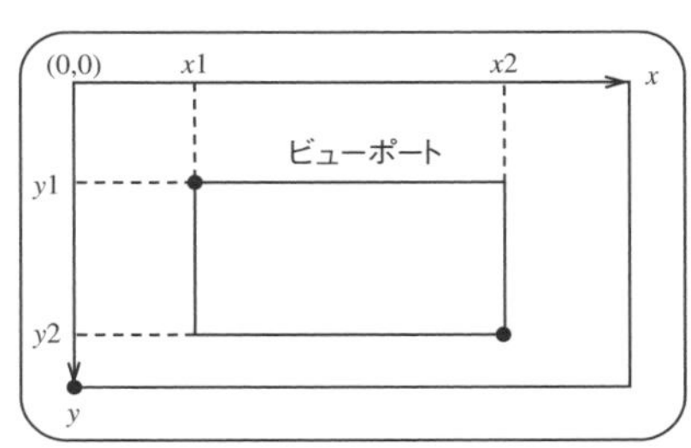

図 3.7

`cls()`	**グラフィックス画面のクリア**

グラフィックス画面のビューポート内をクリアする.

`line(x1,y1,x2,y2)`	**直線の描画**

$(x1, y1) - (x2, y2)$ 間に直線を引く.

`pset(x,y)`	**点のセット**

(x, y) 位置に点を表示.

`move(l)`	**指定長の直線の描画**

現在位置 (LPX, LPY) から現在角 $ANGLE$（度）の方向に長さ l の直線を引く．反時計まわりの向きを正とする.

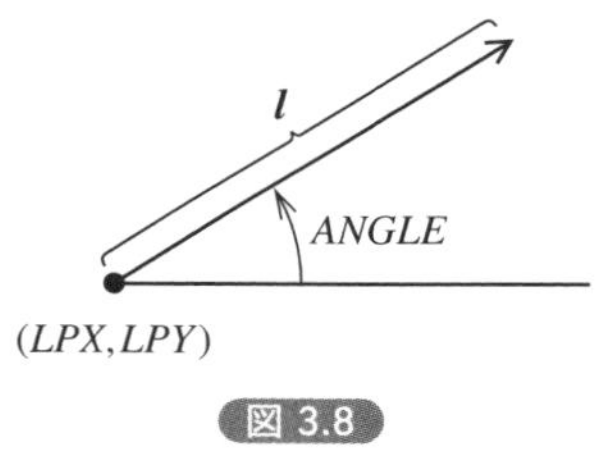

図 3.8

`moveto(x,y)`	**LPから指定点への直線の描画**

LP位置から (x, y) 位置に直線を引く.

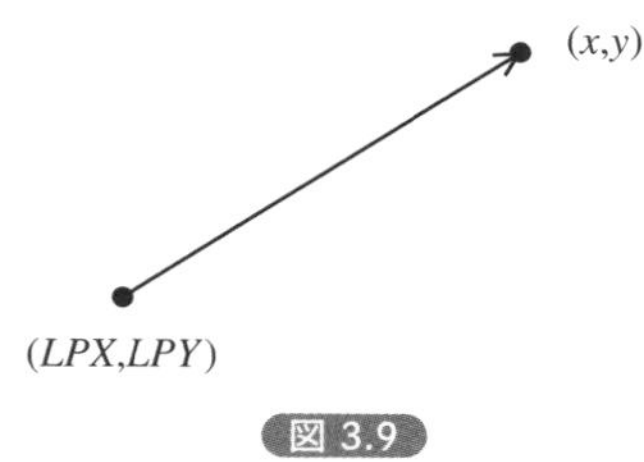

図 3.9

moverel(x,y)	LPから相対座標位置への直線の描画

*LP*位置から(x, y)離れた点に直線を引く．画面の上方をyの正の増加分とする．

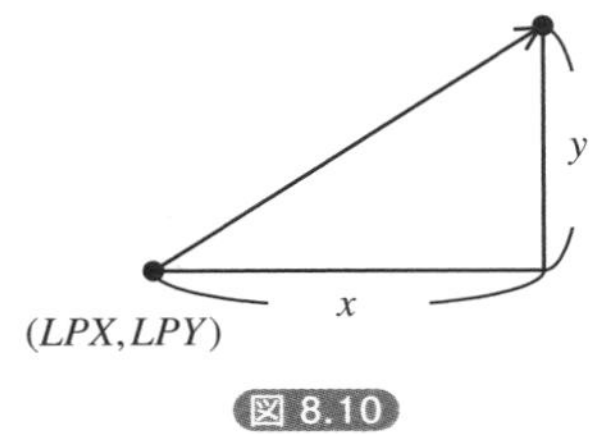

図 8.10

setpoint(x,y)	LP位置の設定

現在位置$LP(LPX, LPY)$を(x, y)に移動する．

setangle(a)	現在角の設定

現在角をa[°]に設定する．

turn(a)	現在角の回転

現在角をa[°]回転する．回転後の現在角は0～360°に入るように補正される．

glib.hの作成例

各処理系での`glib.h`の作成例は附録を参照．

8-1 move と turn

例題 56 ポリゴン

正三角形～正九角形を描く.

正三角形は，次のようにmove(l);turn(120);を3回行えばよい.

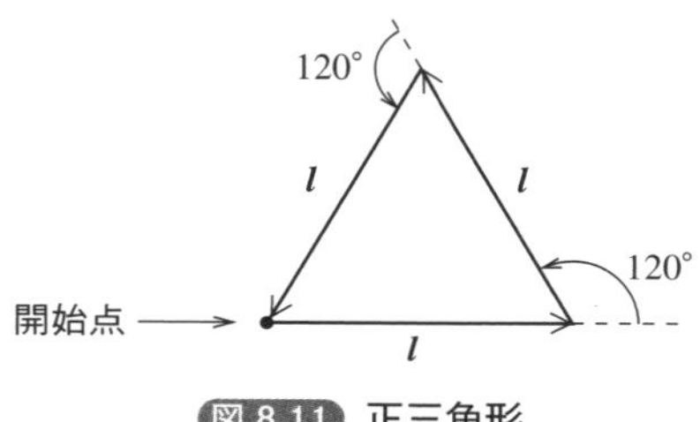

図 8.11 正三角形

正n角形のときの回転角は$360/n$[°]である.

多角形をポリゴン（polygon）という.

プログラム Rei56

```
/*
 * ------------------------------
 *        正N角形（ポリゴン）      *
 * ------------------------------
 */

#include "glib.h"

void main(void)
{
    int j,n;

    ginit();cls();

    for (n=3;n<=9;n++){
        setpoint(200,50);
        setangle(0);
        for (j=0;j<n;j++){
            move(80);
            turn(360/n);
        }
    }
}
```

実行結果

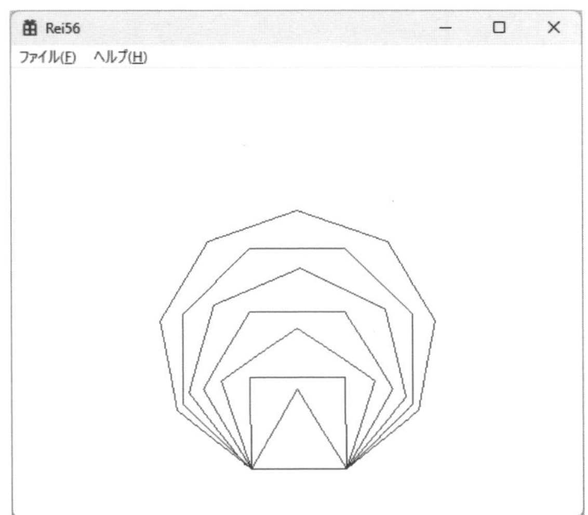

練習問題 56 渦巻き模様

moveと**turn**を繰り返しながら，引く直線の長さを徐々に短くしていく．

turnする角度を*angle*，減少させていく長さを*step*とし，直線の長さが10になるまで繰り返す．

*step*と*angle*の値を変えることによりまったく異なった図形が得られる．

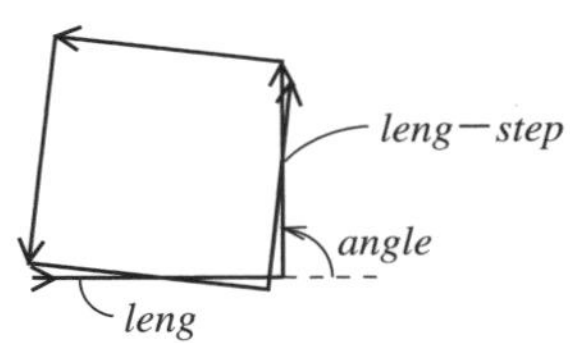

図 8.12 正三角形

プログラム Dr56

```
/*
 * --------------------
 *      渦巻き模様      *
 * --------------------
 */

#include "glib.h"

void main(void)
{
    double leng=200.0,     // 辺の初期値
           angle=89.0,     // 回転角
           step=1.0;       // 辺の減少値
```

```
    ginit(); cls();

    setpoint(220,100);
    setangle(0);
    while (leng>10.0){
        move(leng);
        turn(angle);
        leng=leng-step;
    }
}
```

実行結果

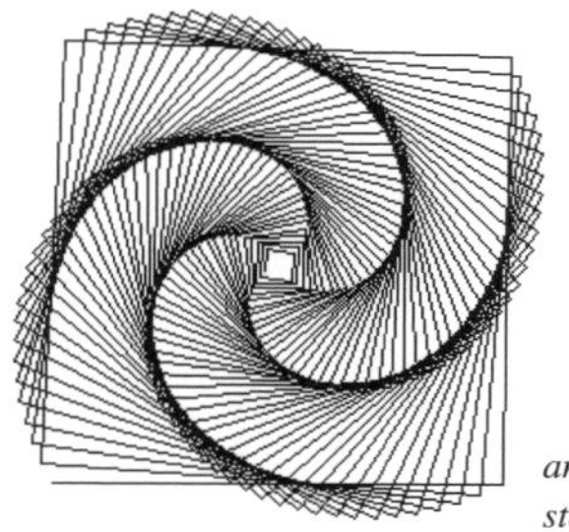

angle = 89
step = 1

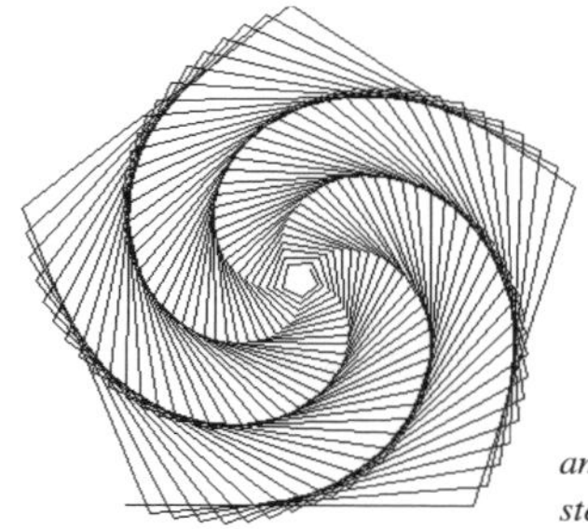

angle = 73
step = 1

angle = 90
step = 4

angle = 120
step = 4

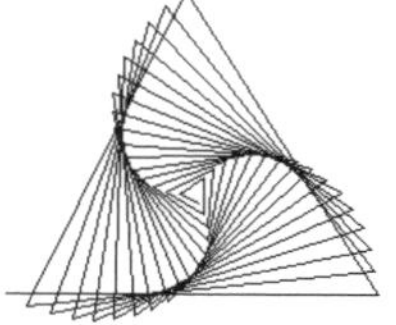

angle = 122
step = 4

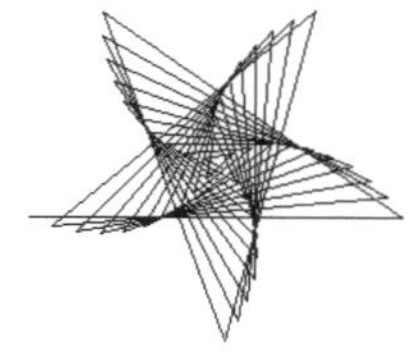

angle = 145
step = 4

第8章 グラフィックス

8-2 2次元座標変換

ある点(x_0, y_0)を各種変換した点(x, y)は，それぞれ以下のように求めることができる．

対称移動

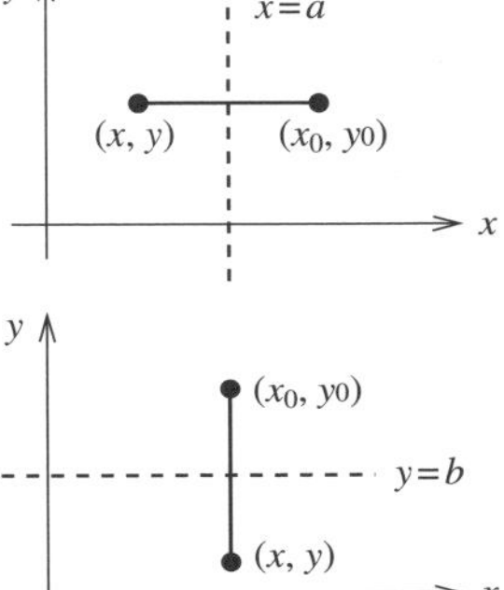

図 8.13 対称移動

y軸に平行な直線$x = a$に対し対称移動すると，

$$\begin{cases} x = a - (x_0 - a) = 2a - x_0 \\ y = y_0 \end{cases}$$

となる（図8.13上）．

逆にx軸に平行な直線$y = b$に対し対称移動すると，

$$\begin{cases} x = x_0 \\ y = b - (y_0 - b) = 2b - y_0 \end{cases}$$

となる（同図下）．

平行移動

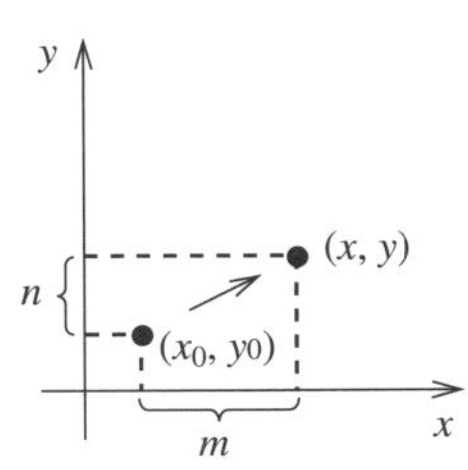

図 8.14 平行移動

点(x_0, y_0)をx軸方向にm，y軸方向にn平行移動すると，

$$\begin{cases} x = x_0 + m \\ y = y_0 + n \end{cases}$$

となる（図8.14）．

回転移動

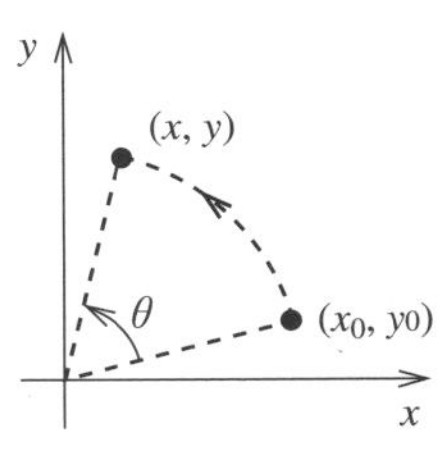

図 8.15 回転移動

点(x_0, y_0)を原点回りにθ回転すると，

$$\begin{cases} x = x_0 \cos\theta - y_0 \sin\theta \\ y = x_0 \sin\theta + y_0 \cos\theta \end{cases}$$

となる（図8.15）．

縮小，拡大

点(x_0, y_0)をx軸方向にk倍，y軸方向にl倍すると，

$$\begin{cases} x = k\,x_0 \\ y = l\,y_0 \end{cases}$$

となる（図8.16）．

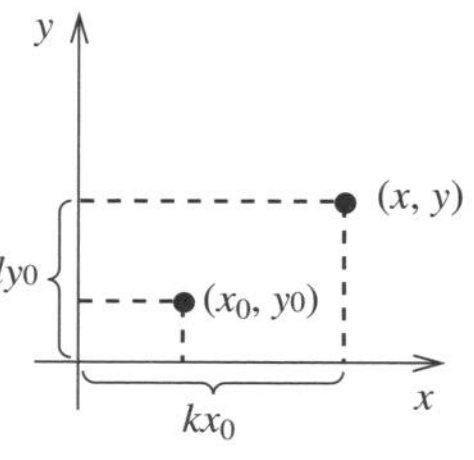

図 8.16 縮小・拡大

例題 57 対称移動

x軸またはy軸に対し対称移動を行う関数mirrorを作る．

関数mirrorの*flag*が1なら$x = m$に対する対称移動を行い，*flag*が0なら$y = m$に対する対称移動を行う．

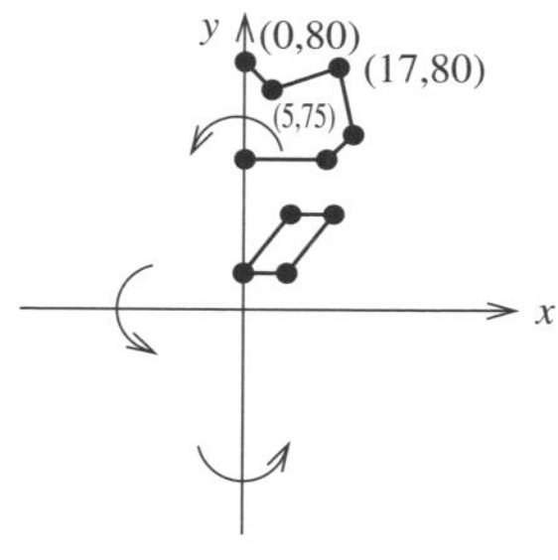

図 8.17 花のデータ

プログラム Rei57

```
/*
 * -------------------
 *       対称移動      *
 * -------------------
 */

#include "glib.h"

void mirror(int flag,double m,double *dat);
void draw(double *);

void main(void)
{
    double a[]={11,0,80,5,75,17,80,20,60,15,55,0,55,
```

```
                    0,20,10,40,20,40,10,20,0,20};
    ginit(); cls(); window(-160,-100,160,100);

    draw(a);
    mirror(1,0.0,a);draw(a);
    mirror(0,0.0,a);draw(a);
    mirror(1,0.0,a);draw(a);
}
void mirror(int flag,double m,double *dat)    // 対称移動
{
    int i;
    for (i=1;i<=2*dat[0];i=i+2){     // dat[0] はデータ数
        if (flag==1)                 // y軸中心
            dat[i]=2*m-dat[i];
        if (flag==0)                 // x軸中心
            dat[i+1]=2*m-dat[i+1];
    }
}
void draw(double *dat)          // 図形の描画
{
    int i;
    setpoint(dat[1],dat[2]);         // 始点
    for (i=3;i<=2*dat[0];i=i+2)      // dat[0] はデータ数
        moveto(dat[i],dat[i+1]);
}
```

実行結果

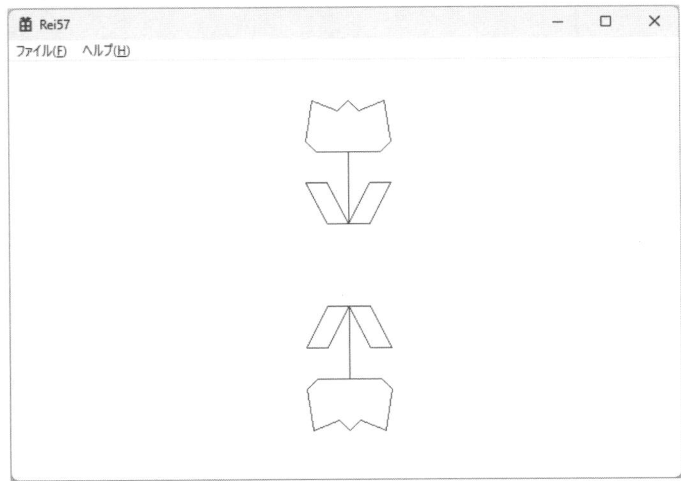

練習問題 57 回転移動

長方形の4点の座標が与えられているとき，これに回転変換と縮小／拡大変換を施して表示する．

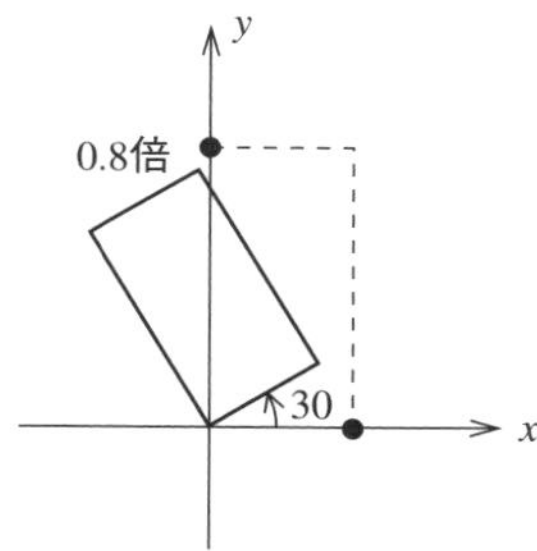

図 8.18 長方形のデータ

プログラム Dr57

```
/*
 * ----------------------
 *       2次元回転変換      *
 * ----------------------
 */

#include "glib.h"

void multi(double,double,double *,double *);
void rotate(double,double *,double *);

void main(void)
{
    double x[]={0,100,100,  0,0},
           y[]={0,  0,200,200,0};
    int j,k,n=5;

    ginit(); cls(); window(-320,-200,320,200);

    for (j=0;j<12;j++){
        for (k=0;k<n;k++){
            multi(.8,.8,&x[k],&y[k]);
            rotate(30,&x[k],&y[k]);
            if (k==0)
                setpoint(x[k],y[k]);
            else
                moveto(x[k],y[k]);
        }
    }
```

```
}
void multi(double factx,double facty,double *x,double *y)
{
    *x=factx*(*x);
    *y=facty*(*y);
}
void rotate(double deg,double *x,double *y)    // 回転変換
{
    double dx,dy,rd=3.14159/180;
    dx=(*x)*cos(deg*rd)-(*y)*sin(deg*rd);
    dy=(*x)*sin(deg*rd)+(*y)*cos(deg*rd);
    *x=dx; *y=dy;
}
```

実行結果

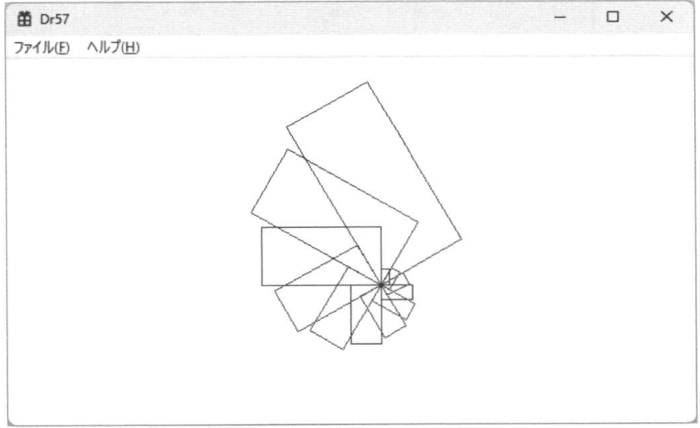

8-3 ジオメトリック・グラフィックス

例題 58 対称模様

正三角形の重心を中心に基本パターンを回転させ, これを繰り返した模様を作る.

幾何学（geometric）模様の美しさは，一見複雑そうに見える図形も，実は基本的な図形（直線，多角形など）の繰り返しで作られていることによる調和性と規則性にある.

正三角形の重心を中心に，基本パターンを120°ずつ2回回転させる．これにより得られる図形は元の三角形内に収まり，1つの新しいパターンを形成する．ついで，この三角形パターンを倒立したパターンを横に描き，これを繰り返す.

重心は高さhを2：1に内分する点である．関数windowで切り取る範囲を，

$$\left(-\frac{m}{2},\ -\frac{h}{3}\right)-\left(\frac{m}{2},\ \frac{2}{3}h\right)$$

とする．したがって逆像を作るときには，y座標の符号反転だけでなく，$h/3$の補正を行う.

また，正像，逆像を交互に繰り返すためのフラグaとbを使用する.

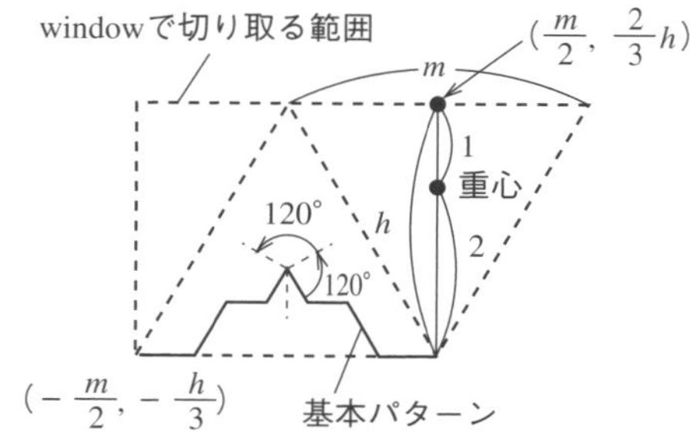

図 8.19 重心回りの基本パターン

プログラム Rei58

```
/*
 * -------------------
 *        対称模様       *
 * -------------------
 */

#include "glib.h"

#define N 9      // データ数

void main(void)
{
    double x[]={ 35, 19,10, 3,0,-3,-10,-19,-35},
           y[]={-20,-20,-5,-5,0,-5, -5,-20,-20};
    int a,b,j,k;
    double rd=3.14159/180,
           m,h,vy,vx,px,py;

    ginit(); cls();
    m=70.0; h=m*sqrt(3.0)/2;    // 正3角形の辺の長さ、高さ
    window(-m/2,-h/3,m/2,h*2/3);
    b=1;
    for (vy=0.0;vy<=310.0;vy=vy+h){
        a=1;
        for (vx=50.0;vx<=500.0;vx=vx+m/2){
            view(vx,vy,vx+m,vy+h);          // ビューポートの設定
            for (j=0;j<3;j++){
                for (k=0;k<N;k++){
                    px=x[k]*cos(120*j*rd)-y[k]*sin(120*j*rd);
                    py=x[k]*sin(120*j*rd)+y[k]*cos(120*j*rd);
                    if (a*b==-1)
                        py=-py+h/3;          // 逆像補正
                    if (k==0)
                        setpoint(px,py);
                    else
                        moveto(px,py);
                }
            }
            a=-a;
        }
        b=-b;
    }
}
```

実行結果

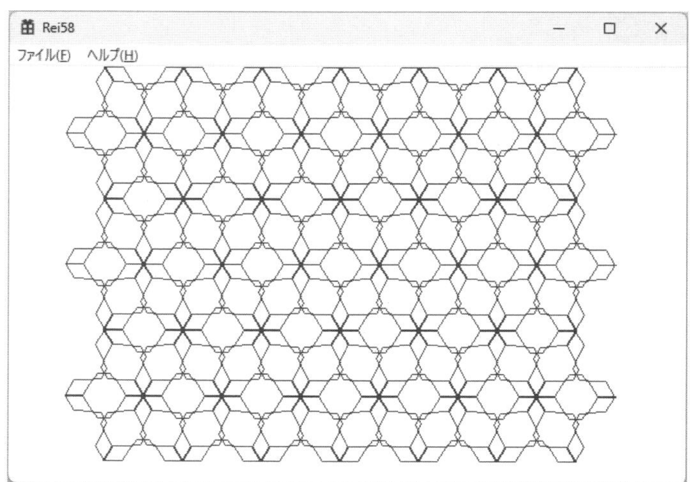

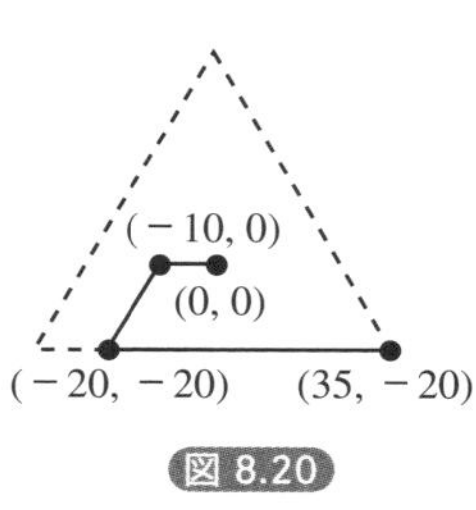

図 8.20

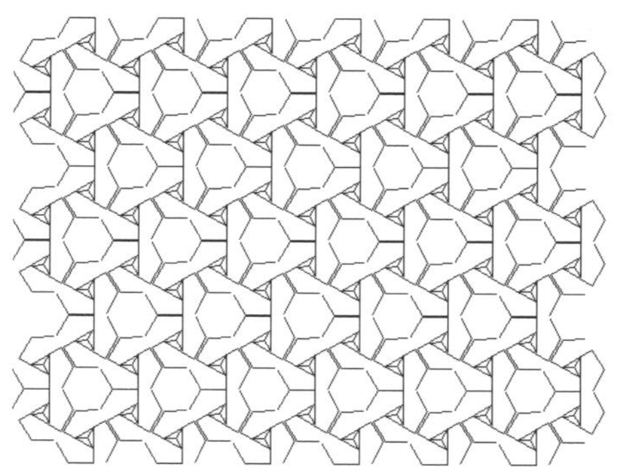

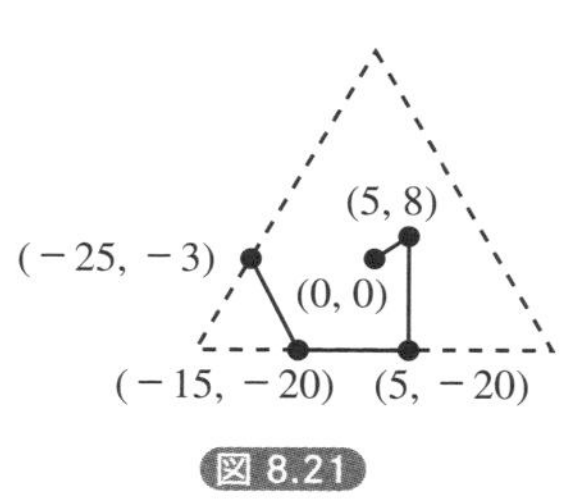

図 8.21

練習問題 58 $\sqrt{2}$ 分割

$1/\sqrt{2}$ 長方形を敷き詰める.

長辺と短辺の比率が $\sqrt{2}$：1の長方形を1つ描き, その長方形の長辺の半分を短辺, 元の短辺を長辺とする長方形を90°横にして描き, これを繰り返す. すると, 長方形の対角線は角度を90°ずつ回転し, 長さを $1/\sqrt{2}$ にしながらある方向に収束していく.

結局大きな長方形の中に $1/\sqrt{2}$ 長方形が無限に敷き詰められていくことになる.

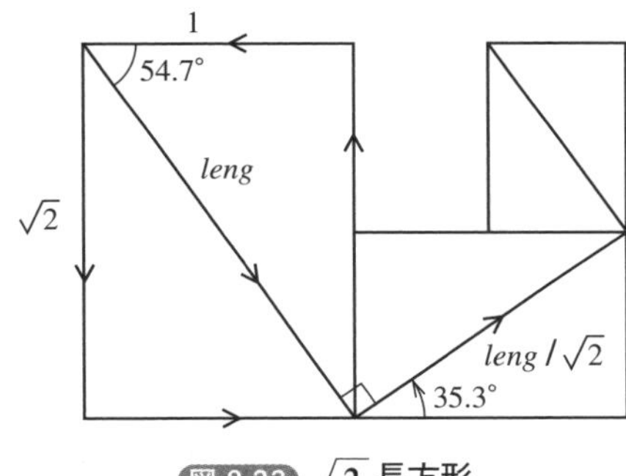

図 8.22 $\sqrt{2}$ 長方形

プログラム Dr58

```
/*
 * ------------------
 *      √2分割      *
 * ------------------
 */

#include "glib.h"

void main(void)
{
    int k;
    double leng=400.0,              // 対角線の初期値
           rd=3.14159/180,
           x,y;

    ginit(); cls();
    setpoint(0,380); setangle(-54.7);
    for (k=1;k<=10;k++){
        move(leng);                    // 対角線を引く
        x=leng*cos(54.7*rd);           //  x方向の長さ
        y=leng*sin(54.7*rd);           //  y方向の長さ
        turn(180-35.3); move(y);       // 長方形を描く
```

```
        turn(90); move(x);
        turn(90); move(y);
        turn(90); move(x);
        turn(35.3);
        leng=leng/sqrt(2.0);
    }
}
```

実行結果

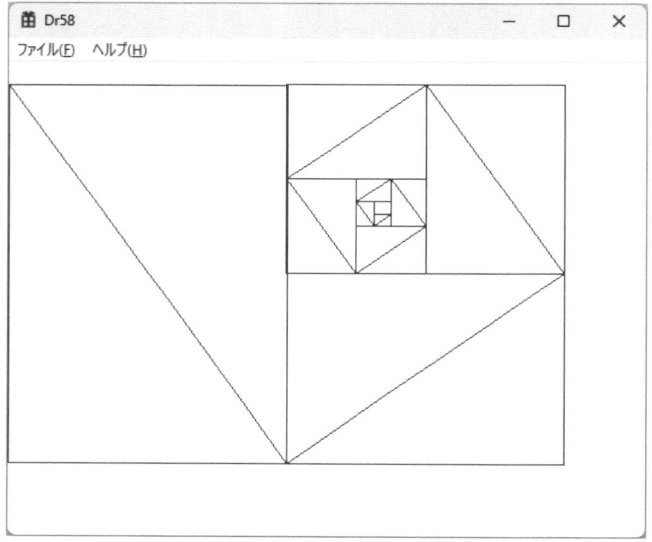

8-4 3次元座標変換

我々の世界は3次元空間であるから，そこにある物体を紙やディスプレイという2次元平面に作画するには，それなりの方法が必要である．

絵画の世界では，ルネサンス時代に画家の観察と体験に基づいて遠近法が完成された．その方法は今日に至るまで絵画における空間表現の法則となっている．一方この遠近法は，数学の力を借りて透視図法として幾何学的に体系付けられていく．

しかし，現代のコンピュータの力を借りれば，透視は純粋な幾何学的世界ではなく，解析的世界（解析幾何学）の問題として，3次元座標の座標変換としてきわめて簡単に一般化できるのである．

図8.23のように直方体が置かれているときに，z軸に平行な平行光線で，直方体を$x-y$平面に投影したとしても，**図8.24**の(a)のように長方形が投影されるだけで立体的には見えない．これをy軸回りに$\beta°$だけ回転させて$x-y$平面に投影すると**図8.24**の(b)のようになり，さらにx軸回りに$\alpha°$回転させて$x-y$平面に投影すると**図8.24**の(c)のように立体らしく見えてくる．

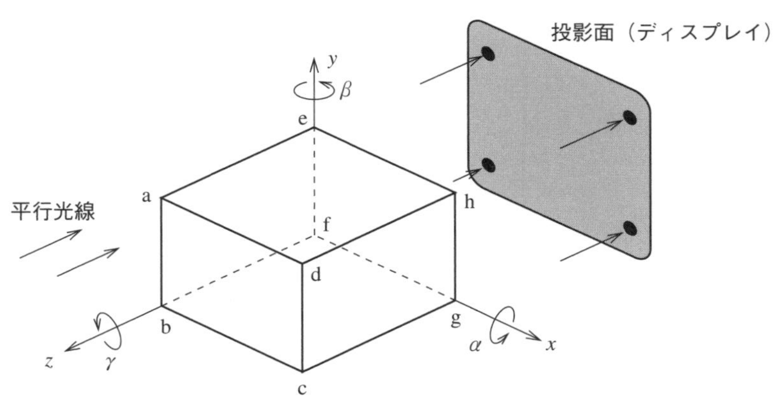

図8.23 3次元図形と投影面

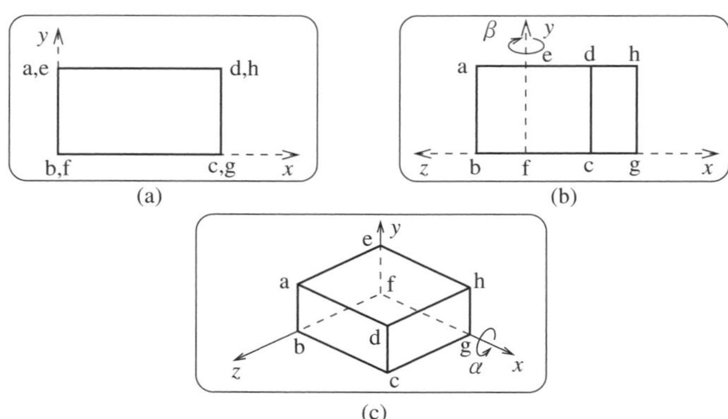

図 8.24 y軸・x軸回りの回転

平行光線による$x-y$平面への投影を軸測投影と呼び，次の2つの基本操作を行うことで作図できる.

① 立体をx，y，z軸回りに回転変換する
回転角の正方向は，各軸の正方向に向かって右ネジを回す向きとし，x軸，y軸，z軸回りの回転角をそれぞれα，β，γとする．回転の順序をy軸→x軸→z軸の順に行うものとすると，点(x, y, z)は次のように変換される.

$$\begin{cases} x_1 = x\cos(\beta) + z\sin(\beta) \\ y_1 = y \\ z_1 = -x\sin(\beta) + z\cos(\beta) \end{cases} \quad y\text{軸回りに}\beta$$

$$\begin{cases} x_2 = x_1 \\ y_2 = y_1\cos(\alpha) - z_1\sin(\alpha) \\ z_2 = y_1\sin(\alpha) + z_1\cos(\alpha) \end{cases} \quad x\text{軸回りに}\alpha$$

$$\begin{cases} x_3 = x_2\cos(\gamma) - y_2\sin(\gamma) \\ y_3 = x_2\sin(\gamma) + y_2\cos(\gamma) \\ z_3 = z_2 \end{cases} \quad z\text{軸回りに}\gamma$$

② 上の回転で得られた座標を，$z=0$平面（$x-y$平面）に平行投影する.
これは難しいことではなく，上の結果の(x_3, y_3, z_3)のうちz_3を無視することが$z=0$平面への平行投影を意味する.
したがって，①で示した式のz_2とz_3は不要となり，以下のような式に簡略化される.

$$\begin{cases} x_1 = x\cos(\beta) + z\sin(\beta) \\ y_1 = y \\ z_1 = -x\sin(\beta) + z\cos(\beta) \\ x_2 = x_1 \\ y_2 = y_1\cos(\alpha) - z_1\sin(\alpha) \\ x_3 = x_2\cos(\gamma) - y_2\sin(\gamma) \\ y_3 = x_2\sin(\gamma) + y_2\cos(\gamma) \end{cases}$$

←x − y平面に投影される点の座標（x_3, y_3）

例題 59 軸測投影

正三角形の重心を中心に基本パターンを回転させ，これを繰り返した模様を作る．

家の各点のデータは次のような構造体配列に格納されているものとする．

```
static struct {
    int f;
    double x,y,z;
} a[]
={-1,80,50,100,   1,0,50,100,…
```

(x, y, z)座標（80,50,100 を指す）

これが－1のときは以後に続く直線群の開始点であることを示す（-1 を指す）

プログラム Rei59

```
/*
 * --------------------
 *        軸測投影       *
 * --------------------
 */

#include "glib.h"

void rotate(double,double,double,double,double,double,double *,
↩double *);

void main(void)
{
    struct {
        int f;
        double x,y,z;
    } a[]
    ={-1,80,50,100,   1,0,50,100,   1,0,0,100,   1,80,0,100,
       1,80,0,0,      1,80,50,0,    1,80,50,100,  1,80,0,100,
```

```
    -1,0,50,100,      1,0,50,0,      1,0,0,0,       1,0,0,100,
    -1,0,50,0,        1,80,50,0,     -1,0,0,0,      1,80,0,0,
    -1,0,50,100,      1,40,80,100,   1,80,50,100,   -1,0,50,0,
    1,40,80,0,        1,80,50,0,     -1,40,80,100,  1,40,80,0,
    -1,50,72,100,     1,50,90,100,   1,65,90,100,   1,65,61,100,
    1,65,61,80,       1,65,90,80,    1,50,90,80,    1,50,90,100,
    -1,65,90,100,     1,65,90,80,    -1,50,90,80,   1,50,72,80,
    1,65,61,80,       -1,50,72,100,  1,50,72,80,    -999,0,0,0  };

  int k;
  double ax=20*3.14159/180,
         ay=-45*3.14159/180,
         az=0*3.14159/180,
         px,py;

  ginit(); cls();
  window(-160,-100,160,100);

  for (k=0;a[k].f!=-999;k++){
      rotate(ax,ay,az,a[k].x,a[k].y,a[k].z,&px,&py);
      if (a[k].f==-1)               // 始点なら
          setpoint(px,py);
      else
          moveto(px,py);
  }
}
void rotate(double ax,double ay,double az,double x,double y,
            double z,double *px,double *py)   // 3次元回転変換
{
    double x1,y1,z1,x2,y2;
    x1=x*cos(ay)+z*sin(ay);       // y軸回り
    y1=y;
    z1=-x*sin(ay)+z*cos(ay);
    x2=x1;                        // x軸回り
    y2=y1*cos(ax)-z1*sin(ax);
    *px=x2*cos(az)-y2*sin(az);    // z軸回り
    *py=x2*sin(az)+y2*cos(az);
}
```

実行結果

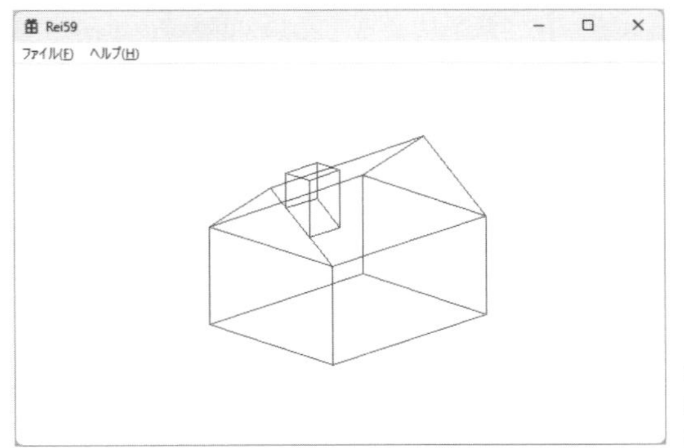

$\alpha = 20°$
$\beta = -45°$
$\gamma = 0°$

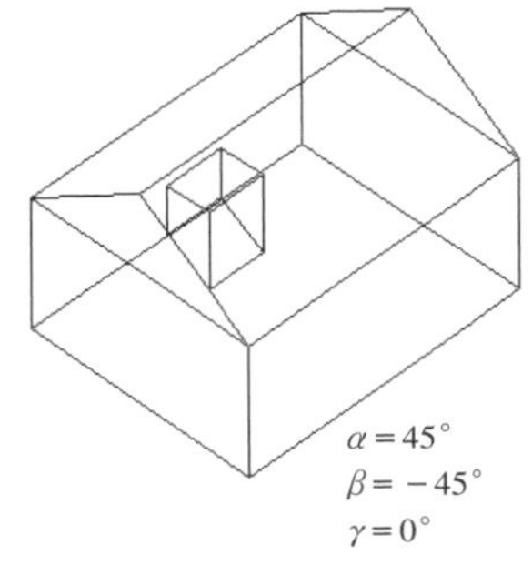

$\alpha = 45°$
$\beta = -45°$
$\gamma = 0°$

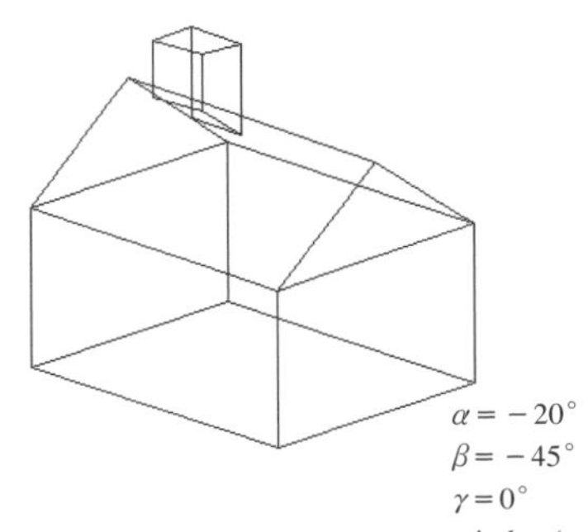

$\alpha = -20°$
$\beta = -45°$
$\gamma = 0°$
window(−160, −50, 160, 150)

練習問題 59 透視

例題59と同じ家のデータがあったとき，これを透視で表示する．

軸測投影では，投影面に対して平行光線を当てて投影したが，透視では，**図8.25**に示すように，ある点に向かって収束する光を当てる．この点のことを投影中心（消失点）と呼び，透視変換がしやすいようにz軸上にとることにする．

透視では，投影中心に対する立体の位置が異なると，立体の見え方が変わり，立体が投影中心より上方にあれば立体を見下ろすように透視され，下方にあれば見上げるように透視される．

そこで，透視では，立体を回転させる動作に加え，平行移動の操作が加わる．また一般に，透視で立体らしく見せるためには，x，y，zの3軸の回りに回転させる必要はなく，y軸回りの回転だけでも十分である．

以下に，透視の変換式を示す．簡単にするために，回転は，y軸回りだけβ回転し，x，y，z方向の平行移動量をl，m，nとし，投影中心を$z=-vp$とする．また，変換後の点は$z=0$平面（$x-y$平面）に透視するものとする．

まず，回転と平行移動により，

$$\begin{cases} x_1 = x\cos(\beta) + z\sin(\beta) + l \\ y_1 = y + m \end{cases}$$

が得られ，これを$z=0$平面に透視すると，次のようになる．

$$\begin{cases} px = x_1 / h \\ py = y_1 / h \\ \quad \text{ただし} h = -x\sin(\beta)/vp + z\cos(\beta)/vp + n/vp + 1 \end{cases}$$

この透視はいわゆる2点透視といわれ，最もよく使われる方法である．$\beta=0$のときは単点透視となる（**図8.26**）．

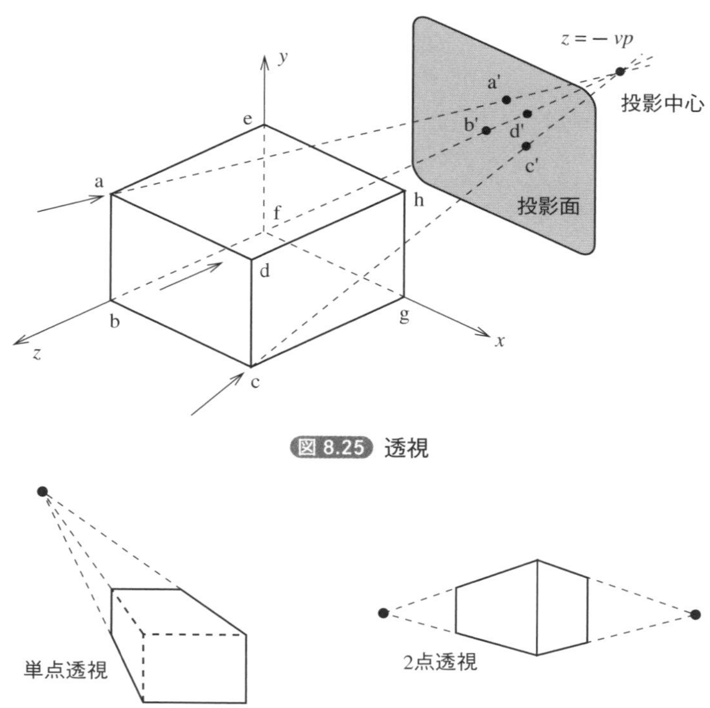

図8.25 透視

図8.26 透視図法

プログラム Dr59

```
/*
 * ------------------
 *      透視変換      *
 * ------------------
 */

#include "glib.h"

void main(void)
{
    struct {
        int f;
        double x,y,z;
    }a[]
      ={-1,80,50,100,   1,0,50,100,   1,0,0,100,    1,80,0,100,
        1,80,0,0,       1,80,50,0,    1,80,50,100,  1,80,0,100,
        -1,0,50,100,    1,0,50,0,     1,0,0,0,      1,0,0,100,
        -1,0,50,0,      1,80,50,0,    -1,0,0,0,     1,80,0,0,
        -1,0,50,100,    1,40,80,100,  1,80,50,100,  -1,0,50,0,
        1,40,80,0,      1,80,50,0,    -1,40,80,100, 1,40,80,0,
        -1,50,72,100,   1,50,90,100,  1,65,90,100,  1,65,61,100,
        1,65,61,80,     1,65,90,80,   1,50,90,80,   1,50,90,100,
        -1,65,90,100,   1,65,90,80,   -1,50,90,80,  1,50,72,80,
        1,65,61,80,     -1,50,72,100, 1,50,72,80,   -999,0,0,0};

    double ay=-35*3.14159/180,  // y軸回りの回転角
           vp=-300.0,           // 投影中心
           l=-25.0,             // x方向の移動量
           m=-70.0,             // y方向の移動量
           n=0.0,               // z方向の移動量
           h,px,py;
    int k;

    ginit(); cls();
    window(-320,-200,320,200);
    for (k=0;a[k].f!=-999;k++){
                                                    // 透視変換
        h=-a[k].x*sin(ay)/vp+a[k].z*cos(ay)/vp+n/vp+1;
        px=(a[k].x*cos(ay)+a[k].z*sin(ay)+l)/h;
        py=(a[k].y+m)/h;

        if (a[k].f==-1)
            setpoint(px,py);
        else
            moveto(px,py);
    }
}
```

実行結果

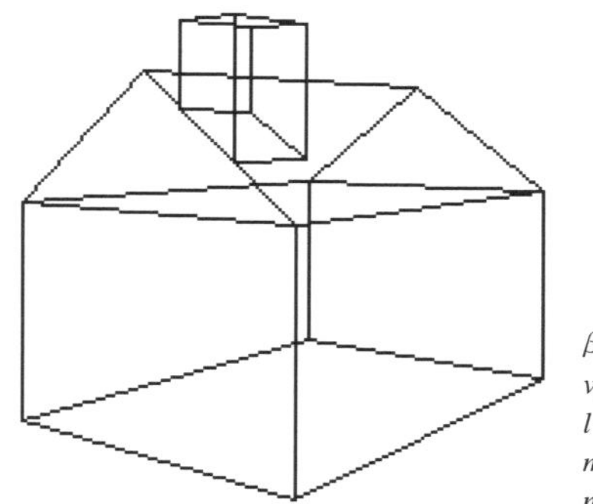

$\beta = -35°$
$vp = -300$
$l = -25$
$m = -70$
$n = 0$

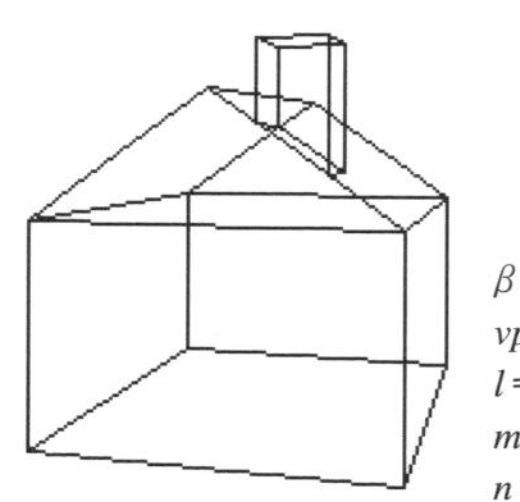

$\beta = -15°$
$vp = -300$
$l = -25$
$m = -70$
$n = 0$

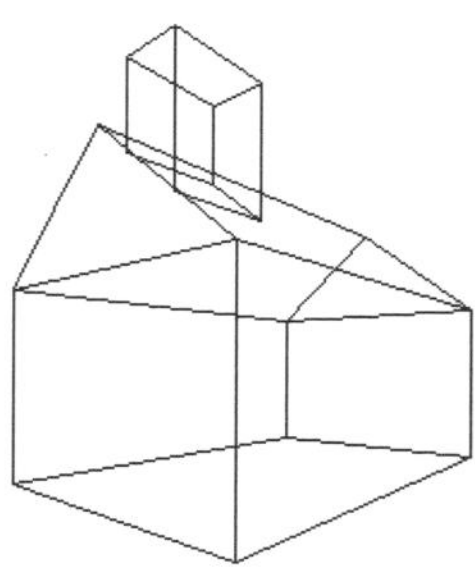

$\beta = -35°$
$vp = -200$
$l = -25$
$m = -30$
$n = 0$

8-5 立体モデル

立体の基本図形で比較的簡単に作れるものとして，錐体，柱体，回転体が考えられる．

錐体を生成するために必要なデータは，底面の各点の座標(x_1, z_1)，(x_2, z_2)，…，(x_n, z_n)と，頂点の$x-z$平面への投影点(x_c, z_c)および高さhである（**図8.27**）．

柱体を生成するために必要なデータは，底面の各点の座標(x_1, y_1)，(x_2, y_2)，…，(x_n, y_n)と，高さhである（**図8.28**）．

回転体はたとえば，**図8.29**のようなa～hで示される2次元図形を，y軸の回りに回転させることにより生成できる．

各点のy座標と，y軸からの距離（半径）rがわかっていれば，各点がy軸回りにθ回転したときの座標は，次式で示される．

$$\begin{cases} x = r\cos(\theta) \\ y = y \\ z = r\sin(\theta) \end{cases}$$

この点を回転変換（軸測投影のところで示した式）して回転していけばよいが，a～h点を回転させた軌跡を描いただけでは，単に8個の楕円が描けるだけで，とても立体には見えない．そこで$a \to b \to c \cdots h$を結んだ直線（稜線）をある回転角度ごとに何箇所かに描くことにする．

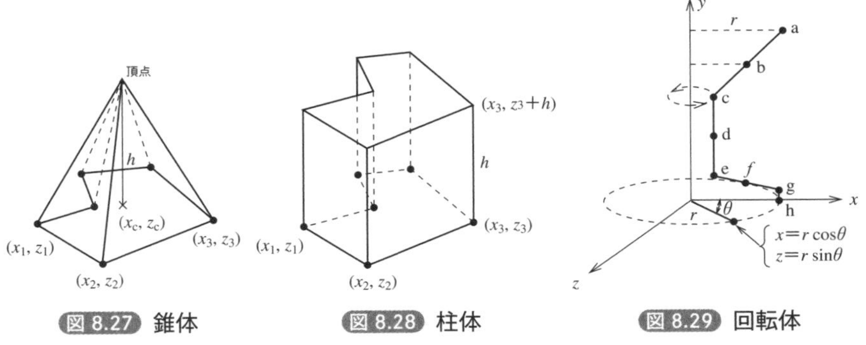

図8.27 錐体　図8.28 柱体　図8.29 回転体

例題 60 軸測投影

正三角形の重心を中心に基本パターンを回転させ，これを繰り返した模様を作る．

プログラム Rei60

```
/*
 * ----------------------------------
 *       回転体モデル（ワイングラス）    *
 * ----------------------------------
 */

#include "glib.h"

void rotate(double,double,double,double,double,double,double *
↩,double *);

void main(void)
{
    int n,k;
    double x,z,px,py,ax,ay,az,rd=3.14159/180;
    double y[]={180,140,100,60,20,10,4,0,-999},  // 高さ
           r[]={100,55,10,10,10,50,80,80,-999};  // 半径
    ax=35*rd;   // x軸回りの回転角
    ay=0;       // y軸回りの回転角
    az=20*rd;   // z軸回りの回転角

    ginit(); cls();
    window(-320,-100,320,300);

    for (k=0;(int)y[k]!=-999;k++){    // y軸回りの回転軌跡
        for (n=0;n<=360;n=n+10){
            x=r[k]*cos(n*rd);
            z=r[k]*sin(n*rd);
            rotate(ax,ay,az,x,y[k],z,&px,&py);
            if (n==0)
                setpoint(px,py);
            else
                moveto(px,py);
        }
    }
    for (n=0;n<=360;n=n+60){    // 稜線
        for (k=0;(int)y[k]!=-999;k++){
            x=r[k]*cos(n*rd);
            z=r[k]*sin(n*rd);
            rotate(ax,ay,az,x,y[k],z,&px,&py);
            if (k==0)
                setpoint(px,py);
            else
                moveto(px,py);
        }
    }
}
```

```
void rotate(double ax,double ay,double az,double x,double y,
↩double z,double *px,double *py)   // 3次元回転変換
{
    double x1,y1,z1,x2,y2;
    x1=x*cos(ay)+z*sin(ay);          // y軸回り
    y1=y;
    z1=-x*sin(ay)+z*cos(ay);
    x2=x1;                           // x軸回り
    y2=y1*cos(ax)-z1*sin(ax);
    *px=x2*cos(az)-y2*sin(az);       // z軸回り
    *py=x2*sin(az)+y2*cos(az);
}
```

実行結果

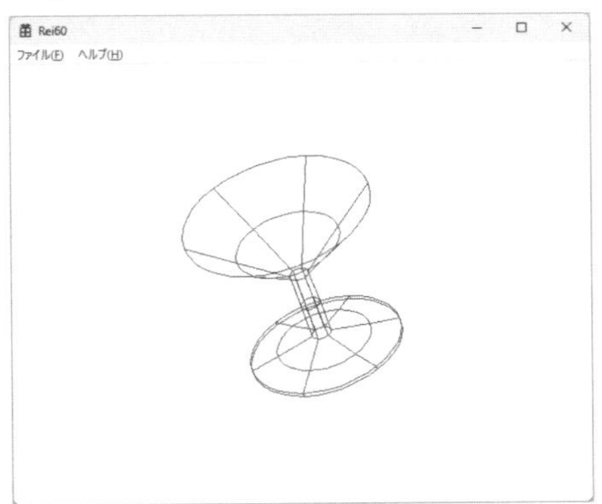

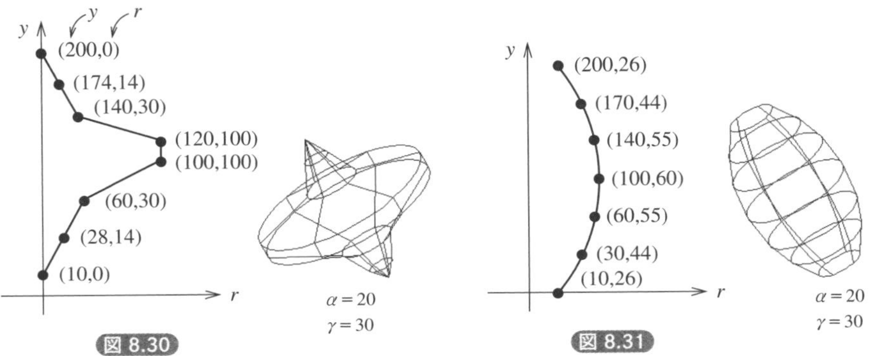

図 8.30

図 8.31

練習問題 60 柱体モデル

柱体モデルによる立体を軸測投影で表示する.

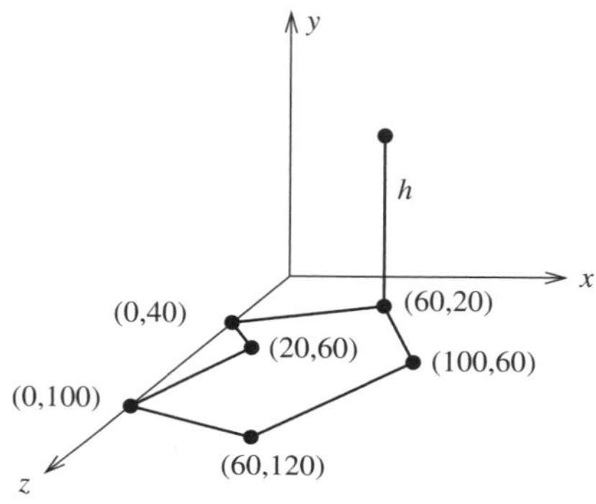

図 8.32 柱体の底面データ

プログラム Dr60

```
/*
 * ------------------
 *       柱体モデル     *
 * ------------------
 */

#include "glib.h"

void rotate(double,double,double,double,double,double,double *
,double *);

void main(void)
{
    int k,n;
    double ax,ay,az,rd=3.14159/180;
    double x[]={ 0,20,  0, 60,100,60, 0,-999},  // x座標
           z[]={40,60,100,120, 60,20,40,-999},  // z座標
           h=100.0,                             // 高さ
           btx[30],bty[30],                     // 底面
           tpx[30],tpy[30];                     // 上面
    ax=35*rd;                             // x軸回りの回転角
    ay=-60*rd;                            // y軸回りの回転角
    az=0;

    ginit(); cls();
    window(-320,-200,320,200);

    for (k=0;(int)x[k]!=-999;k++){        // 底面
        rotate(ax,ay,az,x[k],0.0,z[k],&btx[k],&bty[k]);
```

```
        if (k==0)
            setpoint(btx[k],bty[k]);
        else
            moveto(btx[k],bty[k]);
    }
    n=k;
    for (k=0;k<n;k++){                          // 上面
        rotate(ax,ay,az,x[k],h,z[k],&tpx[k],&tpy[k]);
        if (k==0)
            setpoint(tpx[k],tpy[k]);
        else
            moveto(tpx[k],tpy[k]);
    }
    for (k=0;k<n;k++)           // 底面と上面の各点を結ぶ
        line(tpx[k],tpy[k],btx[k],bty[k]);
}
void rotate(double ax,double ay,double az,double x,double y,
            double z,double *px,double *py)   // 3次元回転変換
{
    double x1,y1,z1,x2,y2;
    x1=x*cos(ay)+z*sin(ay);             // y軸回り
    y1=y;
    z1=-x*sin(ay)+z*cos(ay);
    x2=x1;                              // x軸回り
    y2=y1*cos(ax)-z1*sin(ax);
    *px=x2*cos(az)-y2*sin(az);          // z軸回り
    *py=x2*sin(az)+y2*cos(az);
}
```

実行結果

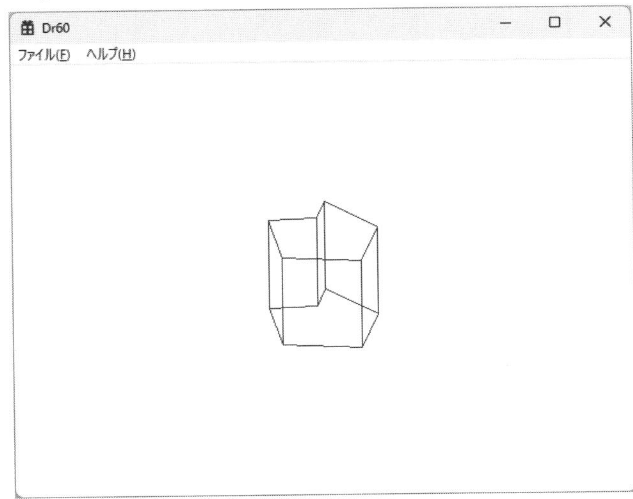

8-6 陰線処理

例題 61 3次元関数

3次元関数のグラフを軸測投影で表示する.

家のデータを3次元表示することについては先に説明したが，これには各頂点のデータが必要になり，複雑な立体を表現するにはかなり多くのデータが必要になる.

ここでは次のような3次元関数を表示する.

$$y = 30\left(\cos\left(\sqrt{x^2 + z^2}\right) + \cos\left(3\sqrt{x^2 + z^2}\right)\right)$$

関数は式で示されているため，データは不要で，労力のいらない割には比較的複雑な図形を楽しめる.

プログラム Rei61

```
/*
 * ------------------
 *      3次元関数      *
 * ------------------
 */

#include "glib.h"

void main(void)
{
    double x,y,z,px,py,ax,ay,rd=3.1415927/180;
    ax=30*rd;
    ay=-30*rd;

    ginit(); cls();
    window(-320,-200,320,200);

    for (z=200.0;z>=-200.0;z=z-10.0){
        for (x=-200.0;x<=200.0;x=x+5.0){
            y=30*(cos(sqrt(x*x+z*z)*rd)+cos(3*sqrt(x*x+z*z)*rd));
            px=x*cos(ay)+z*sin(ay);          // 回転変換
            py=y*cos(ax)-(-x*sin(ay)+z*cos(ay))*sin(ax);
            if ((int)x==-200)
                setpoint(px,py);
            else
                moveto(px,py);
        }
    }
}
```

実行結果

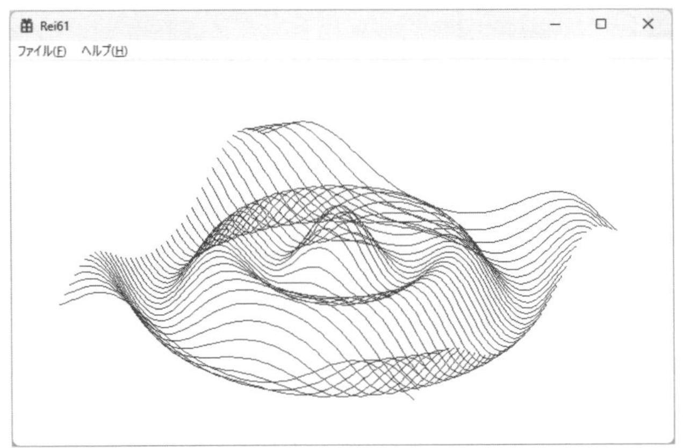

練習問題 61 **max・min 法**

例題61の3次元関数を陰線処理して表示する.

図8.33に示すように，前方の面の後ろに隠れて見えない線を消すことを陰線処理と呼ぶ.

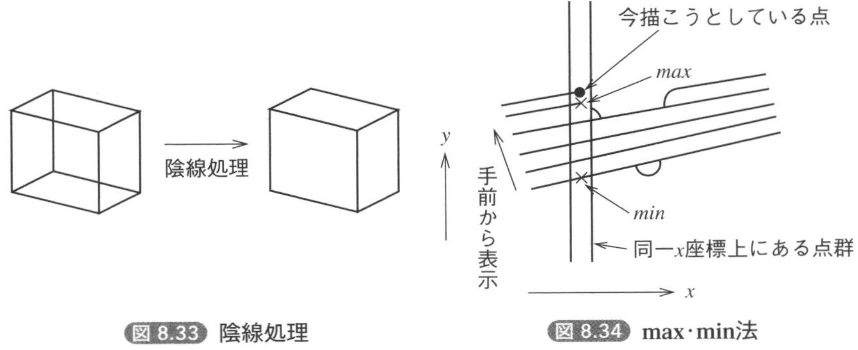

図 8.33 陰線処理　　図 8.34 max・min法

陰線処理の方法は各種あるが，ここではmax・min法というきわめて単純な方法を用いる.

図8.34に示すように，max・min法では，描く図形を必ず手前から描いていく．そして，以後に描く点が，前に描いた点群（ディスプレイの同じx座標に位置する前の点群）の最大点と最小点の間（点群の内側）にあれば，その点を表示せず，逆に前に描いた点群の外にあれば，その点を表示する.

プログラム Dr61

```
/*
 * ------------------------------
 *        3次元関数の陰線処理        *
 * ------------------------------
 */

#include "glib.h"

void main(void)
{
    int ymin[640],ymax[640];
    int k,px,py;
    double cos_x,sin_x,cos_y,sin_y,x,y,z,rd=3.1415927/180;

    ginit(); cls();
    for (k=0;k<640;k++){        // 最大・最小判定配列
        ymin[k]=399;ymax[k]=0;
    }
    cos_x=cos(30*rd);  sin_x=sin(30*rd);
    cos_y=cos(-30*rd); sin_y=sin(-30*rd);
    for (z=200.0;z>=-200.0;z=z-10.0){
        for (x=-200.0;x<=200.0;x++){
            y=30*(cos(sqrt(x*x+z*z)*rd)+
            ⮐ cos(3*sqrt(x*x+z*z)*rd));
            px=(int)(x*cos_y+z*sin_y+320);        // 回転変換
            py=(int)(y*cos_x-(-x*sin_y+z*cos_y)*sin_x+200);
            if (py<ymin[px]){        // 今までの最小より小さい
                ymin[px]=py;pset(px,py);
            }
            if (py>ymax[px]){        // 今までの最大より大きい
                ymax[px]=py;pset(px,py);
            }
        }
    }
}
```

実行結果

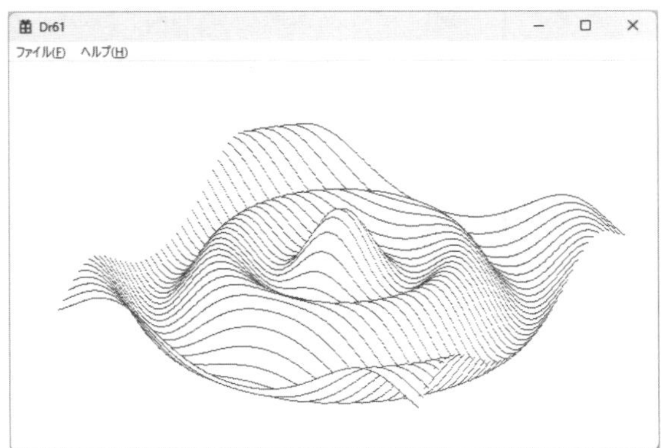

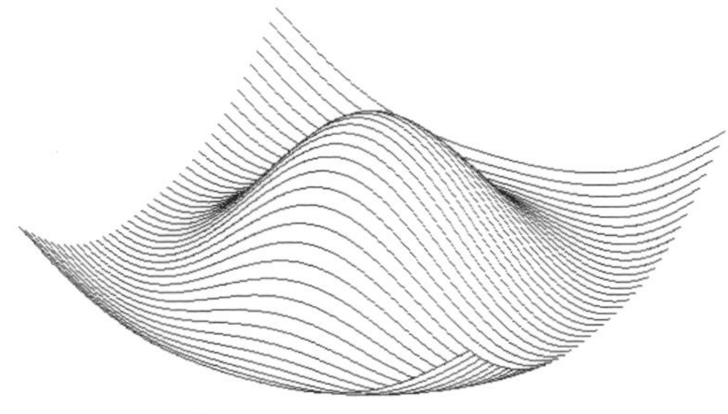

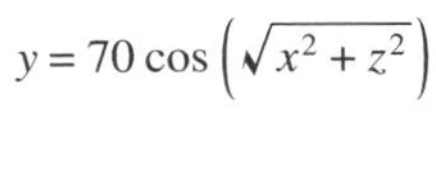

$$y = 70\cos\left(\sqrt{x^2 + z^2}\right)$$

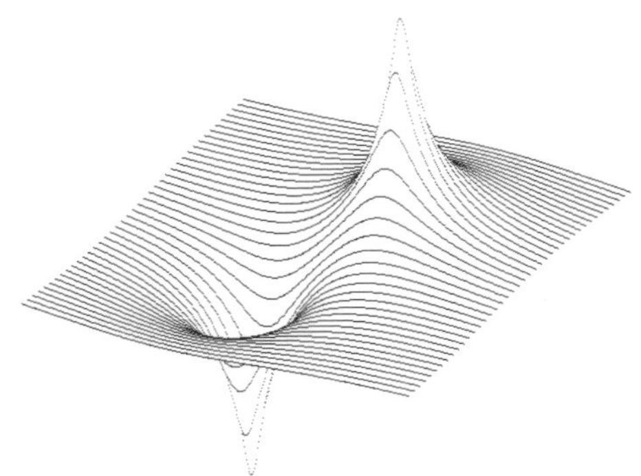

$$y = 900 / \sqrt{\sqrt{(x-50)^2 + (z+50)^2 + 100}} - 900 / \sqrt{\sqrt{(x+50)^2 + (z-50)^2 + 100}}$$

8-7 リカーシブ・グラフィックスI

単純な曲線（n次関数）は，デカルト座標系において解析的に表現することができる．つまり，ある曲線を関数$f(x)$を用いて一意的に表現することができるのであれば，ある点$x = x_0$における$f(x)$は$f(x_0)$で求められることになる．

しかし，曲線の形態が複雑になると，曲面全体を1つの関数$f(x)$で表現することは困難になってくる．そこで，全体を1つの関数で表さずに各小区間に分割し，各小区間ごとに解析的に$f(x)$を求めようとする方法が近似であり，スプライン曲線，最小2乗近似，セグメント法などといった手法がある．

ところで，自然界に存在する物体，たとえば，うっそうと繁る樹木や，複雑に入り組んだ島の入り江などを解析的に表現することはかなりやっかいである（というより不可能に近い）．

そこで，グラフィックスの世界を解析的に表現せずに，再帰的に表現しようとするのがリカーシブ・グラフィックスである．リカーシブ・グラフィックスのおもしろさは驚くほど自然に近い図形がいとも簡単に表現でき，自然や生命の神秘的な美しさを科学の力により解きあかせるのではないかという錯覚（そのうちに錯覚ではなくなるかもしれないが）を彷彿とさせるところにあると思う．

そもそも自然界の生ある物は，それが最初に形作られたときには1つの細胞であったのが，何回かの細胞分裂を繰り返して成長し，現在の形を成しているのである．これはいかにも再帰的表現に似ている．つまり，「n次の細胞（現在の形）は$n-1$次の細胞からなり，$n-1$次の細胞は$n-2$次の細胞からなり……」と表現できるからである．0次の細胞の形と成長の規則（＋突然変異）の定義により，さまざまな種が得られるのである．

例題 62 コッホ曲線

コッホ曲線を描く．

コッホ曲線は，数学者コッホ（H.von Koch）により発見された．**図8.35**に示すように，0次のコッホ曲線は長さlの直線である．1次のコッホ曲線は，1辺の長さが$l/3$の大きさの正三角形状のでっぱりを出す．2次のコッホ曲線は，1次のコッホ曲線の各辺（4つ）に対し，1辺の長さが$l/9$の大きさの正三角形状のでっぱりを出す．これを無限回繰り返せば，無限小の長さの線分が無限本つながった曲線となる．

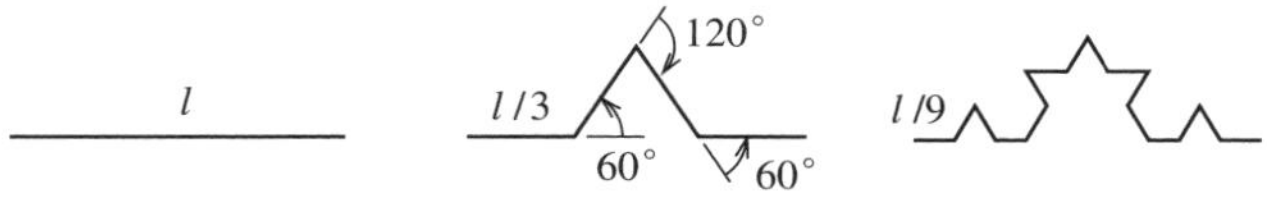

0次　1次　2次

図 8.35 コッホ曲線

n次のコッホ曲線を描くためのアルゴリズムを考えてみる．n次のコッホ曲線を描くには，$n-1$次のコッホ曲線を次のように4つ描く．ここでは，コッホ曲線の1辺の長さはいつでも*leng*に固定しておくことにする．

① $n-1$次のコッホ曲線を1つ描く．
② 向きを60°変えて，$n-1$次のコッホ曲線を1つ描く
③ 向きを−120°変えて，$n-1$次のコッホ曲線を1つ描く
④ 向きを60°変えて，$n-1$次のコッホ曲線を1つ描く

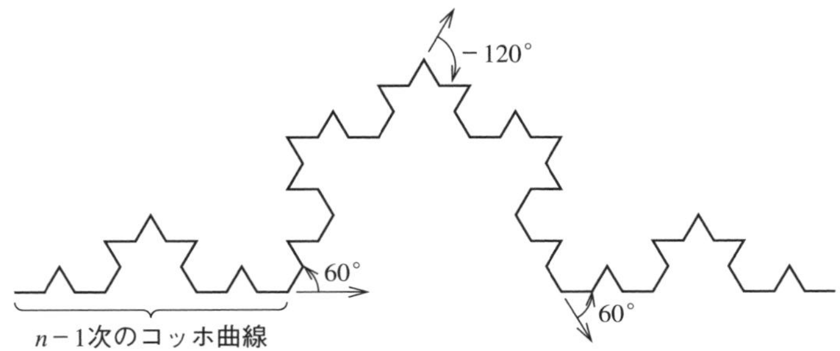

図 8.36 n次のコッホ曲線（この例は3次）

プログラム Rei62

```
/*
 * ---------------------
 *        コッホ曲線       *
 * ---------------------
 */

#include "glib.h"

void koch(int,double);

void main(void)
{
    int     n=4;              // コッホ次数
```

```
    double leng=4.0;     // 0次の長さ

    ginit(); cls();
    setpoint(100,200);
    setangle(0);

    koch(n,leng);
}
void koch(int n,double leng)         // コッホ曲線の再帰手続き
{
    if (n==0){
        move(leng);
    }
    else {
        koch(n-1,leng);
        turn(60);
        koch(n-1,leng);
        turn(-120);
        koch(n-1,leng);
        turn(60);
        koch(n-1,leng);
    }
}
```

実行結果

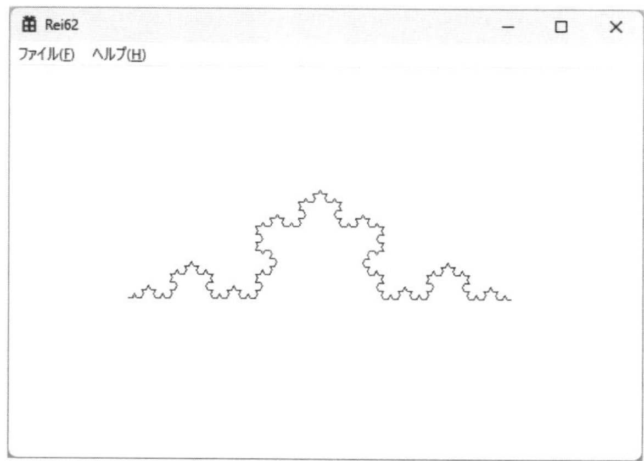

練習問題 62-1 コッホ島

コッホ曲線を3つ組み合わせてコッホ島を作る.

コッホ曲線を3つ, －120°の傾きを成してくっつけると雪の結晶のような形をしたコッホ島と呼ばれる図形が描ける.

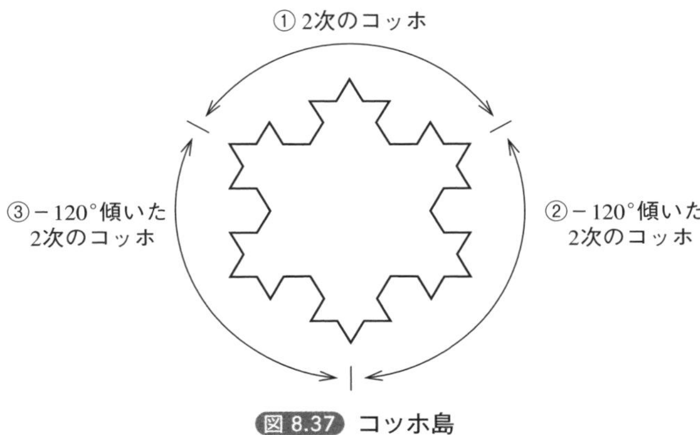

図 8.37 コッホ島

プログラム Dr62_1

```
/*
 * --------------------
 *        コッホ島       *
 * --------------------
 */

#include "glib.h"

void koch(int,double);

void main(void)
{
    int    i,
           n=4;          // コッホ次数
    double leng=4.0;     // 0次の長さ

    ginit(); cls();
    setpoint(150,300);
    setangle(0);
    for (i=0;i<3;i++){
        koch(n,leng);
        turn(-120);
    }
}
```

```
void koch(int n,double leng)          // コッホ曲線の再帰手続き
{
    if (n==0){
        move(leng);
    }
    else {
        koch(n-1,leng);
        turn(60);
        koch(n-1,leng);
        turn(-120);
        koch(n-1,leng);
        turn(60);
        koch(n-1,leng);
    }
}
```

実行結果

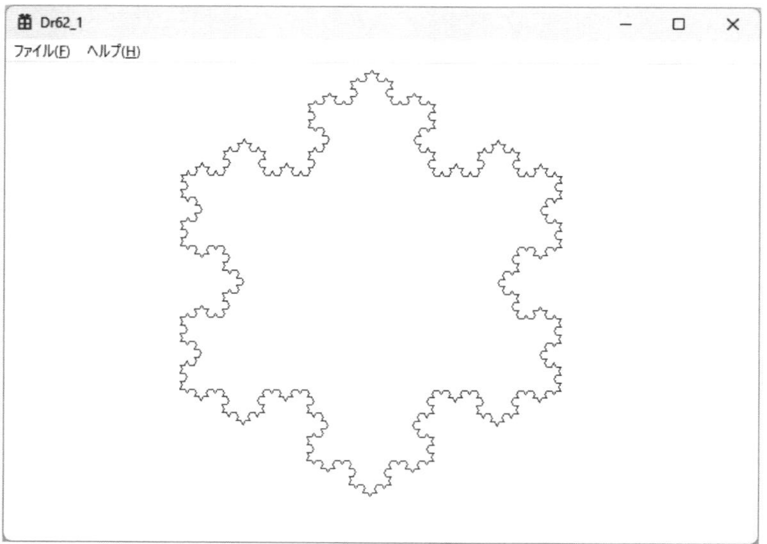

練習問題 62-2 クロスステッチ

コッホ島と同じ要領でクロスステッチを描く.

コッホ曲線が正三角形を基本としているのに対し，クロスステッチは正方形を基本にしている．原理はまったく同じで，n次のクロスステッチを描くには$n-1$次のクロスステッチを5本描けばよく，描く方向は$+90°$，$-90°$，$-90°$，$+90°$の順に変わる．

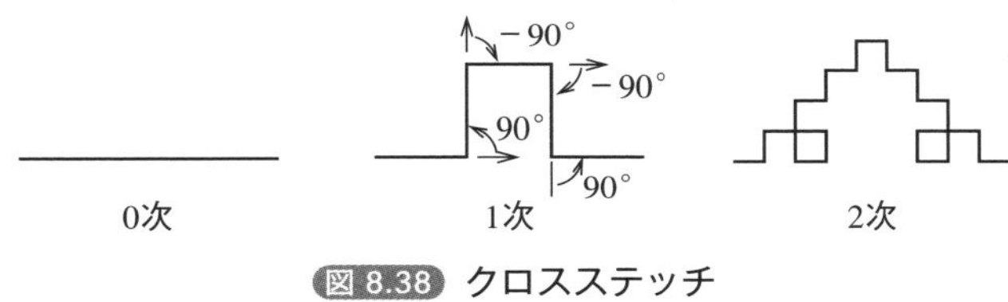

図 8.38 クロスステッチ

プログラム Dr62_2

```
/*
 * ------------------------------
 *          クロス・ステッチ         *
 * ------------------------------
 */

#include "glib.h"

void stech(int,double);

void main(void)
{
    int    k,
           n=4;            // ステッチの次数
    double leng=2.0;       // 0次の長さ

    ginit(); cls();
    setpoint(200,300); setangle(0);
    for (k=1;k<=4;k++){
        stech(n,leng);
        turn(-90);
    }
}
void stech(int n,double leng)       // ステッチの再帰手続き
{
    if (n==0)
        move(leng);
    else {
```

```
            stech(n-1,leng); turn(90);
            stech(n-1,leng); turn(-90);
            stech(n-1,leng); turn(-90);
            stech(n-1,leng); turn(90);
            stech(n-1,leng);
        }
}
```

実行結果

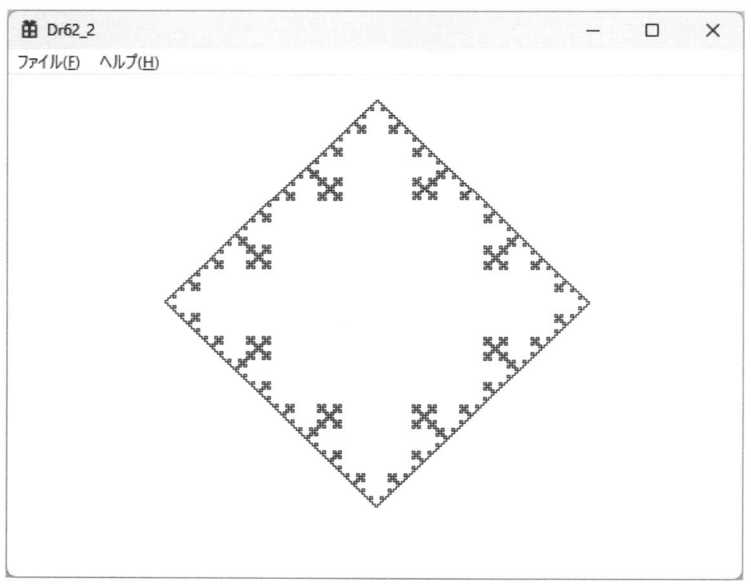

 フラクタル（Fractal）

1980年代に入り，コンピュータグラフィックスの世界でフラクタル（Fractal）という言葉が使われだした．フラクタルという言葉はマンデルブロー（Mandolbrot）がその著書「FRACTALS,form,chance and dimension」の中でつけた造語で“不規則な断片ができる”とか“半端な”というような意味に解釈されている．

フラクタルの例として，次のような海岸線を用いる．

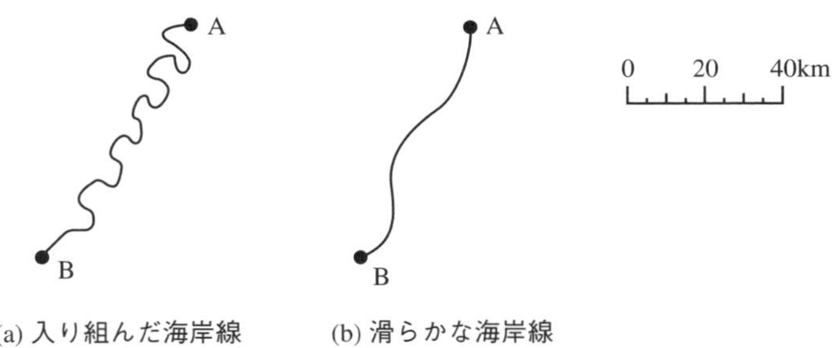

図 8.39 海岸線

この2つの海岸線を，長さ5kmの物差しと長さ20kmの物差しを使って計測した場合，(b)の方はどちらの物差しでもA～Bの距離は同じくらいの長さになる．ところが(a)の方は右図のように5kmの物差しを使った方が長くなる．

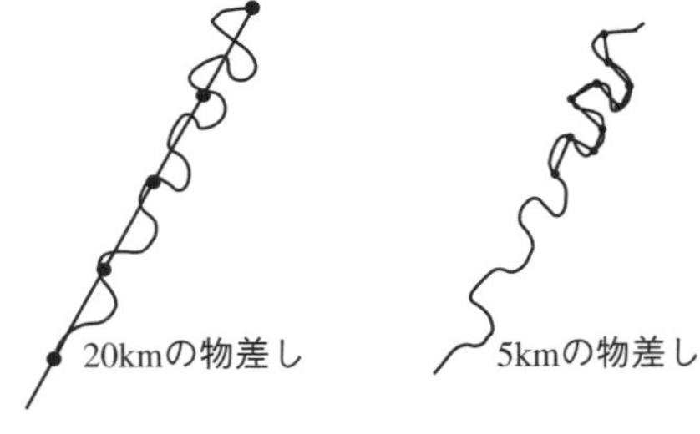

図 8.40 異なる長さの物差しで測る

このように(a)，(b)とも同じ1次元の図形でありながら複雑さが違う．複雑さの尺度を数値で表したものがフラクタル次元である．

フラクタル次元Dは次の式で表せる．

$$D = N + \log\left(E_D\right) / \log\left(1 / r\right)$$

N …次元
E_D …物体の伸び率
r …尺度比

1次のコッホ曲線のフラクタル次元を求める．

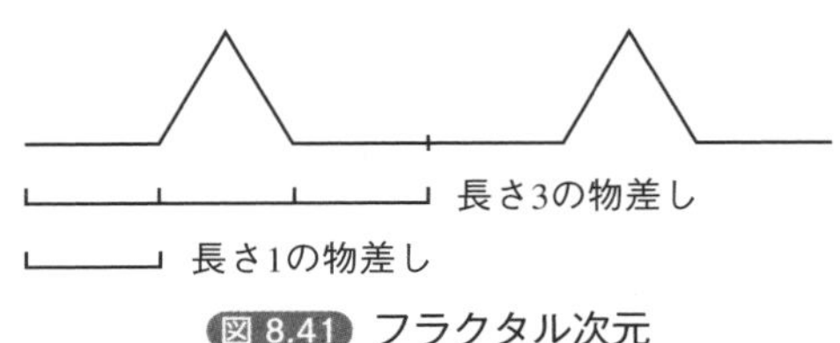

図 8.41 フラクタル次元

物差しの長さを3から1に短くした（尺度比$r = 1/3$）場合の計測長の伸び率E_Dは4/3となるから，

$$
\begin{aligned}
D &= 1 + \log\left(\frac{4}{3}\right) / \log(3) \\
&\approx 1.26
\end{aligned}
$$

となる．つまりコッホ曲線は1次元と2次元の中間の半端な次元（1.26次元）を持つことになる．

● 参考図書：『やさしいフラクタル』安居院猛，中嶋正之，永江孝規 共著，工学社

8-8 リカーシブ・グラフィックスII

例題 63 樹木曲線 I

木が枝を伸ばしていく形をした樹木曲線を描く.

樹木曲線は次の規則に従う.

- 1次の樹木曲線は長さlの直線である.
- 2次の樹木曲線は長さ$l/2$の枝を90°の角(*branch*=45°)をなして2本出す.
- 3次の樹木曲線は長さ$l/4$の枝を90°の角をなして各親枝から2本出す.
  つまり,全部で4本出したことになる.

なお,枝の縮小率,伸びる角度はおのおの1/2と90°に限定されるものではない.

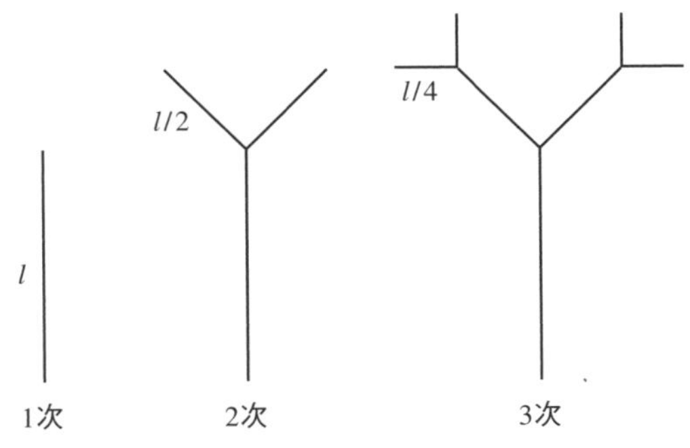

図 8.42 樹木曲線

樹木曲線は,親の枝から2本の子の枝を出していくので,2分木の木構造とまったく同じと考えることができる.

今,**図8.43**に示す木を行きがけ順に走査すると,①→②→③…の順に枝を描いていくことになる.

n次の木を描くアルゴリズムは次のようになる.

① (x_0, y_0)位置から角度aで長さ*leng*の枝を1つ引く.引き終わった終点の座標を新しい(x_0, y_0)とする.

② $n-1$次の右部分木を再帰呼び出し.

③ $n-1$次の左部分木を再帰呼び出し.

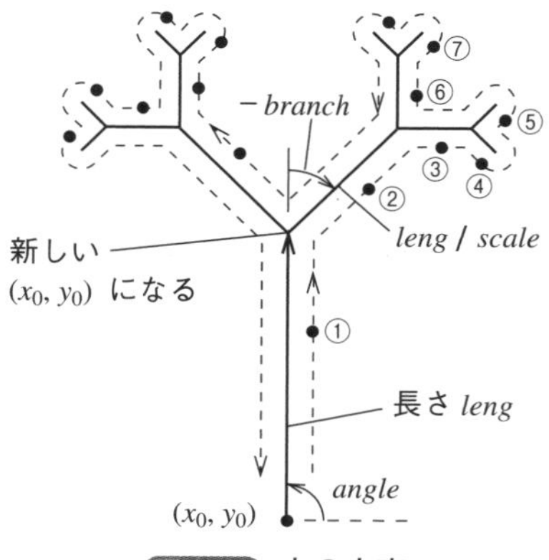

図 8.43 木の走査

プログラム Rei63

```
/*
 * ----------------------
 *        樹木曲線その１      *
 * ----------------------
 */

#include "glib.h"

void tree(int,double,double,double,double);

double scale,branch;

void main(void)
{
    int n;
    double x0,y0,leng,angle;

    n=8;                    // 枝の次数
    x0=300.0;y0=50.0;       // 根の位置
    leng=100.0;             // 枝の長さ
    angle=90.0;             // 枝の向き
    scale=1.4;              // 枝の伸び率
    branch=20.0;            // 枝の分岐角

    ginit(); cls();
    tree(n,x0,y0,leng,angle);
}
void tree(int n,double x0,double y0,double leng,double angle)
                                            // 樹木曲線の再帰手続き
{
    if (n==0)
        return;
```

```
    setpoint(x0,y0); setangle(angle);
    move(leng);

    x0=LPX; y0=LPY;
    tree(n-1,x0,y0,leng/scale,angle-branch);
    tree(n-1,x0,y0,leng/scale,angle+branch);
}
```

実行結果

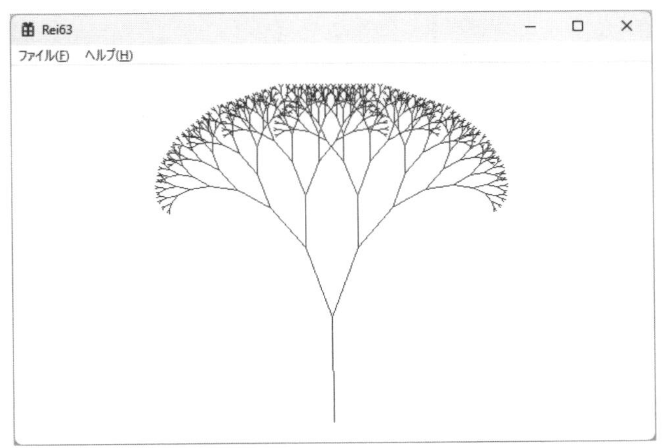

例題63の実行例は左右対称な図形であるが，左右の枝の伸び率を違えると次のような変形種の木が得られる．この例は，左の枝の伸びを右の枝の0.8倍にした場合である．つまり**例題63**の左部分木呼び出し部を次のように変更する．

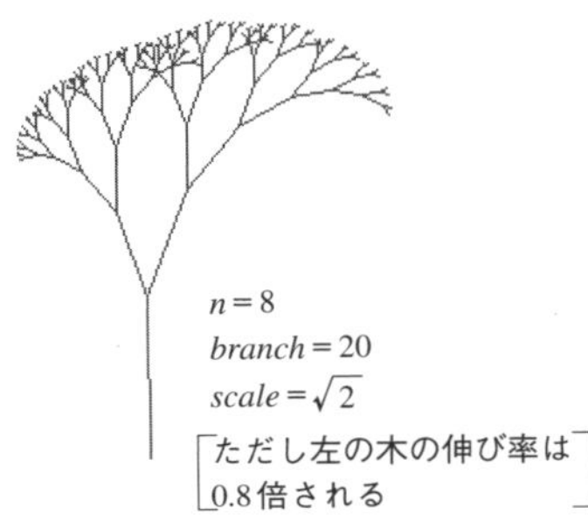


```
tree(n-1, x0, y0, leng/scale * 0.8, angle + branch);
```

練習問題 63 樹木曲線Ⅱ

正方形を枝にした樹木曲線を描く.

線の枝の代わりに，正方形を用いて樹木曲線を描くこともできる.

図8.44に示すように，正方形の枝に45°の傾きで$1/\sqrt{2}$の子の正方形枝を伸ばしていく.

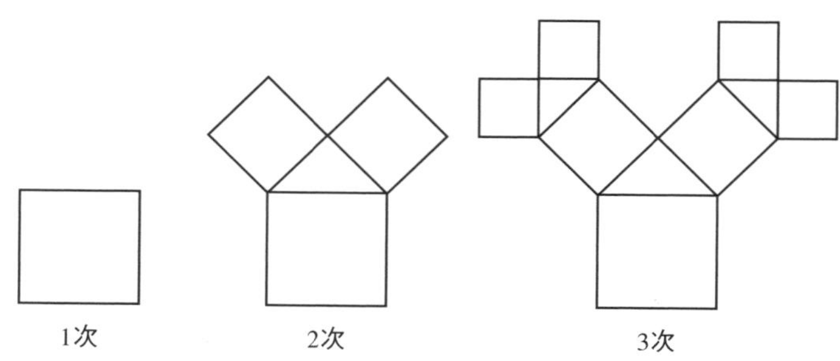

図8.44 正方形を枝にした樹木

図8.45に示すように，正方形は(x_0, y_0)を始点に①→②→③→④の順に描く．右の枝に移ったときの新しい(x_0', y_0')は，次のようになる.

$$x_0' = x_0 + \frac{leng}{\sqrt{2}}\cos(angle - 45)$$

$$y_0' = y_0 + \frac{leng}{\sqrt{2}}\sin(angle - 45)$$

また右の枝から戻ってきたときの親の枝の位置は，(x_0, y_0)，角度は $angle$，長さは$leng$であるから，この点から左の木に移ったときの新しい(x''_0, y''_0)は

$$x''_0 = x_0 + \sqrt{2}\,leng\cos(angle + 45)$$
$$y''_0 = y_0 + \sqrt{2}\,leng\sin(angle + 45)$$

となる.

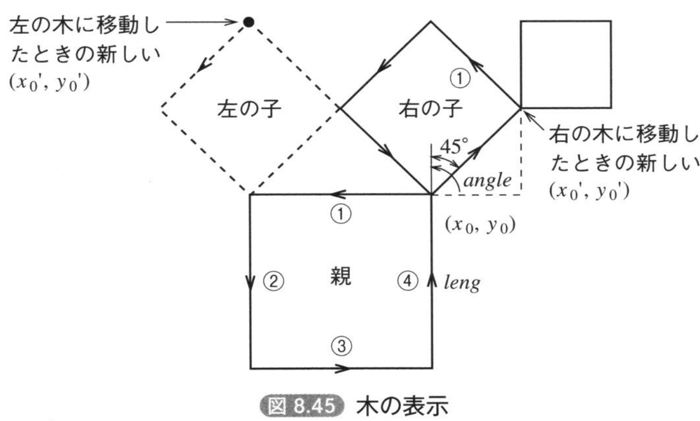

図 8.45 木の表示

プログラム Dr63_1

```
/*
 * -------------------------
 *        樹木曲線その２       *
 * -------------------------
 */

#include "glib.h"

void ctree(int,double,double,double,double);

void main(void)
{
    int    n=9;                // 枝の次数
    double x0=0.0,y0=50.0,     // 根の位置
           leng=100.0,         // 枝の長さ
           angle=90.0;         // 枝の向き

    ginit(); cls();
    window(-640,-400,640,400);

    ctree(n,x0,y0,leng,angle);     // 再帰呼び出し

}
void ctree(int n,double x0,double y0,double leng,double angle)
                                 // 樹木曲線の再帰手続き
{
    double rd=3.14159/180;
    int k;

    if (n==0)
        return;
```

```
    setpoint(x0,y0);setangle(angle);
    for (k=1;k<=4;k++){ // 正方形を描く
        turn(90);
        move(leng);
    }

    ctree(n-1,x0+leng*cos((angle-45)*rd)/sqrt(2.0),  // 右部分木
              y0+leng*sin((angle-45)*rd)/sqrt(2.0),
              leng/sqrt(2.0),angle-45);
    ctree(n-1,x0+sqrt(2.0)*leng*cos((angle+45)*rd),  // 左部分木
              y0+sqrt(2.0)*leng*sin((angle+45)*rd),
              leng/sqrt(2.0),angle+45);
}
```

実行結果

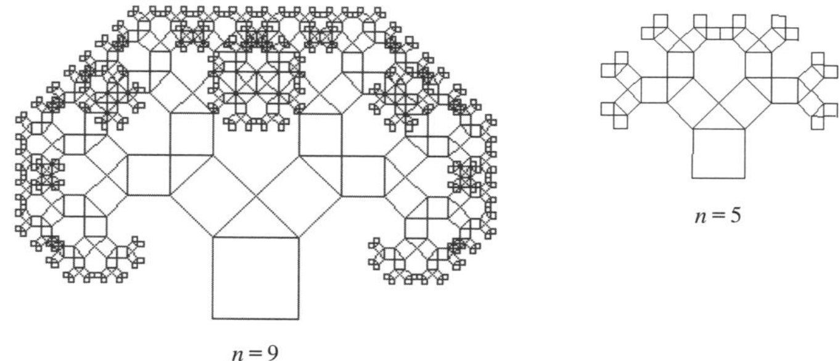

例題63の樹木曲線もまた対称図形であるが，左の木へと移るときの位置(x_0", y_0")を非対称位置に設定することにより，以下の異形の樹木曲線が得られる．**例題63**のプログラムリストの左部分木の呼び出し方もあわせて示す．

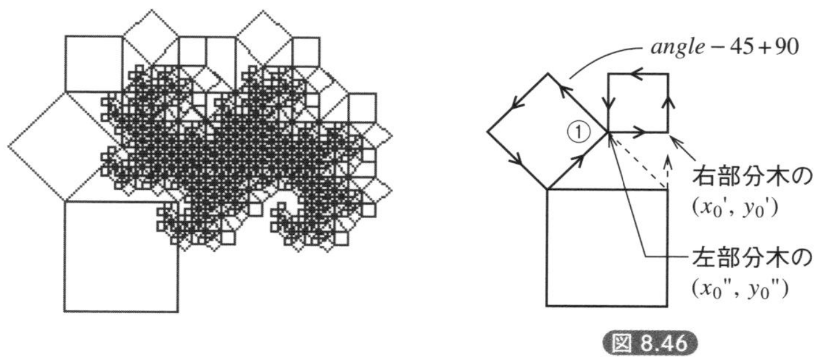

図 8.46

```
ctree(n-1,x0+leng*cos((angle+45)*rd)/sqrt(2.0),  // 左部分木
          y0+leng*sin((angle+45)*rd)/sqrt(2.0),
          leng/sqrt(2.0),angle-45);
```

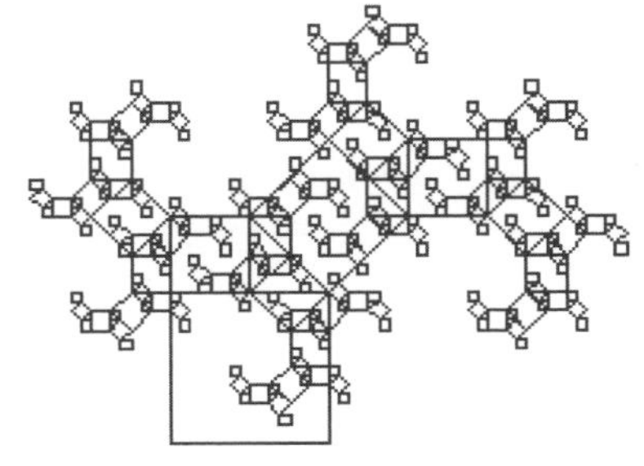

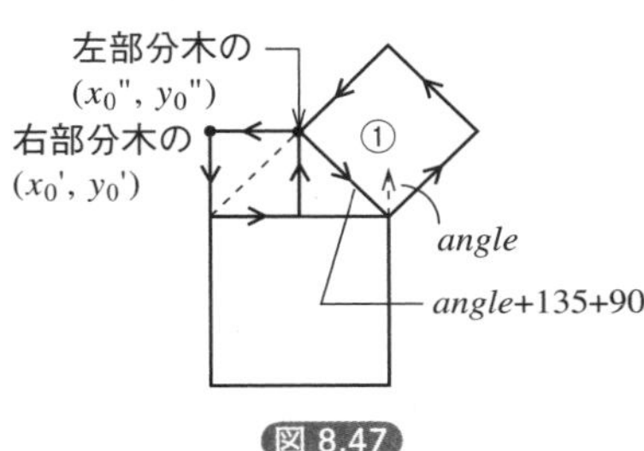

図 8.47

```
ctree(n-1,x0+leng*cos((angle+45)*rd)/sqrt(2.0),  // 左部分木
          y0+leng*sin((angle+45)*rd)/sqrt(2.0),
          leng/sqrt(2.0),angle+135);
```

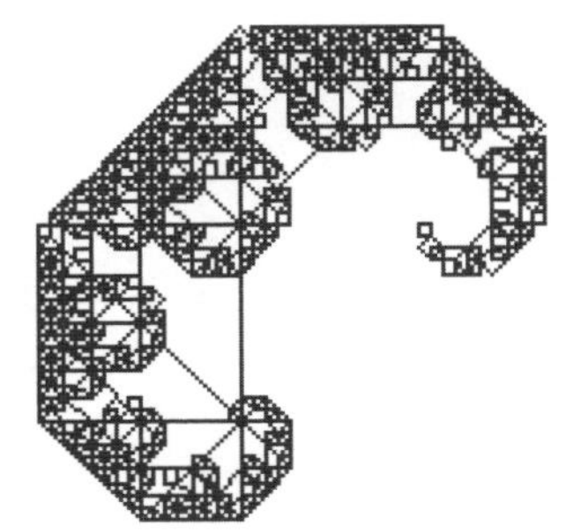

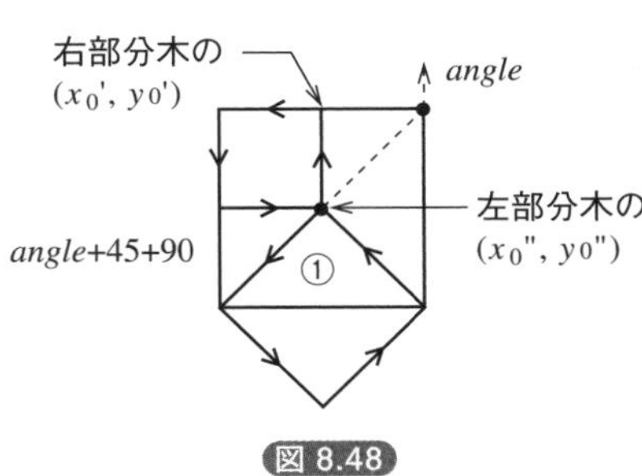

図 8.48

```
ctree(n-1,x0+leng*cos((angle+135)*rd)/sqrt(2.0),  // 左部分木
          y0+leng*sin((angle+135)*rd)/sqrt(2.0),
          leng/sqrt(2.0),angle+45);
```

いろいろなリカーシブ・グラフィックス

各種リカーシブ・グラフィックスの例を以下に示す.

C曲線

n次のC曲線は$n-1$次のC曲線とそれぞれ90°回転させた$n-1$次のC曲線で構成される.

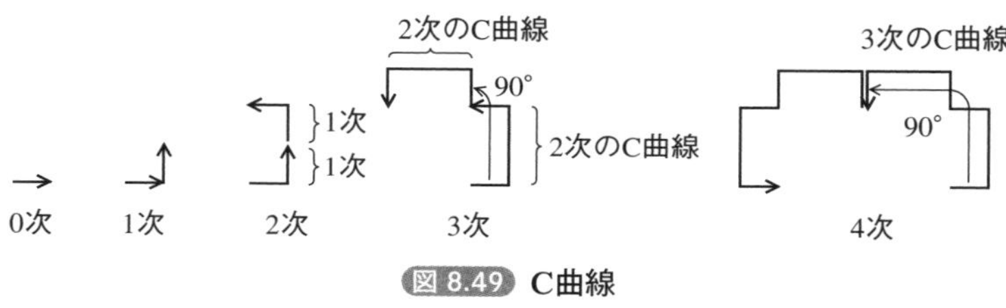

図 8.49 C曲線

プログラム Dr63_2

```
/*
 * ----------------
 *       C曲線      *
 * ----------------
 */

#include "glib.h"

void ccurve(int);

void main(void)
{
    int n=10;          // 次数

    ginit(); cls();

    setpoint(200,100);
    ccurve(n);
}
void ccurve(int n)
{
    if (n==0){
        move(5);
    }
    else {
        ccurve(n-1);   ← ①
        turn(90);
```

```
        ccurve(n-1); ◀── ②
        turn(-90);
    }
}
```

実行結果

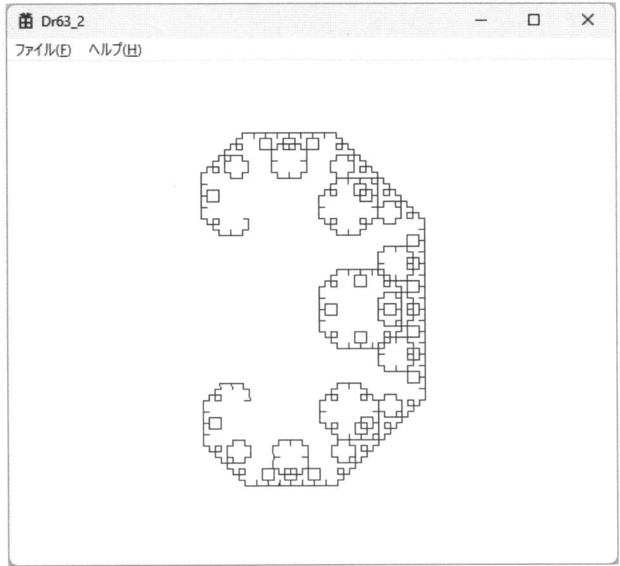

①の呼び出しを`c1()`，②の呼び出しを`c2()`と書くと3次のC曲線の再帰呼び出しは次のようになる．

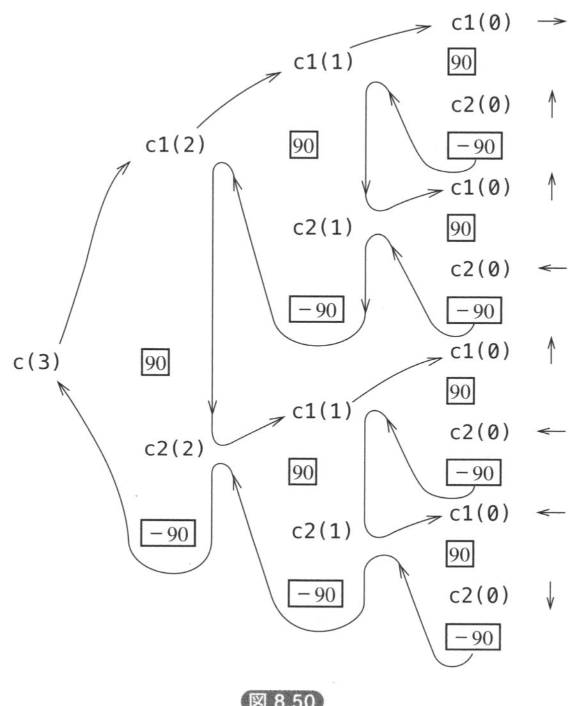

図8.50

ドラゴン（Dragon）曲線

ドラゴン曲線は，J.E.HeighwayというNASAの物理学者が考え出したものである．

格子状のマス目を右か左に必ず曲がりながら，1度通った道は再び通らないようにしたときにできる経路である．

この曲線は交わることなく（接することはある）空間を埋めていく．

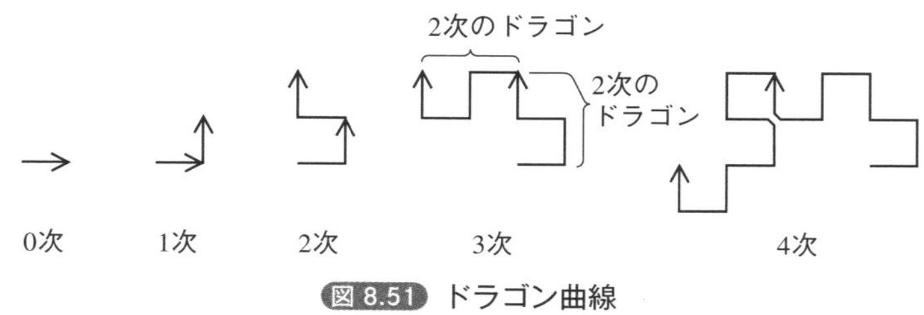

図8.51 ドラゴン曲線

プログラム Dr63_3

```
/*
 * -------------------------
 *       ドラゴン・カーブ       *
 * -------------------------
 */

#include "glib.h"

void dragon(int,double);

void main(void)
{
    int n=10;         // 次数

    ginit(); cls();

    setpoint(200,100);
    dragon(n,90);
}
void dragon(int n,double a)
{
    if (n==0){
        move(5);
    }
    else {
        dragon(n-1,90);
        turn(a);
        dragon(n-1,-90);
    }
}
```

実行結果

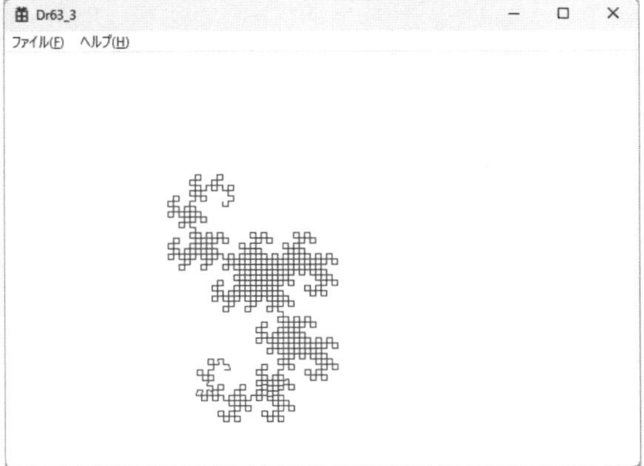

ヒルベルト（Hilbert）曲線

4分割した正方形の中心を一筆書きで結んだものが1次のヒルベルト曲線，さらに個々を4分割した正方形（16分割となる）の中心を一筆書きで結んだものが2次のヒルベルト曲線となる．

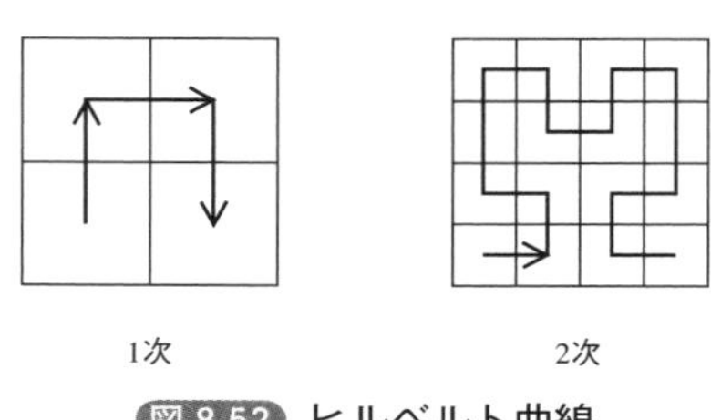

図8.52 ヒルベルト曲線

プログラム Dr63_4

```
/*
 * -----------------------
 *       ヒルベルト曲線      *
 * -----------------------
 */

#include "glib.h"

void hilbert(int,double,double);

void main(void)
{
    int n=4;            // 次数

    ginit(); cls();

    setpoint(200,100);
    hilbert(n,10,90);
}
void hilbert(int n,double l,double angle)
{
    if (n==0)
        return;
    turn(angle);hilbert(n-1,l,-angle);move(l);      ←①
    turn(-angle);hilbert(n-1,l,angle);move(l);      ←②
    hilbert(n-1,l,angle);turn(-angle);move(l);      ←③
    hilbert(n-1,l,-angle);turn(angle);
}
```

2次のヒルベルト曲線について，①②③の`move(l)`で描いた場所を示すと図

8.53のようになる.

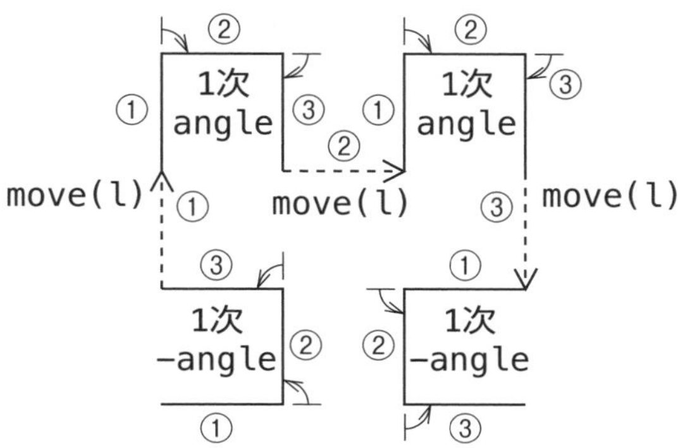

図 8.53 2次ヒルベルト曲線の構造

実行結果

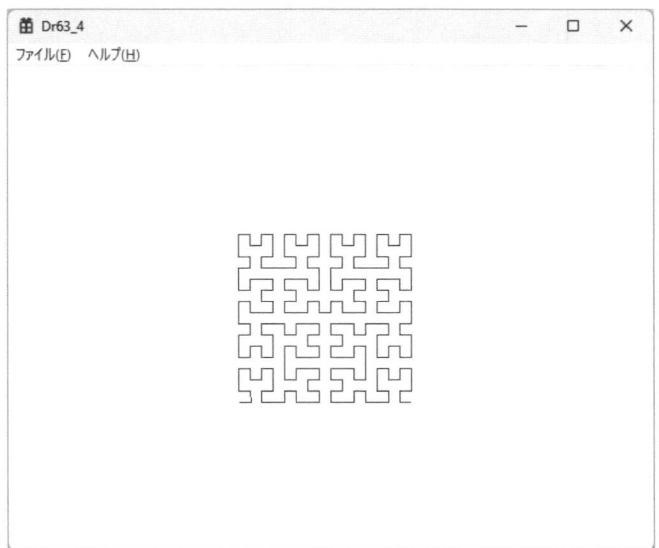

シェルピンスキー（Sierpinski）曲線

シェルピンスキー曲線は，直角二等辺三角形の内部を埋める曲線を4つつないで，正方形状にしたものである.

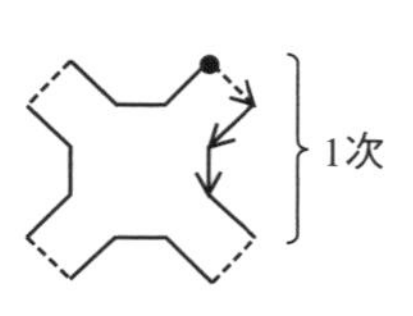

1次のシェルピンスキー曲線を4つつなげたもの

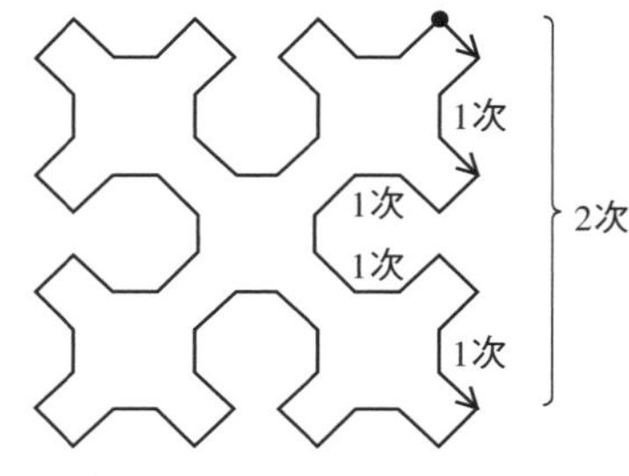

2次のシェルピンスキー曲線を4つつなげたもの

図 8.54 シェルピンスキー曲線

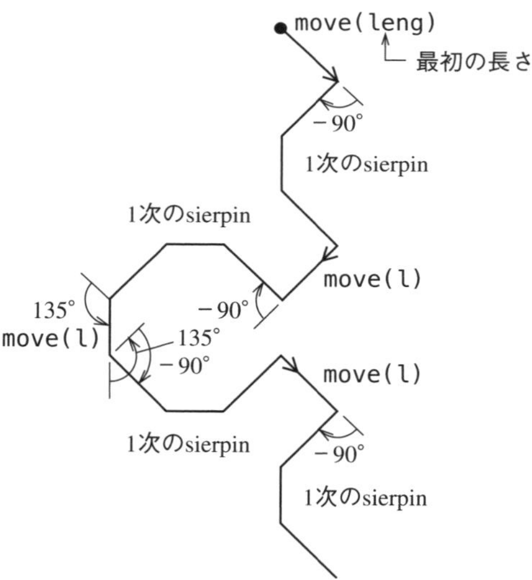

図 8.55 シェルピンスキー曲線の構造

プログラム Dr63_5

```
/*
 * ---------------------------
 *       シェルピンスキー曲線        *
 * ---------------------------
 */

#include "glib.h"

void sierpin(int,double);
```

```
void main(void)
{
    int i,n =3,                 // 次数
        leng=10;                // 長さ

    ginit(); cls();

    setpoint(350,300);setangle(-45);
    for (i=0;i<4;i++){
        move(leng);
        sierpin(n,leng);
    }
}
void sierpin(int n,double l)
{
    if (n==0){
        turn(-90);
        return;
    }
    sierpin(n-1,l);move(l);
    sierpin(n-1,l);turn(135);move(l);
    turn(135);sierpin(n-1,l);move(l);
    sierpin(n-1,l);
}
```

実行結果

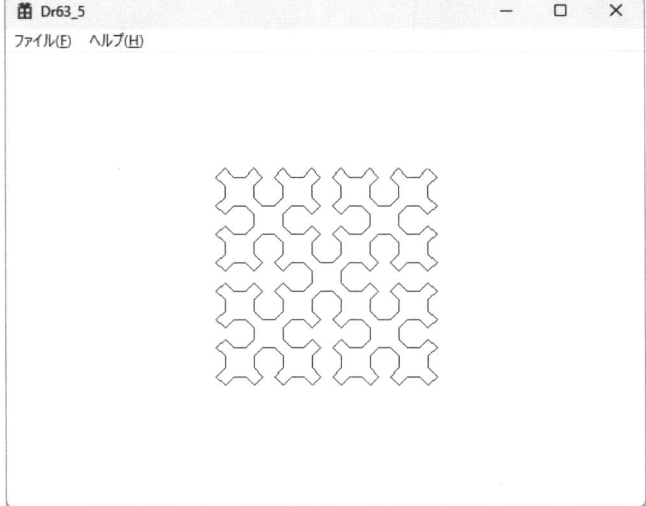

第9章 パズル・ゲーム

- コンピュータの最も発展した応用技術の1つにゲームがある．子どもたちが熱中するファミコンの魅力は，あの画面の中に展開される虚構の世界をこの手で自由に操れる壮快さにあると思う．この種のゲームはより正確な虚構の世界を作り出すために，高度なグラフィック技術とリアルタイムで反応するスピードが要求されるから，コンピュータなしでは考えられないゲームである．
- 一般に，ゲームというと世俗的な語感があるのに対し，パズルは知的思考の遊びとしての意味合いが強い．パズルは古今東西いろいろなものが考えられている．これはいつの世も，人間の知的好奇心が旺盛である証拠である．
- パズルの世界もコンピュータを導入することにより，第4章で示したハノイの塔の問題のように，きわめて明快に解きあかすことができるのである．しかし，一般には明快なアルゴリズムが適用できずに，しらみつぶし的に調べなければならないことも多い．このような場合のアルゴリズムとして，バックトラッキングとダイナミックプログラミングについても説明する．

9-1 魔方陣

例題 64 奇数魔方陣

$n \times n$（nは奇数）の正方形のマスの中に$1 \sim n^2$までの数字を各行，各列，対角線のそれぞれの合計が，すべて同じ数になるように並べる．

図9.1に3×3の奇数魔方陣の答を示す．

8	1	6
3	5	7
4	9	2

図 9.1 3×3の奇数魔方陣

数が少ないうちは試行錯誤にマスを埋めていけば答が見つかるが，数が大きくなれば無理である．$n \times n$（$n = 3, 5, 7, 9, \cdots$）の奇数魔方陣を解くアルゴリズムは以下の通りである．

① 第1行の中央に1を入れる．

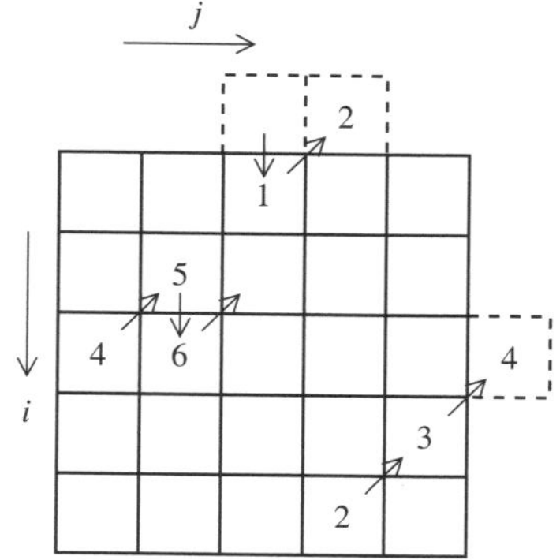

図 9.2 n×nの奇数魔方陣

② 入れる数を方陣の大きさnで割った余りが1であればすぐ下のマスへ進み，そうでなければ斜め上へ進む．

③ もし上へはみ出した場合は，同じ列の一番下へ移る．

④ もし右へはみ出した場合は，同じ行の一番左へ移る．

プログラム Rei64

```
 * --------------------
 *        奇数魔方陣      *
 * --------------------
 */
#include <stdio.h>

#define N 7      // n方陣(n=3,5,7,9,…)

void main(void)
{
    int hojin[N+1][N+1],i,j,k;

    j=(N+1)/2; i=0;
    for (k=1;k<=N*N;k++){
        if ((k%N)==1)
            i++;
        else {                 ┐
            i--; j++;          │
        }                      │
        if (i==0)              │ ← ①
            i=N;               │
        if (j>N)               │
            j=1;               ┘
        hojin[i][j]=k;
    }

    printf("        奇数魔方陣 (N=%d)¥n",N);
    for (i=1;i<=N;i++){
        for (j=1;j<=N;j++)
            printf("%4d",hojin[i][j]);
        printf("¥n");
    }
}
```

❗ ①部は，まとめて次のように書くこともできる．

```
        else {
            i=N-(N-i+1)%N;
            j=j%N+1;
        }
```

実行結果

```
          奇数魔方陣（N=7)
 30  39  48   1  10  19  28
 38  47   7   9  18  27  29
 46   6   8  17  26  35  37
  5  14  16  25  34  36  45
 13  15  24  33  42  44   4
 21  23  32  41  43   3  12
 22  31  40  49   2  11  20
```

練習問題 64 4N 魔方陣

nが4の倍数（4, 8, 12, 16, …）の偶数魔方陣を解く.

4の倍数（4, 8, 12, 16, …）の4N魔方陣を解く.

4 × 4方陣の解法を**図9.3**に示す.

(a) マス目の左上隅から横方向に1, 2, 3, 4, 次の段に移り, 5, 6, 7, 8と順次埋めていくが, 対角線要素には値を入れない.

(b) マス目の左上隅から横方向に16, 15, 14, 13, 次の段に移り12, 11, 10, 9と順次埋めていくが, 対角線要素だけに値を入れる.

(c) (a)と(b)を重ね合わせたものが解である.

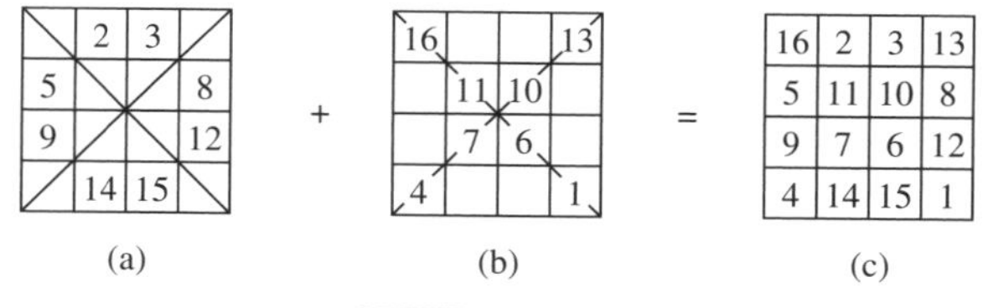

図9.3 4×4方陣

8 × 8方陣の解法を**図9.4**に示す.

	2	3			6	7	
9			12	13			16
17			20	21			24
	26	27			30	31	
	34	35			38	39	
41			44	45			48
49			52	53			56
	58	59			62	63	

64			61	60			57
	55	54			51	50	
	47	46			43	42	
40			37	36			33
32			29	28			25
	23	22			19	18	
	15	14			11	10	
8			5	4			1

図 9.4 8×8方陣

右上がりの対角線および左上がりの対角線上の要素であるか否かの判定は**図9.5**の式で行う.

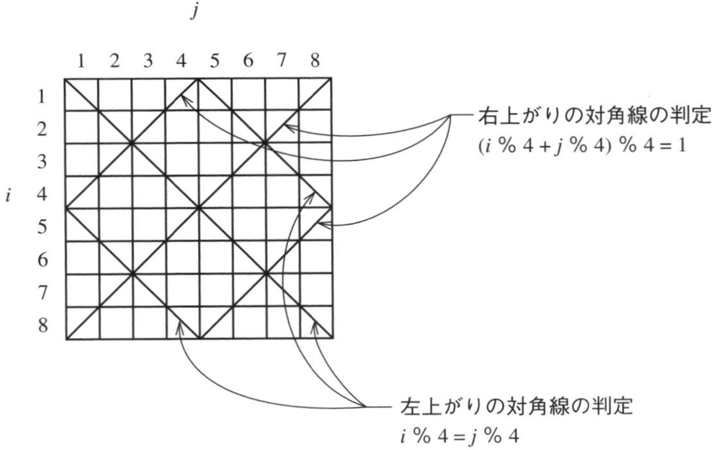

図 9.5 対角線の判定

プログラム Dr64

```
/*
 * --------------------
 *        4N魔方陣       *
 * --------------------
 */

#include <stdio.h>

#define N 8      //  4N方陣(n=4,8,12,16,…)
```

```
void main(void)
{
    int hojin[N+1][N+1],i,j;

    for (j=1;j<=N;j++){
        for (i=1;i<=N;i++){
            if (j%4==i%4 || (j%4+i%4)%4==1)
                hojin[i][j]=(N+1-i)*N-j+1;
            else
                hojin[i][j]=(i-1)*N+j;
        }
    }

    printf("          4N魔方陣 (N=%d)¥n",N);
    for (i=1;i<=N;i++){
        for (j=1;j<=N;j++)
            printf("%4d",hojin[i][j]);
        printf("¥n");
    }
}
```

実行結果

```
          4N魔方陣 (N=8)
  64   2   3  61  60   6   7  57
   9  55  54  12  13  51  50  16
  17  47  46  20  21  43  42  24
  40  26  27  37  36  30  31  33
  32  34  35  29  28  38  39  25
  41  23  22  44  45  19  18  48
  49  15  14  52  53  11  10  56
   8  58  59   5   4  62  63   1
```

●参考図書：『BASICプログラムの考え方・作り方』池田一夫，馬場史郎，啓学出版

第9章 パズル・ゲーム

9-2 戦略を持つじゃんけん

例題 65 戦略1

対戦するたびに相手のくせをを読み，強くなるじゃんけんプログラムを作る.

グー，チョキ，パーをそれぞれ0，1，2で表し，コンピュータと人間の手の対戦表をつくると**表9.1**のようになる.

man / computer	グー 0	チョキ 1	パー 2
グー 0	─	○	×
チョキ 1	×	─	○
パー 2	○	×	─

表9.1 computerにとっての勝ち負け

computerとmanにそれぞれ0～2のデータが入っていたとき，

```
(computer-man+3)%3
```

の値により次のように判定できる.

0 … 引き分け
1 … コンピュータの負け
2 … コンピュータの勝ち

さて，パーの次にグーを出す傾向が強いなど，前に自分の出した手に影響を受けて次の手を決める癖の人間がいたとする．このような場合のコンピュータの戦略は次のようになる.

人間が1つ前に出した手をM，今出した手をmanとするときに**表9.2**のような戦略テーブルのtable[M][man]の内容を＋1する．これをじゃんけんのたびに行っていけば，**表9.2**に示すような戦略データが作られていく.

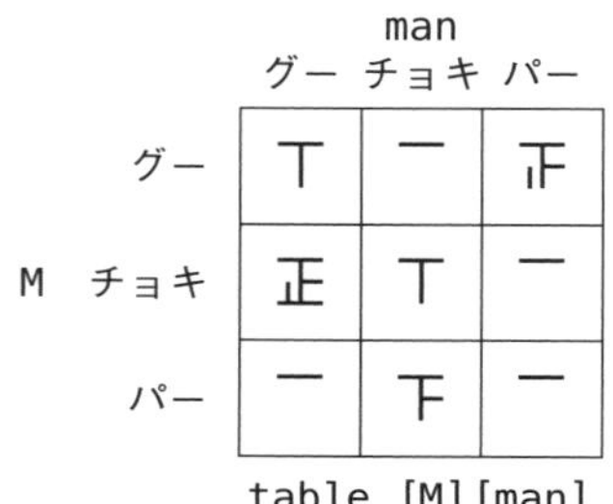

表9.2 戦略テーブル

コンピュータはこの表を見ながら，相手はグーの後にパー，チョキの後にグー，パーの後にチョキを出しやすいことがわかる．したがって相手の前の手がグーなら，今回パーを出す可能性が高いのだから，コンピュータはチョキを出せば勝てる可能性が高いことになる．

プログラム Rei65

```
/*
 * ------------------------------
 *        戦略を持つじゃんけん      *
 * ------------------------------
 */

#include <stdio.h>

void main(void)
{
    int man,computer,M,judge;
    int table[3][3]={{0,0,0},     // 戦略テーブル
                     {0,0,0},
                     {0,0,0}},
        hist[3]={0,0,0};     // 勝敗の度数
    const char *hand[3]={"グー","チョキ","パー"};

    M=0;
    while (1) {
        if (table[M][0]>table[M][1] && table[M][0]>table[M][2])
            computer=2;
        else if (table[M][1]>table[M][2])
            computer=0;
        else
            computer=1;

        printf("0:グー  1:チョキ  2:パー¥n");
        printf("あなたの手 ");scanf("%d",&man);
```

```
        printf("コンピュータの手 %s¥n",hand[computer]);

        judge=(computer-man+3)%3;
        switch (judge){
            case 0: printf("ひきわけ¥n");break;
            case 1: printf("あなたの勝ち¥n");break;
            case 2: printf("コンピュータの勝ち¥n");break;
        }
        hist[judge]++;
        table[M][man]++;          // 学習
        M=man;
        printf("--- %d勝%d敗%d分 ---¥n¥n",hist[1],hist[2],
        ⮐hist[0]);
    }
}
```

実行結果

```
0:グー  1:チョキ  2:パー
あなたの手 1
コンピュータの手 チョキ
ひきわけ
--- 0勝0敗1分 ---

0:グー  1:チョキ  2:パー
あなたの手 2
コンピュータの手 チョキ
コンピュータの勝ち
--- 0勝1敗1分 ---
```

練習問題 65 戦略2

例題65とは異なる戦略を持つじゃんけんプログラムを作る.

図9.6に示すような3次元の戦略テーブルを作る.

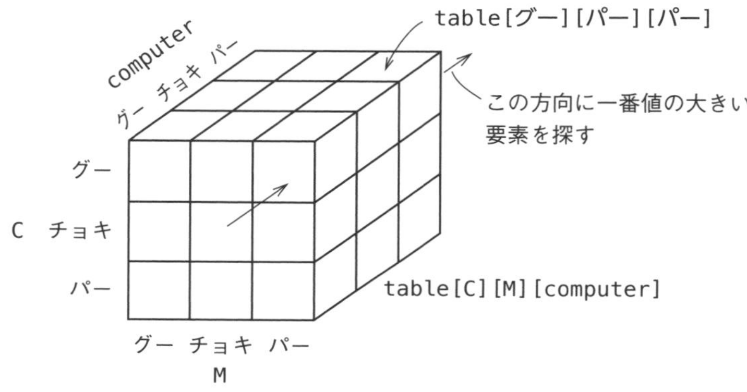

図9.6 戦略テーブル

1つ前のコンピュータの手をC, 人間の手をM, 今出したコンピュータの手をcomputerとする.

たとえば, 1つ前のコンピュータの手がグー, 人間の手がパーで, 今コンピュータがパーを出して勝った場合table[グー][パー][パー]の内容を+1する. 逆に負ければ−1する. 引き分けた場合は, パーに勝てるチョキの位置をtable[グー][パー][チョキ]の内容を+1する. これを繰り返すことで, 1つ前の局面C, Mに対し, コンピュータが今回出した手で勝ったか負けたかのデータが蓄積されていく. したがって, コンピュータは1つ前の局面C, Mに対し, 最も勝つ確率の高い手(table[C][M])の通りで一番値の大きい要素を探せばよい) をこのテーブルから選べばよい.

プログラム Dr65

```
/*
 * ---------------------------
 *        戦略を持つじゃんけん        *
 * ---------------------------
 */

#include <stdio.h>
```

```
void main(void)
{
    int man,computer,C,M,judge;       // 戦略テーブル
    int table[3][3][3]={{{0,0,0},{0,0,0},{0,0,0}},
                        {{0,0,0},{0,0,0},{0,0,0}},
                        {{0,0,0},{0,0,0},{0,0,0}}},
        hist[3]={0,0,0};              // 勝敗の度数
    const char *hand[3]={"グー","チョキ","パー"};

    C=M=0;
    while (1) {
        if (table[C][M][0]>table[C][M][1] && table[C][M][0]
        ⮐ >table[C][M][2])
            computer=0;
        else if (table[C][M][1]>table[C][M][2])
            computer=1;
        else
            computer=2;

        printf("0:グー  1:チョキ  2:パー¥n");
        printf("あなたの手 ");scanf("%d",&man);

        printf("コンピュータの手 %s¥n",hand[computer]);

        judge=(computer-man+3)%3;          // 判定
        switch (judge){
            case 0: printf("ひきわけ¥n");
                    table[C][M][(computer+2)%3]++;break;
            case 1: printf("あなたの勝ち¥n");
                    table[C][M][computer]--;break;
            case 2: printf("コンピュータの勝ち¥n");
                    table[C][M][computer]++;break;
        }
        M=man;                         // 1つ前の状態を保存
        C=computer;

        hist[judge]++;
        printf("--- %d勝%d敗%d分 --- ¥n¥n"
        ⮐ ,hist[1],hist[2],hist[0]);
    }
}
```

実行結果

```
0:グー  1:チョキ  2:パー
あなたの手 0
コンピュータの手 パー
コンピュータの勝ち
--- 0勝1敗0分 ---

0:グー  1:チョキ  2:パー
```

```
あなたの手 1
コンピュータの手 パー
あなたの勝ち
--- 1勝1敗0分 ---
```

● 参考図書：『基本JIS BASIC』西村恕彦，中森眞理雄，小谷善行，吉岡邦代，オーム社

9-3 バックトラッキング

バックトラッキングは（back tracking：後戻り法）は，すべての局面をしらみつぶしに調べるのではなく，調べる必要のない局面を効率よく判定し，調査時間を減らすためのアルゴリズムである．バックトラッキングの典型的な適用例である8王妃の問題と騎士巡歴の問題を取り上げる．**4章の4-5**の迷路問題もバックトラッキングである．

例題 66 8王妃（8Queens）の問題

8×8の盤面にチェスのクィーンを8駒並べ，どのクィーンも互いに張り合わないような局面をすべて求める．

チェスのクィーンは縦，横，斜めにいくらでも進める．互いに張り合わないとは，あるクィーンの進める位置に他のクィーンが入らないということである．

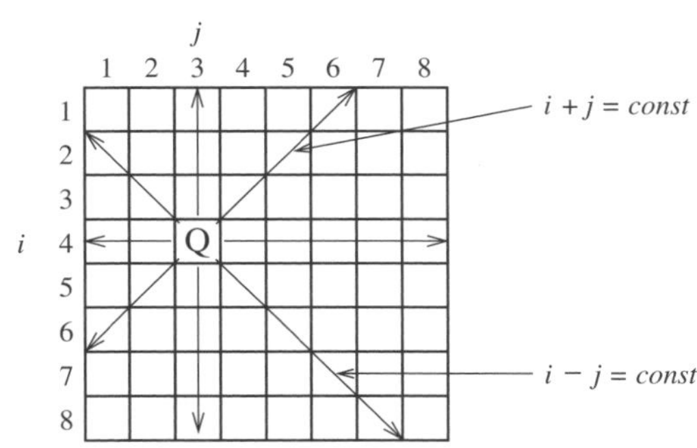

図 9.7 クィーンの進める位置

(a) まず，クィーンを1段目の1列に置く．2段目に進み，クィーンを置ける位置を調べて置く（3列目）．以下同様に進む．6段目に進み，各列を調べるが，どこにも置けない．

(b) 1段前に戻り，クィーンを置いた位置(5, 4)からクィーンを除く．

(c) 5段目についてクィーンを置ける位置を5列以後調べて置く（8列目）．6段目に進み，各列を調べるが，どこにも置けない．

(d) 5段目に戻るが，この段はもう置く位置の候補がないので，さらに4段目に戻り，(4, 2)位置からクィーンを除く．
(e) (4, 3)位置から調べを開始し，8段目に進み，各列を調べるが，どこにも置けない．
(f) 以上を繰り返し，8段目にクィーンが置けたときが，1つ目の解となる．

(a)～(f)は**図9.8**の(a)～(f)に対応している．

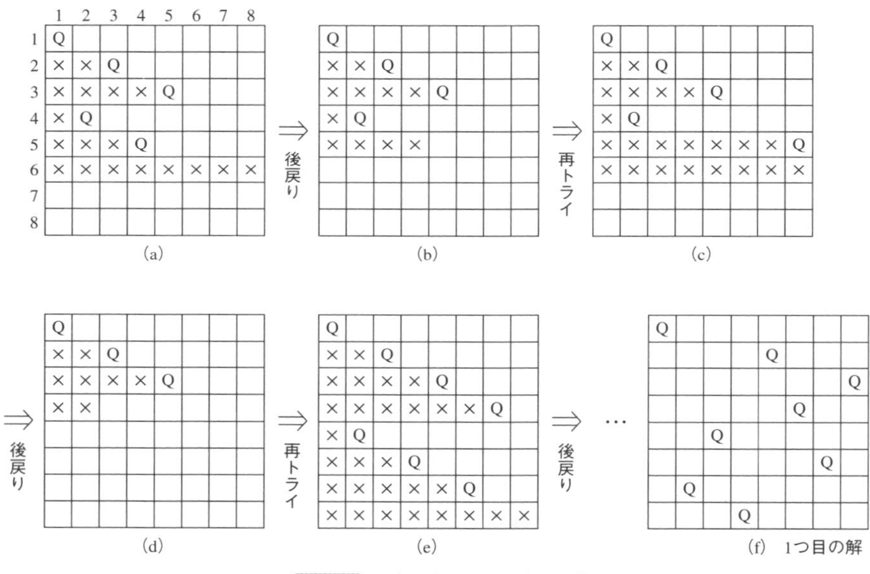

図9.8 バックトラッキング

以上の動作は，**図9.9**のような木で表すことができる．

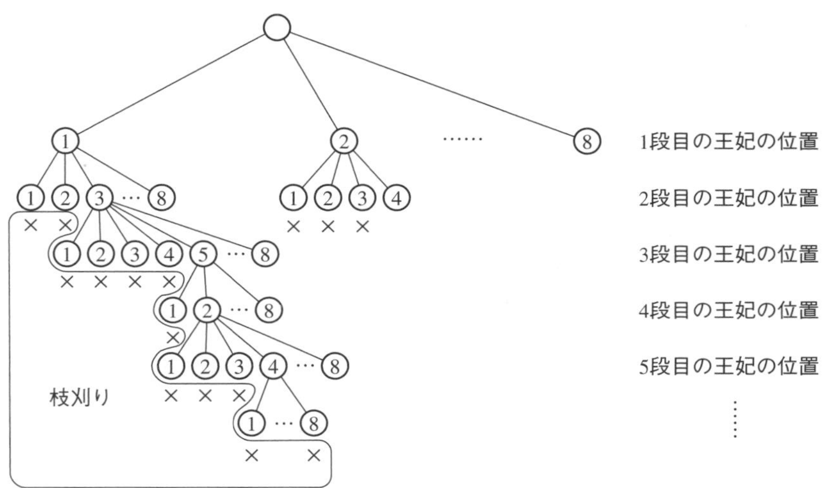

図 9.9 8王妃の問題の木表現

8王妃の問題は，木を深さ優先探索の要領で調べ，行き詰まったら（王妃がその段に置けなくなったら）1つ前の段の王妃を置いた位置に戻って（back track）再び探索を行っていくもので，バックトラッキング（back tracking：後戻り法）と呼ぶアルゴリズムである．

この方法では，行き詰まった先の枝については探索を行わない．これを枝刈り（tree pruning）という．枝刈りを行わず，すべての枝を探索すれば，しらみつぶし法になり探索時間はきわめて増大することになる．

さて，i段目を調べているときにj列にクィーンが置けるかを次の3つの配列で表すことにする．

`column[j]`	この内容が0ならj列（縦方向）にはすでにクィーンがいることを示す．
`rup[i+j]`	この内容が0なら，$i+j=const$の位置，つまり右上がりの対角線上にすでにクィーンがいることを示す．
`lup[i-j+N]`	この内容が0なら，$i-j=const$の位置，つまり左上がりの対角線上にすでにクィーンがいることを示す．$+N$しているのは，C言語では負の配列要素がとれないためのバイアスである．

プログラム Rei66

```
/*
 * ----------------------------------------
 *       八王妃（8Ｑｕｅｅｎｓ）の問題      *
 * ----------------------------------------
 */

#include <stdio.h>

void backtrack(int);

#define N 8
int column[N+1],    // 同じ欄に王妃が置かれているかを表す
    rup[2*N+1],     // 右上がりの対角線上に置かれているかを表す
    lup[2*N+1],     // 左上がりの対角線上に置かれているかを表す
    queen[N+1];     // 王妃の位置

void main(void)
{
    int i;

    for (i=1;i<=N;i++)
        column[i]=1;
    for (i=1;i<=2*N;i++)
        rup[i]=lup[i]=1;

    backtrack(1);
}
void backtrack(int i)
{
    int j,x,y;
    static int num=0;

    if (i>N){
        printf("¥n 解 %d ¥n",++num);     // 解の表示
        for (y=1;y<=N;y++){
            for (x=1;x<=N;x++){
                if (queen[y]==x)
                    printf(" Q");
                else
                    printf(" .");
            }
            printf("¥n");
        }
    }
    else {
        for (j=1;j<=N;j++) {
            if (column[j]==1 && rup[i+j]==1 && lup[i-j+N]==1){
                queen[i]=j;   // （ｉ，ｊ）が王妃の位置
                column[j]=rup[i+j]=lup[i-j+N]=0;  // 局面の変更
                backtrack(i+1);
                column[j]=rup[i+j]=lup[i-j+N]=1;  // 局面の戻し
```

```
                }
            }
        }
}
```

実行結果

全部で92通りの解がある

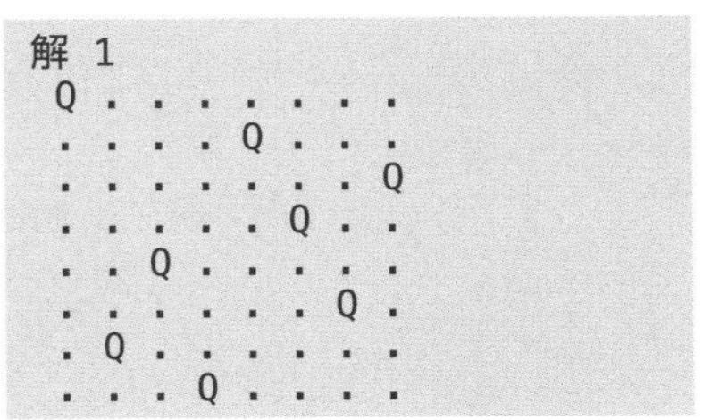

```
解 1
 Q . . . . . . .
 . . . . Q . . .
 . . . . . . . Q
 . . . . . Q . .
 . . Q . . . . .
 . . . . . . Q .
 . Q . . . . . .
 . . . Q . . . .
```

……

```
解 92
 . . . . . . . Q
 . . . Q . . . .
 Q . . . . . . .
 . . Q . . . . .
 . . . . . Q . .
 . Q . . . . . .
 . . . . . . Q .
 . . . . Q . . .
```

練習問題 66 騎士巡歴の問題

チェスのナイト（騎士）が $N \times N$ の盤面の各マス目を1回だけ通り，すべての盤面を訪れる経路を求める．

チェスのナイト（Knight）は将棋の桂馬と似た動きで，**図9.10**に示す8通りの方向に動くことができる．

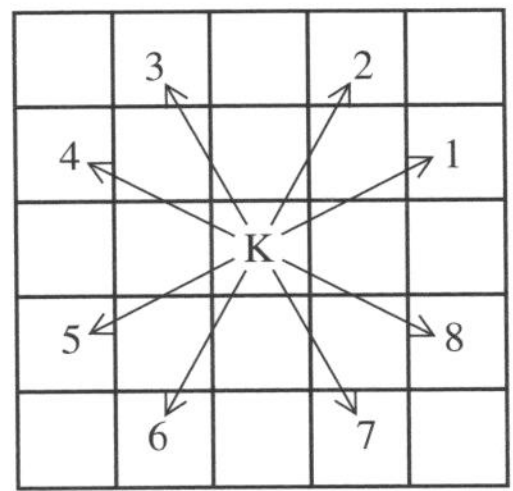

図 9.10 ナイトの移動できる位置

K（ナイト）の位置を中心に水平方向（x方向）に±1または±2, 垂直方向（y方向）に±1または±2の移動となり，これらの組み合わせで8通りの方向になるわけである．したがって，ナイトの移動方向の8種類の手は**表9.3**のように表せる．

手	dx[ ]	dy[ ]
1	2	1
2	1	2
3	−1	2
4	−2	1
5	−2	−1
6	−1	−2
7	1	−2
8	2	−1

表9.3 ナイトの移動方向の8種類の手

出発点（この例では左上隅）から**表9.3**の8種類の手を1〜8の順に試し，行けるところに進む．8種類の手がすべて失敗したら1つ前に戻る．盤面のマス目には，通過順序を示す番号（1，2，…）を残していく．通過番号がN^2になったときがすべてを巡歴したときである．戻るときはそのマス目を0にする．ナイトが進めるのは進む位置のマス目が0のときである．x, y位置にいて，k番目の手で進む位置はx+dx[k]，y+dy[k]となる．

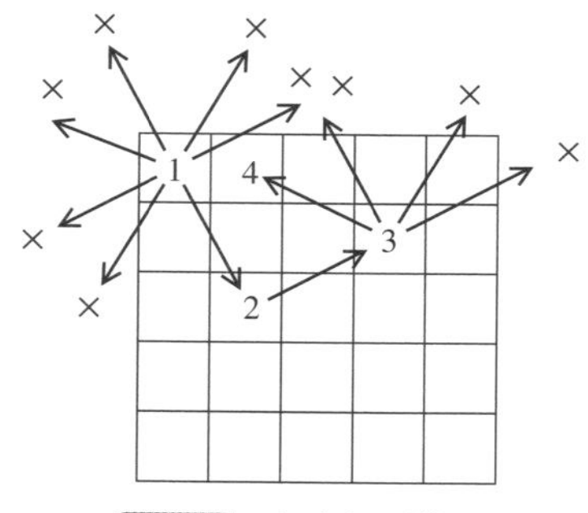

図9.11 ナイトの巡歴

ナイトの移動範囲は最大で±2であるので，盤面の外に2マスずつの壁を作り，訪問の際にナイトが飛び出さないようにする．

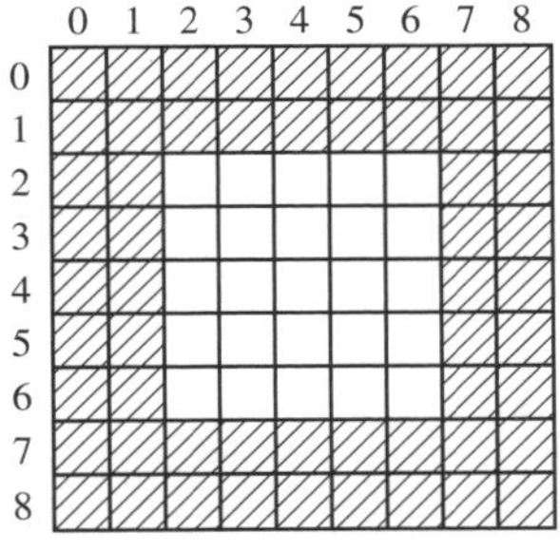

図 9.12 壁で囲む

プログラム Dr66

```
/*
 * -----------------------
 *        騎士巡歴の問題       *
 * -----------------------
 */

#include <stdio.h>

void backtrack(int,int);

#define N 5

int m[N+4][N+4],                          // 盤面
    dx[8]={2,1,-1,-2,-2,-1,1,2},          // 騎士の移動ｘ成分
    dy[8]={1,2,2,1,-1,-2,-2,-1};          // 騎士の移動ｙ成分

void main(void)
{
    int i,j;

    for (i=0;i<=N+3;i++){
        for (j=0;j<=N+3;j++){
            if (2<=i && i<=N+1 && 2<=j && j<=N+1)
                m[i][j]=0;          // 盤面
            else
                m[i][j]=1;          // 壁
        }
    }
    backtrack(2,2);
}
void backtrack(int x,int y)
{
    int i,j,k;
    static int count=0,num=0;       // ｓｔａｔｉｃ指定必要
```

```
    if (m[x][y]==0){
        m[x][y]=++count;          // 訪問順番の記録
        if (count==N*N){
            printf("¥n 解 %d¥n",++num);     // 解の表示
            for (i=2;i<=N+1;i++){
                for (j=2;j<=N+1;j++){
                    printf("%4d",m[i][j]);
                }
                printf("¥n");
            }
        }
        else{
            for (k=0;k<8;k++)             // 進む位置を選ぶ
                backtrack(x+dx[k],y+dy[k]);
        }
        m[x][y]=0;                        // 1つ前に戻る
        count--;
    }
}
```

実行結果

全部で304通りの解がある

```
解 1
   1   6  15  10  21
  14   9  20   5  16
  19   2   7  22  11
   8  13  24  17   4
  25  18   3  12  23

解 2
   1   6  11  18  21
  12  17  20   5  10
   7   2  15  22  19
  16  13  24   9   4
  25   8   3  14  23
```

……

```
解 303
   1  10   5  14  25
   4  15   2  19   6
   9  20  11  24  13
  16   3  22   7  18
  21   8  17  12  23

解 304
   1  10   5  16  25
   4  17   2  11   6
   9  20  13  24  15
  18   3  22   7  12
  21   8  19  14  23
```

$N = 5$の場合304通りの答がある．また，$N = 8$以上の場合は，時間がかかりすぎて，このアルゴリズムでは適切でない．

参考 騎士巡歴の計算時間の減少手法

8王妃の問題は局面の次元が8であるのに対し，騎士巡歴の問題は局面の次元が64（8 × 8盤面）となる．したがって計算時間は指数的に増大する．

計算時間を減少させるためには，ナイトの移動の手の戦略を場合によって変更する方法がある．

● 参考図書：『ソフトウェア設計』Robert J.Rader 著，池浦孝雄 他訳，共立出版

高度なアルゴリズム

8章までに示したアルゴリズムの多くのものは，数学の公式のように整然としていて問題の解答としてエレガントであった．

しかし，このように明快なアルゴリズムばかりでは解けない問題もかなりある．このような問題を解くためのアルゴリズムとして以下のようなものが研究されている．

- **バックトラッキング（back tracking：後戻り法）**

- **ミニマックス法（mini-max method）**
  ゲームの木のしらみつぶし探索の方法．ミニマックス法を改良したα-β法もある．

- **分枝限定法（branch and bound）**
  最適化問題をバックトラッキングで解く手法．

- **ダイナミックプログラミング（dynamic programming：動的計画法）**
  9-4参照

- **近似アルゴリズム（approximation algorithm）**
  厳密な解でなく近似的な解で代用する．

- **分割統治法（divide and conquer, divide and rule）**
  問題をいくつかの部分問題に分割して解き，その結果を組み合わせて全体の問題の解とする．

● 参考図書：『アルゴリズムとデータ構造』石畑清，岩波書店

9-4 ダイナミック・プログラミング

ダイナミックプログラミング（dynamic programming：動的計画法）は，最適化問題を解くのに効果のある方法である．

n個の要素に関する，ある最適解を求めるのに，i個の要素からなる部分集合だけを用いた最適解を表に求めておく．次に要素を1個増加したときに，最適解が変化するかを，この表を基に計算し，表を書き換える．これを全集合（n個の要素全部）になるまで繰り返せば，最終的にn個に関する最適解が表に得られる．つまり空集合の最適解（初期値）から始めて，要素を1つ増やすたびに最適解の更新を行いながら全集合の最適解にもっていくのがダイナミックプログラミングという方法である．

ダイナミックプログラミングの適用例としてナップサック問題（knapsack problem）と釣り銭の枚数問題をとり上げる．

例題 67 ナップサック問題

n個の品物の価格と重さが決まっており，ナップサックに入れることのできる重さも決まっているものとする．品物を選んで（重複してもよい）ナップサックに重量制限内で入れるとき，総価格が最大となるような品物の組み合わせを求める．

次のような品物についてナップサックの制限重量が8kgの場合で考える．なお，ダイナミックプログラミングでは，制限項目（この例では重さ）は配列の添字に使うため整数型でなければならないという制約を受ける．

番号	品名	重さ[kg]	価格[円]
0	plum	4	4500
1	apple	5	5700
2	orange	2	2250
3	strawberry	1	1100
4	melon	6	6700

表9.4 ナップサックに詰める品物

0番の品物だけを使ってナップサイズ1〜8に入れる品物の最適解を表にする．次に1番の品物を入れたときに，先の表で，より最適解になるものを更新する．これを4番の品物まで行うと，最終的な最適解が求められる．

品物iを対象に入れた場合に，サイズsのナップの最適解が変更を受けるかは次のようにして判定する．

① 品物iをサイズsのナップに入れたときの余りスペースをpとする．
② pに相当するサイズのナップの現時点での最適解に品物iの金額を加えたものを*newvalue*とする．
③ もし，*newvalue*＞「サイズsのナップの現時点での最適解（`value[s]`）」なら，

・サイズsの最適解を*newvalue*で更新
・品物iを最後にナップに入れた品物として`item[s]`に記録

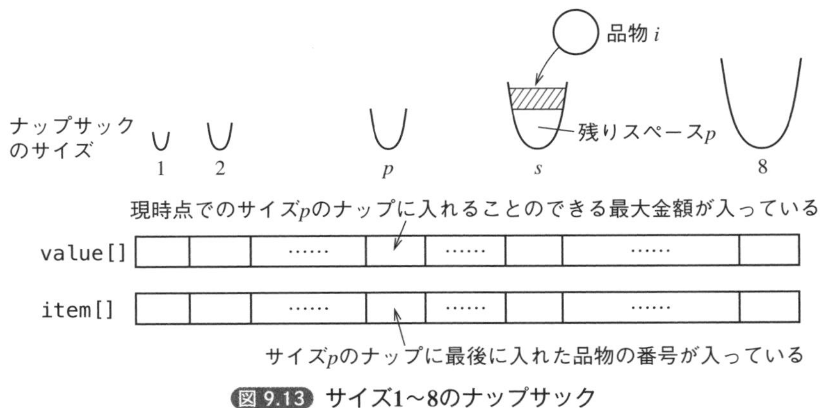

図 9.13 サイズ1〜8のナップサック

以上によりサイズsのナップの最適解が更新されたならば，

・サイズsのナップに入れる品物の最適解は品物i_1とサイズpのナップに入っている品物である．
・サイズpのナップについても同様に定義されている．

ということができる．

したがって，サイズsのナップから品物i_1を取り出し，次に残りスペースpに相

当するナップから品物i_2を取り出し，ということをナップサイズの残りスペースが0になるまで続ければ，ナップサイズsにいれることができる品物の最適解がi_1，i_2，…，i_nと求められる．

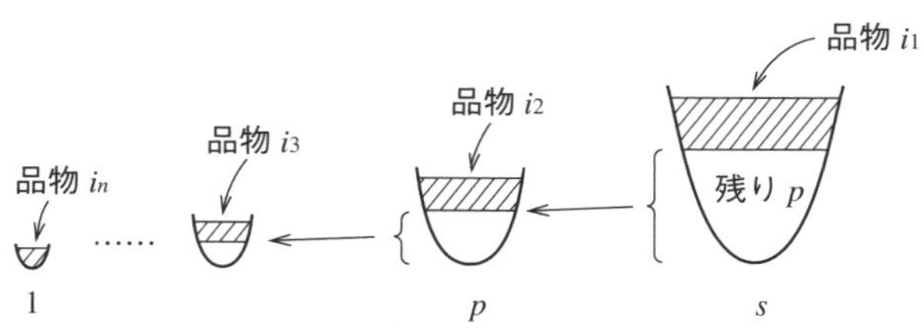

図 9.14 最適解を構成する品物

プログラム **Rei67**

```
/*
 * ------------------------------------------------------
 *      ダイナミック・プログラミング（ナップ・サック問題）    *
 * ------------------------------------------------------
 */

#include <stdio.h>

#define limit 8               // ナップサックの重量制限値
#define n 5                   // 品物の種類
#define min    1              // 重さの最小値

void main(void)
{
    struct body {
        char name[20];       // 品名
        int size;            // 重さ
        long price;          // 価格
    }a[]={{"plum",4,4500},{"apple",5,5700},{"orange",2,2250},
          {"strawberry",1,1100},{"melon",6,6700}};
    long newvalue,value[limit+1];
    int item[limit+1],
        i,s,p;

    for (s=0;s<=limit;s++){
        value[s]=0;          // 初期値
    }
    for (i=0;i<n;i++){                             // 品物の番号
        for (s=a[i].size;s<=limit;s++){  // ナップのサイズ
            p=s-a[i].size;                         // 空きサイズ
            newvalue=value[p]+a[i].price;
            if (newvalue>value[s]){
                value[s]=newvalue;item[s]=i;    // 最適解の更新
```

```
            }
        }
    }

    printf("    品 目  価格¥n");
    for (s=limit;s>=min;s=s-a[item[s]].size)  ←①
        printf("%10s%5ld¥n",a[item[s]].name,a[item[s]].price);
    printf("    合 計 %5ld¥n",value[limit]);
}
```

実行結果

```
    品 目    価格
strawberry   1100
    orange   2250
     apple   5700
     合 計   9050
```

❗ ナップに入れる品物の総重量が制限重量と等しくならない場合（重量の組み合わせでこうなることもある）を考慮すると，①のsの終了条件は`s>=min`となる．もし，必ず制限重量と一致するなら`s>0`（ナップが空になるまで）としてもよい．

このプログラムにおける表`value[]`と`item[]`は次のように変化する．最終結果は最下段データである．

品物 ＼ ナップサックのサイズ				1	2	3	4	5	6	7	8	
番号	品名	重さ	価格									
0	plum	4	4500	0	0	0	4500	4500	4500	4500	9000	← value[]
				—	—	—	0	0	0	0	0	← item[]
1	apple	5	5700	0	0	0	4500	5700	5700	5700	9000	
				—	—	—	0	1	1	1	0	
2	orange	2	2250	0	2250	2250	4500	5700	6750	7950	9000	
				—	2	2	0	1	2	2	0	
3	strawberry	1	1100	1100	2250	3350	4500	5700	6800	7950	9050	
				3	2	3	0	1	3	2	3	
4	melon	6	6700	1100	2250	3350	4500	5700	6800	7950	9050	
				3	2	3	0	①	3	②	③	

終わり

apple
残りスペース=ナップサイズ−重さ
=5−5=0

orange
残りスペース=ナップサイズ−重さ
=7−2=5

strawberry
残りスペース=ナップサイズ−重さ
=8−1=7

表 9.5 value[]とitem[]のトレース

練習問題 67 釣り銭の枚数を最小にする.

1¢, 10¢, 25¢コインを用いて（何枚使ってもよい），たとえば，42¢の釣銭を作る場合，枚数が最小になる組み合わせを求める.

例題67 のナップサック問題と同様に考えればよいが，次の点が異なる.

ナップサックに入れた品物の合計金額　→　コインの枚数
品物の重さ　→　コインの金額
最大値を求める　→　最小値を求める

最小値を求めるのでナップの初期値はそれぞれのナップのサイズとする.

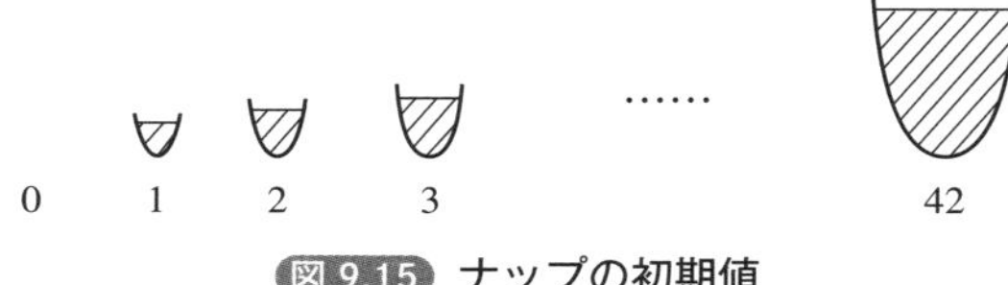

図 9.15 ナップの初期値

プログラム Dr67

```
/*
 * -----------------------------------------------
 *      ダイナミック・プグラミング（釣銭の枚数を最小にする）    *
 * -----------------------------------------------
 */

#include <stdio.h>

#define limit 42     // 釣銭金額
#define n 3          // コインの種類

void main(void)
{
    int size[]={1,10,25};
    int value[limit+1],          // 枚数
        item[limit+1],           // コインの番号
        i,s,p,newvalue;

    for (s=0;s<=limit;s++){
        value[s]=s;              // 初期値 ◄─ ①
    }
    for (i=0;i<n;i++){                       // コインの番号
        for (s=size[i];s<=limit;s++){        // ナップのサイズ
```

```
            p=s-size[i];
            newvalue=value[p]+1;
            if (newvalue<=value[s]){ ◀── ②
                value[s]=newvalue;item[s]=i;   // 最適解の更新
            }
        }
    }

    printf("コインの枚数 =%3d : ",value[limit]);
    for (s=limit;s>0;s=s-size[item[s]])
        printf("%3d,",size[item[s]]);
    printf("¥n");
}
```

実行結果

```
コインの枚数 =  6 :  10, 10, 10, 10,  1,  1
```

❶ ナップの初期値はそれぞれのナップの最大枚数が入っているが，どのコインが入っているかは与えていない．このため②で，

```
newvalue<=value[s]
```

と等号を入れ，最適解が同じ場合も新しいもので更新するようにした．

もし，①部に，

```
items[s] = 0;     // 最小コインの番号
```

という初期値を置くなら，②部は，

```
newvalue < value[s]
```

でよい．

参考 貪欲な（greedy）アルゴリズム

一番よさそうに思えるものから選んでいく方法を貪欲なアルゴリズムという．

たとえば，釣り銭の問題では，大きなコインから選んでいくというのが一番よさそうに思えるから，

$$42 = 25 + 10 + 1 + 1 + 1 + 1 + 1 + 1 + 1$$

となる．5¢コインがある場合はこの方法でも最適解（25 + 10 + 5 + 1 + 1）が得られるが，**練習問題67** のように5¢コインがない場合は最適解にならない．**例題67** のナップサック問題に貪欲なアルゴリズムを用いるなら，価格／重さ（plum：

1125，apple：1140，orange：1125，strawberry：1100，melon：1116.7）の一番大きいappleから順に詰めていけばよいことになる．

附 録

1

Visual Studio（Visual C++ 2022）で動作させる場合

I Visual C++2022で実行する上での注意事項

1 Visual Studioのバージョン

Visual Studioは「Visual C++」,「Visual C#」,「Visual Basic」などの言語をサポートするMicrosoftが提供するソフトウエア統合開発環境である.

Visual Studioのバージョンは以下のように変遷している.

Visual Studio 97→6.0→.NET 2002→.NET 2003→2005→2008→2010→2012→2013→2015→2017→2019→2022

Visual Studio 2010までは個々の言語ごとに提供されていたが，Visual Studio 2012以後は，各言語がVisual Studioの中に一緒に提供される．たとえば最新の「Visual Studio 2022」という環境の中には「Visual C++ 2022」,「Visual C# 2022」,「Visual Basic 2022」などの製品が含まれている.

またVisual Studioには開発用途向けに異なるエディションがあり，その中で無償で提供されていたのがVisual Studio Expressであったが，Visual Studio 2017からVisual Studio Communityが無償版となった.

正確に言うと本書のプログラムは「Visual Studio Community 2022」で提供される「Visual C++ 2022」で動作を確認した.

2 標準テンプレート

「Visual Studio Community 2022」で提供される「Visual C++ 2022」の開発できる標準テンプレートは以下の2つである.

- ・Windowsコンソールアプリ
- ・Windowsデスクトップアプリケーション

Visual Studio（Visual C++ 2022）で動作させる場合

Windowsコンソールアプリ

対象プログラム

Dr17，8章（グラフィックス）以外のプログラム

1 プロジェクトの作り方

①［新しいプロジェクトの作成］-［コンソールアプリ］を選択する．

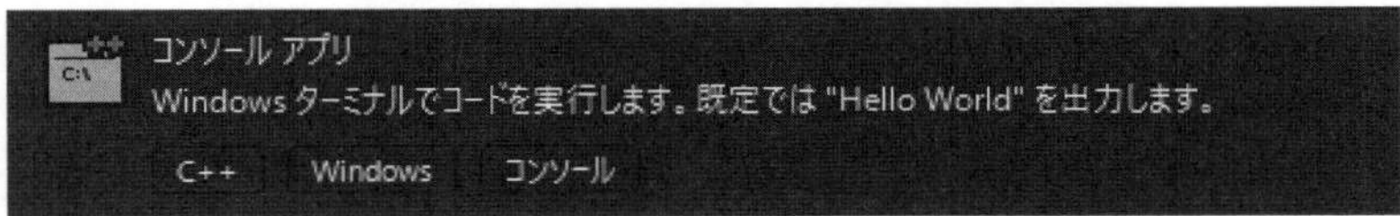

②プロジェクト名とプロジェクトを作成する場所を指定し，［作成］をクリックすると，プロジェクトフォルダが生成される．

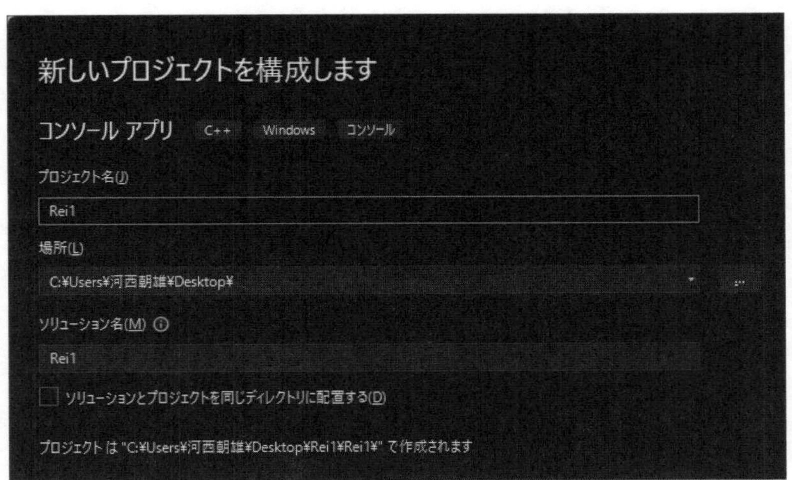

2 プログラムの記述例

プロジェクトフォルダ内のソースファイルに以下のスケルトンがある．

● スケルトン

```
#include <iostream>

int main()
{
    std::cout << "Hello World!¥n";
}
```

● 作成したソースファイル

上記スケルトンを本書のプログラムで置き換える．ただし`void main(void)`は`int main()`に置き換える．

```
/*
 * ------------------------------
 *      漸化式（n C r の計算）    *
 * ------------------------------
 */

#include <stdio.h>

long combi(int, int);

int main()
{
  (省略)
}
long combi(int n, int r)
{
  (省略)
}
```

● main関数の型の歴史

日本におけるCの最初の書籍は『プログラミング言語C』※で，そこでは単に`main()`となっていた．その後ANSI Cなどの規格ができ，main関数の型を`int main()`のようにし，`return 0;`で戻り値を指定することにした．この場合`return 0;`がないと警告エラーとなるため，便法として`void main(void)`が使われて来た．本書の初版は1992年で，この方式を採用した．Visual C++2017までは`void main(void)`が認められていたが，Visual C++2022ではこれを認めず，`int main()`とし，その代わりにreturn 0;を置かなくても警告エラーとはならないようになった.
※B.W.カーニハン, D.M.リッチー著, 石田晴久訳, 共立出版株式会社, 1981年

3 ビルド実行

［デバッグの開始］と［デバッグなしで開始］を選べるが, 初心者は［デバッグなしで開始］で良い.

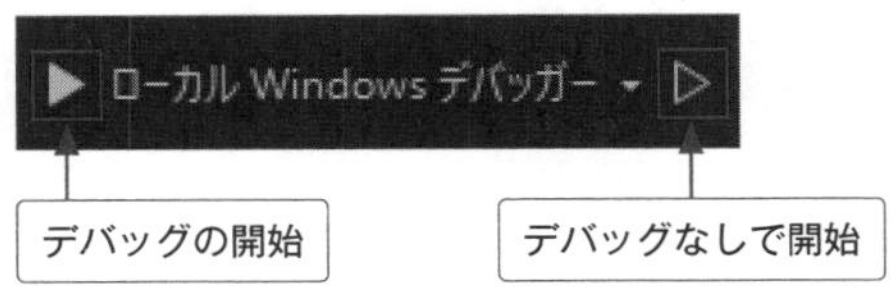

Visual C++ 2022以前では［デバッグの開始］で実行した場合, DOS窓がプログラム終了で自動的に閉じてしまう. この場合はmain関数の終わりにgetchar();を置き Enter キーの入力を待ってDOS窓が閉じるようにする.

4 Ctrl + Z キー入力

scanf関数の入力終わりに Ctrl + Z キーを入力する場合, Ctrl + Z キー, Enter キーを3回入力しないとデータ終わりを検知しない. これはVisual C++ 2022側の問題と思われる.

```
    while (scanf("%s %s",a,b)!=EOF){
    }
```

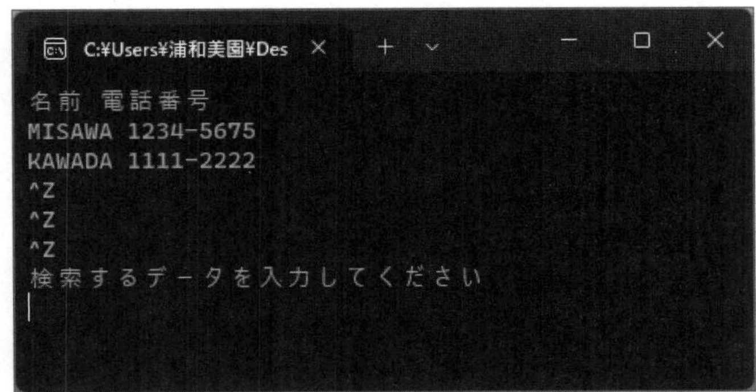

対象プログラム

Rei7, Dr7_3, Rei25, Dr25, Rei34, Dr34_1, Dr34_2, Rei35, Dr35_1, Dr35_2, Rei36, Dr36, Rei37, Dr37, Rei40, Dr40, Rei41, Dr41, Rei43, Dr43, Rei44, Dr44_1, Dr44_2, Rei45, Dr45_1, Dr45_2, Rei46, Dr46, Rei47, Dr47, Rei48, Dr48_1, Dr48_2

5 セキュリティ強化に伴う警告エラー

scanf, strcpy, strcatなどの文字列の格納をする関数は誤ってバッファ領域を超えて文字列を格納する（バッファーオーバーラン）危険があるのでVisual C++ではセキュリティ強化したscanf_s, strcpy_s, strcat_sなどの関数が用意された．このためscanf, strcpy, strcatなどを使用しているプログラムはセキュリティ強化関数を使うように警告エラーがでる．

警告を出さないようにコンパイラに指示するには，プログラム先頭に以下を置く．

```
#define _CRT_SECURE_NO_WARNINGS
```

セキュリティ強化関数を使用する場合は以下のようにする．

● **strcpy_s, strcat_s**

```
char s[80];
strcpy_s(s,80,"hello");
strcat_s(s,80,"C");
```

↑バッファのサイズを指定する．sizeof(s)/sizeof(s[0])でも良い．

● **scanf_s**

```
char s[80];
scanf_s("%s",s,80);
```

↑バッファのサイズを指定する．sizeof(s)/sizeof(s[0])でも良い．

```
char s[80],t[80];
scanf_s("%s %s",s,80,t,80);
```

複数ある場合はそれぞれに指定する.

```
int a,b;
scanf_s("%d %d",&a,&b);
```

数値データの入力の場合は単純に_sを付ければ良い.

● fopen_s, fscanf_s

Dr50_2のfopen, fscanfも同様に警告エラーがでるので以下のようにする.

```
if (fopen_s(&fp,"dbase.dat","r")!=0){
    オープンできなかったときの処理
}
fscanf_s(fp,"%30s%4d",p->node,30,&flag);  // ¥0を含めて最大30
⮐文字
```

対象プログラム

Rei6, Dr6, Rei7, Dr7_3, Rei9, Dr9, Rei20, Dr20_2, Rei21, Dr21, Dr24, Rei25, Dr25, Dr26_4, Dr26_5, Rei29, Dr29, Rei32, Dr32, Rei33, Dr33, Rei34, Dr34_1, Dr34_2, Rei35, Dr35_1, Dr35_2, Rei36, Dr36, Rei37, Dr37, Rei40, Dr40, Rei41, Dr41, Rei42, Dr42, Rei43, Dr43, Rei44, Dr44_1, Dr44_2, Rei45, Dr45_1, Dr45_2, Rei46, Dr46, Rei47, Dr47, Rei48, Dr48_1, Dr48_2, Rei50, Dr50_1, Dr50_2, Rei55, Dr55, Rei65, Dr65

6 厳しくなったコンパイルチェック

Visual C++2022ではコンパイルチェックが厳しくなり, 様々なところで警告が出る. 修正すべきものと, 無視しても支障がないものがある.

● const指定

文字列リテラルは値を変更できないため, それへのポインターはconst char *であることは規格で定められている. 過去の慣習からconst指定しなくても容認して来たが, Visual C++2022ではエラーとなる. 本書の本文プログラムを以下の2つの方法でこれを回避した.

・const char *

たとえば**Dr2**のようにポインターとしてプログラムで使用する場合はconst char *とした．

```
const char *ango="KSOIDHEPZ"
```

また**Rei24**のように文字列リテラルを受け取る関数の引数にもconst指定をした．

```
char *search(char *, const char *);
```

・**配列に初期化**

たとえば**Rei23**のようにポインターとして使用しない場合は配列に初期化した．

```
char key[] = "pen";
```

対象プログラム

Dr2，Rei23，Dr23，Rei24，Dr24，Rei38，Dr38_1，Dr38_2，Rei39，Dr39，Dr46，Rei65，Dr65

● 0で終了しない可能性

たとえば**Rei20**で「C6054：文字列'key'は0で終了しない可能性があります」という警告エラーが出る．keyはscanfでデータを初期化できるが，コンパイラはstrcmpでkeyを比較する構文で初期化されていないと判定しているためである．以下のように初期化すれば回避できるが，警告エラーを無視しても支障はない．

```
char key[20]; → char key[20] = {0};
```

対象プログラム

Rei20，Dr20_1，Dr20_2，Rei25，Dr25，Rei35，Dr35_1，Rei36，Dr36，Rei41，Dr41，Rei42，Dr42，Rei43，Dr43，Rei67

● NULLポインターを逆参照

たとえば**Rei43**で「C6011：NULLポインター'pointer-name'を逆参照します」という警告エラーが出る．原因はmallocを呼び出すとNULLが返される可能性があるためである．以下のようにNULLでないことをチェックするようにすれば回避できるが，警告エラーは無視しても支障はない．

```
p = talloc();       // 新しいノードの接続
if (p!=NULL && old!=NULL) {
    strcpy_s(p->name, 12, dat);
    p->left = p->right = NULL;
    if (strcmp(dat, old->name) <= 0)
        old->left = p;
    else
        old->right = p;
}
```

対象プログラム

Dr41, Rei43, Dr43, Dr50_1, Dr50_2

● 無効なデータを読み取っています

たとえば**Rei38**で「C6385:'stack'から無効なデータを読み取っています」という警告エラーが出る．以下のようにsp1の添字を判定する条件式を追加すれば回避できるが，そこまでやる必要はない．

```
while (0 <= sp1 && sp1 < 50 &&  pri[*p] <= pri[stack[sp1]])
    polish[++sp2] = stack[sp1--];
```

対象プログラム

Rei38, Dr38_1, Dr38_2, Rei39, Rei64

7 コンソールへの出力が長い場合

コンソールへの出力が長い場合，一気に表示すると正常に表示されない場合がある．以下のようにgetchar()の入力を待って50づつ表示するようにする．

```
if (i > N) {
    if (num % 50 == 0)
        getchar();
    printf("¥n解 %d ¥n", ++num);  // 解の表示
```

対象プログラム

Rei66, Dr66

 Visual Studio（Visual C++ 2022）で動作させる場合

グラフィックス処理

グラフィックスを扱うプログラムは「Windowsデスクトップアプリケーション」で作成し，グラフィックス処理ライブラリglib.hをインクルードする．

対象プログラム

Dr17，8章（グラフィックス）

1 プロジェクトの作り方

①［新しいプロジェクトの作成］-［Windowsデスクトップアプリケーション］を選択する．

②プロジェクト名とプロジェクトを作成する場所を指定し，［作成］をクリックすると，プロジェクトフォルダが生成される．

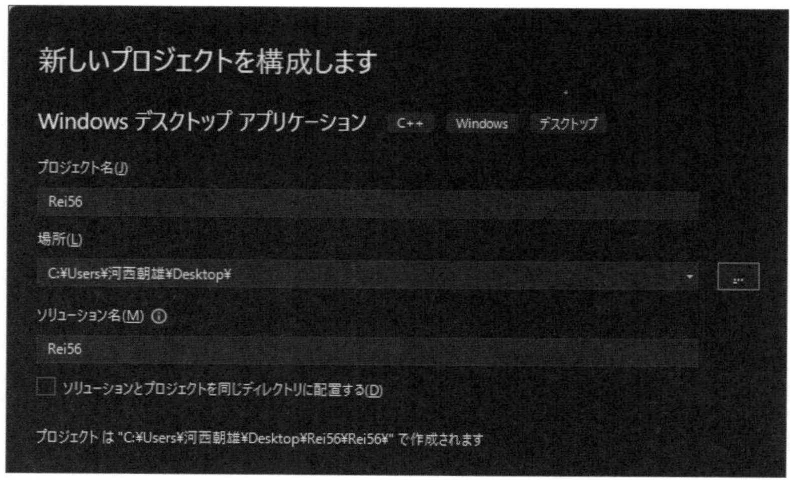

③glib.hファイルをプロジェクトフォルダ（ソースファイルと同じフォルダ）に置く.

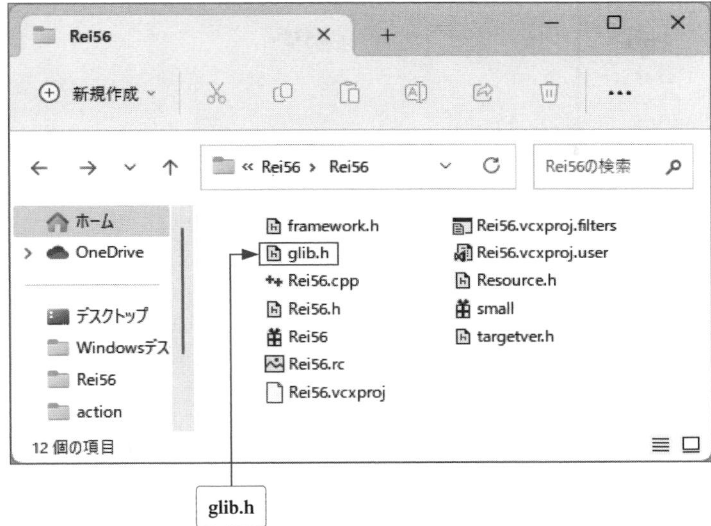

2 プログラムの記述例

・グラフィックス処理を行うプログラムは，プロジェクトフォルダ内のソースファイルのWndProc関数の「`case WM_PAINT:`」部の「`// TODO: HDC を使用する描画コードをここに追加してください...`」の部分に記述する.

・グラフィックス処理ライブラリglib.hをWndProc関数の前でインクルードする.

```
/*
* -------------------------------
*         正N角形（ポリゴン）        *
* -------------------------------
*/

#include "glib.h"

LRESULT CALLBACK WndProc(HWND hWnd, UINT message, WPARAM wParam,
⮐ LPARAM lParam)
{
 (省略)
    case WM_PAINT:
        {
```

```
        PAINTSTRUCT ps;
        HDC hdc = BeginPaint(hWnd, &ps);
        // TODO: HDC を使用する描画コードをここに追加してください...
        int j, n;
        ginit(); cls();
        for (n = 3; n <= 9; n++) {
         (省略)
        }
        EndPaint(hWnd, &ps);
    }
    break;
```

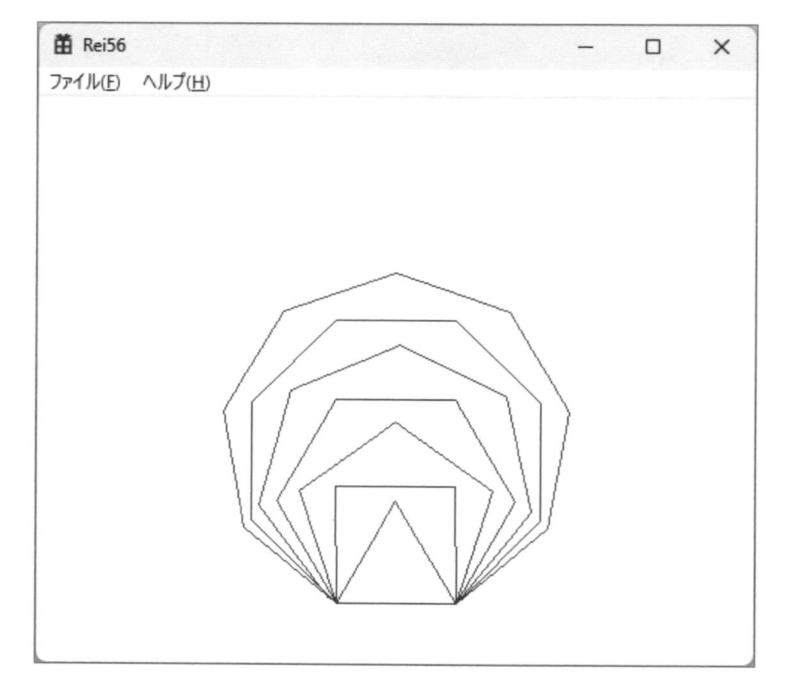

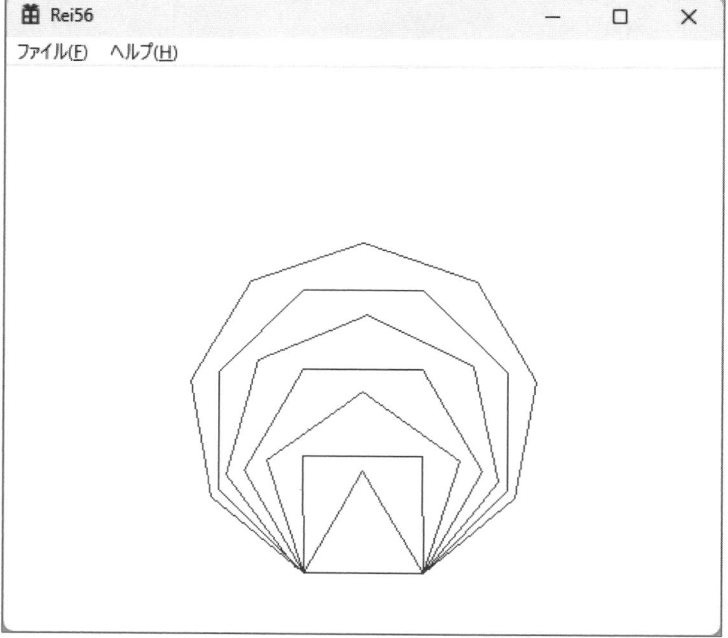

3 glib.h

Windowsデスクトップアプリケーション用のグラフィックス処理ライブラリを以下に示す.

● **glib.h**

```
/*
* ---------------------------------------
*          基本グラフィックスライブラリ          *
*             Visual Studio 2022            *
*     Windows デスクトップアプリケーション版     *
* ---------------------------------------
*/

#include <math.h>

HDC ghdc;    // グラフィックス・デバイスコンテキスト
COLORREF color = RGB(0, 0, 255); // 青色

double WX1, WY1, WX2, WY2,        // ワールド座標
       VX1, VY1, VX2, VY2,        // ビュー座標
       FACTX, FACTY,              // スケール
       ANGLE,                     // 現在角
       LPX, LPY;                  // 現在位置

void window(double x1, double y1, double x2, double y2)
{
    WX1 = x1; WY1 = y1; WX2 = x2; WY2 = y2;
    FACTX = (VX2 - VX1) / (WX2 - WX1);
    FACTY = (VY2 - VY1) / (WY2 - WY1);
}
void view(double x1, double y1, double x2, double y2)
{
    SetViewportExtEx(ghdc, (int)(x2 - x1), (int)(y2 - y1),
    ⮐NULL);
    SetViewportOrgEx(ghdc, (int)x1, (int)y1, NULL);
    HRGN hRgn = CreateRectRgn((int)x1, (int)y1, (int)x2 + 1,
    ⮐(int)y2 + 1);
    SelectClipRgn(ghdc, hRgn);         // クリップ領域の設定
    VX1 = x1; VY1 = y1; VX2 = x2; VY2 = y2;
    FACTX = (VX2 - VX1) / (WX2 - WX1);
    FACTY = (VY2 - VY1) / (WY2 - WY1);
}

void Ginit(HDC hdc)
{
    ghdc = hdc;
    HPEN hPen = CreatePen(PS_SOLID, 1, color);    // ペンの色
    SelectObject(ghdc, hPen);
    LPX = 0; LPY = 0; ANGLE = 0;
```

```
    window(0, 0, 639, 399);
    view(0, 0, 639, 399);
}
void cls(void)
{
    RECT r;
    GetClipBox(ghdc, &r);
    FillRect(ghdc, &r, CreateSolidBrush(GetBkColor(ghdc)));
}
void line(double x1, double y1, double x2, double y2)
{
    int px1, py1, px2, py2;
    px1 = (int)((x1 - WX1)*FACTX);
    py1 = (int)((WY2 - y1)*FACTY);
    px2 = (int)((x2 - WX1)*FACTX);
    py2 = (int)((WY2 - y2)*FACTY);
    MoveToEx(ghdc, px1, py1, NULL);
    LineTo(ghdc, px2, py2);
    LPX = x2; LPY = y2;
}
void pset(double x, double y)
{
    int px, py;
    px = (int)((x - WX1)*FACTX);
    py = (int)((WY2 - y)*FACTY);
    SetPixel(ghdc, px, py,color);
    LPX = x; LPY = y;
}
void move(double l)
{
    double x, y, rd = 3.1415927 / 180;
    x = l*cos(rd*ANGLE); y = l*sin(rd*ANGLE);
    line(LPX, LPY, LPX + x, LPY + y);
}
void moveto(double x, double y)
{
    line(LPX, LPY, x, y);
}
void setpoint(double x, double y)
{
    LPX = x; LPY = y;
}

#define setangle(a) ANGLE=(double)(a)
#define turn(a) ANGLE=fmod(ANGLE+(a),360.0)

#define ginit() Ginit(hdc)
```

設計上の要点

● 初期化

グラフィック処理の初期化を行うginit()マクロはGinit(hdc)関数にマクロ展開される.

グローバルスコープのグラフィックス・デバイスコンテキストghdcに対しGinit関数で`ghdc = hdc;`とすることで,`WM_PAINT:`が呼ばれたときに渡されている`hdc`を格納する. 従ってginitは`WM_PAINT:`部に置かなければならない.

● 直線の描画

(x1,y1)-(x2,y2)間に直線を描くには以下のようにする.

```
MoveToEx(ghdc, px1, py1, NULL);
LineTo(ghdc, px2, py2);
```

● 描画色

以下で`color`に色を定義する.

```
COLORREF color = RGB(0, 0, 255); // 青色
```

この`color`を使ってGinit関数で以下のように描画ペンの色を設定する.

```
HPEN hPen = CreatePen(PS_SOLID, 1, color);  // ペンの色
SelectObject(ghdc, hPen);
```

● 点の描画

`(px,py)`位置に`color`の点を描くには以下のようにする.

```
SetPixel(ghdc, px, py,color);
```

● 画面のクリア

画面のクリアはrにクリップ領域を取得し, バックカラーで塗りつぶす.

```
GetClipBox(ghdc, &r);
FillRect(ghdc, &r, CreateSolidBrush(GetBkColor(ghdc)));
```

● ビューポートとクリップ領域の設定

SetViewportExtExとSetViewportOrgExでビューポート領域を設定し，SelectClipRgnでクリップ領域を設定する．

```
SetViewportExtEx(ghdc, (int)(x2 - x1), (int)(y2 - y1),
⮐NULL);
SetViewportOrgEx(ghdc, (int)x1, (int)y1, NULL);
HRGN hRgn = CreateRectRgn((int)x1, (int)y1, (int)x2 + 1,
⮐(int)y2 + 1);
SelectClipRgn(ghdc, hRgn);          // クリップ領域の設定
```

❶ オブジェクトの解放

安全なプログラムを作る上では，生成したオブジェクトを解放することになっている．この処理を入れるなら以下のようになる．Ginitで初期化し，gfinでオブジェクトを解放する．「Ⅳ　Windowsデスクトップアプリケーションで開発する場合」で示すtlib.hではこの処理を含めている．

```
HPEN hPen,oldp;
void Ginit(HDC hdc)
{
    ghdc = hdc;
    hPen = CreatePen(PS_SOLID, 1, color);    // ペンの色
    oldp=(HPEN)SelectObject(ghdc, hPen);     // 前のペンを保存
    LPX = 0; LPY = 0; ANGLE = 0;
    window(0, 0, 639, 399);
    view(0, 0, 639, 399);
}
void gfin(void)
{
    SelectObject(ghdc, oldp);        // 前のペンに戻す
    DeleteObject(hPen);              // 生成したペンの解放
}
```

4 ウィンドウへのテキストの出力（Dr17）

ウィンドウへのテキストの出力はTextOut関数で行う．TextOut関数の引数に指定する文字列はワイド文字である．このため，wchar_t型のbufを用意し，swprintf_s関数でこのbufに対し書式付き出力を行う．「Ⅳ　Windowsデスクトップアプリケーションで開発する場合」で示すtlib.hを使用すればprintfのままで良い．

```
// 係数の表示
wchar_t buf[20];
for (k = 0; k <= M; k++) {
    swprintf_s(buf,L"a%d=%f", k, a[k][M + 1]);
    TextOut(hdc, 10, k * 20, buf, wcslen(buf));
}
```

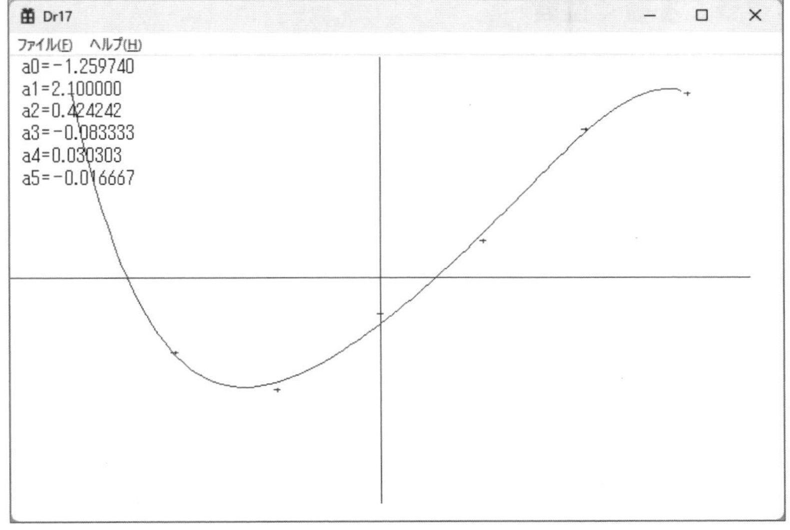

附録 1 Visual Studio（Visual C++ 2022）で動作させる場合

Ⅳ Windowsデスクトップアプリケーションで開発する場合

「Windowsコンソールアプリ」でなく「Windowsデスクトップアプリケーション」でプログラムを開発する場合の出力方法について解説する.

1 プログラムを置く位置

Windowsデスクトップアプリケーションでプログラムを置く位置は以下の通りである.

```
表題コメント
関数定義
外部宣言
BOOL InitInstance(HINSTANCE hInstance, int nCmdShow)
{
 (省略)
    if (!hWnd)
    {
        return FALSE;
    }
    GUI部品の作成
}

LRESULT CALLBACK WndProc(HWND hWnd, UINT message, WPARAM
wParam, LPARAM lParam)
{
 (省略)
    case WM_PAINT:
            {
             // TODO: HDC を使用する描画コードをここに追加してください...
                 main関数の処理
```

2 プログラムの記述例（Dr1_2）

・テキスト出力ライブラリtlib.hをInitInstance関数の前でインクルードする．

・グラフィックス処理を行うプログラムはWndProc関数の「case WM_PAINT:」部の「// TODO: HDC を使用する描画コードをここに追加してください...」の部分に記述する．
tinit()関数で始まり，本文を置き，tfin()関数で終わる．

・関数プロトタイプ宣言を省略し，そこに関数本体を置く．関数が複数ある場合は前方参照しないように関数本体の順序を考慮する．たとえば，**Rei24**ではreplace関数からsearch関数を呼び出しているため，前方参照を避けるため，search関数をreplace関数より先に置く．

対象プログラム

Rei24，Dr24，Dr32，Rei35，Dr35_1，Rei36，Dr36，Rei44，Dr44_1，Dr44_2，Rei45，Dr45_1，Dr45_2，Rei46，Dr46，Dr48_1，Dr48_2，Rei49，Dr49，Dr50_2

```
/*
* --------------------------------
*      Pascalの三角形      *
* --------------------------------
*/

#include "tlib.h"
#define N 12
long combi(int n, int r)
{
  (省略)
}

BOOL InitInstance(HINSTANCE hInstance, int nCmdShow)
{
  (省略)
}

LRESULT CALLBACK WndProc(HWND hWnd, UINT message, WPARAM wParam,
LPARAM lParam)
{
  (省略)
    case WM_PAINT:
        {
            PAINTSTRUCT ps;
```

```
        HDC hdc = BeginPaint(hWnd, &ps);
        // TODO: HDC を使用する描画コードをここに追加してください...
        tinit();
        int n, r, t;

        for (n = 0; n <= N; n++) {
    （省略）
        }
        tfin();

        EndPaint(hWnd, &ps);
    }
    break;
```

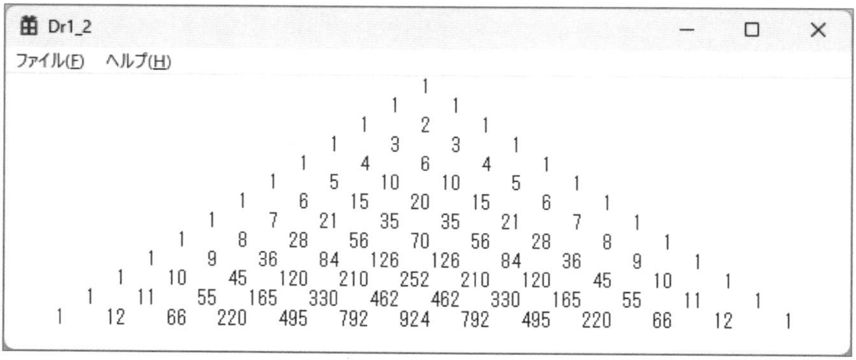

```
Dr1_2
ファイル(F)  ヘルプ(H)
                                    1
                                 1     1
                              1     2     1
                           1     3     3     1
                        1     4     6     4     1
                     1     5    10    10     5     1
                  1     6    15    20    15     6     1
               1     7    21    35    35    21     7     1
            1     8    28    56    70    56    28     8     1
         1     9    36    84   126   126    84    36     9     1
      1    10    45   120   210   252   210   120    45    10     1
   1    11    55   165   330   462   462   330   165    55    11     1
1    12    66   220   495   792   924   792   495   220    66    12     1
```

3 tlib.h

printf関数を使ったWindowsコンソールアプリ用コードをそのままWindowsデスクトップアプリケーションで使用できるようにtlib.hを作成した．Windowsデスクトップアプリケーションでテキストを出力する場合はTextOut関数を使う．この場合マルチバイト文字とワイド文字の変換が必要となる．

● **tlib.h**

```
/*
 * ---------------------------
 *     テキスト出力ライブラリ     *
 *    printf->TextOut 変換      *
 * ---------------------------
 */

#include <stdio.h>
#include <stdarg.h>
#include <locale.h>

HDC thdc;              // グラフィックスデバイスコンテキスト
int TLPX, TLPY;        // テキスト描画現在位置
int H = 14;            // フォント高さ
HFONT font, oldf;      // フォント
wchar_t buf[100];      // ワイド文字用
char cbuf[100];        // マルチバイト文字用
size_t ret;            // mbstowcs_s 関数で使用

void Tinit(HDC p)
{
    thdc = p;
    font=CreateFont(H, 0, 0, 0, FW_NORMAL, FALSE, FALSE, FALSE,
        SHIFTJIS_CHARSET, OUT_DEFAULT_PRECIS,
        ⮐CLIP_DEFAULT_PRECIS,
        ⮐DEFAULT_QUALITY, FIXED_PITCH | FF_MODERN,
        ⮐L"ＭＳ ゴシック");
    oldf=(HFONT)SelectObject(thdc, font);
    TLPX = 1; TLPY = 0;            // TLPX=0 だと左端が欠ける
    setlocale(LC_ALL, "");         // ロケールの設定
}
void tfin(void)
{
    SelectObject(thdc, oldf);
    DeleteObject(font);
}
void Printf(const char *format, ...)
{
    int n;
    va_list ap;
    va_start(ap, format);
    n=vsprintf_s(cbuf, format, ap);
    va_end(ap);
    mbstowcs_s(&ret,buf, cbuf, sizeof(buf)/sizeof(buf[0]));
    // MultiByteToWideChar(CP_ACP,MB_PRECOMPOSED,cbuf,-1,buf,
    ⮐sizeof(buf)/sizeof(buf[0]));
    if (TLPX>=80*H/2){  // 80 文字を超えたら
        TLPX=1;
        TLPY+=H;
    }
    if (buf[wcslen(buf) - 1] == L'¥n') {  // 改行コードがある場合
```

```
        buf[wcslen(buf) - 1] = L'¥0';
        TextOut(thdc,TLPX, TLPY, buf,wcslen(buf));
        TLPY += H;
        TLPX = 1;
    }
    else {
        TextOut(thdc, TLPX, TLPY, buf, wcslen(buf));
        TLPX += n*(H/2);  // 文字幅を高さの半分と仮定
    }
}

#define printf Printf
#define putchar(x) Printf("%c",x)
#define tinit() Tinit(hdc)
```

設計上の要点

printf->TextOut変換

printfをPrintfにマクロ置換し，Printf関数の中で可変引数formatで示される書式制御に基づいてcbufに出力文字列を取得する．

```
    va_list ap;
    va_start(ap, format);
    n=vsprintf_s(cbuf, format, ap);
    va_end(ap);
```

TextOutの引数はwchar_t型なのでchar型の文字列cbufをwchar_t型の文字列bufに変換する．

```
    mbstowcs_s(&ret,buf, cbuf, sizeof(buf)/sizeof(buf[0]));
```

このbufの内容をTextOutで（TLPX,TLPY）位置に出力する．

```
    TextOut(thdc, TLPX, TLPY, buf, wcslen(buf));
```

❗ mbstowcs_sの代わりにMultiByteToWideCharでも良い．

```
MultiByteToWideChar(CP_ACP,MB_PRECOMPOSED,cbuf,-1,buf,sizeof
⏎(buf)/sizeof(buf[0]));
```

行制御

テキストの表示位置はTLPX，TLPYで制御する．文字列の最後に¥nがある場合は「TLPY += H;」で改行する．横の表示が80文字を超えたら改行する．Hはフォントの高さ.

❶ `printf("¥n・・・");`のように先頭に¥nがある場合は改行できないので, `printf("¥n");printf("・・・");`のように分けて書く.

対象プログラム

Dr30_2, Dr32, Rei37, Dr37, Rei49

● **オブジェクトの解放**

tinitで生成したオブジェクトをtfinで解放する.

4 wchar_tとTCHAR

wchar_tはワイド文字を扱うための型である. ワイド文字の文字列リテラルはL"日本語"のように「L」を接頭する. このことはC言語の標準規格で定義されている. これに対しTCHARはVisual C++が独自に定めた型で, _UNICODEが定義されていればwchar_tに置き換えられ, 定義されていなければcharに置き換えられる. つまり, TCHARを使うことで, マルチバイト文字にもワイド文字にも対応できるようにした仕組みである. TCHAR型の文字列リテラルは_T("日本語")のように表す. _UNICODEが定義されていれば, L"日本語"に置き換えられ, 定義されていなければ"日本語"に置き換えられる. 本書では, wchar_t型を使用している.

附録 1　Visual Studio（Visual C++ 2022）で動作させる場合

V　テキストボックスからの入力

Windowsデスクトップアプリケーションで開発する場合，コンソール入力を行うscanf関数はテキストボックス（エディットコントロール）から入力を行うプログラムに置き換える．

対象プログラム

Rei6，Dr6，Rei7，Dr7_3，Rei9，Dr9，Rei20，Dr20_1，Dr20_2，Rei21，Dr21，Rei25，Dr25，Dr26_4，Dr26_5，Rei29，Dr29，Rei32，Dr32，Rei33，Dr33，Rei34，Dr34_1，Dr34_2，Rei35，Dr35_1，Dr35_2，Rei36，Dr36，Rei37，Dr37，Rei40，Dr40，Rei41，Dr41，Rei42，Dr42，Rei43，Dr43，Rei44，Dr44_1，Dr44_2，Rei45，Dr45_1，Dr45_2，Rei46，Dr46，Rei47，Dr47，Rei48，Dr48_1，Dr48_2，Rei55，Dr55

1 プログラムの記述例（Rei9）

```
BOOL InitInstance(HINSTANCE hInstance, int nCmdShow)
{
 (省略)
   txt1 = CreateWindow(L"EDIT", L"0", WS_CHILD | WS_VISIBLE |
   ↩WS_BORDER, 10, 50, 80, 30, hWnd, NULL, hInst, NULL);
   txt2 = CreateWindow(L"EDIT", L"2", WS_CHILD | WS_VISIBLE |
   ↩WS_BORDER, 100, 50, 80, 30, hWnd, NULL, hInst, NULL);
   CreateWindow(L"BUTTON", L"計算", WS_CHILD | WS_VISIBLE |
   ↩BS_DEFPUSHBUTTON, 200, 50, 80, 30, hWnd, (HMENU)IDC_
   ↩BUTTON1, hInst, NULL);

   ShowWindow(hWnd, nCmdShow);
   UpdateWindow(hWnd);

   return TRUE;
}


LRESULT CALLBACK WndProc(HWND hWnd, UINT message, WPARAM wParam,
↩LPARAM lParam)
{
 (省略)
            case IDC_BUTTON1:
                InvalidateRect(hWnd, NULL, TRUE);
                break;
```

```
(省略)
    case WM_PAINT:
        {
(省略)
            GetWindowText(txt1, buf, sizeof(buf) /
            sizeof(buf[0]));
            a = _ttof(buf);
            GetWindowText(txt2, buf, sizeof(buf) /
            sizeof(buf[0]));
            b = _ttof(buf);
```

Rei9
ファイル(F) ヘルプ(H)
/2.000000
| sqrt(4-x*x) =3.138269
/0.000000
0 2 計算

2 テキストボックスとボタンの配置

GUI部品はCreateWindow関数を使い，テキストボックスはクラス名にEDITを指定し，ボタンはクラス名にBUTTONを指定する．ボタンをクリックした時のイベント処理用のラベルにIDC_BUTTON1を定義し，ボタン作成時のCreateWindow関数の引数に`(HMENU)IDC_BUTTON1`を指定する．

```
#define IDC_BUTTON1 201
HWND txt1;
BOOL InitInstance(HINSTANCE hInstance, int nCmdShow)
{
   hInst = hInstance; // グローバル変数にインスタンス処理を格納します.
 (省略)
   txt1 = CreateWindow(L"EDIT", L"0", WS_CHILD | WS_VISIBLE |
   WS_BORDER, 10, 50, 80, 30, hWnd, NULL, hInst, NULL);
   CreateWindow(L"BUTTON", L"計算", WS_CHILD | WS_VISIBLE |
   BS_DEFPUSHBUTTON, 200, 50, 80, 30, hWnd, (HMENU)IDC_
   BUTTON1, hInst, NULL);
```

3 ボタンのクリック処理

ボタンがクリックされた時のイベント処理は「`case IDC_BUTTON1:`」部に置く．ここでは`InvalidateRect`で再描画することで，「`case WM_PAINT:`」の処理が行われる．

```
LRESULT CALLBACK WndProc(HWND hWnd, UINT message, WPARAM wParam,
LPARAM lParam)
{
  (省略)
            // 選択されたメニューの解析：
            switch (wmId)
            {
            (省略)
                case IDC_BUTTON1:
                    InvalidateRect(hWnd, NULL, TRUE);
                    break;
```

4 テキストボックスに入力されているテキストの取得

CreatWindow関数でテキストボックスを作成したときに返されるHWND型のtxt1を使って，GetWindowText関数でwchar_t型のbufに取得する．wchar_t型の数値文字列から実数値に変換するには_ttof関数を使う，整数値に変換するには_ttoi関数を使う．

```
wchar_t buf[10];
GetWindowText(txt1, buf, sizeof(buf) / sizeof(buf[0]));
a = _ttof(buf);
```

取得したテキストボックスのwchar_t型データをchar型のcbufに変換するにはwcstombs_sを使う．

```
char cbuf[12];
wchar_t buf[12];
size_t ret;
GetWindowText(txt3, buf, sizeof(buf) / sizeof(buf[0]));
wcstombs_s(&ret,cbuf, buf, sizeof(cbuf) / sizeof(cbuf[0]));
```

❶ bufとretはtlib.hで定義されているので，各プログラムでは宣言しない．
❶ wcstombs_sの代わりにWideCharToMultiByteを使っても良い．

```
WideCharToMultiByte(CP_ACP, WC_NO_BEST_FIT_CHARS, buf, -1, cbuf,
⮐sizeof(cbuf)/sizeof(cbuf[0]), NULL, NULL);
```

5 テキストボックスの初期設定

プログラムの開始で「case WM_PAINT:」部の処理が行われるので，テキストボックスに初期値を与えておかなければ，入力データは不定となってしまう．

```
txt1 = CreateWindow(L"EDIT", L"0",
txt2 = CreateWindow(L"EDIT", L"2",
                                    ↑初期値
```

6 main関数の処理が2か所に分かれる場合

Rei9のように実質の処理が「WM_PAINT:」部だけの場合はmain関数の中を単純に移せば良いが，**Rei25**のようにmain関数の処理が2か所に分かれる場合は変数や配列の宣言を外部宣言したり，変数の初期化を外部宣言時に行う．たとえば**Rei25**は以下のように，n，a，bを外部宣言する．

```
struct tel {                    // データ・テーブル
    char name[20];
    char telnum[20];
} dat[TableSize];

int n;                          // 外部宣言する
char a[20], b[20];
```

対象プログラム

Rei25，Dr25，Rei32，Rei33，Dr33，Rei34，Dr34_1，Dr34_2，Rei35，Dr35_1，Dr35_2，Rei36，Dr36，Rei37，Dr37，Rei40，Dr40，Rei41，Dr41，Rei42，Dr42，Rei43，Dr43，Rei44，Dr44_1，Dr44_2，Rei45，Dr45_1，Dr45_2

7 特殊処理が必要な場合

Windowsデスクトップアプリケーションで開発する場合に，特殊な処理を置く必要があるものがある．

①データがない状態でWM_PAINTが呼び出された時に描画を行わないようにするための処理

・Rei25，Dr25

初期状態はテキストボックスにデータがないためnの値が負になることを期待している．

```
if (n >= 0) {     // 初期状態はテキストボックスにデータがないため
    printf("%15s%15s¥n", dat[n].name, dat[n].telnum);
}
```

・**Rei46，Dr46**

Flagを導入し，初期状態かどうか判定する．

```
if (Flag) {         // データがない時は表示しない
    treewalk(root);
}
```

・**Rei47，Dr47，Rei48，Dr48_1，Dr48_2**

nの初期値を0にして，heap[++n]のように前置演算でnの値を更新する．これによりデータがない場合はfor (i=1;i<=n;i++)という条件を満たさないので表示されない．

②データが見つかったかの判定にFlagを使う

・**Rei35,Dr35_1**

```
if (!Flag) {
    MessageBox(hWnd, L"キーデータが見つかりません", L"検索結果", MB_
    ⮐OK);
}
```

③ダミーノードを扱うプログラムは個々に変更が必要

・**Dr34_1**

前処理，後処理を区別するのにFlagを使用する．

・**Dr34_2**

ダミーノードの作成をプログラム開始時にInitInstance関数で行う．

・**Dr36，Dr40**

最後に空白のダミーノードを作成して登録を終了する．

④そのほか細かい変更をしたもの

・**Dr35_2**

「head=&sentinel」を宣言時に行うようにするため，sentinelの宣言をheadより先に行う．

・**Rei67**

minは既に定義されているのでMinに変える．

Ⅵ メッセージボックスの利用

フォーム画面へのTextOut出力以外に結果を表示する場合や，どのボタンがクリックされたかを判定するにはMessageBoxを使う．

● MB_OK型

［OK］ボタンのみの単純なMessageBoxは以下のように使う．hWndはWndProc関数に渡された「Windowsハンドル」である．hWndの代わりにNULLを指定しても良い．

```
MessageBox(hWnd,L"内容" ,L"題名", MB_OK);
```

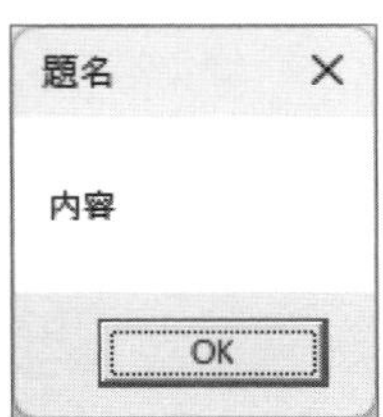

MessageBoxで認められる文字列引数はwchar_t *型だけである．char *型の文字列cbufをwchar_t *型の文字列bufに変換するには以下のようにする．

```
mbstowcs_s(&ret,buf, cbuf, sizeof(buf)/sizeof(buf[0]));
```

または書式付出力を使って以下のうようにbufにwchar_t *型の文字列を取得する．

```
swprintf_s(buf, L"書式制御文字列", 引数1,引数2,・・・);
```

● MB_YESNO型

メッセージボックスのどのボタンがクリックされたかを判定するには以下のようにする．「はい」ボタンがクリックされればIDYES,「いいえ」ボタンがクリックされればIDNOが返される．

```
int ret= MessageBox(hWnd,L" 内容 " ,L" 題名 ", MB_YESNO);
if (ret== IDYES) {
    // はいの時の処理
}
```

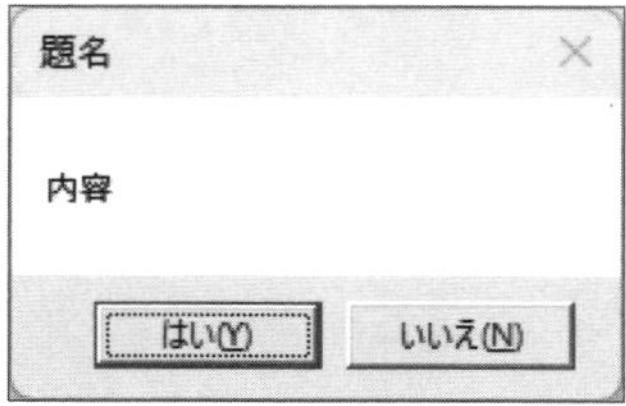

対象プログラム

Rei32, Dr32, Rei33, Dr33, Rei35, Dr35_1, Dr35_2, Rei36, Dr36, Rei40, Dr40, Rei41, Dr41, Rei42, Dr44_1, Rei50, Dr50_1, Dr50_2, Rei65, Dr65

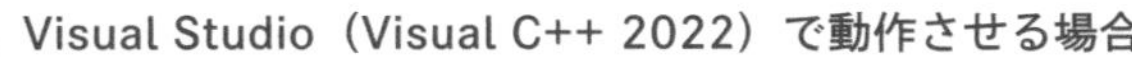

VII 出力結果が画面を超える場合

出力結果が長くて画面の高さを超える場合は以下の2種類の方法で行う.

1 メッセージボックスで待ってから次の出力を行う

メッセージボックスの第1引数に指定するウインドウハンドルは「case WM_PAINT:」部に渡されたhWndをグローバルスコープのhdに格納しておき，これを使う.

```
MessageBox(hd, L"次へ", L"ハノイの塔", MB_OK);
```

対象プログラム

Dr32

```
HWND hd;
void move(int n, int s, int d)        // 円盤の移動シミュレーション
{
    int i, j;
    TLPX = 1; TLPY = 0;

（省略）
    MessageBox(hd, L"次へ", L"ハノイの塔", MB_OK);
}

    case WM_PAINT:
        {
（省略）
            tinit();
            hd = hWnd;
```

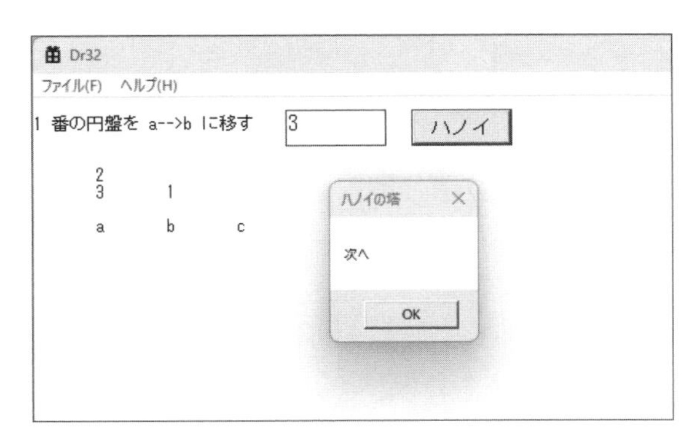

Dr32
ファイル(F)　ヘルプ(H)
1 番の円盤を a-->b に移す　3　ハノイ
2
3　1
a　b　c
ハノイの塔
次へ
OK

2 リストボックスへの出力

リストボックスはCreateWindow関数で指定するクラスにLISTBOXを指定する．縦スクロールバーを付けるにはWS_VSCROLLを指定する．

```
lst1 = CreateWindow(L"LISTBOX", L"0", WS_CHILD |
⮐WS_VISIBLE | WS_BORDER | WS_VSCROLL, 10, 10, 200, 600,
⮐hWnd, NULL, hInst, NULL);
```

リストボックスlst1にbufの内容を出力するにはSendMessageを使う．追加するにはLB_ADDSTRINGを指定する．

```
SendMessage(lst1, LB_ADDSTRING, NULL, (LPARAM)buf);
```

対象プログラム

Rei66，Dr66

```
queen[N + 1];       // 王妃の位置

HWND lst1;
wchar_t buf[100];

void backtrack(int i)
{
    int j, x, y;
    static int num = 0;

    if (i>N) {
        swprintf_s(buf, 100, L"解 %d", ++num);
        SendMessage(lst1, LB_ADDSTRING, NULL, (LPARAM)buf);
        for (y = 1; y <= N; y++) {
            wcscpy_s(buf, sizeof(buf) / sizeof(buf[0]), L"");
            for (x = 1; x <= N; x++)
                if (queen[y] == x)
                    wcscat_s(buf, sizeof(buf) / sizeof(buf[0]),
                    ⮐L" Q");
                else
                    wcscat_s(buf, sizeof(buf) / sizeof(buf[0]),
                    ⮐L" .");
            SendMessage(lst1, LB_ADDSTRING, NULL, (LPARAM)buf);
        }
    }
 （省略）
}
```

```
BOOL InitInstance(HINSTANCE hInstance, int nCmdShow)
{
   hInst = hInstance; // グローバル変数にインスタンス処理を格納します.
 (省略)
   ShowWindow(hWnd, nCmdShow);
   UpdateWindow(hWnd);

   lst1 = CreateWindow(L"LISTBOX", L"", WS_CHILD | WS_VISIBLE |
   ↩WS_BORDER | WS_VSCROLL, 10, 10, 200, 600, hWnd, NULL,
   ↩hInst, NULL);
```

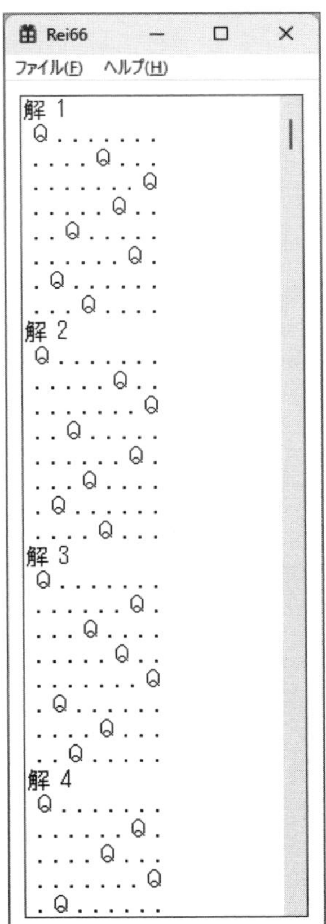

附録 1　Visual Studio（Visual C++ 2022）で動作させる場合

入力ボックスが必要なもの

モーダルなメッセージボックスはMessageBoxを使えば良いが，入力を伴うメッセージボックスはないので，自作する．

対象プログラム

Rei50，Dr50_1，Dr50_2，Rei65，Dr65

1 テキストボックスとメッセージボックスを使う方法

ひとつの簡単な方法はモードレスな入力用のテキストボックスを伴うウインドウとモーダルなメッセージボックスを組み合わせて入力ダイアログの代わりを行う．モードレスな入力用のテキストボックスはWS_CHILDを指定しないで作成する．

```
    // 入力ウインドウ
    txt1=CreateWindow(L"EDIT", L" 入力ボックス ", WS_VISIBLE,
    ⮐ CW_USEDEFAULT, CW_USEDEFAULT, 400, 120, hWnd, NULL, hInst,
    ⮐ NULL);
```

この入力ボックスに入力されているテキストをメッセージボックスの［OK］ボタンのクリックを待って取得するには以下のようにする．

```
MessageBox(hWnd, L" あなたの考えは ?", L" 質問 ", MB_OK);
GetWindowText(txt1, buf, sizeof(buf) / sizeof(buf[0]));
```

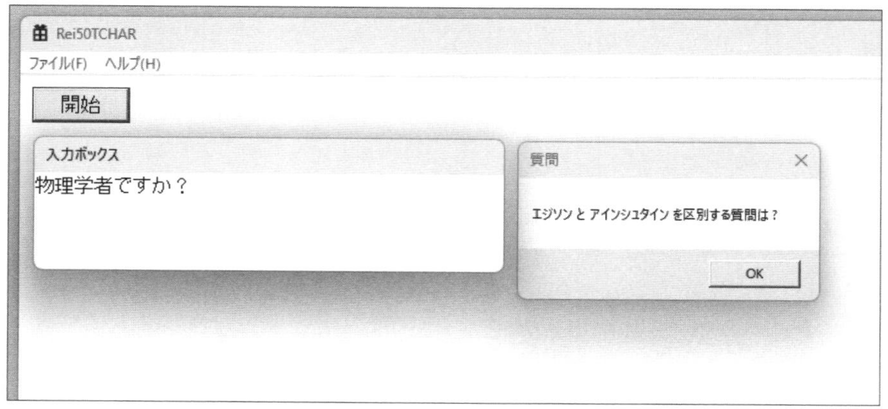

❶ このプログラムのようにtlib.hを使わないものは，元々のデータをワイド文字で定義しておけばワイド文字とマルチバイト文字の間の変換をする必要がない．サンプルは**Rei50TCHAR**にある．

```
struct tnode {
    int left;           // 左へのポインタ
    wchar_t node[100];
    int right;          // 右へのポインタ
};
static struct tnode a[Max] = { { 1  ,L"芸能人ですか"   ,2 },
                               { 3  ,L"歌手ですか"     ,4 },
                              (省略)
```

2 ダイアログボックスを作る

IDD_ABOUTBOXはヘルプメニューの「バージョン情報」で開かれる以下のようなダイアログボックスである．今回はこのダイアログボックスを流用して独自の入力ダイアログボックスを作る．サンプルは**Rei50Dialog**にある．

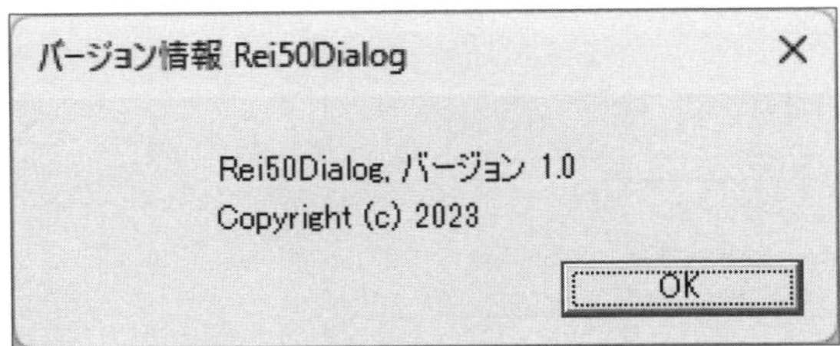

ダイアログボックス作成の手順

①リソースファイルのRei50Dialog.rcを開く．

②リソースビューのDialogからIDD_ABOUTBOXを開く.

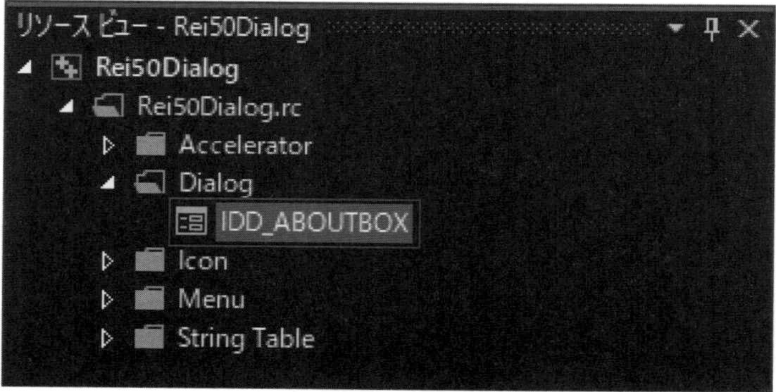

③既にある3つのスタティックテキストのうち2つを削除する.

④ツールボックスからEditControlをドラッグ&ドロップする.

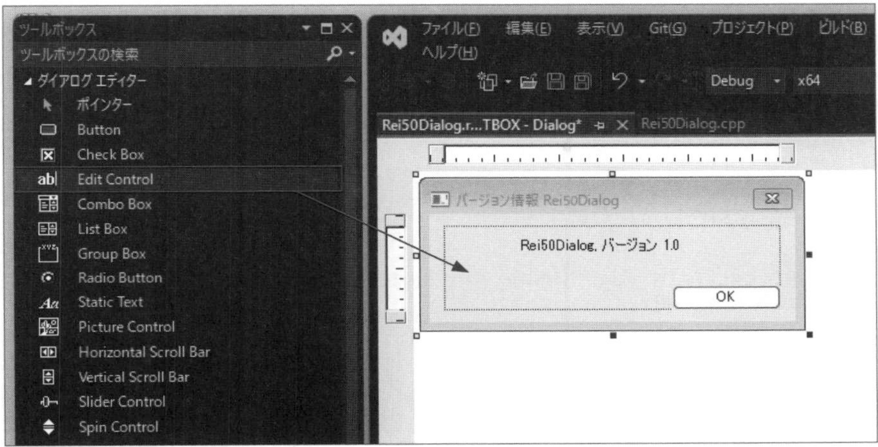

⑤プロパティウインドウで，キャプションを変更する.

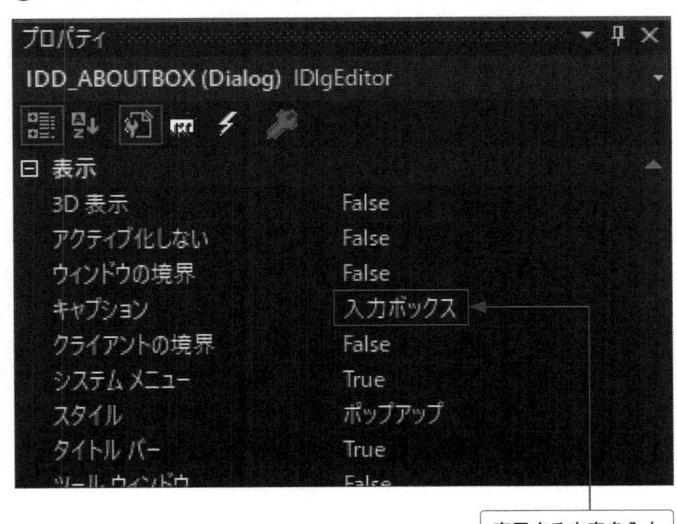

ダイアログボックスの処理

スケルトンで作成されているAbout関数に以下の2つの処理を置く.

●「WM_INITDIALOG」部

ダイアログを呼び出した時の初期設定を置く．つまりbufに設定されている文字列をラベルに表示する．

●「WM_COMMAND」部

［OK］ボタンをクリックした時の処理を置く．つまりテキストボックスに入力されている文字列をbufに取得する．

```
INT_PTR CALLBACK About(HWND hDlg, UINT message, WPARAM wParam,
⏎LPARAM lParam)
{
（省略）
    case WM_INITDIALOG:
        label = GetDlgItem(hDlg, IDC_STATIC);
        SetWindowText(label, buf);    // bufに設定されている文字列を
        ⏎ラベルに表示
        return (INT_PTR)TRUE;

    case WM_COMMAND:
        if (LOWORD(wParam) == IDOK || LOWORD(wParam) == IDCANCEL)
        {
            txt = GetDlgItem(hDlg, IDC_EDIT1);    // テキストボッ
            ⏎クスの文字列を取得
            GetWindowText(txt, buf, sizeof(buf) /
            ⏎sizeof(buf[0]));
```

ダイアログボックスの呼び出し

bufにラベルに表示する文字列を格納してからDialogBox関数でダイアログボックスを表示する．

```
wcscpy_s(buf, sizeof(buf) / sizeof(buf[0]), L"あなたの考えは
⏎?");
DialogBox(hInst, MAKEINTRESOURCE(IDD_ABOUTBOX), hWnd,
⏎About);
```

［OK］ボタンのクリックでダイアログボックスは閉じ，bufに入力されたテキストが格納されているので，それを目的の変数にコピーする．

```
wcscpy_s(a[lp + 2].node, sizeof(buf) / sizeof(buf[0]),
⏎buf);
```

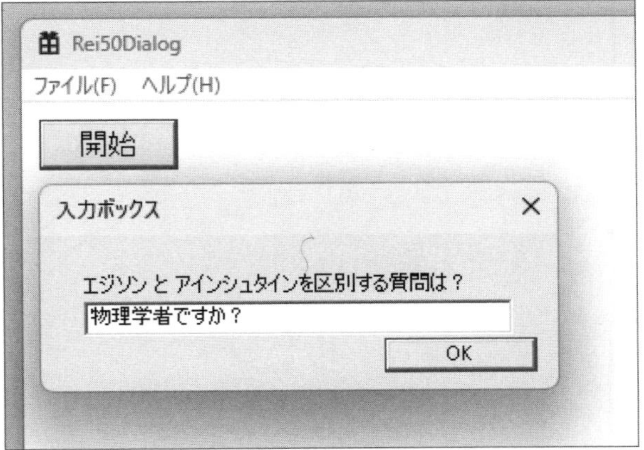
Rei50Dialog
ファイル(F) ヘルプ(H)
開始
入力ボックス
エジソン と アインシュタインを区別する質問は？
物理学者ですか？
OK

附録

2

MinGW-w64（GCC）で動作させる場合

附録2　MinGW-w64（GCC）で動作させる場合

I　GCCの運用形態

対象プログラム

Dr17，8章（グラフィックス）以外のプログラム

MinGWはMinimalist GNU for Windowsの略で，GNU（UNIX/Linux系のソフトウエア開発環境）のWindows版である．MinGWでは各種言語が開発できるが，その中のC/C++コンパイラが「The GNU C Compiler（GCC）」である．現在はMinGW-w64になっている．

● フォルダ構成

MinGWをインストールすると以下のようなフォルダ構成となる．sourceフォルダはユーザが作成する．

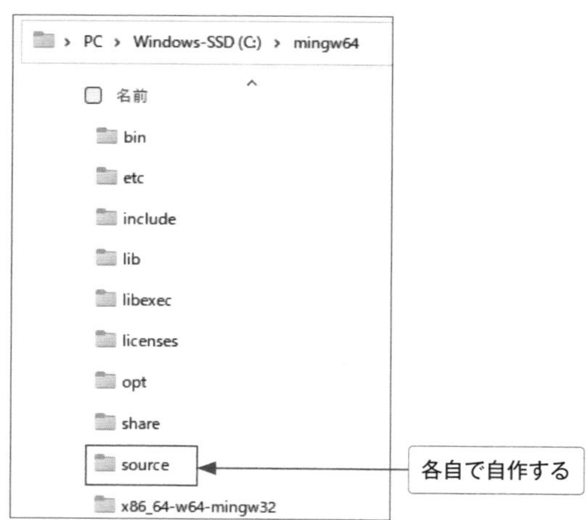

● ソースファイル

ソースファイルを保存するときのエンコードは「ANSI」とする．

ファイル名(N):　Rei1.c
ファイルの種類(T):　すべてのファイル
エンコード:　ANSI　　保存(S)　　キャンセル

コンパイルと実行

・カレントフォルダをsourceに移す

```
>cd c:\mingw64\source
```

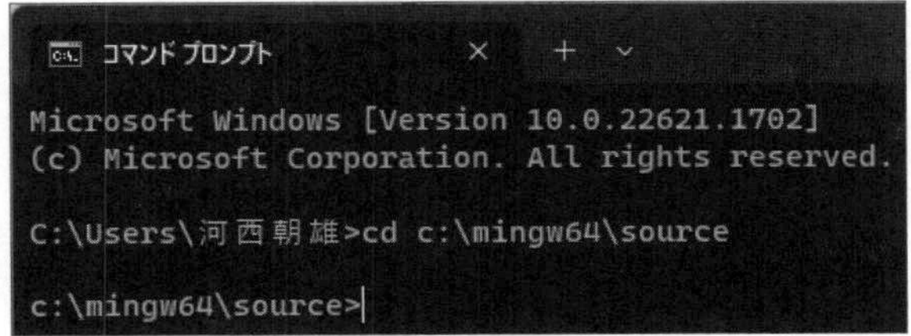
コマンド プロンプト
Microsoft Windows [Version 10.0.22621.1702]
(c) Microsoft Corporation. All rights reserved.
C:\Users\河西朝雄>cd c:\mingw64\source
c:\mingw64\source>

・コマンドパスの追加

setコマンドを使ってMinGW用のコマンドパスを追加する.

```
>set path=%path%;c:\mingw64\bin
```

```
c:\mingw64\source>set path=%path%;c:\mingw64\bin
```

・コンパイル/リンク

以下によりコンパイル/リンクし，実行を行う.

```
>gcc Rei1.c
```

`Rei1.c`がコンパイル/リンクされ実行可能ファイル`a.exe`が生成される.

```
>gcc -o Rei1.exe Rei1.c
```

`o`オプションを付けることで，`Rei1.c`がコンパイル/リンクされ実行可能ファイル`Rei1.exe`が生成される.

```
c:\mingw64\source>gcc -o Rei1.exe Rei1.c

c:\mingw64\source>Rei1
0C0=1
1C0=1  1C1=1
2C0=1  2C1=2  2C2=1
3C0=1  3C1=3  3C2=3  3C3=1
4C0=1  4C1=4  4C2=6  4C3=4  4C4=1
5C0=1  5C1=5  5C2=10  5C3=10  5C4=5  5C5=1
```

附録 2　MinGW-w64（GCC）で動作させる場合

コンパイル/リンク/実行用に以下のようなバッチファイルを作成しておくと便利.

g.bat

```
gcc -o %1.exe %1.c
%1
```

このバッチファイルは，以下のように使用する.

```
>g Rei1
```

バージョン情報の取得

バージョン情報は以下で得られる.

```
>gcc --version
```

```
c:\mingw64\source>gcc --version
gcc (x86_64-win32-seh-rev0, Built by MinGW-W64 project) 12.2.0
Copyright (C) 2022 Free Software Foundation, Inc.
This is free software; see the source for copying conditions.  There is NO
warranty; not even for MERCHANTABILITY or FITNESS FOR A PARTICULAR PURPOSE.
```

MinGW-w64（GCC）で動作させる場合

GCCでの注意点

main関数の型

GCCの古いバージョンではmain関数の型にvoidは認められないので以下の形式にする．Ver 5.3.0以降ではvoid型も認められている．

```
int main(void)
{

    return 0;
}
```

日本語

シフトJISコードの下位バイトに0x5c（'\'）を持つもの（表や能など）は，0x5cがエスケープ文字として使われてしまうので，以下のように文字化けを起こす．

```
#include <stdio.h>
void main(void)
{
    printf("表示する\n")
}
```

```
c:\mingw64\source>gcc -o test.exe test.c
test.c: In function 'main':
test.c:4:24: warning: unknown escape sequence: '\216'
    4 |     printf("<95>\<8e><a6><82><b7><82><e9>\n");
      |                                            ^

c:\mingw64\source>test
侮ｦする
```

対策としては対象となる漢字の後ろに\（日本語キーでは¥）を補う．

```
printf("表\示する\n");
```

対象となる漢字として以下がある．

一 ソ Ы Ⅸ 噂 浬 欺 圭 構 蚕 十 申 曾 箪 貼 能 表 暴 予 禄 兔 喀 媾 彌 拿 杤 歃 濬 畚 秉 綵 臀 藹 觸 軆 鐔 饅 鷭 偆 砡 纊 犾

附録 2 MinGW-w64（GCC）で動作させる場合

対象プログラム

Dr25（表），Rei50（ソ）

● コメント中の日本語

コメント中のこれらの漢字は文字化けの問題にはならない．しかし，以下のような//を用いたコメントにした場合に「表」の直後が改行だとこの改行コードが無効となり，次の行までコメントとみなされる．これは発見が難しいエラー原因となる．「表」や「ソ」を使わないか，これらの漢字の後ろに全角の空白を置く（半角の空白ではだめ）．

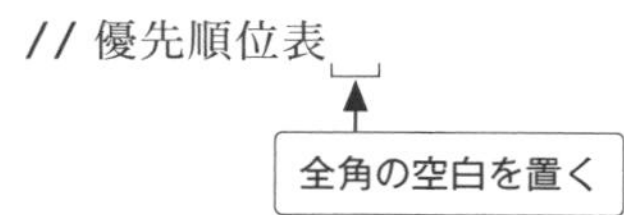

参考文献

- 『アルゴリズムとデータ構造』石畑清，岩波書店，1989年
- 『Cデータ構造とプログラム』Leendert Ammeraal 著，小山裕徳 訳，オーム社，1990年
- 『ソフトウェア設計』Robert J.Rader 著，池浦孝雄，湯浅泰伸，玄光男，山城光雄 訳，共立出版，1983年
- 『問題解決とプログラミング』ピーター・グロゴノ，シャロン H. ネルソン 著，永田守男 訳，近代科学社，1985年
- 『プログラム技法』二村良彦，オーム社，1984年
- 『コンピュータサイエンス入門1，2』A.I. フォーサイス，T.A. キーナン，E.I. オーガニック，W. ステンバーグ 著，浦昭二 訳，培風館，1978年
- 『コンピュータアルゴリズム全科』千葉則茂，村岡一信，小沢一文，海野啓明，啓学出版，1991年
- 『C言語によるアルゴリズム事典』奥村晴彦，技術評論社，1991年
- 『基本算法』D.E.Knuth 著，広瀬健 訳，サイエンス社，1978年
- 『データ構造』T.G. レヴィス，M.Z. スミス 著，浦昭二，近藤頌子，遠山元道 訳，培風館，1987年
- 『データ構造とアルゴリズム』A.V. エイホ，J.E. ホップクロフト，J.D. ウルマン 著，大野義夫 訳，培風館，1987年
- 『FORTRAN77による数値計算法入門』坂野匡弘，オーム社，1982年
- 『数値計算法』大川善邦，コロナ社，1971年
- 『パソコン統計解析ハンドブックⅠ基礎統計編』脇本和昌，垂水共之，田中豊 編，共立出版，1984年
- 『Pascalプログラミング講義』森口繁一，小林光夫，武市正人，共立出版，1982年
- 『プログラマのためのPascalによる再帰法テクニック』J.S. ロール 著，荒実，玄光男 訳，啓学出版，1987年
- 『TURBO PASCAL トレーニングマニュアル』小林俟史，JICC出版局，1986年
- 『BASIC』刀根薫，培風館，1981年
- 『基本 JIS BASIC』西村恕彦，中森眞理雄，小谷善行，吉岡邦代，オーム社，1982年
- 『BASICプログラムの考え方・作り方』池田一夫，馬場史郎，啓学出版，1982年
- 『構造化 BASIC』河西朝雄，技術評論社，1985年
- 『Logo 人工知能へのアプローチ』祐安重夫，ラジオ技術社，1984年
- 『やさしいフラクタル』安居院猛，中嶋正之，永江孝規，工学社，1990年
- 『数の不思議』遠山啓，国土社，1974年

サンプルコードの使い方

本書に掲載しているプログラムコードおよびファイルを以下のURLのサポートページからダウンロードすることができます.

https://gihyo.jp/book/2023/978-4-297-13673-4/support

ID：k5gd87　　パスワード：2bdt2fjy

● 動作に必要な環境

プログラムコードおよびファイルを利用するには，Microsoft VisualC++などのCコンパイラと，それらの動作するコンピュータ環境が必要です．別途ご用意ください．

● フォルダ構成

ダウンロードした圧縮ファイルは，「C」「VisualC++」「MinGW」の3つのフォルダで構成されています．

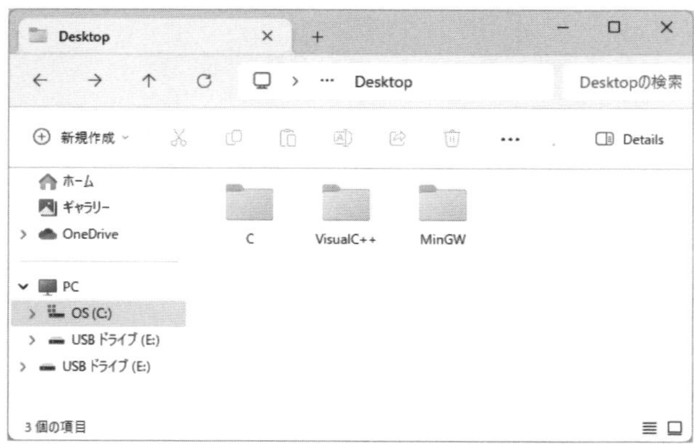

■「C」フォルダ

「C」フォルダには，本書掲載のプログラムコード（＊.c）が収録されています．

「C」フォルダは，本書1～9章の内容に対応したChap1～Chap9の名前の付いたフォルダで構成されています．

「例題」にはRei＊,「練習問題」にはDr＊のファイル名が付けられています.「参考」として掲載したプログラムは, それぞれの例題, 練習問題に通し番号を付加したファイル名が付けられています.

≪例≫

例題1　→　Rei1.cファイル

練習問題1　→　Dr1.cファイル

練習問題19の参考　→　Dr19_2.cファイル

「C」フォルダ内のプログラムコードはテキストファイルです. 作業環境に合わせて適宜編集した上でコンパイルしてください.

■「VisualC++」フォルダ

Visual Studio 2022に対応した「Windowsコンソールアプリ」と「Windowsデスクトップアプリケーション」, それぞれのプロジェクトファイル一式が収録されています. フォルダ名の規則は「C」フォルダと同様です.

Windowsコンソールアプリには, グラフィックスを扱っているプログラムのファイル（Dr17と8章）がありません.

Rei＊, Dr＊フォルダを任意の作業用フォルダにコピーしてから, ソリューションファイル（＊.sln）を開いて実行してください. 詳細は, 本書内の附録1を参照してください.

■「MinGW」フォルダ

MinGW-w64で動作するプログラムコードをファイルにしたものが収録されています. フォルダ名の規則は「C」フォルダと同様です.

グラフィックスを扱っているプログラムのファイル（Dr17と8章）はありません.

ファイルを任意の作業用フォルダにコピーしてご利用ください. 詳細は, 本書内の附録2を参照してください.

●免責

ダウンロードしたコード, ファイルの利用により発生したいかなる障害, 損害に関しても(株)技術評論社, および著者はいかなる責任も負いません.

索引 Index

記号・数字

A

B

C

D

E

O

P・Q

R

S

T

U・V

ア

イ

索引 Index

ク

ケ

コ

サ

ソ

タ

チ

テ

ヒ

フ

ヘ・ホ

マ

● 著者略歴

河西　朝雄

山梨大学工学部電子工学科卒（1974年）。長野県岡谷工業高等学校情報技術科教諭、長野県松本工業高等学校電子工業科教諭を経て、現在は「カサイ.ソフトウエアラボ」代表。

主な著書：「入門ソフトウエアシリーズC言語、MS-DOS、BASIC、構造化BASIC、アセンブリ言語、C++」「やさしいホームページの作り方シリーズHTML、JavaScript、HTML機能引きテクニック編、ホームページのすべてが分かる事典、iモード対応HTMLとCGI、iモード対応Javaで作るiアプリ」「チュートリアル式言語入門VisualBasic.NET」「はじめてのVisualC#.NET」「C言語用語辞典」ほか（以上ナツメ社）「構造化BASIC」「C言語によるはじめてのアルゴリズム入門」「Javaによるはじめてのアルゴリズム入門」「VisualBasicによるはじめてのアルゴリズム入門」「VisualBasic6.0入門編/中級テクニック編/上級編」「InternetLanguage改定新版シリーズホームページの作成、JavaScript入門」「NewLanguageシリーズ標準VisualC++プログラミング、標準Javaプログラミング」「VB.NET基礎学習Bible」「原理がわかるプログラムの法則」「プログラムの最初の壁」「河西メソッド：C言語プログラム学習の方程式」「基礎から学べるVisualBasic2005標準コースウエア」「基礎から学べるJavaScript標準コースウエア」「基礎から学べるC言語標準コースウエア」「なぞりがきC言語学習ドリル」など（以上技術評論社）

● カバーデザイン　西岡裕二
● 本文デザイン　BUCH⁺
● 本文レイアウト　BUCH⁺
● 編集担当　荻原祐二

C言語によるはじめてのアルゴリズム入門
改訂第5版

1992年 5月25日　初　版　第1刷発行
2023年10月 6日　第5版　第1刷発行

著　者　河西朝雄
発行者　片岡　巖
発行所　株式会社技術評論社
東京都新宿区市谷左内町21-13
電話　03-3513-6150　販売促進部
03-3513-6160　書籍編集部
印刷／製本　日経印刷株式会社

定価はカバーに表示してあります.

落丁・乱丁がございましたら，弊社販売促進部までお送りください．送料弊社負担にてお取替えいたします.

ISBN978-4-297-13673-4　C3055

● お問い合わせについて

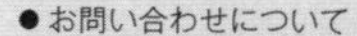

本書の内容に関するご質問は，下記の宛先までFAXまたは書面にてお送りいただくか，弊社Webサイトの質問フォームよりお送りください．お電話によるご質問，および本書に記載されている内容以外のご質問には一切お答えできません．あらかじめご了承ください.

ご質問の際に記載いただいた個人情報はご質問の返答以外の目的には使用いたしません．また，返答後はすみやかに破棄させていただきます.

〒162-0846
東京都新宿区市谷左内町21-13
株式会社技術評論社　書籍編集部
「C言語によるはじめての
アルゴリズム入門　改訂第5版」
質問係
FAX番号　03-3513-6167
URL：https://book.gihyo.jp/116